面向21世纪高等院校规划教材

U0866689

工程制图基础(第三版)

主　编　李　波
副主编　萧时诚　李　军
主　审　李广慧

上海科学技术出版社

图书在版编目（C I P）数据

工程制图基础 / 李波主编. -- 3版. -- 上海 : 上海科学技术出版社, 2020.6（2025.7 重印）
面向21世纪高等院校规划教材
ISBN 978-7-5478-4879-1

Ⅰ. ①工… Ⅱ. ①李… Ⅲ. ①工程制图－高等学校－教材 Ⅳ. ①TB23

中国版本图书馆CIP数据核字(2020)第068861号

工程制图基础（第三版）
主编　李　波

上海世纪出版(集团)有限公司
上 海 科 学 技 术 出 版 社　出版、发行
(上海市闵行区号景路 159 弄 A 座 9F-10F)
邮政编码 201101　www.sstp.cn
浙江新华印刷技术有限公司印刷
开本 787×1092　1/16　印张 17.5
字数 390 千字
2010 年 9 月第 1 版
2020 年 6 月第 3 版　2025 年 7 月第 15 次印刷
ISBN 978-7-5478-4879-1/TH·86
定价：49.00 元

内容简介

本书根据教育部颁布的《高等学校工科工程制图基础课程教学基本要求》以及本课程教学改革的发展趋势，结合“新工科”建设理念编写而成。全书共10章，主要内容包括制图的基本知识和技能、投影基础、轴测图、组合体、机件表达法、标准件和常用件，以及机械工程图、房屋建筑图、电气工程图、化工工程图的识读与表达。

本书在《工程制图基础(第二版)》基础上修订、优化而成。新版教材融合教学视频等数字交互资源，读者可通过扫描书中二维码，在线动画演示作图步骤。形象生动的可视化教学，有助于学生建立空间概念、构建三维模型，从而提高学生的读图与绘图能力。全书采用新的国家标准，附录包括常用螺纹、标准件、键、轴承、公差与配合等技术用表，以满足相关专业人员识读及绘制工程图样的基本需要。

本书可作为高等院校工科教材，适合电子信息类、化工类、工业工程等非机械专业(32～72学时)使用，也可作为高职高专院校、成人教育等近机类专业的教学用书，同时可供有关工程技术人员参考查阅。

与本书配套的《工程制图基础习题集(第三版)》同时出版发行。

配套电子课件下载说明

本书按其主要内容编制了各章课件，在上海科学技术出版社网站“课件/配套资源”栏目公布，欢迎读者登录 www.sstp.cn 浏览、下载。

前　言

本书根据《高等学校工科工程制图基础课程教学基本要求》，综合相关专业对工程制图的教学要求，对原非机械类专业工程制图的教学内容进行了适当的精简和调整，增加了房屋建筑图、电气工程图和化工工程图等新内容，以提高教材对不同专业的适应性，方便教师根据专业需要选取相关授课内容。

为顺应网络教学的发展与要求，本书在《工程制图基础(第二版)》的基础上进行了修订完善，此为第三版。教材编写特点如下：

1. 融入数字交互模式

书中第2～4章配套教学视频，读者扫描二维码可在线动画演示作图步骤，使"静图"变"动图"。视频从点、线、面的投影入手，详细演示了空间几何问题、截交线、相贯线以及组合体视图的求解过程，帮助初学者建立空间概念，增强感性认识，为后续章节的学习打下基础。本书注重培养学生的自主学习能力，并有效解决了传统教材作图过程不能可视化的难点，提高了教学效果。

2. 配套习题集配置大量三维模型供交互扫读

与本书配套使用的《工程制图基础习题集(第三版)》，适当降低了画法几何、截交线、相贯线等部分的难度，加强了基本体、组合体的画图和读图训练，使整套教材更符合新工科视域下的人才培养需要，并突出了应用与知识点的有机结合。习题集配置大量数字化资源，通过在线扫读，可从多个视角动画展示三维模型，形象、生动、有趣，与主教材相辅相成、相得益彰，为读者提供切实有效的引导和参考。

3. 内容实用，定位准确

本书内容由浅入深、循序渐进，全部采用新的国家标准，可供高等院校工科近机类专业学生及有关工程人员使用。

全书共10章，内容包括制图的基本知识和技能、投影基础、轴测图、组合体、机件表达法、标准件和常用件，以及机械工程图、房屋建筑图、电气工程图、化工工程图的绘制与识读方法。教材坚持"实用为主、必须和够用为度"的教学原则，借鉴其他院校的先进经验，并结合编者多年的教学体会编写而成。

本书由广东海洋大学李波担任主编并负责全书的统稿和定稿，由萧时诚、李军担任副主编。参加编写工作的有：李波(绪论，第3章，第6章6.5节、6.6节，附录)，萧时诚(第1章，第2章2.1～2.3节，第8章)，李军(第2章2.4节、2.5节，第5章，第7章7.3节)，陈明(第4章)，杨芳(第6章6.1～6.4节)，胡远忠(第7章7.1节、7.2节)，尹凝霞(第9章)，黄思庆(第

10章)。

李广慧教授负责全书的审稿工作,提出了许多宝贵的建议;李军老师负责全书的动画制作;广东海洋大学图学课程组全体教师均给予了大力支持和帮助,在此谨表衷心的感谢。

鉴于编者水平有限,不妥之处在所难免,恳请广大读者批评指正。

本书按其主要内容编制了各章课件,在上海科学技术出版社网站"课件/配套资源"栏目公布,欢迎读者登录 www.sstp.cn 浏览、下载。

编　者

本书配套数字资源使用说明

针对本书配套数字资源的使用方式和资源分布,特做如下说明:

用户(或读者)可持移动设备打开移动端扫码软件(如微信等),扫描教材中有关内容位置的二维码,即可在线阅读数字资源、动画演示作图步骤。

具体教材中有关内容位置和数字资源对应关系参见下表:

扫描对象位置		数字资源类型	数字资源内容
第 2 章	图 2.9	动画视频	求点的第三面投影
	图 2.10	动画视频	根据点的坐标求点的投影
	图 2.16	动画视频	求直线的实长和倾角 α
	图 2.18	动画视频	求属于直线的点
	图 2.20	动画视频	判断两直线的相对位置
	图 2.24	动画视频	求平面上点 K 的正面投影
	图 2.25	动画视频	平面内投影面平行线做法
	图 2.26	动画视频	过点 M 作正平线与平面 ABC 平行
	图 2.28	动画视频	过点 K 作平面平行于$\triangle ABC$
	图 2.30	动画视频	直线与平面相交(一)
	图 2.31	动画视频	直线与平面相交(二)
	图 2.32	动画视频	铅垂面与一般位置平面相交
	图 2.33	动画视频	两正垂面的相交
	图 2.34	动画视频	过点 A 作直线垂直于$\triangle DEF$
	图 2.48	动画视频	平面截四棱锥
	图 2.49	动画视频	平面斜截圆柱体
	图 2.50	动画视频	平面截圆锥体
	图 2.52	动画视频	半球开槽
	图 2.54	动画视频	两正交圆柱的相贯线
	图 2.58	动画视频	圆柱与圆台的相贯线
第 3 章	图 3.6	动画视频	截头四棱锥正等轴测图画法
	图 3.7	动画视频	三棱锥正等轴测图画法
	图 3.9	动画视频	叠加法画正等测图

(续表)

扫描对象位置		数字资源类型	数字资源内容
第3章	图3.10	动画视频	带切口平面立体正等轴测图画法
	图3.11	动画视频	水平圆正等轴测图的四心近似椭圆画法
	图3.13	动画视频	圆柱正等轴测图的画法
	图3.14	动画视频	圆台正等轴测图的画法
	图3.15	动画视频	带切口圆柱体的正等轴测图画法
	图3.16	动画视频	圆角正等轴测图的近似画法
	图3.17	动画视频	组合体正等轴测图的画法
	图3.20	动画视频	圆台的斜二等轴测图
	图3.21	动画视频	斜二等轴测图的画法
第4章	图4.8	动画视频	画轴承座的三视图过程
	图4.9	动画视频	补全组合体的三视图过程

目　录

绪 论

0.1 本课程的性质和主要内容

工程图样是用于表达和技术交流的工具,被称为“工程界的语言”。在现代工业中,机器的研究与设计、加工与制造、安装与调试都离不开图样,维护检修工作也必须根据图样要求来进行,因此,每个工程技术人员都必须具备绘制和阅读工程图样的能力。

工程制图作为研究如何绘制和阅读工程图样的学科,是一门理论性和实践性都较强的专业基础课,是连接后续课程的“桥梁”。本课程主要介绍工程图样的基本投影理论、识读和绘制方法,以及相关国家标准。

0.2 本课程的目的和要求

① 培养学生掌握和执行国家有关制图标准的能力。

② 学习正投影法的基本理论及其应用。

③ 正确使用绘图仪器和工具,掌握尺规绘图、徒手绘图的技能。

④ 培养空间想象能力和空间分析能力。

⑤ 能够绘制、阅读有一定复杂程度的工程图样。

⑥ 具备查阅有关标准、手册、图表和资料的能力。

⑦ 培养认真负责的工作态度和细致严谨的工作作风。

0.3 本课程的学习方法

工程制图理论严谨,规范性强,与工程实践联系密切,对于掌握科学思维方法、增强工程意识和创新意识都将起到重要作用。针对本课程的内容和特点,提出以下学习方法:

1) 建立平面图形和空间形体间的对应关系

不断地“由物画图”,再“由图想物”,既要想象物体的空间形状,又要反复思考投影特点,将投影分析与空间分析相结合,逐步提高空间想象能力和分析能力。

2) 严守制图国家标准

工程图样作为通用语言,必须是统一的、规范的,具有共同遵守的规则和规定,即国家标准中的有关内容,这些标准需要不断地在记忆中理解、在理解中记忆,并在作图中严格执行。

3) 自主学习、合作学习

对书中的难点和疑点,可通过反复观看配套教学视频或动画,多看、多想、多画、多练习,并积极开展讨论,不断加强对学科理论的认识,培养团队合作的精神。

4) 认真细致,一丝不苟

工程图样在设计、生产和加工过程中起着非常重要的作用,任何绘图和读图的失误都会造成损失。因此,在学习中应牢固树立“认真负责、吃苦耐劳”的工作态度,培养“一丝不苟、严谨细致”的工作作风。

0.4 本课程的发展方向

计算机技术的迅猛发展给制图技术带来了巨大变革。“AutoCAD 绘图”“UG 和 Pro/E 绘图”及“MasterCAM”等先进设计方法和加工软件不断涌现,以 3D 打印技术为代表的现代制图设备已在机械、电子、航空、汽车等行业中起着越来越重要的作用。现代制图技术将不断发展,为现代制造业提供有力的技术保障。

第 1 章　制图的基本知识和技能

工程图样是现代机器制造过程中的重要技术文件，是工程界的技术语言。为了方便指导生产和进行技术交流，对图样的格式、内容、表达方法等都必须做统一规定。我国在 1955 年颁布了《机械制图》国家标准，并于 1974 年进行修订。为适应工农业生产迅速发展和国际技术交流的需要，1984 年以后进行了多次修订。本章主要介绍国家标准《技术制图》和《机械制图》中尺规绘图和徒手绘图等制图的基本知识和技能。

1.1　制图国家标准的基本规定

1.1.1　图纸幅面和格式(GB/T 14689—2008)

1.1.1.1　图纸幅面

绘制技术图样时，应优先采用表 1.1 中所规定的图纸幅面，必要时也允许选用国家标准规定的加长幅面，加长幅面的尺寸查阅相关的国家标准。

表 1.1　图纸幅面代号及尺寸　　(mm)

幅面代号	A0	A1	A2	A3	A4
$B\times L$	841×1 189	594×841	420×594	297×420	210×297
e	20		10		
c	10			5	
a	25				

1.1.1.2　图框格式

无论图样是否装订，均应在图幅内用粗实线绘制出图框，图样必须画在图框之内。其格式分为留有装订边和不留装订边两种：留装订边的图框格式如图 1.1 所示，不留装订边的图框格式如图 1.2 所示。同一产品的图样只能采用一种格式。

1.1.1.3　标题栏方位和尺寸

(1) 标题栏的方位　在每张图纸的右下角或正下方都应画出标题栏。当标题栏的长边置于水平方向并与图纸的长边平行时，构成 X 型图纸，如图 1.1(a)与图 1.2(a)所示。当标题栏的长边与图纸的长边垂直时，构成 Y 型图纸，如图 1.1(b)与图 1.2(b)所示。看图方向与看标题栏的方向一致。

(2) 须预先印制的图纸格式　图纸可以预先印制，预先印制的图纸一般应具有图框、标题栏和对中符号三项基本内容。为了利用预先印制的图纸，允许将 X 型图纸的短边置于水平位置使用，如图 1.3(a)所示，或将 Y 型图纸的长边置于水平位置使用，如图 1.3(b)所示。

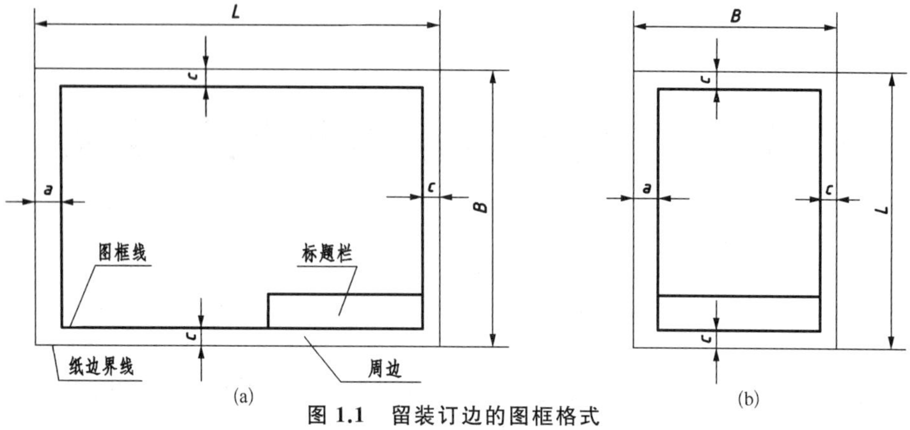

图 1.1 留装订边的图框格式

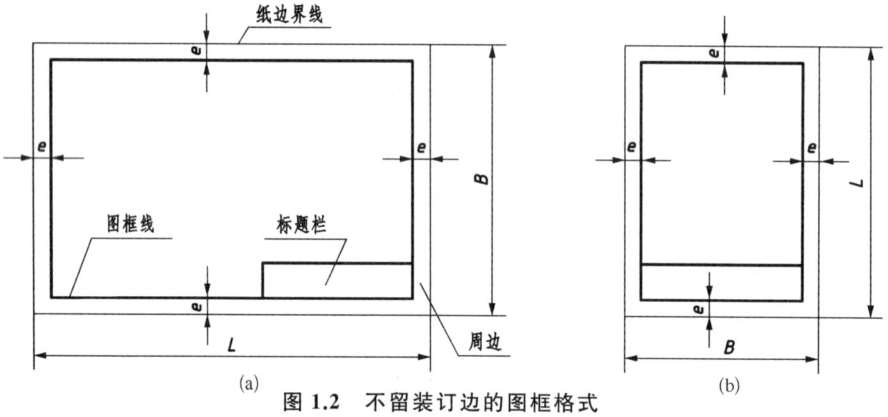

图 1.2 不留装订边的图框格式

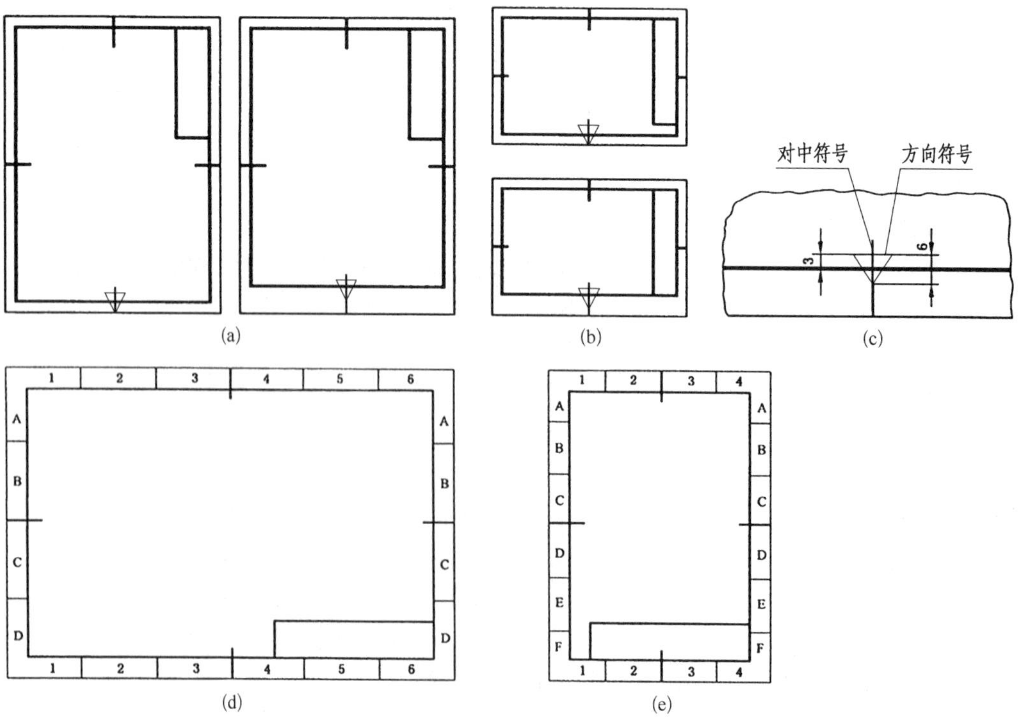

图 1.3 标题栏的方位和图幅分区

(3) 对中符号　为了使图样复制和缩微摄影时定位方便,表1.1中所列的各号图纸,均应在图纸各边长的中点分别画出对中符号。对中符号用粗实线绘制,线宽不小于0.5 mm,长度从纸边界伸入图框内约5 mm,如图1.3(a)、(b)所示。

(4) 方向符号　利用预先印制的图纸时,为了明确绘图和看图时图纸的方向,应在图纸的下边对中符号处画出方向符号,如图1.3(a)、(b)所示。方向符号是用细实线绘制的等边三角形,其大小和位置如图1.3(c)所示。

(5) 图幅分区　必要时,可以用细实线在图纸周边内等距画出分区,如图1.3(d)、(e)所示。

(6) 标题栏的格式及填写　标题栏一般包括更改区、签字区、其他区、名称及代号区等内容,也可按实际需要增加或减少(图1.4)。为了简化学生的作业,在此推荐制图作业用标题栏,如图1.5所示。

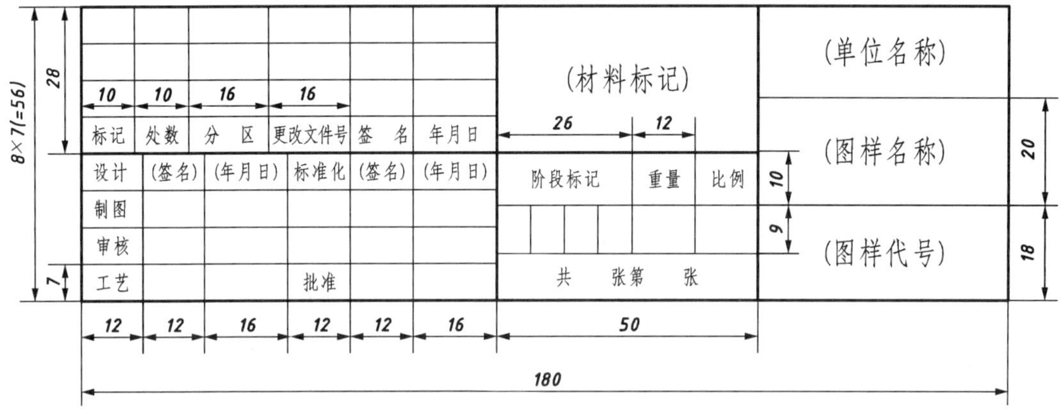

图1.4　标题栏的格式及尺寸(参考画法)

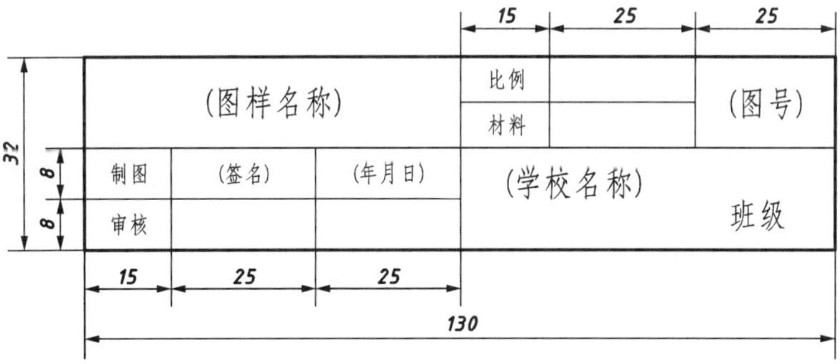

图1.5　制图作业用标题栏

1.1.2　比例(GB/T 14690—1993)

图样中机件的图形与实物相应要素的线性尺寸之比称为比例。绘制图样时一般采用国家标准规定的比例,见表1.2。优先选择第一系列,必要时允许选择第二系列。

每张图样均应将比例填写在标题栏的“比例”一栏中,为了直接从图样中获得机件的真实大小,绘图时尽可能按机件实际大小画出,即采用1∶1的比例。但是由于不同机件结构形状和大小差别很大,所以对大而简单的机件可缩小比例,小而复杂的机件可放大比例。不

表 1.2 比 例

种 类	第 一 系 列	第 二 系 列
原值比例	1∶1	
放大比例	2∶1 5∶1 1×10^n∶1 2×10^n∶1 5×10^n∶1	2.5∶1 4∶1 2.5×10^n∶1 4×10^n∶1
缩小比例	1∶2 1∶5 1∶10 1∶1×10^n 1∶2×10^n 1∶5×10^n	1∶1.5 1∶2.5 1∶3 1∶4 1∶6 1∶1.5×10^n 1∶2.5×10^n 1∶3×10^n 1∶4×10^n 1∶6×10^n

注：n 为正整数。

论放大或缩小，标注尺寸时都必须标注机件的实际尺寸，如图 1.6 所示。

绘制同一机件的各个视图时尽量采用相同的比例，当某个视图需要采用不同比例时，允许在同一视图中的铅垂和水平方向标注不同的比例，但必须另行标注，如图 1.7 所示。

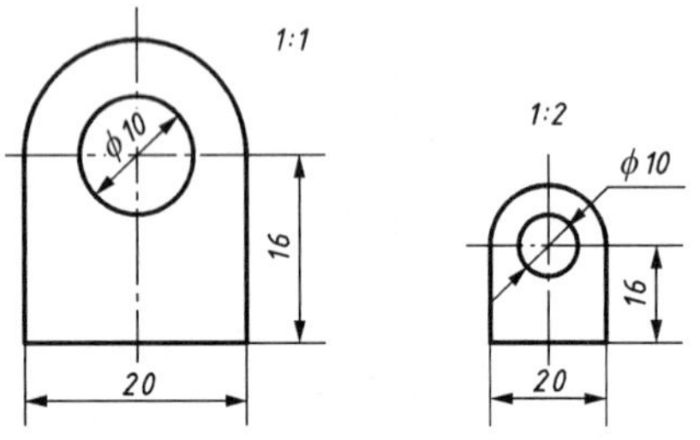

图 1.6 尺寸标注示例

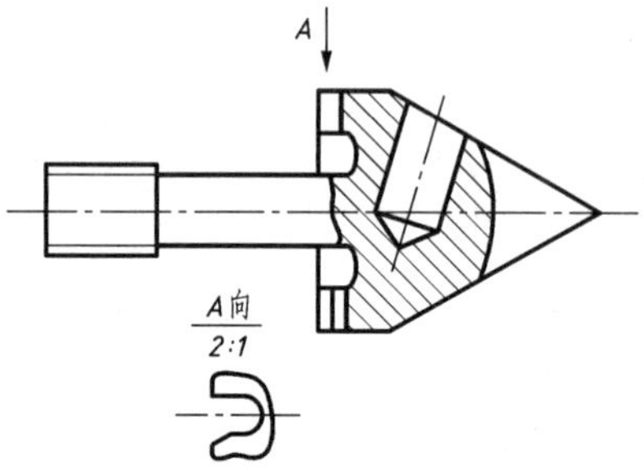

图 1.7 比例标注示例

1.1.3 字体(GB/T 14691—1993)

《技术制图 字体》规定了技术图样中字体的大小和书写要求等。字体的大小以号数表示，字体的号数即字体的高度(单位：mm)，分为 20、14、10、7、5、3.5、2.5 七种，汉字的高度应不小于 3.5 mm，字体的宽度约等于字体高度的 2/3。图样中书写的汉字、数字、字母必须做到：字体端正，笔画清楚，排列整齐，间隔均匀，各种字体的大小要选择适当。

1.1.3.1 汉字

汉字应写成长仿宋体字，并应采用中华人民共和国国务院正式推行的《汉字简化方案》中规定的简化字。长仿宋体字的书写要领是横平竖直，结构均匀，注意起落，填满方格。常见汉字的大小是 10 号、7 号和 5 号字，汉字的结构示例如图 1.8 所示。

字体工整 笔画清楚 间隔均匀 排列整齐

横平竖直注意起落结构均匀填满方格

技术制图机械电子汽车航空船舶土木建筑矿山井坑港口纺织服装

图 1.8 长仿宋体汉字示例

1.1.3.2 字母与数字

数字和字母都有斜体和直体两种，斜体字字头向右倾斜，与水平线约成 75°角。用作指数、分数、极限偏差、注脚等的数字及字母，一般采用小一号字体。字母与数字示例如图 1.9 所示。在同一图样上，只允许选用一种字体。

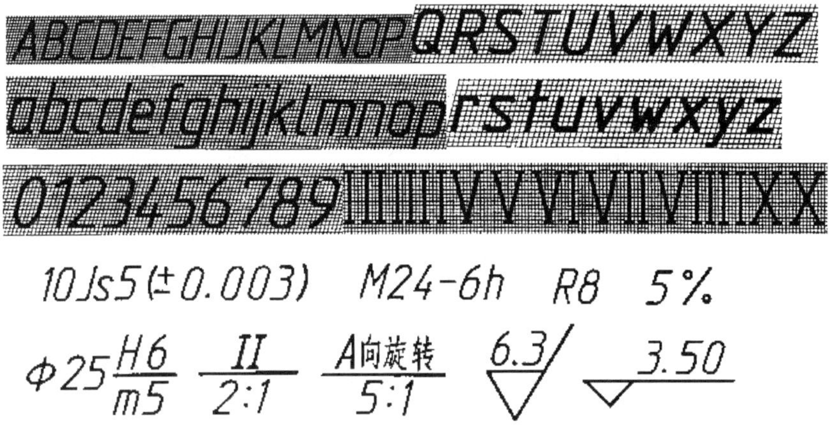

图 1.9　字母与数字示例

1.1.4　图线(GB/T 4457.4—2002)

绘制技术图样时，应遵循国家标准《技术制图　图线》的规定。各种图线的名称、型式、代号及在图上的一般应用见表 1.3。

表 1.3　图线的名称、型式、宽度及其用途

图线名称	代码	图线型式	图线宽度	图线应用
粗实线	01.2		b	可见轮廓线；可见过渡线
细实线	01.1		约 $b/2$	尺寸线、尺寸界线、剖面线、重合断面的轮廓线及指引线等
虚　线	02.1		约 $b/2$	不可见轮廓线
点画线	04.1		约 $b/2$	轴线、对称中心线等
粗点画线	04.2		b	限定范围表示线，有特殊要求的线或表面表示线
双点画线	05.1		约 $b/2$	运动极限位置的轮廓线、相邻辅助零件的轮廓线和轨迹线等
波浪线	01.1		约 $b/2$	视图与剖视图的分界线、断裂处的边界线
双折线	01.1		约 $b/2$	断裂处的边界线

1.1.4.1　图线类型

图线分粗、细两种，粗线的宽度应按图样的大小和复杂程度在 0.5～2 mm 范围内选取；细线的宽度约为粗线的 1/2。图线宽度 b 推荐系列为 0.18 mm、0.25 mm、0.35 mm、0.5 mm、0.7 mm、1.4 mm、2 mm，尽量避免采用 0.18 mm 图线宽度。图线应用示例如图 1.10 所示。

1.1.4.2　图线画法(图 1.11)

① 同一图样中，同类图线的宽度应基本一致，虚线、点画线及双点画线的线段长短间隔

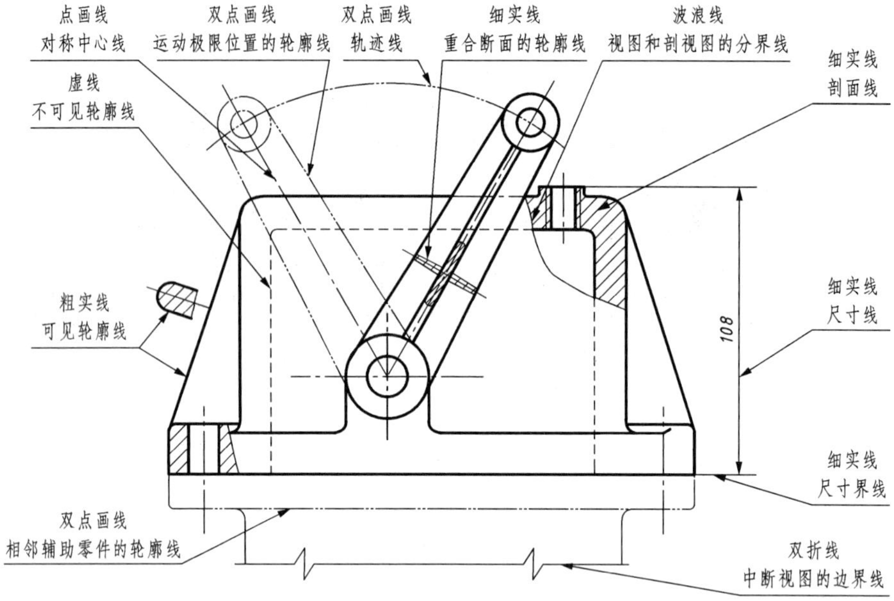

图 1.10　图线应用示例

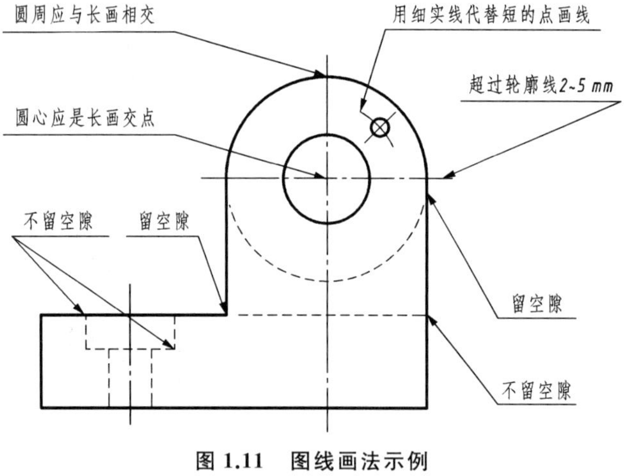

图 1.11　图线画法示例

应各自大致相等。

② 考虑微缩的需要,两条平行线之间的最小距离一般不小于 0.7 mm。

③ 虚线及点画线与其他图线相交时,都应以线段相交,不应在空隙或短画处相交。

④ 当虚线是粗实线的延长线时,粗实线应画到分界点,而虚线应留有空隙;当虚线圆弧和虚线直线相切时,虚线圆弧的线段应画到切点,而虚线直线须留有空隙。

⑤ 绘制圆的对称中心线时,圆心应为线段的交点。点画线和双点画线的首末两端应是线段而不是短画,同时其两端应超出图形的轮廓线 2～5 mm。在较小的图形上绘制点画线或双点画线有困难时,可用细实线代替。

1.1.5　尺寸注法(GB/T 4458.4—2003)

图形只能表达机件的形状,而机件的大小则由标注的尺寸确定。国家标准中对尺寸标注的基本方法做了一系列规定，必须严格遵守。

1.1.5.1　基本规则

① 机件的真实大小应以图样上所注的尺寸数值为依据，与图形的大小(即与绘图比例)及绘图的准确度无关。

② 图样中的尺寸，以毫米为单位时，无须标注计量单位的代号或名称，如采用其他单位，则必须注明相应计量单位的代号(或名称)。

③ 图样中所注尺寸是该图样所示机件最后完工时的尺寸，否则应另加说明。

④ 机件的每一尺寸，一般只标注一次，并应标注在反映该结构最清晰的图形上。

1.1.5.2　尺寸的组成

图样中标注的尺寸一般包括尺寸数字、尺寸线、尺寸界线和表示尺寸线终端的箭头或斜线，如图1.12所示。

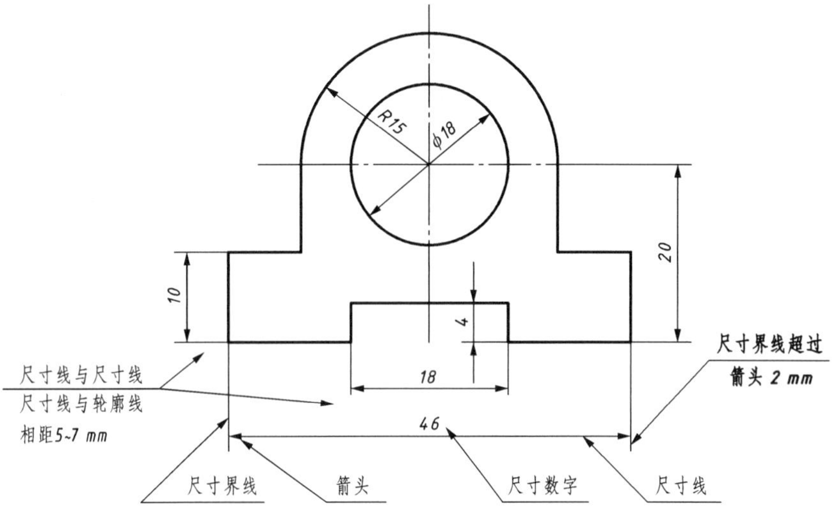

图1.12　尺寸的组成

(1) 尺寸数字　线性尺寸的数字写在尺寸线的上方或中断处。同一图样内尺寸数字应大小一致，位置不够时可引出标注。尺寸数字不可被任何图线所通过，否则必须把图线断开。

(2) 尺寸线　尺寸线用细实线绘制。尺寸线必须单独画出，不能与图线重合或在其延长线上。

(3) 尺寸界线　尺寸界线用细实线绘制，并应由图形的轮廓线、轴线或对称中心线处引出。也可利用轮廓线、轴线或对称中心线作尺寸界线。尺寸界线一般应与尺寸线垂直，并超出尺寸线终端2～3 mm。

(4) 尺寸线终端　尺寸线终端有三种形式，如图1.13所示。

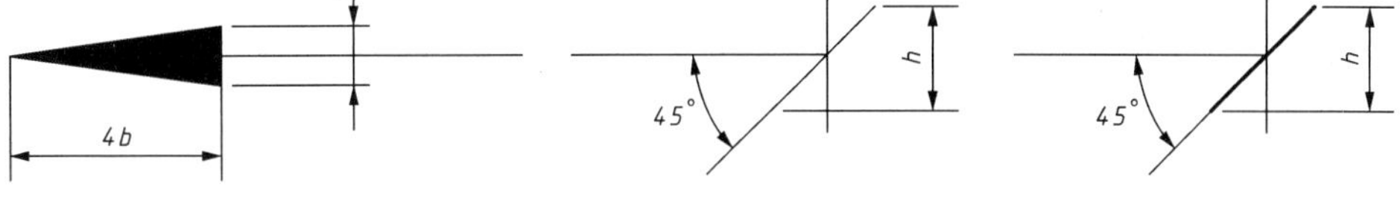

图1.13　尺寸线终端形式

① 箭头。适用于各种类型的图样,箭头尖端与尺寸界线接触,不得超出也不得离开。箭头的宽度约为粗实线的宽度 b,长度约为 $4b$。

② 细斜线。主要用于建筑图,当尺寸线终端采用细斜线形式时,尺寸线与尺寸界线必须垂直,图中 h 为字体高度。

③ 中粗斜短线。建筑图样一般用中粗斜短线绘制。

同一图样中只能采用一种尺寸线终端形式。采用箭头形式时,在位置不够的情况下,允许用圆点或斜线代替;半径、直径、角度与弧长的尺寸终端,宜用箭头表示。

1.1.5.3 **尺寸标注中常用符号**

国家标准规定了一些注写在尺寸数字周围的常用符号,用以区分不同类型的尺寸,参见表 1.4。部分符号的比例画法和尺寸如图 1.14 所示,符号画法中的 h 为字体的高度。

表 1.4 标注尺寸的符号

直　径	半　径	球直径	球半径	厚　度	正方形	45°倒角	均　布
ϕ	R	$S\phi$	SR	t	□	C	EQS
深　度	沉孔锪平	埋头孔	正负偏差	分隔符	弧　长	斜　度	锥　度
↧	⌴	⌵	±	×	⌒	∠	▷

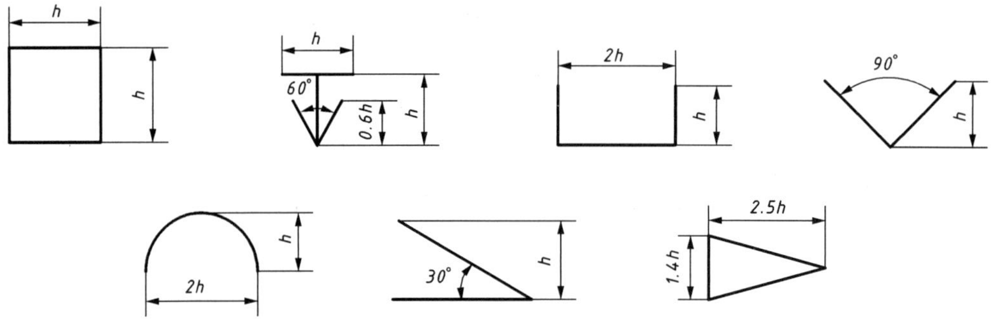

图 1.14 符号的比例画法

1.1.5.4 **常见尺寸标注示例**

常见尺寸标注示例见表 1.5。

表 1.5 工程图样尺寸标注示例

项　目	图　例	说　明
线性尺寸	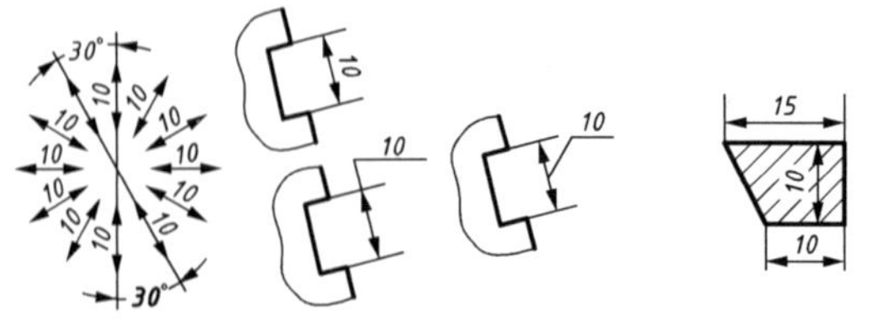 (a)　(b)	尺寸数字应按图(a)中所示的方向注写,图示 30°范围内,尽量不要标注尺寸,必要时可引出水平标注。 尺寸数字不能被任何图线所穿过,否则必须断开图线,如图(b)所示

（续表）

项　目	图　例	说　明
直径尺寸	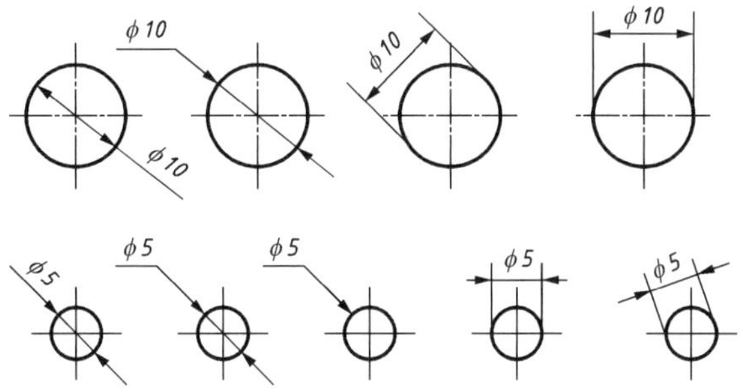	标注圆或大于半圆的圆弧时，尺寸线通过圆心，以圆周为尺寸界线，尺寸数字前加注直径符号“φ”
半径尺寸	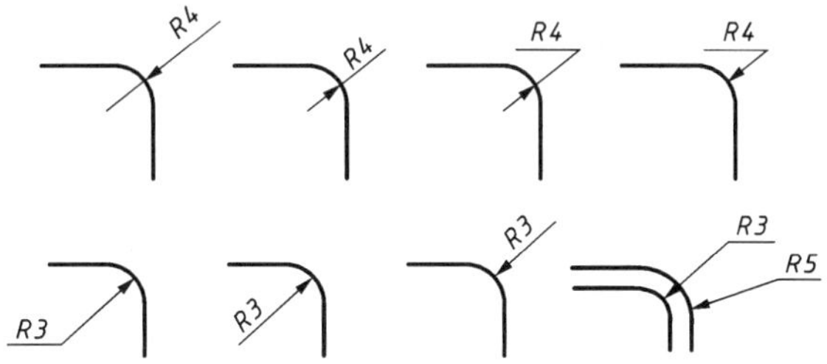	标注小于或等于半圆的圆弧时，尺寸线自圆心引向圆弧，只画一个箭头，尺寸数字前加注半径符号“*R*”
大圆弧	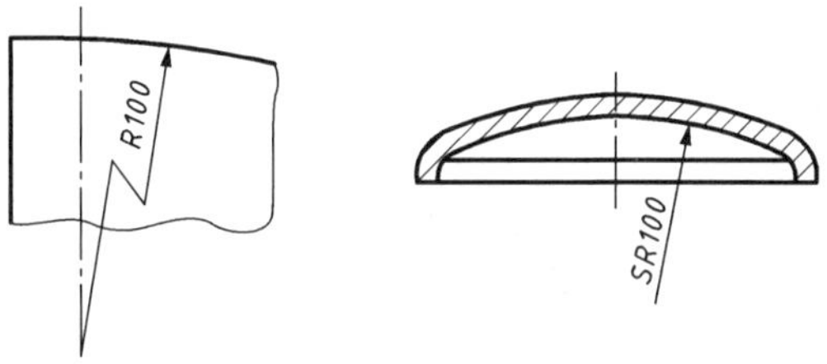	当圆弧的半径过大或在图纸范围内无法标注其圆心位置时，可采用折线形式；若圆心位置无须注明，则尺寸线可只画一段
小尺寸	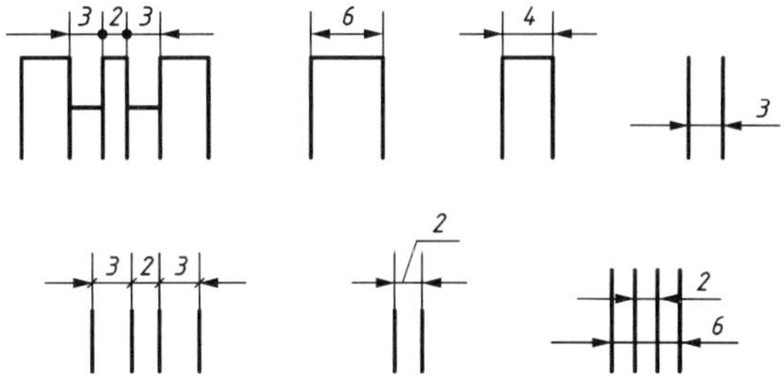	对于小尺寸在没有足够的位置画箭头或注写数字时，箭头可画在外面，或用小圆点代替两个箭头；尺寸数字也可采用旁注或引出标注
球　面	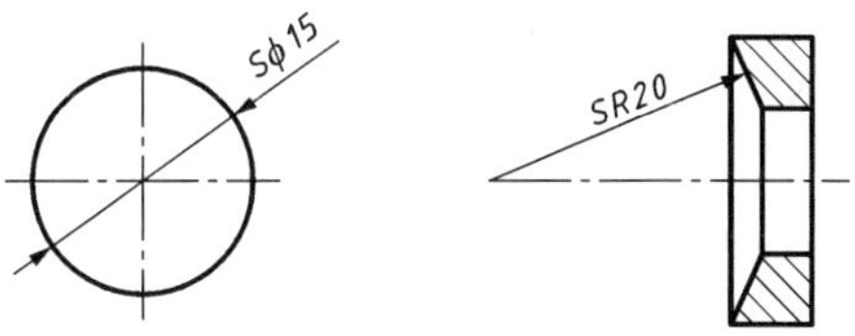	标注球面的直径或半径时，应在尺寸数字前分别加注符号“*S*φ”或“*SR*”
角　度	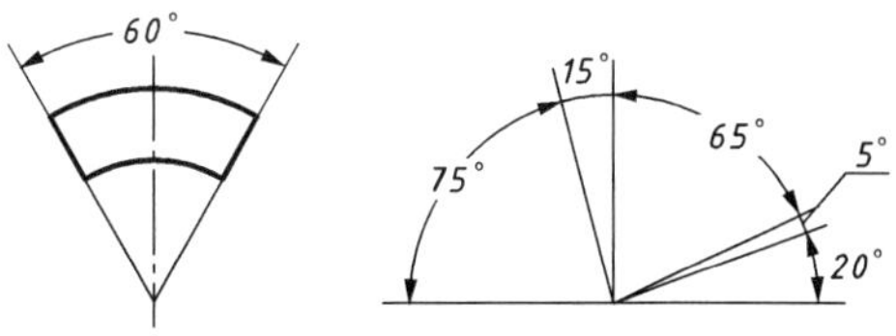	尺寸界线应沿径向引出，尺寸线画成圆弧，圆心是角的顶点。尺寸数字一律水平书写，必要时也可引出标注

(续表)

项　　目	图　　　　例	说　　　明
弧长弦长	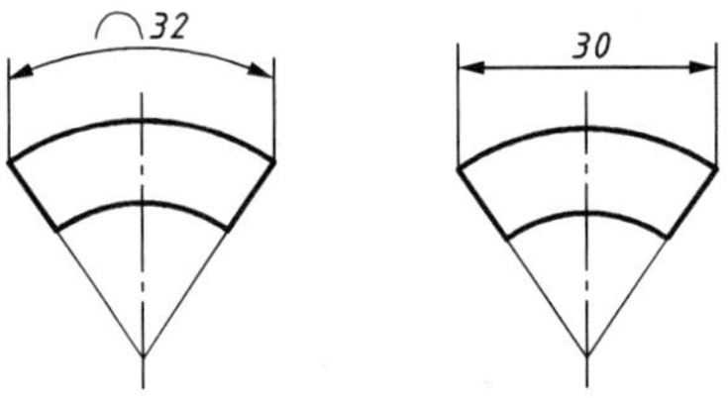	标注弧长和弦长时，尺寸界线应平行于弦的垂直平分线。弧长的尺寸线为同心弧，并应在尺寸数字前方加注符号“⌒”
对称机件	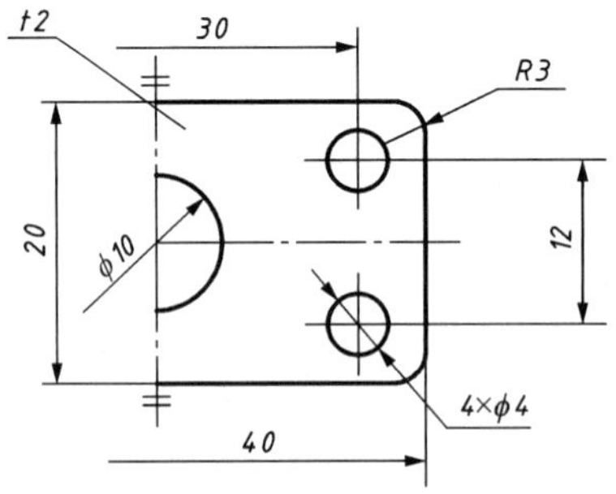	标注对称图形的对称尺寸时，尺寸线应略超过对称中心线或断裂处的边界线，仅在尺寸线的一端画出箭头。 标注板状零件的尺寸时，在厚度的尺寸数字前加注符号“*t*”
过渡处的尺寸	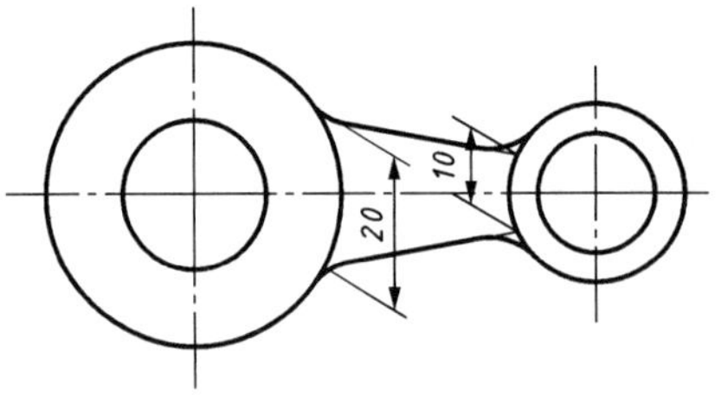	在光滑过渡处，必须用细实线将轮廓线延长，并从它们的交点引出尺寸界线；尺寸界线一般应与尺寸线垂直，必要时允许倾斜
正方形结构	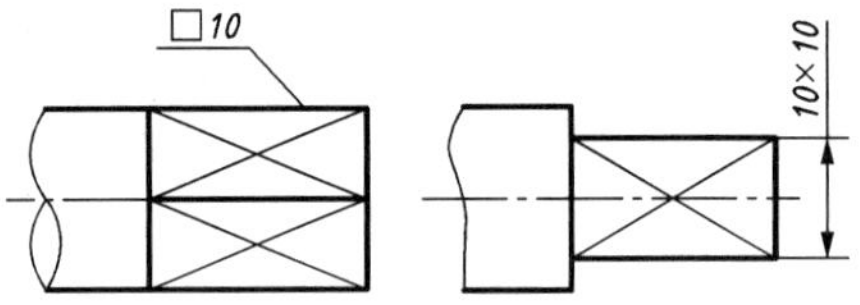	标注正方形结构的尺寸时，可在边长尺寸数字前加注符号“□”，或用“10×10”代替“□10”。图中相交的两条细实线是平面符号
45°倒角	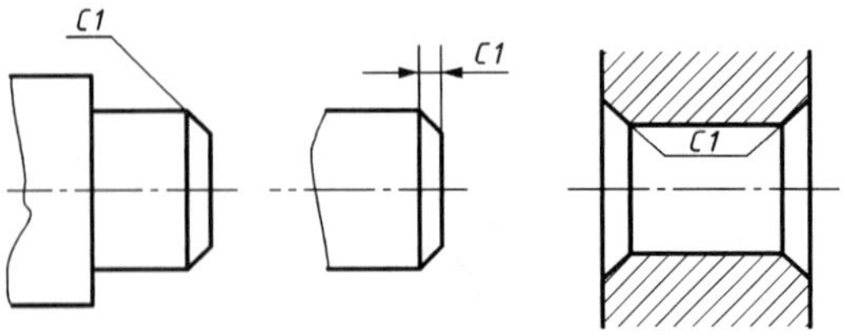	45°的倒角可按左图形式标注，其中，“*C*”表示倒角的角度为45°，“1”表示倒角的高度为1 mm
斜度和锥度	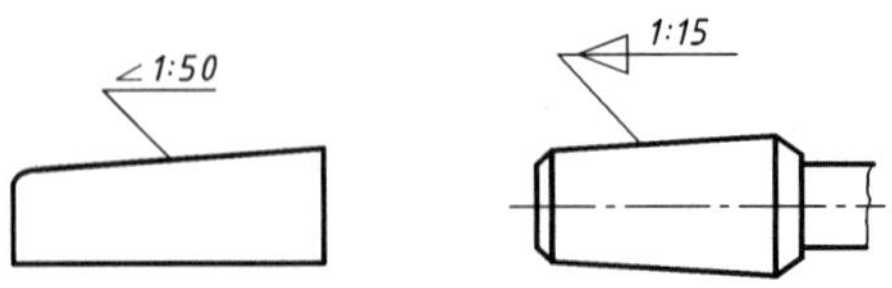	标注锥度(或斜度)时，可按左图形式标注，斜度(或锥度)符号的方向应与斜度(或锥度)的方向一致

1.2　制图工具及其使用方法

正确地使用绘图工具，既能保证图样的质量，又能提高绘图效率，因此必须学会正确使用绘图工具。本节将简介常用绘图工具及其使用方法。

1.2.1　图板、丁字尺和三角板

1.2.1.1　图板与丁字尺

图板是铺贴图纸的垫板，要求它的表面必须平坦光滑，板边平直，尤其左边作为丁字尺的导边，所以一定要平直。在绘图前，图纸用胶带固定在图板的适当位置上，当图纸较小时，应将图纸铺贴在图板靠近左上方的位置，如图 1.15 所示。

1.2.1.2　丁字尺

丁字尺由尺头和尺身两部分组成，主要用来画水平线。绘图时须将尺头紧靠图板左侧，作上下移动可画出平行的水平线，然后利用尺身上边画水平线，画水平线是从左到右画，铅笔向画线前进方向倾斜约 30°，如图 1.16 所示。

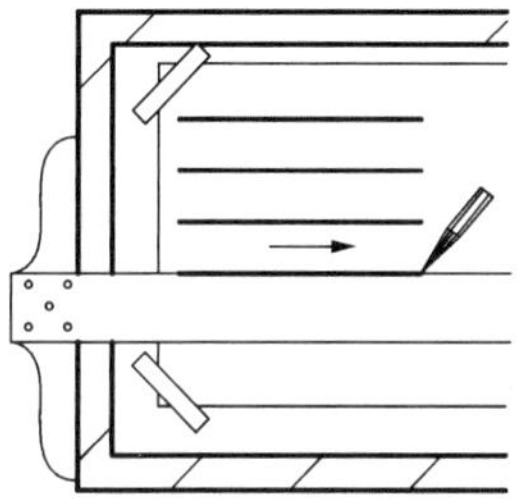

图 1.15　图板、丁字尺

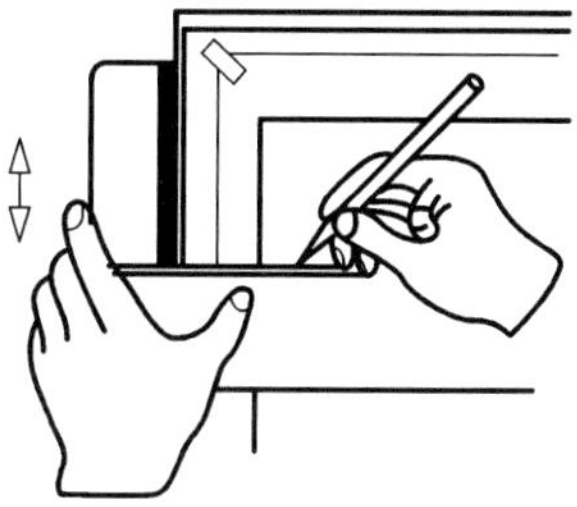

图 1.16　丁字尺的使用方法

1.2.1.3　三角板

三角板有两块，一块是 45°等腰直角三角形，另一块是 30°和 60°直角三角形。三角板可配合丁字尺画铅垂线及 15°倍角的斜线；或用两块三角板配合画任意角度的平行线或垂直线，如图 1.17 所示。

1.2.2　绘图铅笔

绘图用铅笔的铅芯分别用 B 和 H 表示其软、硬程度，绘图时根据不同使用要求选择，一般 B 或 HB 的画粗实线，2H 或 H 的画细线及底稿，HB 或 H 的画箭头和写字。其中用于画粗实线的铅笔磨成矩形，其余的磨成圆锥形，如图 1.18 所示。

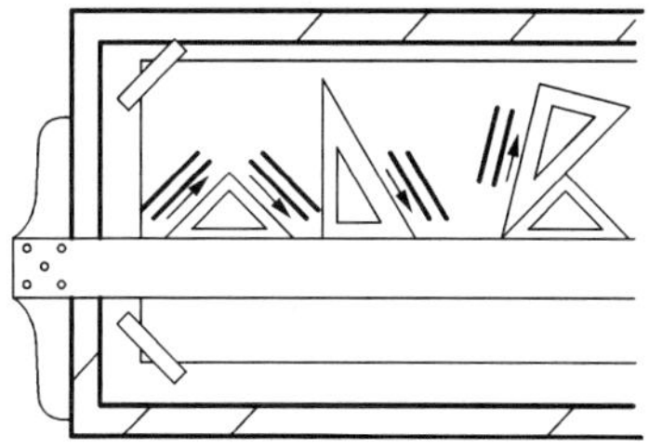

图 1.17　丁字尺和三角板画平行线、垂直线

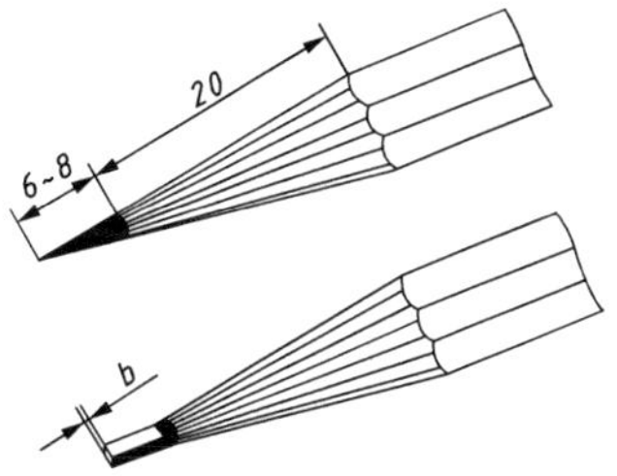

图 1.18　铅芯的形状

1.2.3 圆规和分规

1.2.3.1 圆规

圆规用来画圆和圆弧,换上针尖插腿,也可作分规用。画图时应尽量使钢针和铅芯都垂直于纸面,钢针的台阶与铅芯尖应平齐,如图 1.19 所示。

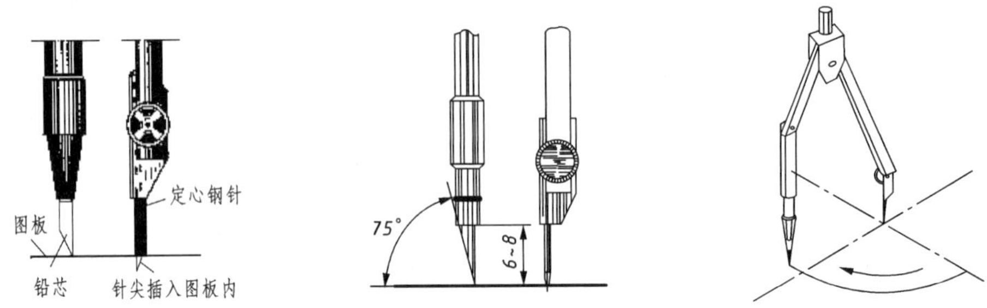

图 1.19 圆规及其用法

1.2.3.2 分规

分规是用来量取线段长度和分割线段、圆弧用的仪器,如图 1.20 所示。分规两脚的针尖在并拢后,应能对齐。

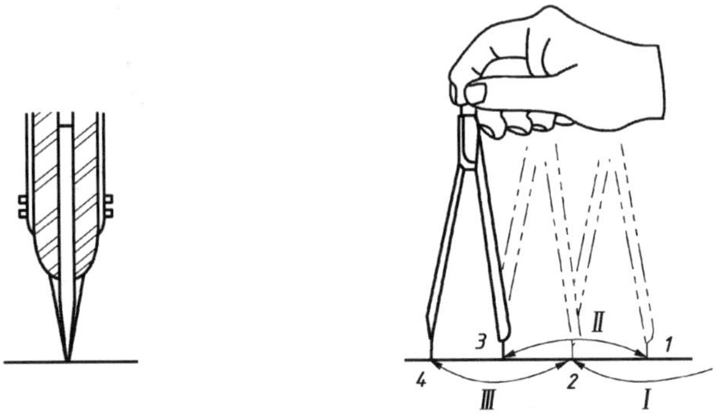

图 1.20 分规及其用法

1.3 几何作图

1.3.1 正多边形的画法

画正多边形时,通常先作出其外接圆,然后等分圆周,再顺次连接各等分点而成。

1.3.1.1 圆的六等分及作正六边形

圆内接正六边形的边长等于其外接圆半径,所以六等分圆及作正六边形的方法如图 1.21(a)、(b)所示。也可利用丁字尺、三角板配合作图,如图 1.21(c)所示。

1.3.1.2 正五边形的画法

已知正五边形的外接圆半径为 R,绘制正五边形的方法如图 1.22 所示。作出半径 OB 的中点 E,以 E 为圆心、EC 为半径画圆弧交 OA 于 F 点,CF 即为圆内接正五边形的边长。以 C 点为圆心、CF 为半径依次截取正五边形顶点,连接顶点绘得正五边形。

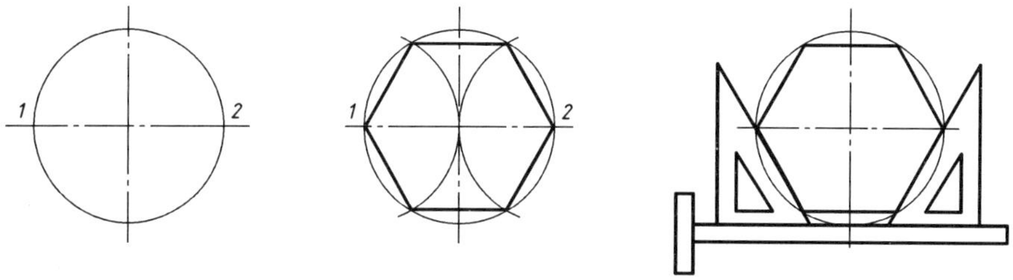

(a)　(b)　(c)

图 1.21　正六边形画法

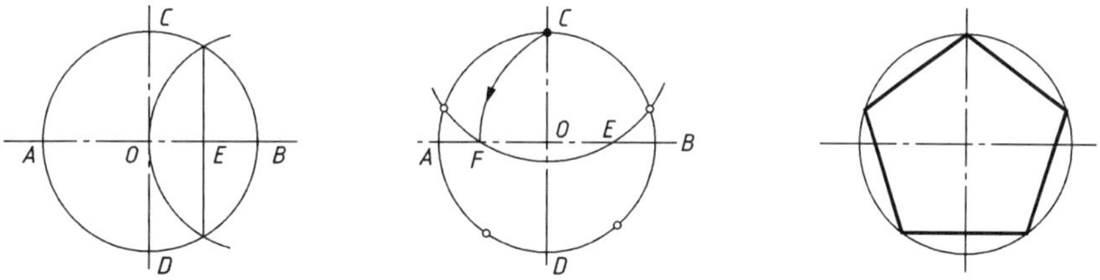

(a)　(b)　(c)

图 1.22　正五边形画法

1.3.2　斜度与锥度

1.3.2.1　斜度

斜度是指一直线或平面对另一直线或平面的倾斜程度，工程上用两直线或平面间夹角的正切表示，即斜度 $=\tan\alpha=AC:AB=1:n$（n 为正整数），如图 1.23 所示。图样上标注斜度的符号时，倾斜方向必须与机件图形的倾斜方向一致。

已知直线 AB、BC 及直线 AD 的斜度为 1∶5 的作图方法，如图 1.24 所示：

① 先在直线 BC 上截取 CE 为 5 个单位长度，得点 E；

② 再在 CD 上截取 1 个单位长度得点 F，连接 EF；

③ 过点 A 作 EF 的平行线与 CD 相交于 D 点，连接 AD 即为所求。

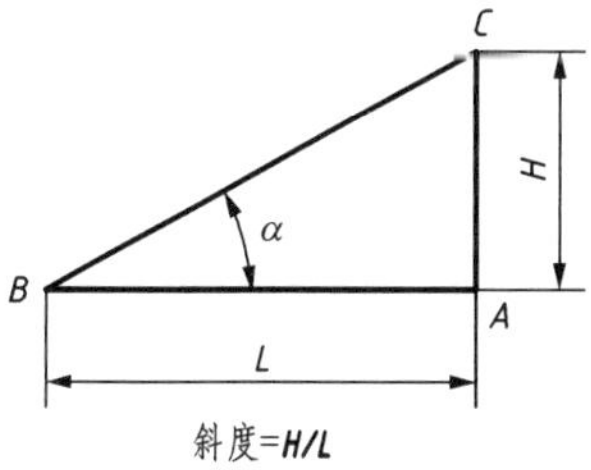

图 1.23　斜度

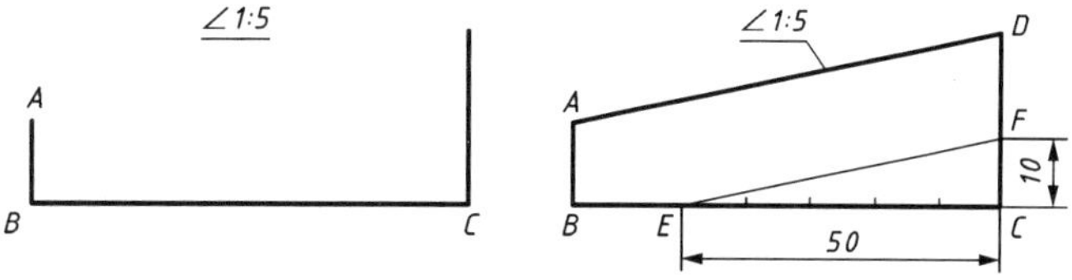

图 1.24　斜度的画法

1.3.2.2　锥度

锥度是指正圆锥的底圆直径 D 与圆锥高度 H 之比，对于圆台则为两底圆直径之差与其高度之比，工程上以 $1:n$（n 为正整数）的形式标注。锥度 1∶4 的作图方法，如图 1.25 所示。

1.3.3　圆弧连接

绘制工程图样时，用一已知半径的圆弧（连接弧）同时光滑连接两已知线段（直线或圆

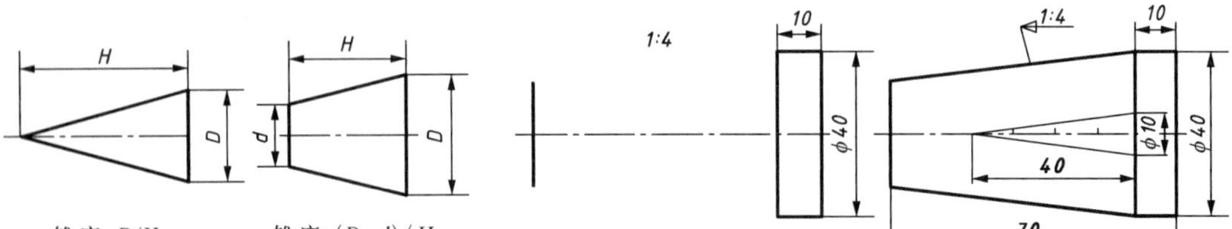

锥度=D/H　　锥度=$(D-d)/H$

(a)　　(b)

图 1.25　锥度及其画法

弧)称为圆弧连接。一般已知连接弧半径,而连接弧的圆心和切点需要作图确定。因此圆弧连接作图的关键在于正确找出连接圆弧的圆心以及切点的位置。

1.3.3.1　圆弧连接的原理

① 半径为 R 的圆弧若与已知直线相切,其圆心轨迹是距已知直线为 R 的平行线,由圆心向已知直线作垂线、垂足为切点,如图 1.26(a)所示。

② 半径为 R 的圆弧若与已知圆弧(圆心为 O_1,半径为 R_1)相切,其圆心轨迹是已知圆的同心圆。此同心圆的半径 R_2 根据相切情况而定:当两圆弧外切时,$R_2=R_1+R$,连心线 OO_1 与圆弧的交点即为切点,如图 1.26(b)所示;当两圆弧内切时,$R_2=R_1-R$,连心线 OO_1 的延长线与圆弧的交点即为切点,如图 1.26(c)所示。

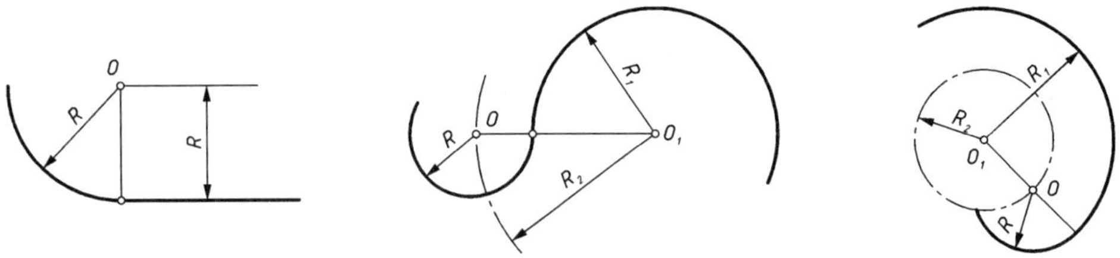

(a) 圆弧与直线相切　　(b) 两圆弧外切　　(c) 两圆弧内切

图 1.26　圆弧连接

1.3.3.2　圆弧连接方法

各种圆弧连接方法见表 1.6。

表 1.6　圆弧连接的作图示例

连接要求	作图方法和步骤(连接圆弧为 R)		
	求　圆　心	求切点 T_1、T_2	画连接圆弧
连接两相交直线	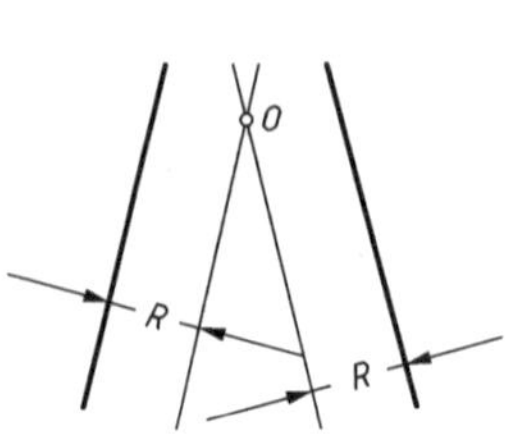	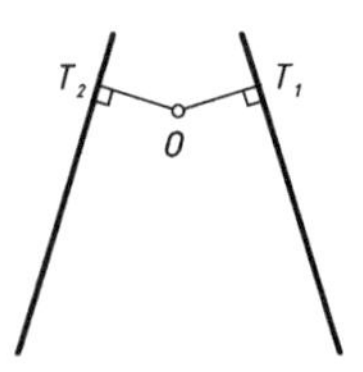	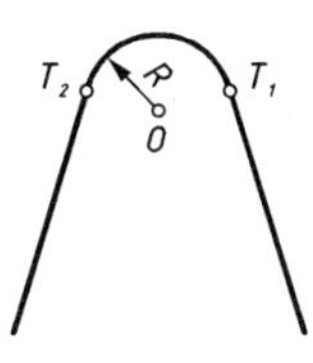

（续表）

连接要求	作图方法和步骤(连接圆弧为 R)		
	求　圆　心	求切点 T_1、T_2	画连接圆弧
外接两圆弧	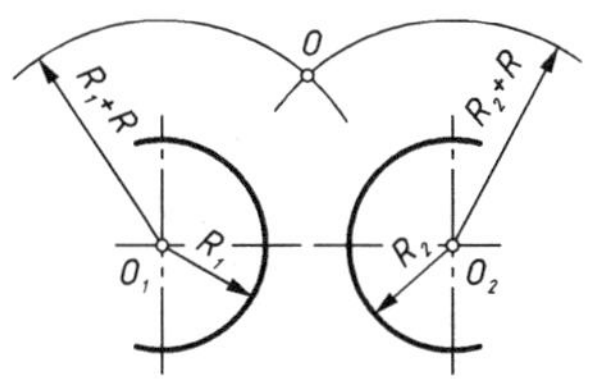	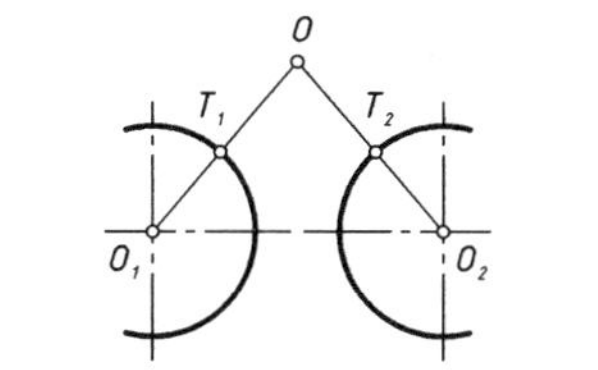	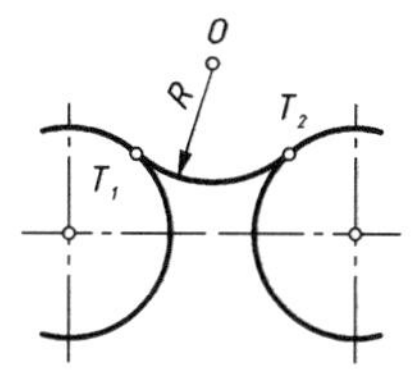
内接两圆弧	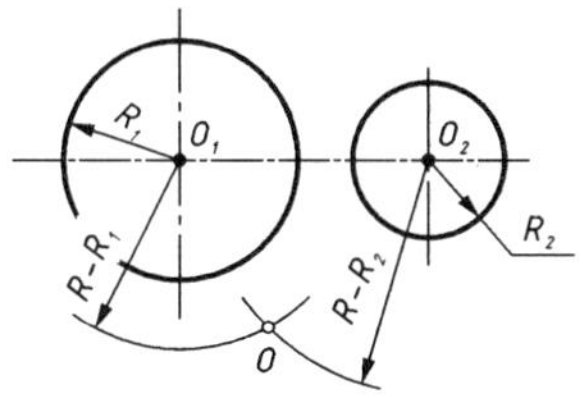	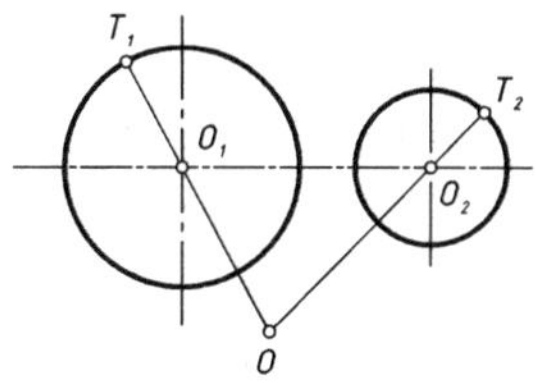	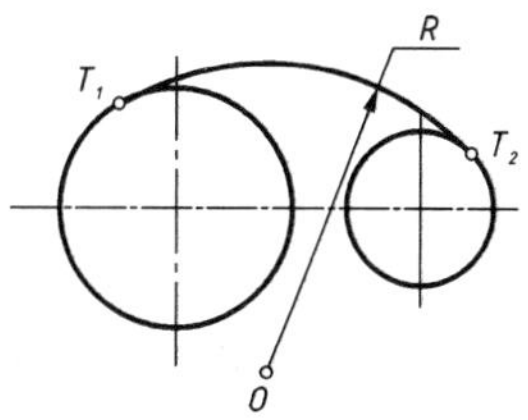
连接一直线和一圆弧	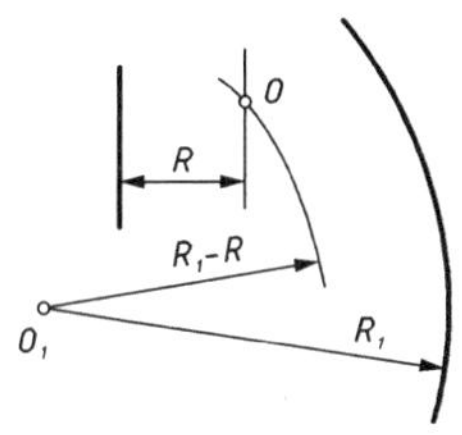	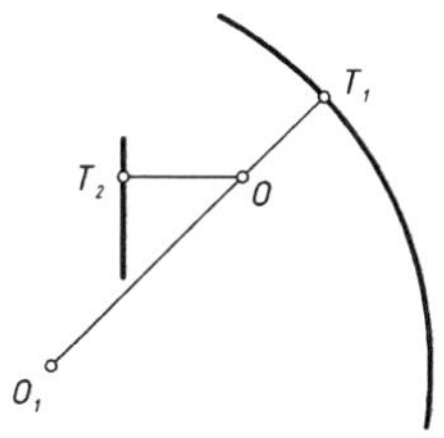	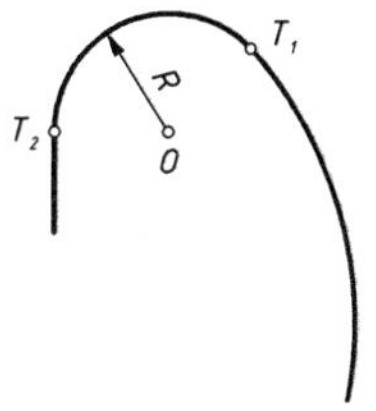
内外接两圆弧	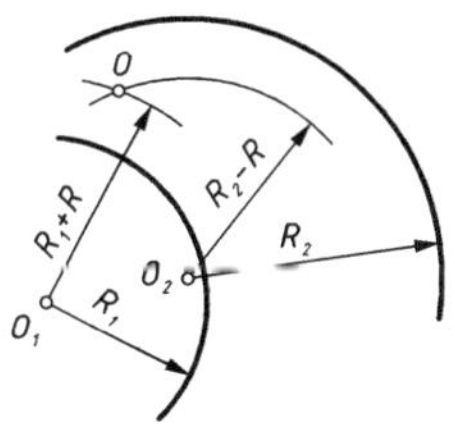	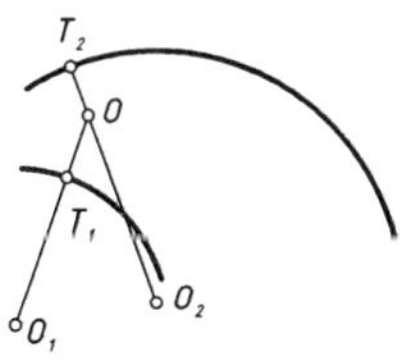	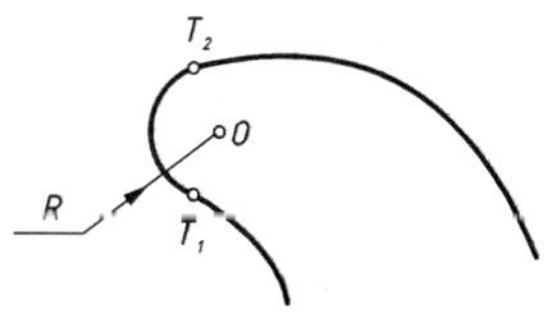

1.3.4　椭圆的画法

常用的椭圆近似画法为四心圆法，即用四段圆弧连接起来的图形近似代替椭圆。已知椭圆的长、短轴 AB、CD，其近似画法的步骤如下(图 1.27)：

① 连接 AC，以 O 为圆心，OA 为半径画弧交 DC 延长线于 E，再以 C 为圆心、CE 为半径画弧交 AC 于 F；

② 作线段 AF 的垂直平分线 $K1$ 分别交长、短轴于 1、2 两个点，并作 1、2 的对称点 3、4，即 1、2、3、4 点分别为四段圆弧的圆心；

③ 分别以 1、3 为圆心，$1A$ 或 $3B$ 为半径画圆弧，再以 2、4 为圆心，$2C$ 或 $4D$ 为半径画圆弧，即得椭圆。

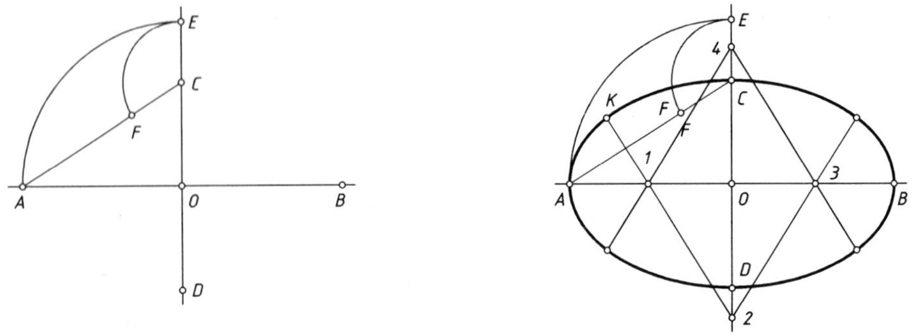

图 1.27 四心法画椭圆

1.4 平面图形的画法

1.4.1 平面图形的尺寸分析及作图步骤

平面图形是由若干线段(包括直线段、圆弧、曲线)连接而成的,每条线段又由相应的尺寸来决定其长短(或大小)和位置。因此能否正确地绘制出平面图形,尺寸是否齐全和正确是关键。所以绘制平面图形时,应先进行尺寸分析和线段分析,以明确作图步骤。

1.4.1.1 平面图形的尺寸分析

平面图形的尺寸按其作用不同,分为定形尺寸和定位尺寸两大类。

(1) 定形尺寸　指确定图形中各线段形状和大小的尺寸。

(2) 定位尺寸　指确定图形中各线段(点、直线、圆、圆弧等)相对位置的尺寸。

(3) 尺寸基准　指标注尺寸的起点,常用基准是图形的对称线、较大圆的中心线或较长的直线。

1.4.1.2 平面图形的线段分析

平面图形中的线段,依其尺寸是否齐全可分为三类(图 1.28):

(1) 已知线段　图形上所标注的定形尺寸和定位尺寸齐全,根据所注尺寸即能直接画出图形的线段,称为已知线段。

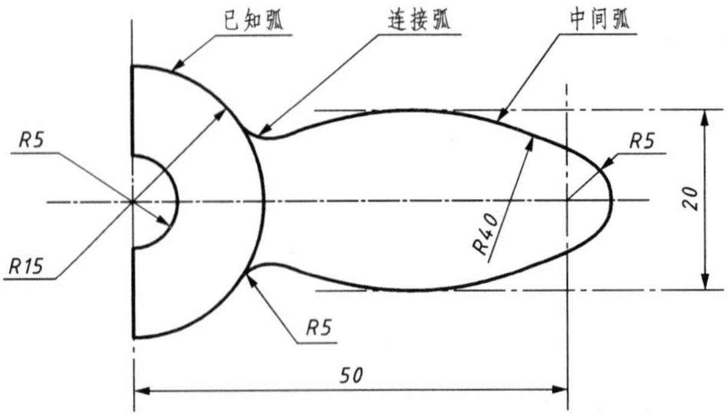

图 1.28 平面图形的尺寸分析和线段分析

(2) 中间线段　图形中的定形尺寸齐全,定位尺寸不全,画图时须借助它的某一端与另一线段相切的关系,才能画出的线段,称为中间线段。

(3) 连接线段　图形中只给出线段的定形尺寸,而无定位尺寸,画图时要借助它的两端与相邻的已知线段相切的关系才能画出的线段,称为连接线段。

1.4.1.3　平面图形的作图步骤

① 作出图形的基准线、定位线,如图 1.29(a)所示。

② 画已知弧,有齐全的定形尺寸和定位尺寸,按图直接画出,如图 1.29(b)所示。

③ 画中间弧,已知定形尺寸和一个定位尺寸,须待与其一端相邻的已知弧作出后,才能由作图确定其位置。大圆弧 $R40$ 是中间弧,圆心位置尺寸只有一个垂直方向是已知的,水平方向位置须根据 $R40$ 圆弧与 $R5$ 圆弧内切的关系画出,如图 1.29(c)所示。

④ 画连接弧,只给出定形尺寸,没有定位尺寸,须待与其两端相邻的线段作出后,才能确定它的位置。$R5$ 的圆弧只给出半径,但它一端与 $R15$ 的圆弧外切,另一端与 $R40$ 圆弧外切,所以它是连接弧,应最后画出,如图 1.29(d)所示。

⑤ 校核作图过程,擦去多余的作图线,加深图形。

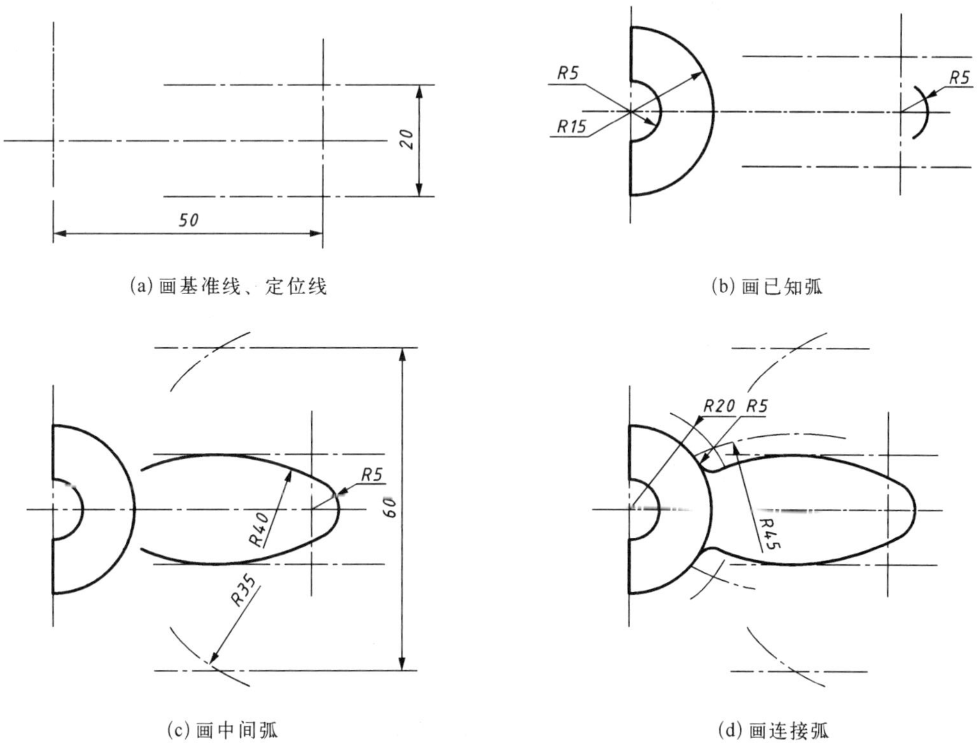

(a) 画基准线、定位线　(b) 画已知弧　(c) 画中间弧　(d) 画连接弧

图 1.29　平面图形的作图步骤

1.4.2　平面图形的尺寸标注

标注平面图形尺寸时要分析图形,确定已知线段、中间线段和连接线段,弄清各部分之间的相互关系。然后选择合适的基准,依次注出各部分的定位尺寸和定形尺寸。

常见平面图形尺寸的标注示例,如图 1.30 所示。

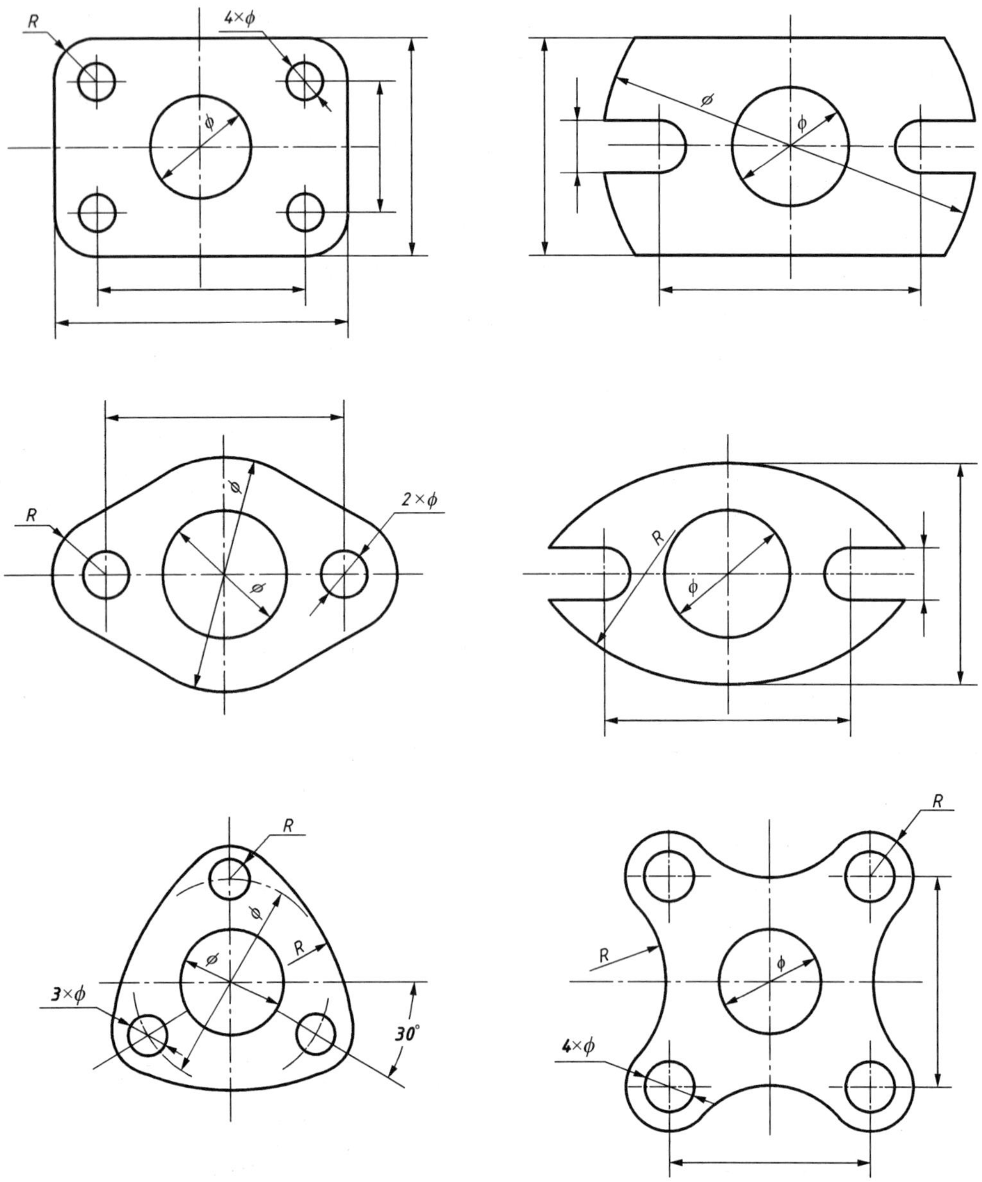

图 1.30　常见平面图形的尺寸标注示例

1.5　徒手绘图

1.5.1　徒手绘图的概念

徒手绘图是指不用绘图仪器，而按目测比例徒手画出图样，这种图样称为草图或徒手图。由于绘制草图迅速简便，有很大的实用价值，常用于创意设计、现场测绘和技术交流。徒手图不要求按照国家标准规定的比例绘制，但要求正确目测实物形状大小，基本上把握住形体各部分之间的比例关系。要做到图形正确、线型分明、比例匀称，字体工整，图面整洁。

一般图纸不要求固定，为作图方便可任意转动或移动，用 HB 或 B 铅笔在浅色方格纸上画图。

1.5.2　徒手图的画法

1.5.2.1　直线徒手图的画法

水平直线应自左向右、铅垂直线应自上而下画出，目视终点，小指压住纸面，手腕随线移动，如图 1.31 所示。

1.5.2.2　角度徒手图的画法

30°、45°、60°等常用的角度，可利用直角三角形对应边的近似比例关系，确定两直角边端点，然后连接画出，如图 1.32 所示。

图 1.31　直线徒手图的画法

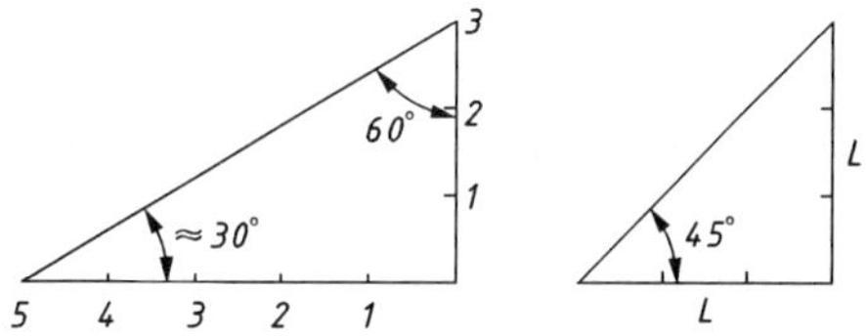

图 1.32　角度徒手图的画法

1.5.2.3　圆徒手图的画法

画圆时应先定圆心及画中心线，再画两条 45°角的角度线，在中心线和角度线上目测确定半径的八个端点，然后过此八点即可画出圆，如图 1.33 所示。

1.5.2.4　圆弧徒手图的画法

圆弧或其他曲线的徒手图，可利用它们与正方形、长方形、菱形相切的特点画出，如图 1.34所示。

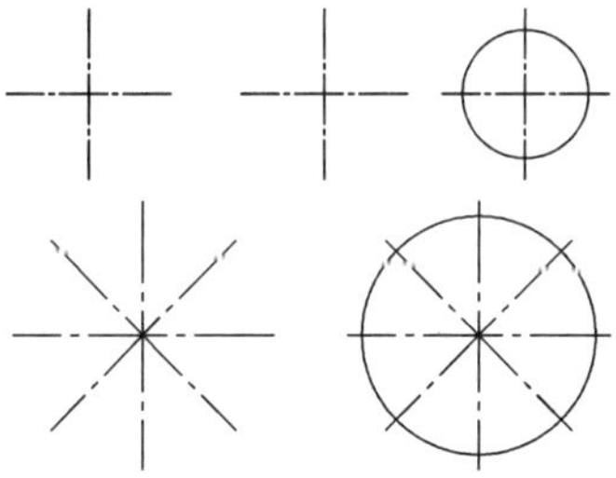

图 1.33　圆徒手图的画法

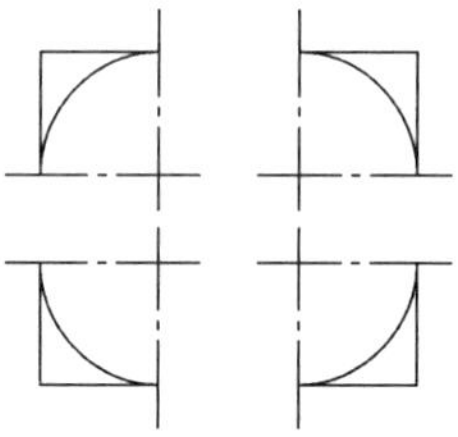

图 1.34　圆弧徒手图的画法

第 2 章　投影基础

2.1　投影的基本知识

2.1.1　投影法

投影法就是投射线通过空间物体，向选定的面投射，并在该面上得到图形的方法。如图 2.1(a)所示，将选定的平面 P 称为投影面，所有投射线的起源点 S 称为投影中心，而过点 S 一系列投射线通过空间点 A、B、C 与投影面 P 分别相交于点 a、b、c，三角形 abc 称为空间三角形 ABC 在投影面 P 上的投影。

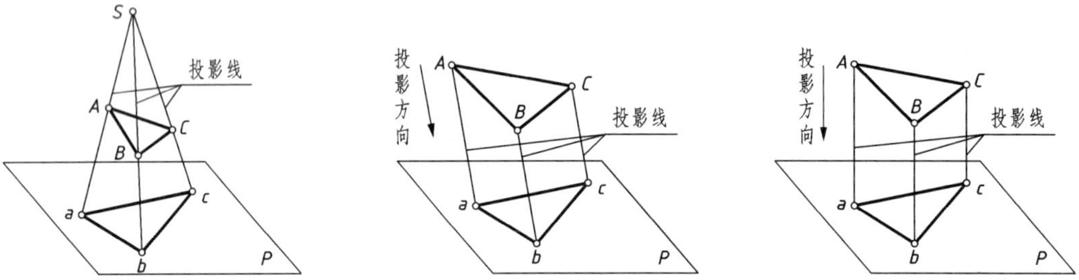

(a) 中心投影法　　(b) 斜投影法　　(c) 正投影法

图 2.1　投影法及其分类

2.1.2　投影法分类

2.1.2.1　中心投影法

投影线汇交于一点的投影法称为中心投影法，如图 2.1(a)所示。由于中心投影法富有真实感的效果，所以主要用于建筑透视图，如图 2.2(a)所示。

2.1.2.2　平行投影法

投影线相互平行的投影方法称为平行投影法，如图 2.1(b)、(c)所示。根据投射线与投影面是否垂直，平行投影法又分为斜投影法和正投影法。

(1) 斜投影法　即投射线与投影面倾斜的平行投影法，根据此方法获得的投影叫斜投影，如图 2.1(b)所示。斜投影法主要用于绘制有立体感的图形，如斜轴测图，如图 2.2(b)所示。

(2) 正投影法　即投射线与投影面垂直的平行投影法，根据此方法获得的投影叫正投影，如图 2.1(c)所示。正投影法能真实地表达空间物体的形状和大小，作图简便，度量性好，在工程上得到广泛应用，如图 2.2(c)所示。本书在没有特殊强调下，所指的投影均为正投影。

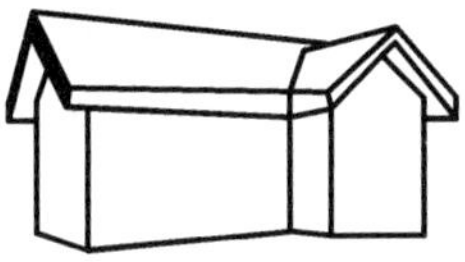

(a) 透视图

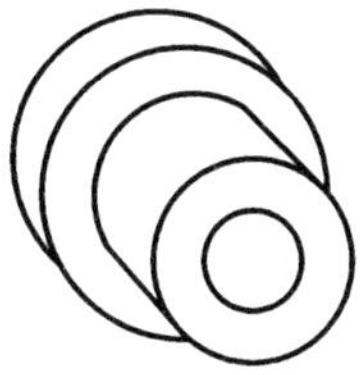

(b) 轴测图

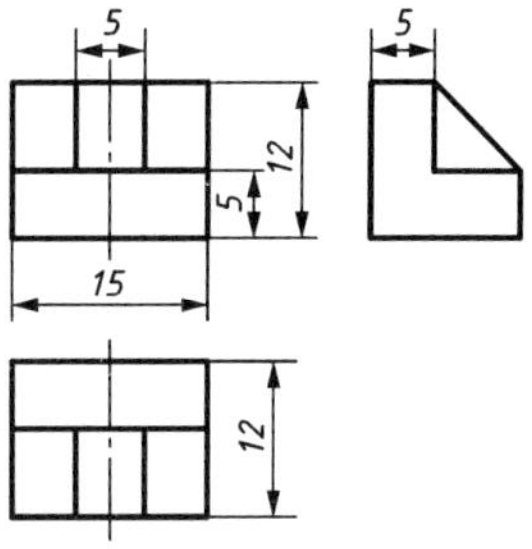

(c) 工程图

图 2.2　投影法的应用

2.1.3　三面投影体系

在许多情况下，只用一个投影是不能完整、清晰地表达物体形状和结构的。如图 2.3 所示，三个物体在同一个方向的投影完全相同，但三个物体的空间结构却不相同。因此一个投影不能唯一确定物体的形状，必须建立一个投影体系，将物体同时向几个投影面投影，用多个投影图来确切地表达物体的形状。

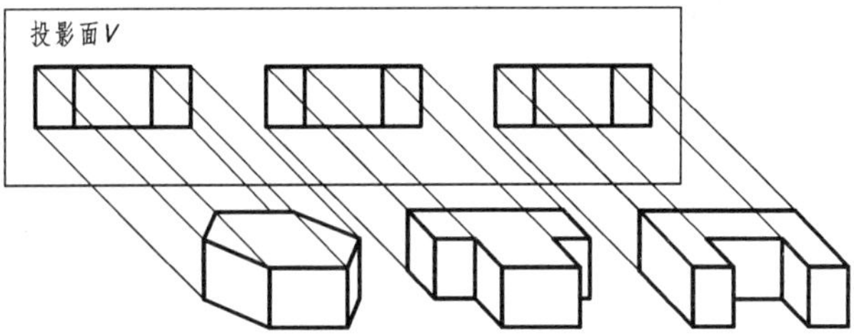

图 2.3　不同物体的单面投影图

2.1.3.1　两投影面体系和两面投影

(1) 两投影面体系的建立　在空间用水平和铅垂的两个投影面将空间分为四个角，组成两投影面体系，如图 2.4(a)所示。铅垂的投影面称为正投影面(简称 V 面)；水平的投影面称为水平投影面(简称 H 面)，两投影面的交线为投影轴(OX)。

(2) 两面投影及其展开方法　将物体置于两投影面体系第Ⅰ角中，按正投影法从前向后投影，在 V 面得到的投影称为正面投影；从上向下投影，在 H 面得到的投影称为水平投

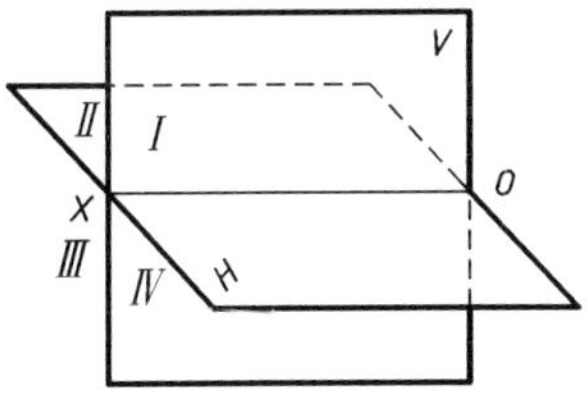

(a)

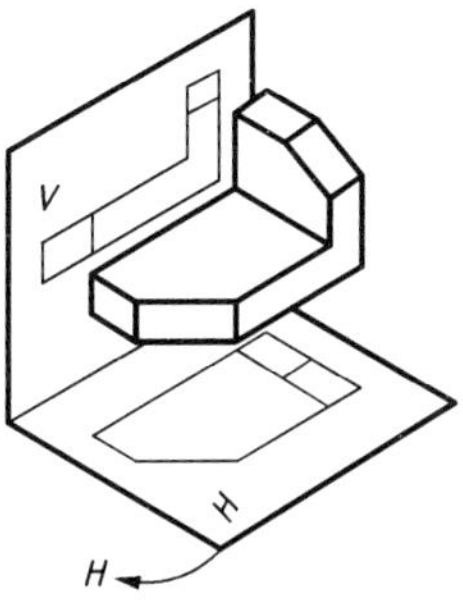

(b)

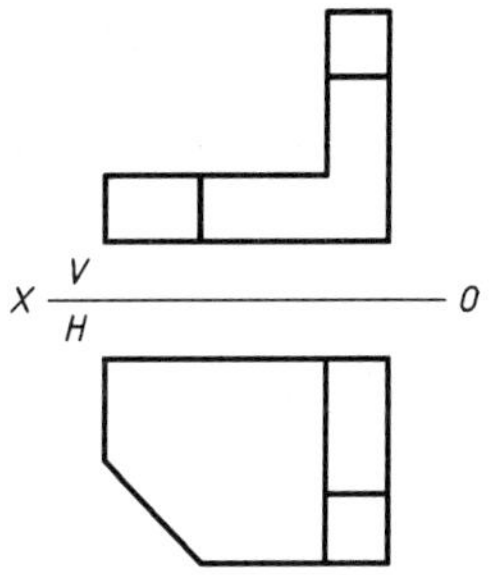

(c)

图 2.4　两投影面体系和两面投影

影，如图 2.4(b)所示。

两面投影的展开方法就是 V 面不动，将 H 面绕 OX 轴向下旋转 90°，使 V 面和 H 面共面，如图 2.4(c)所示。

2.1.3.2 三投影面体系及其投影

(1) 三投影面体系的建立　有些物体仅用两面投影仍不能表达清楚，必须画出其第三投影，才能唯一确定其形状。如图 2.5 所示，不同的两个物体，正面投影和水平投影都一样，必须再向不同的方向投影，通过第三投影区分物体的形状。

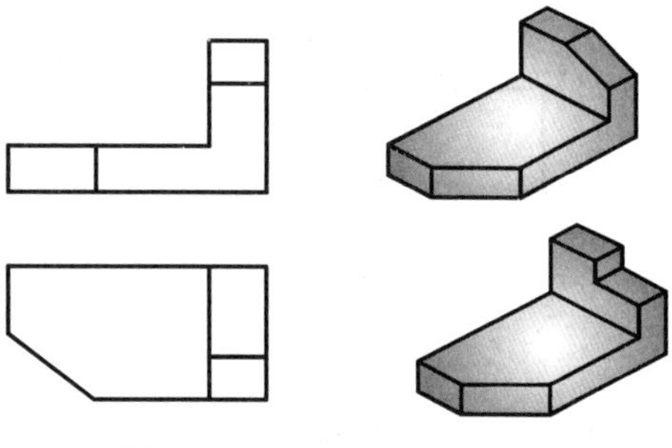

(a)　　(b)

图 2.5　不同物体的两面投影图

建立三投影面体系就是在两面体系的基础上增设侧立投影面(简称 W 面)，其与 V 面、H 面互相垂直相交，各面之间的交线称为投影轴，分别称为 OX、OY、OZ 轴，O 为原点，如图2.6(a)所示。

(2) 三面投影及其展开方法　将物体置于三投影面体系第一角中，按正投影法从前向后投影，得到正面投影；从上向下投影，得到水平投影；从左向右投影，得到侧面投影，如图 2.6(b)所示。V 面不动，将 H 面绕 OX 轴向下旋转 90°，与 V 面共面；将 W 面绕 OZ 轴向后旋转 90°，与 V 面共面，如图 2.6(c)所示。

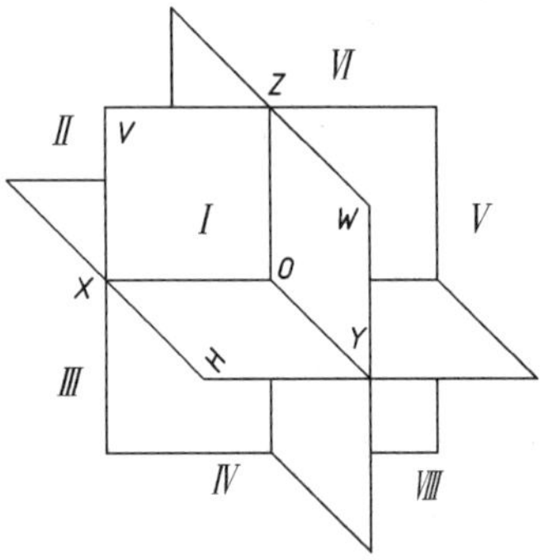

(a)

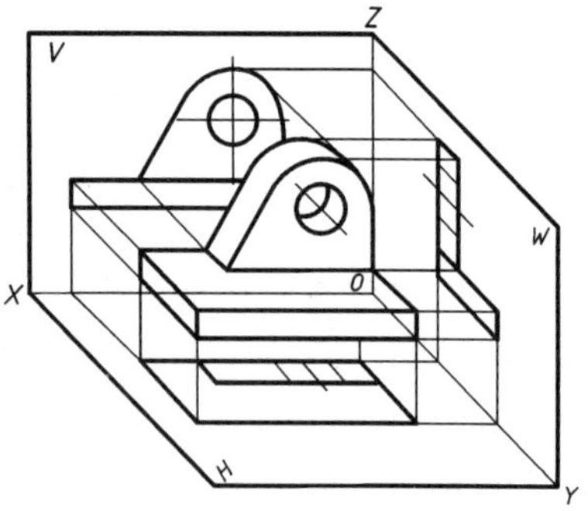

(b)

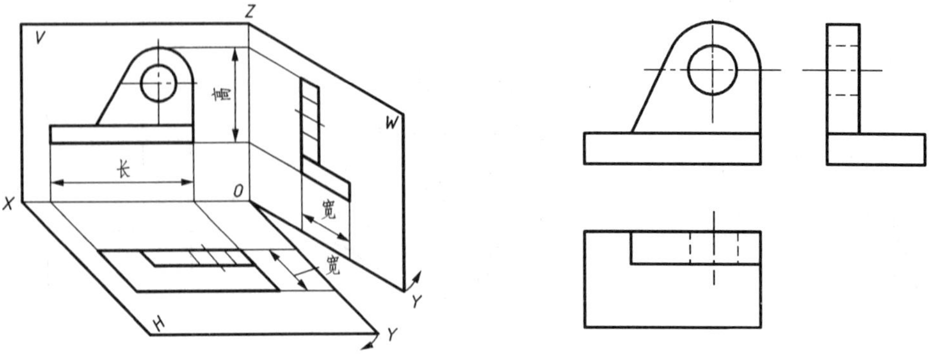

(c)

图 2.6　三面投影体系和三面投影图

2.2　点、直线和平面的投影

物体都是由点、线和面组成的，因此研究物体的投影，首先要研究基本几何元素的投影特性和投影规律。

2.2.1　点的投影

2.2.1.1　点的三面投影

在投影理论的学习中，规定空间点用大写字母表示，如 A、B、C 等；水平投影用相应的小写字母表示，如 a、b、c 等；正面投影用相应的小写字母加撇表示，如 a'、b'、c'等；侧面投影用相应的小写字母加两撇表示，如 a''、b''、c''等。

(1) 点的两面投影　建立两个互相垂直的投影面 H 及 V，有一空间点 A，向 H 面投影得到投影 a，向 V 面投影得到投影 a'，投射线 Aa 与 Aa'相交，处于同一平面内，如图 2.7(a)所示。两投影面体系展开后，点的两个投影在同一平面内，得到了点的两面投影图，如图 2.7(b)所示。因为投影面可根据需要扩大，投影图中不必画出边界线，因此，点的两面投影图可如图 2.7(c)所示。

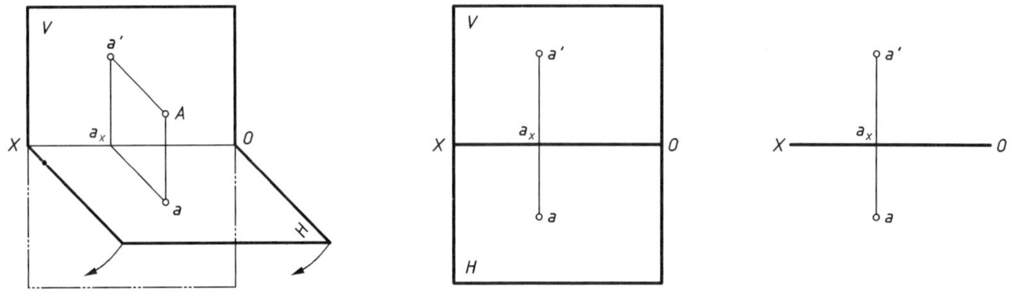

(a) 直观图　(b) 展开图　(c) 投影图

图 2.7　点的两面投影

点的两面投影特性如下：

① 点的正面投影和水平投影连线垂直于 OX 轴，即 $a'a \perp OX$；

② 点的正面投影到 OX 轴的距离，反映空间点 A 到 H 面的距离，点的水平投影到 OX 轴的距离，反映空间点 A 到 V 面的距离，即 $a'a_X = Aa$，$aa_X = Aa'$。

(2) 点的三面投影　如图 2.8(a)所示，建立三投影面体系，用正投影方法，将空间点 A 分别向三个投影面投影，得到 A 点的水平投影 a、正面投影 a'和侧面投影 a''。由于三个投影面相互垂直，所以三面投影连线也相互垂直，8 个顶点 A、a、a_X、a'、a''、a_Y、O、a_Z 构成长方体。三投影面体系展开后，点的三个投影在同一平面内，便得到点 A 的三面投影图，如图 2.8(b)所示。

(3) 点的三面投影规律

① 点的投影连线垂直投影轴线。点的正面投影和水平投影的连线垂直于 OX 轴，即 $aa' \perp OX$；点的正面投影和侧面投影的连线垂直于 OZ 轴，即 $a'a'' \perp OZ$；同时 $aa_{YH} \perp$

OY_H,$a_{YW}a'' \perp OY_W$。

② 点的投影到投影轴的距离,反映空间点到以投影轴为界的另一投影面的距离,即:$a_Za'=Aa''=aa_{YH}=X$;$aa_X=Aa'=a_Za''=Y$;$a_Xa'=Aa=a''a_{YW}=Z$。

③ 作图时可以用圆弧或45°线反映它们的关系,常用45°线,如图2.8(b)所示。

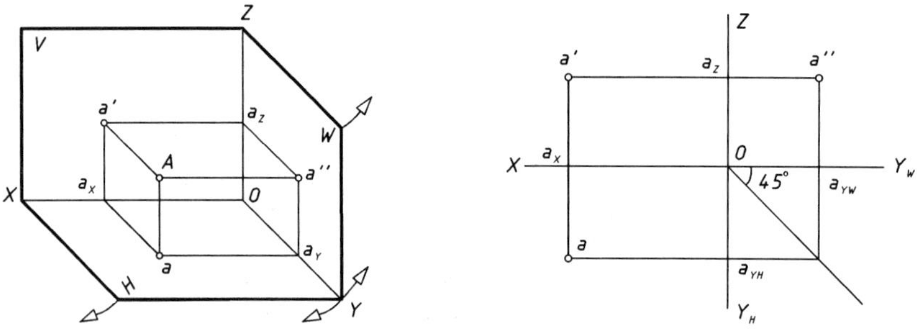

(a) 直观图　　(b) 点的三面投影图

图 2.8　点的三面投影

例 2.1　已知点 A 的两面投影,如图2.9(a)所示,求点 A 的第三面投影。

方法一　先过原点 O 作45°辅助线。过点 a'' 作 OY_W 轴的垂直线,与45°辅助线相交一点,过交点作平行于 OX 轴的直线;与过点 a' 作 OX 轴的垂直线相交于一点,即为所求的水平投影 a,如图2.9(b)所示。

方法二　过点 a' 作 OX 轴的垂直线,量取 $a''a_Z=a_Xa$,即可求得点 A 的水平投影 a。

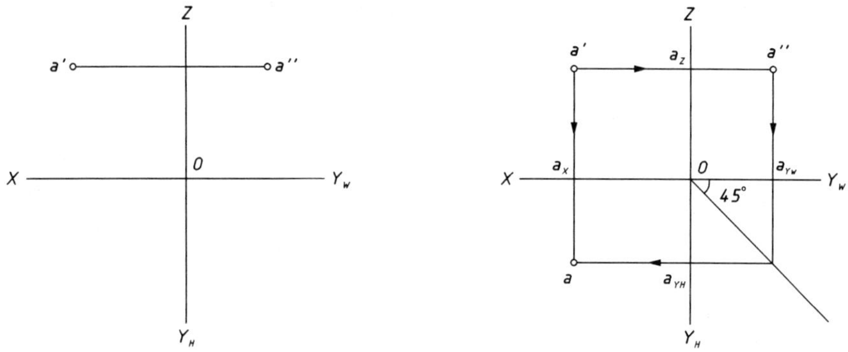

(a) 已知条件　　(b) 投影图

图 2.9　求点的第三面投影

2.2.1.2　点的投影与直角坐标系

如把三投影面体系看作直角坐标系,则 H、V、W 面即为坐标面,X、Y、Z 投影轴即为坐标轴,O 即为原点。由图2.8(a)可知,空间 A 点的三个直角坐标 X_A、Y_A、Z_A 即为 A 点到三个坐标面的距离,它们与 A 的投影 a、a'、a''的关系如下:

$$Aa''=aa_Y=a'a_Z=Oa_X=X_A$$
$$Aa'=aa_X=a''a_Z=Oa_Y=Y_A$$
$$Aa=a'a_X=a''a_Y=Oa_Z=Z_A$$

由此可见,正面投影 a'由点的 X、Z 坐标决定;水平投影 a 由点的 X、Y 坐标决定;侧面

投影 a'' 由点的 Y、Z 坐标决定。

例 2.2　已知点 $A(20, 15, 24)$，求点 A 的三面投影(长度单位：mm)。

① 画坐标轴(X、Y_H、Y_W、Z、O)；在 X 轴上量取 $Oa_X=20$，$Oa_{YH}=15$，$Oa_Z=24$，如图 2.10(a)所示。

② 过原点 O 作 45°线，如图 2.10(b)所示。

③ 根据点的投影规律，点的投影连线垂直于投影轴线。分别过 a_X 作 OX 轴的垂直线、过 a_Z 作 Z 轴的垂直线，两垂直线交点即为点 A 的 V 面投影 a'；过 a_{YH} 作 OY_H 轴垂直线，与 $a'a_X$ 的延长线相交，交点 a 是 H 面投影，如图 2.10(b)所示；延长 aa_{YH} 与 45°线相交，过交点作 OY_W 垂线，与过 $a'a_Z$ 延长线交于 a'' 点，即为 W 面的投影 a''，如图 2.10(c)所示。

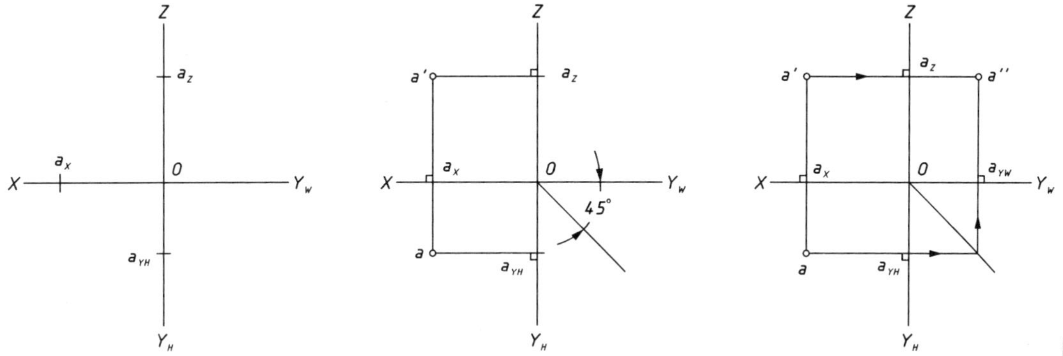

(a)　(b)　(c)

图 2.10　根据点的坐标求点的投影

2.2.1.3　两点的相对位置

观察分析两点的各个同面投影之间的坐标关系，可以判断空间两点的相对位置。根据 X 坐标值的大小判断两点的左右位置，根据 Z 坐标值的大小判断两点的上下位置，根据 Y 坐标值的大小判断两点的前后位置。如图 2.11 所示，空间点 B 的 X 和 Y 坐标均小于点 A 的相应坐标，而点 B 的 Z 坐标大于点 A 的 Z 坐标，因而点 B 在点 A 的右方、上方和后方。

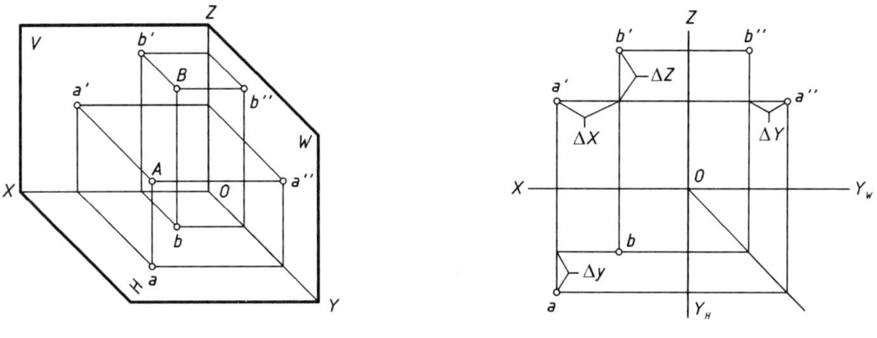

(a) 直观图　(b) 投影图

图 2.11　两点的相对位置

2.2.1.4 重影点

若 A、B 两点无前后、左右距离差,点 A 在点 B 正上方或正下方时,两点的 H 面投影重合,点 A 和点 B 称为对 H 面投影的重影点,如图 2.12 所示。同理,若一点在另一点的正前方或正后方时,则两点是对 V 面投影的重影点;若一点在另一点的正左方或正右方时,则两点是对 W 面投影的重影点。

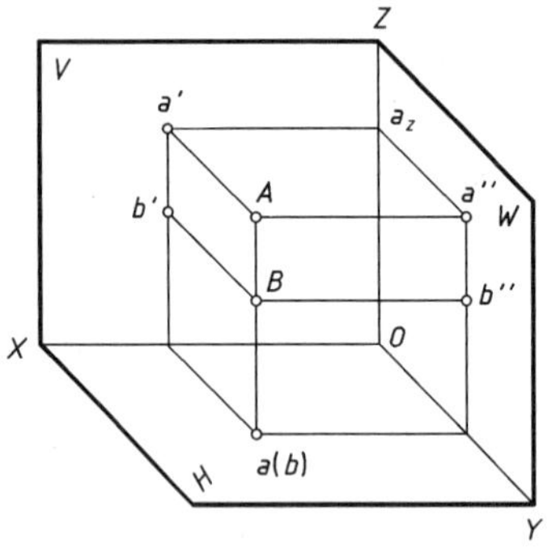

(a) 直观图

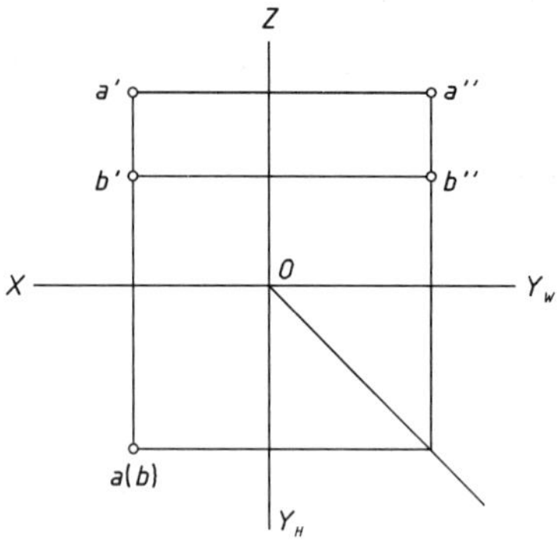

(b) 投影图

图 2.12 重影点

重影点须判别可见性。根据正投影特性,可见性的区分方法是前遮后、上遮下、左遮右。如图 2.12(b)所示,重影点应是点 A 遮挡点 B,点 B 的 H 面投影不可见。规定不可见点的投影加括号表示。

2.2.2 直线的投影

在三投影面体系中,直线对投影面的相对位置可以分为三种:投影面平行线、投影面垂直线、投影面倾斜线。前两种为投影面特殊位置直线,后一种为投影面一般位置直线。

直线对于一个投影面的投影特性(图 2.13),有以下几种:

(1) 真实性 当直线与投影面平行时,则直线的投影为实长。

(2) 积聚性 当直线与投影面垂直时,则直线的投影积聚为一点。

(3) 类似性 当直线与投影面倾斜时,则直线的投影仍然为直线,且小于直线的实长。

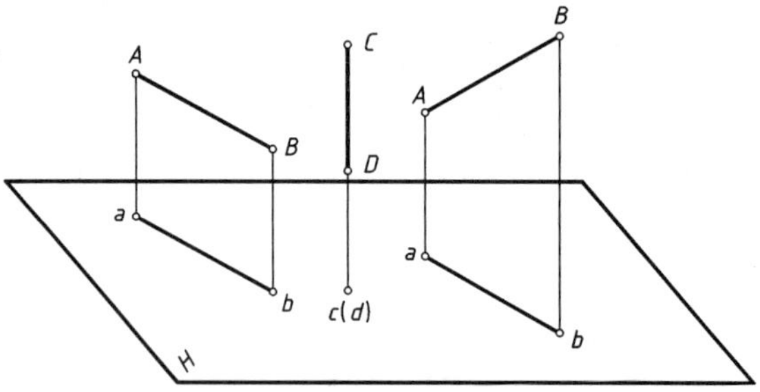

图 2.13 直线的投影特性

2.2.2.1 直线的投影图画法

一般情况下,直线的投影仍为直线。根据两点确定一条直线,求直线的投影,只须作出属于直线的两个点的投影,再用粗实线连接该两点的同名投影,即得直线的投影,如图 2.14 所示。

本书所研究的直线一般是指直线段,直线投影图中,一般规定直线对 H、V、W 面的倾角分别用 α、β、γ 表示。

2.2.2.2 各种位置直线的投影特性

(1) 投影面平行线 平行于一个投影面而与另外两个投影面都倾斜的直线,称为投影

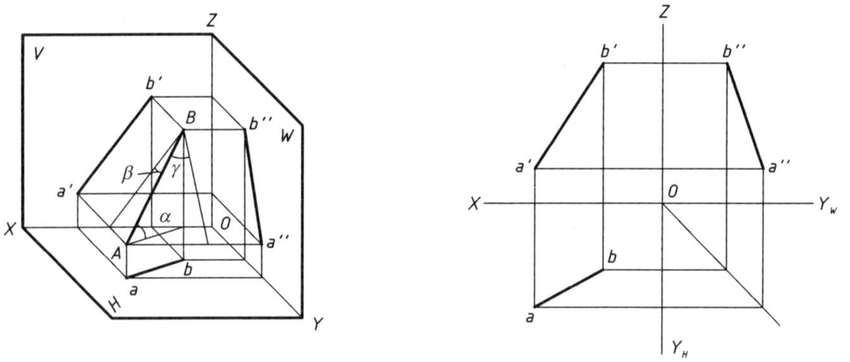

(a) 直观图　　(b) 投影图

图 2.14　直线及直线上点的投影

面平行线。包括以下三种：

① 水平线。平行于 H 面，倾斜于 V、W 面。

② 正平线。平行于 V 面，倾斜于 H、W 面。

③ 侧平线。平行于 W 面，倾斜于 H、V 面。

投影面平行线的投影特性是：所平行的投影面上的投影反映直线的实长，投影与投影轴的夹角，也反映了直线对另两个投影面的夹角；另外两个投影面上的投影都是直线的类似形，比实长要短。投影面平行线的投影特性见表 2.1。

表 2.1　投影面平行线的投影特性

名　称	直　观　图	投　影　图	投影特性
水平线	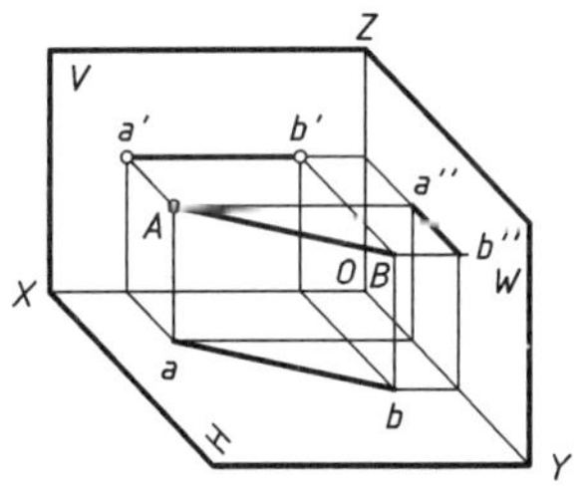	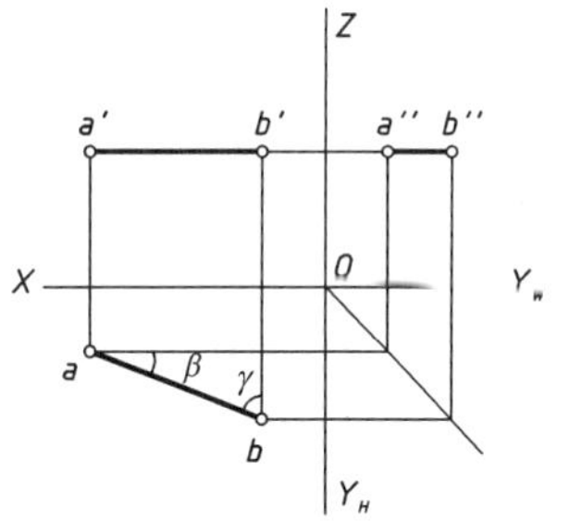	① 水平投影反映实长，与 X 轴夹角为 β，与 Y 轴夹角为 γ； ② 正面投影平行 X 轴； ③ 侧面投影平行 Y 轴
正平线	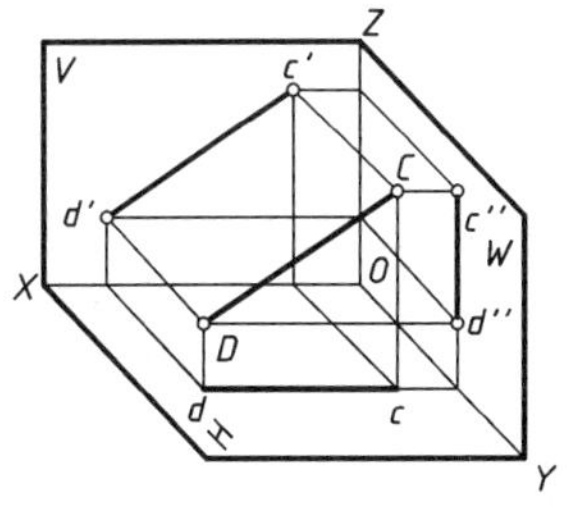	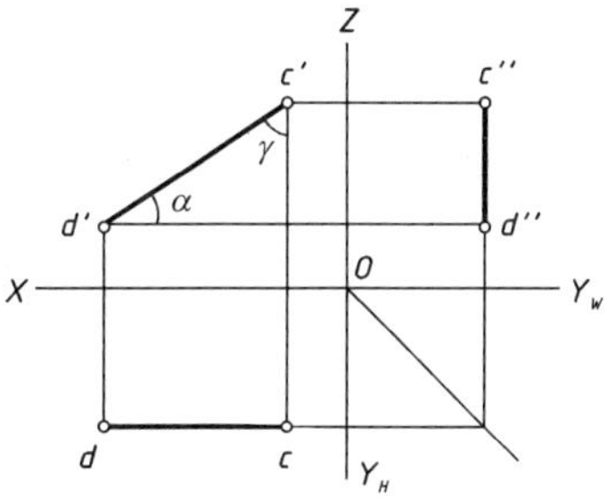	① 正面投影反映实长，与 X 轴夹角为 α，与 Z 轴夹角为 γ； ② 水平投影平行 X 轴； ③ 侧面投影平行 Z 轴

(续表)

名　称	直　观　图	投　影　图	投 影 特 性
侧平线	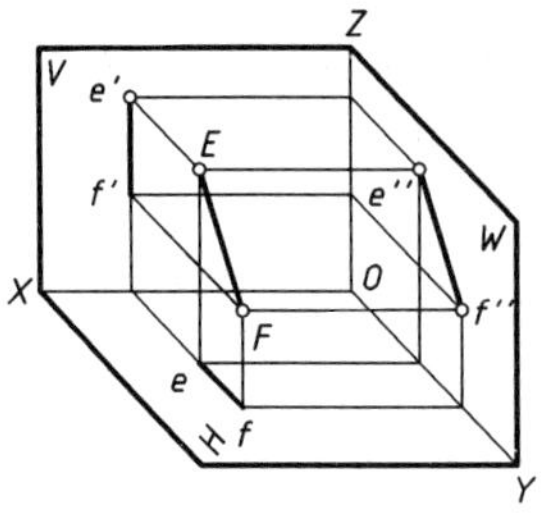	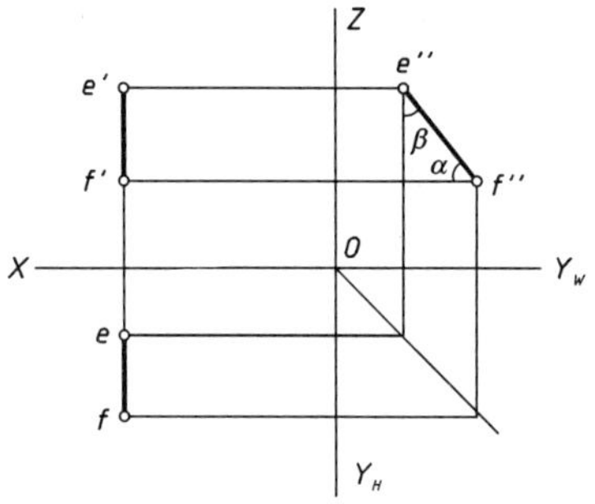	① 侧面投影反映实长,与 Y 轴夹角为 α,与 Z 轴夹角为 β; ② 正面投影平行 Z 轴; ③ 水平投影平行 Y 轴

(2) 投影面垂直线　垂直于一个投影面,并与另外两个投影面平行的直线称为投影面垂直线。包括以下三种:

① 铅垂线。垂直于 H 面,平行于 V、W 面。

② 正垂线。垂直于 V 面,平行于 H、W 面。

③ 侧垂线。垂直于 W 面,平行于 V、H 面。

投影面垂直线的投影特性是:在所垂直的投影面上积聚成一个点,另外两个投影面上的投影平行于投影轴,且反映实长。投影面垂直线的投影特性见表 2.2。

表 2.2　投影面垂直线的投影特性

名　称	直　观　图	投　影　图	投 影 特 性
铅垂线	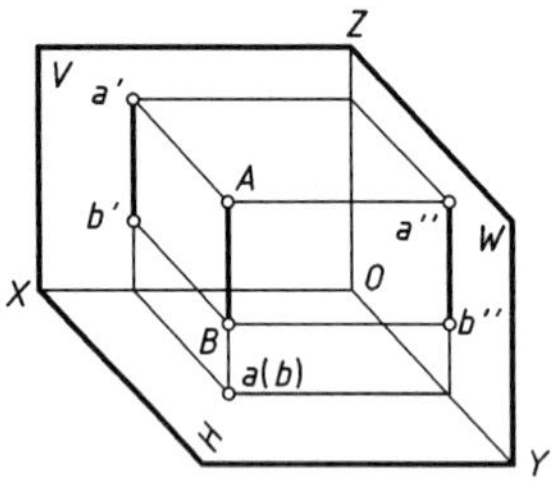	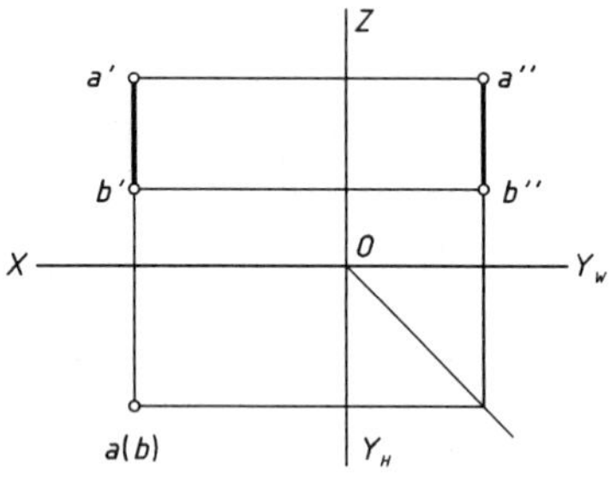	① 水平投影积聚为一点; ② 正面投影和侧面投影都平行于 Z 轴,并反映实长
正垂线	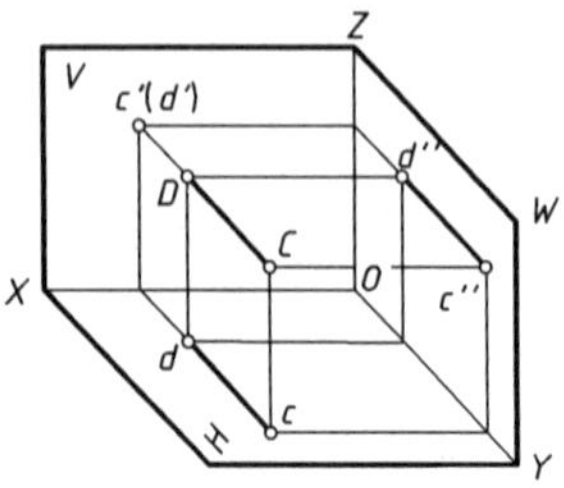	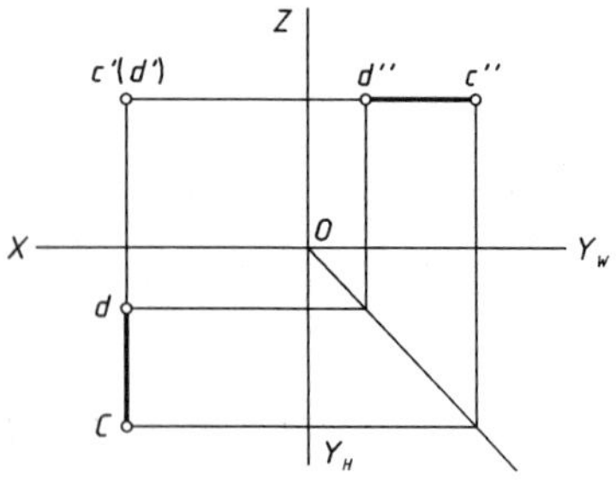	① 正面投影积聚为一点; ② 水平投影和侧面投影都平行于 Y 轴,并反映实长

（续表）

名　称	直　观　图	投　影　图	投 影 特 性
侧垂线	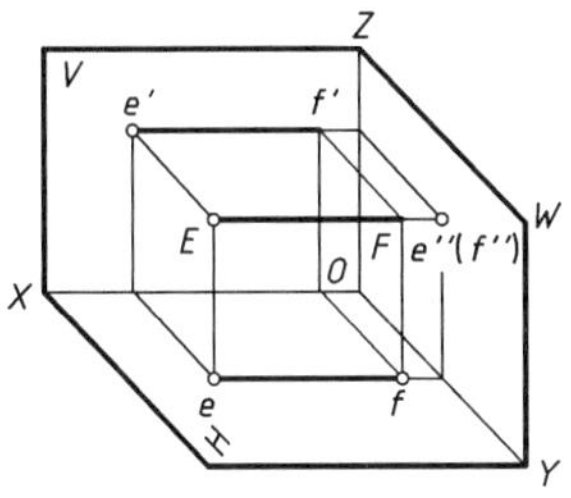	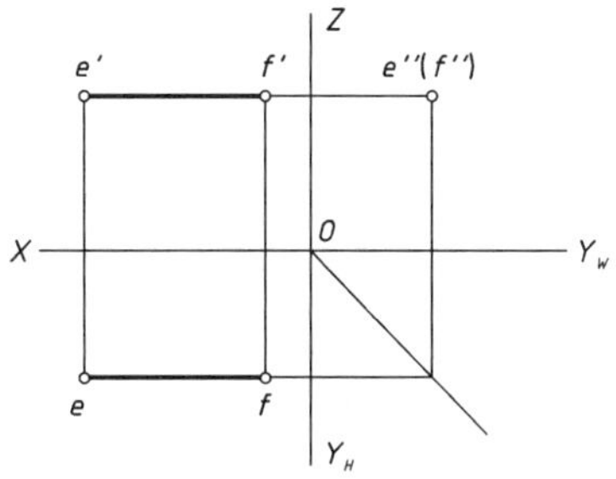	① 侧面投影积聚为一点； ② 正面投影和水平投影都平行于 X 轴，并反映实长

(3) 一般位置直线　一般位置直线与三个投影面都倾斜，因此在三个投影面上的投影都不反映实长，投影与投影轴之间的夹角也不反映直线与投影面之间的倾角，如图 2.14 所示。

2.2.2.3　一般位置直线的实长及对投影面的倾角

由上可知，一般位置直线的投影既不反映实长，又不反映对投影面的倾角。但在工程上，往往要求在投影图上用作图的方法解决这类问题。

几何分析如下：

如图 2.15(a)所示，现过 B 点作 ab 平行线，得到直角三角形 ABA_0，其中直角边 AA_0 为 A、B 两点 Z 方向的坐标差；另一直角边为直线水平投影 ab。经分析得出，直角三角形的斜边为直线 AB 的实长，实长与 ab 投影的夹角即直线对该投影面的倾角。投影图做法如图 2.15(b)所示。

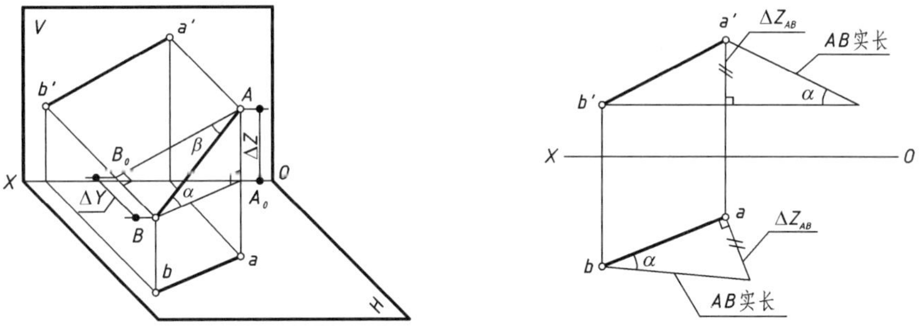

(a) 直观图　　(b) 投影图

图 2.15　直角三角形法

上述这种通过辅助作图，构成直角三角形求实长的方法称为直角三角形法。即以线段的某一投影长度为一直角边，线段两端点对该投影面的坐标差为另一直角边，作一直角三角形，其斜边等于线段的实长，斜边与投影的夹角等于线段对该投影面的倾角。

这里只要知道实长、投影、坐标差和倾角四个要素中的任意两个要素，即可求出其他两个未知要素。

例 2.3　已知直线 AB 的两面投影，如图 2.16(a)所示，求直线的实长和对水平面的倾

角 α。

在水平投影中,过点 b 作 ab 的垂线,截取垂线长度 L 等于 A、B 两点的 Z 坐标差;连接截取点和 a 即可得到 AB 的实长。实长与水平投影的夹角即为直线对水平投影面的倾角 α,如图 2.16(b)所示。

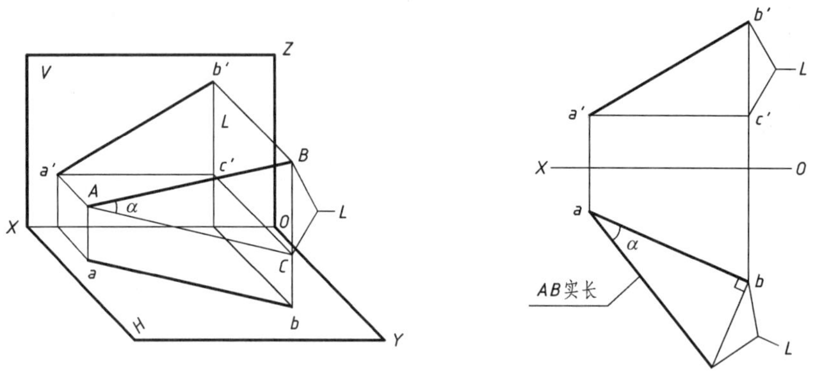

(a) 直观图　　(b) 投影图

图 2.16　求直线的实长和倾角 α

2.2.2.4　直线上的点的投影

直线上的点,其投影在直线的同面投影上,且符合点的投影规律:

(1) 从属性　点在直线上,则点的各个投影必定在该直线的同面投影上,反之若一个点的各个投影都在直线的同名投影上,则该点必定在直线上。

(2) 定比性　若点属于直线,则点分线段之比,投影之后保持不变。如图 2.17 所示,$AC:CB=ac:cb=a'c':c'b'=a''c'':c''b''$。

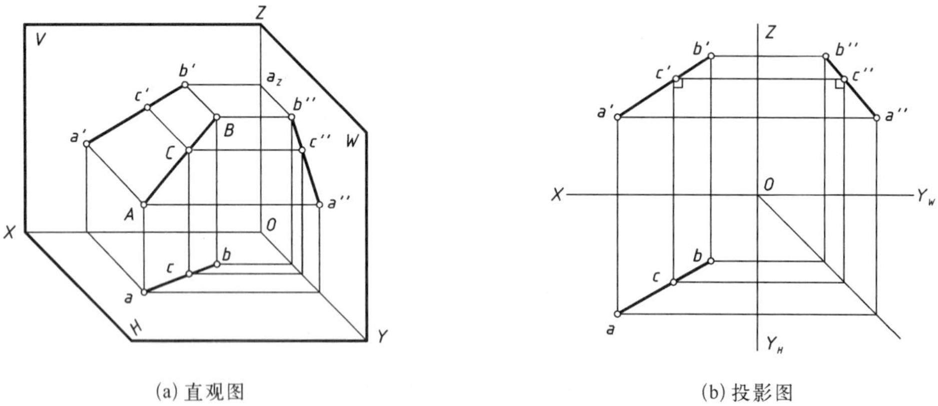

(a) 直观图　　(b) 投影图

图 2.17　直线上的点的投影

例 2.4　如图 2.18 所示,已知侧平线 AB 的两面投影以及属于 AB 的点 C 的 V 面投影 c',求 C 的 H 面投影 c。

方法一　利用第三面投影定出 c,作图步骤如下:

① 求出 AB 的侧面投影 $a''b''$,同时求出 c'',如图 2.18(a)所示;

② 根据点的投影规则,由 c'、c''对应求出 c。

方法二　利用定比关系求出 c，作图步骤如下：

① 过 a 点任作辅助线 ab_0，并截取 $ac_0=a'c'$、$c_0b_0=c'b'$，如图 2.18(b)所示；

② 连接 b_0b，并由 c_0 作 $c_0c /\!/ b_0b$、交 ab 于 c 点，即为所求。

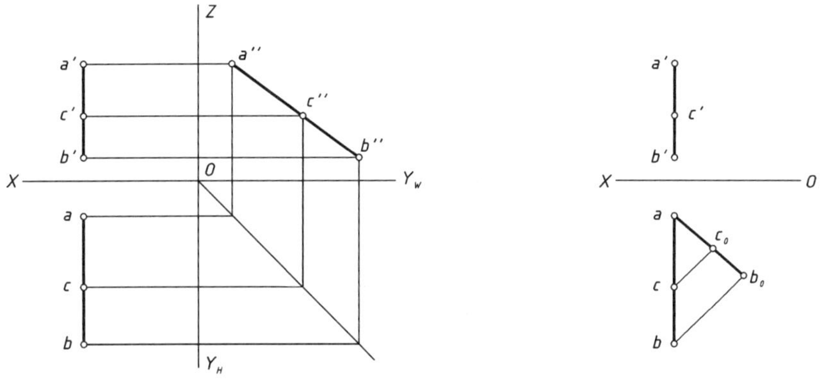

(a)　　(b)

图 2.18　求属于直线的点

2.2.2.5　**两直线的相对位置**

空间两直线的相对位置有平行、相交、交叉。前两种情况属于同一平面内的直线，简称共面线，后者为异面直线，如图 2.19 所示。

① 平行两直线的同面投影分别相互平行，且保持定比性，如图 2.19(a)所示。

② 相交两直线同面投影分别相交，且交点符合点的投影规律，如图 2.19(b)所示。

③ 既不平行又不相交的两直线，为交叉两直线，如图 2.19(c)所示。交叉两直线上的交点是重影点，不符合点的投影规律。

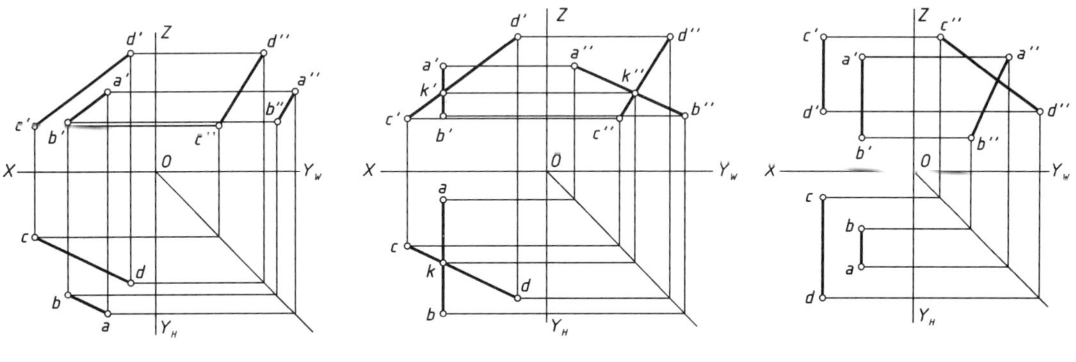

(a) 平行两直线　　(b) 相交两直线　　(c) 交叉两直线

图 2.19　两条直线的相对位置

例 2.5　判断两直线 AB 和 CD 的相对位置，如图 2.20(a)所示。

方法一　直线 AB 和 CD 的正面投影和水平投影都不平行，说明它们不是平行两直线，要判断直线 AB、CD 为相交两直线还是交叉两直线，作出两直线的第三面投影，判断第三投影有没有交点，且是否符合点的投影规律。补画投影轴，作出侧面投影后，发现点 k'' 不在 AB 侧面投影 $a''b''$ 上，故 AB、CD 为交叉两直线，如图 2.20(b)所示。

方法二　假设 AB、CD 是相交两直线,则交点 K 应分割 AB 成定比。如图 2.20(c)所示,过 a 点任作一直线 ab_0,令 $ab_0=a'b'$;在 ab_0 上截取 $ak_0=a'k'$,连接 bb_0、kk_0,因为 kk_0 不平行于 bb_0,所以 K 点不是交点,而是重影点,AB 和 CD 是交叉两直线。

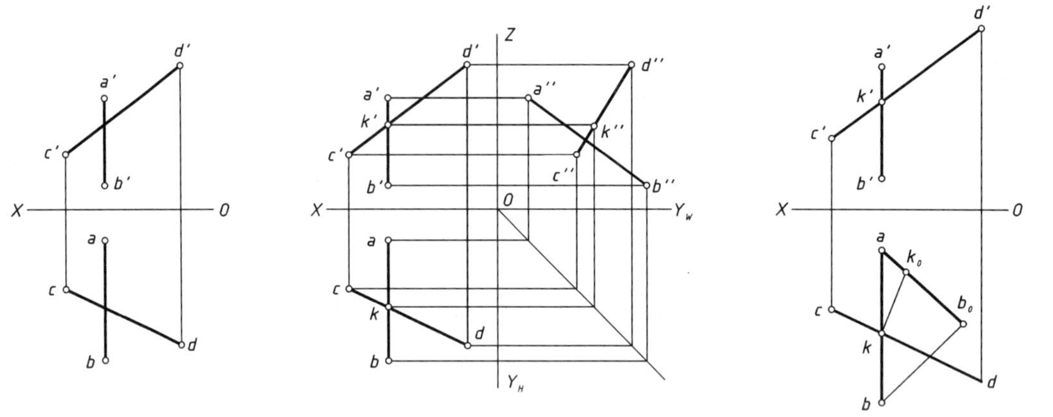

(a)　　　　(b)　　　　(c)

图 2.20　判断两直线的相对位置

2.2.3　平面的投影

2.2.3.1　平面的表示法

平面可以由下列几何元素组来决定平面在空间的位置,如图 2.21 所示:

① 不属于同一直线的三点;

② 一直线和不属于该直线的一点;

③ 相交两直线;

④ 平行两直线;

⑤ 任意平面图形。

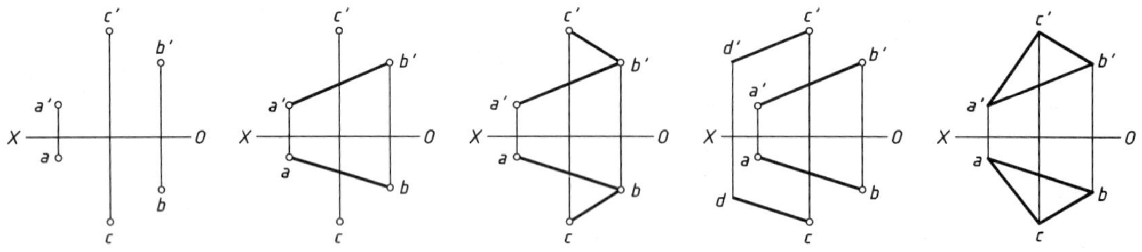

(a)　　(b)　　(c)　　(d)　　(e)

图 2.21　平面表示法

2.2.3.2　各种位置平面的投影特性

根据平面在三投影面体系中的位置,可分为投影面平行面、投影面垂直面和一般位置平面。

(1) 投影面平行面　平行于一个投影面,而垂直于另外两个投影面的平面称为投影面平行面。平面在所平行的投影面上的投影反映实形,其余的投影都是平行于投影轴的直线,见表 2.3。

表 2.3　投影面平行面的投影特性

名　称	直　观　图	投　影　图	投 影 特 性
水平面	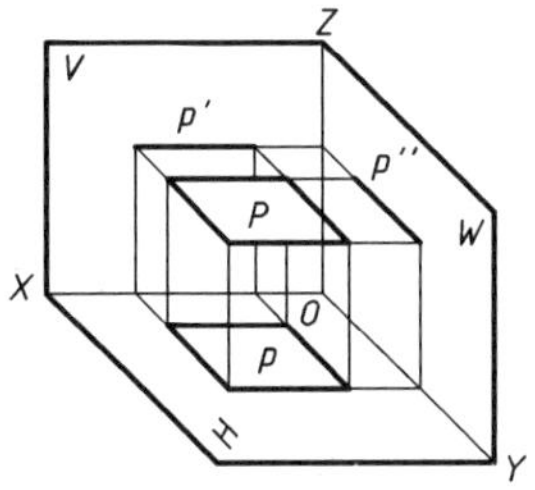	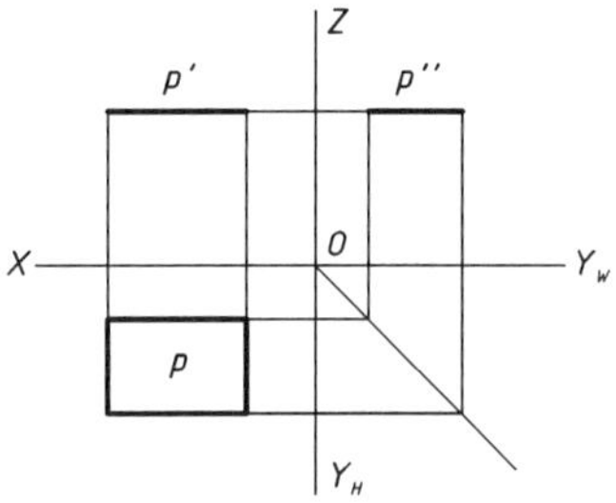	① 水平投影反映实形； ② 正面投影积聚成平行于 X 轴的直线； ③ 侧面投影积聚成平行于 Y 轴的直线
正平面	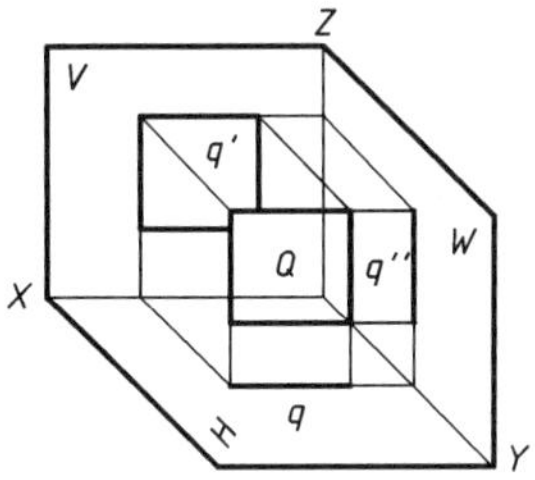	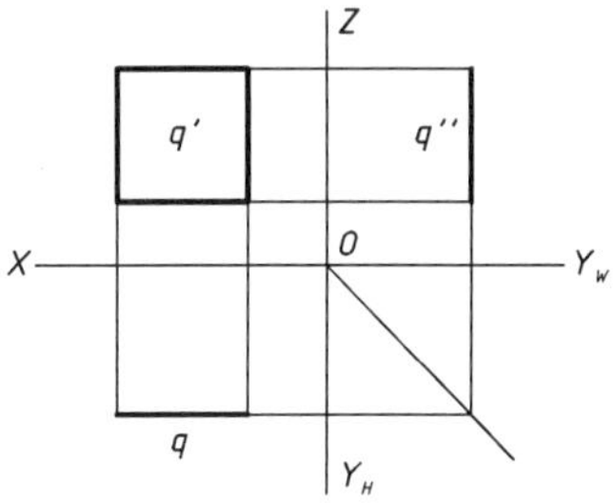	① 正面投影反映实形； ② 水平投影积聚成平行于 X 轴的直线； ③ 侧面投影积聚成平行于 Z 轴的直线
侧平面	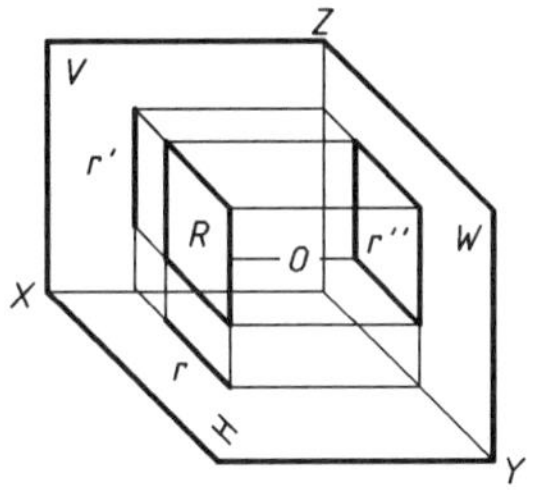	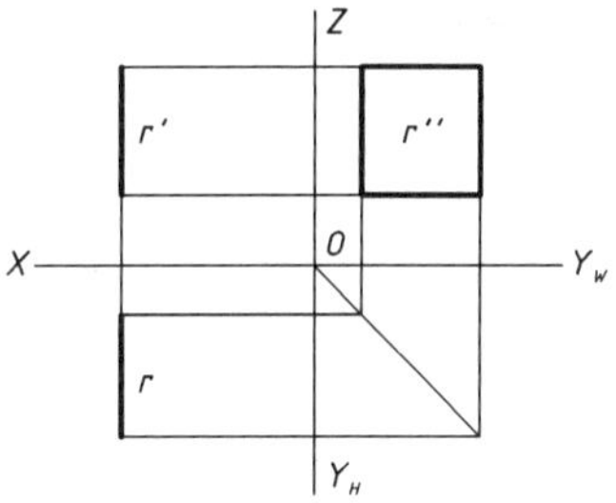	① 侧面投影反映实形； ② 正面投影积聚成平行于 Z 轴的直线； ③ 水平投影积聚成平行于 Y 轴的直线

① 水平面。平行于 H 面，垂直于 V、W 面。

② 正平面。平行于 V 面，垂直于 H、W 面。

③ 侧平面。平行于 W 面，垂直于 H、V 面。

(2) 投影面垂直面　垂直于一个投影面，而与其他两个投影面都倾斜的平面称为投影面垂直面。平面在所垂直的投影面上的投影积聚成一直线，该直线与投影轴的夹角，是该平面对另外两个投影面的真实倾角，而另外两个投影面上的投影是该平面的类似形，见表 2.4。

表 2.4　投影面垂直面的投影特性

名　称	直　观　图	投　影　图	投 影 特 性
铅垂面	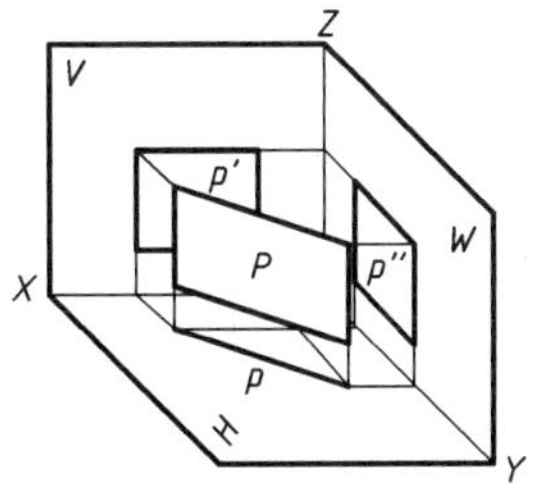	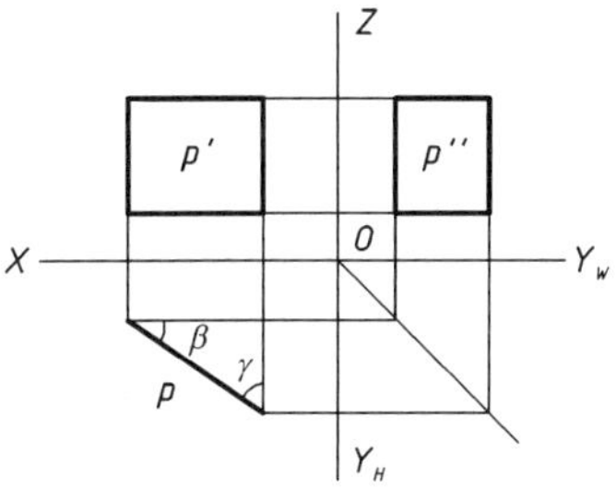	① 水平投影积聚成直线，与 X 轴夹角为 β，与 Y 轴夹角为 γ； ② 正面投影和侧面投影具有类似性

(续表)

名　称	直　观　图	投　影　图	投影特性
正垂面	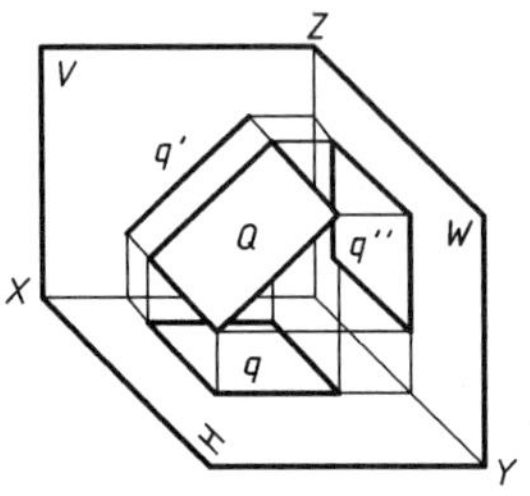	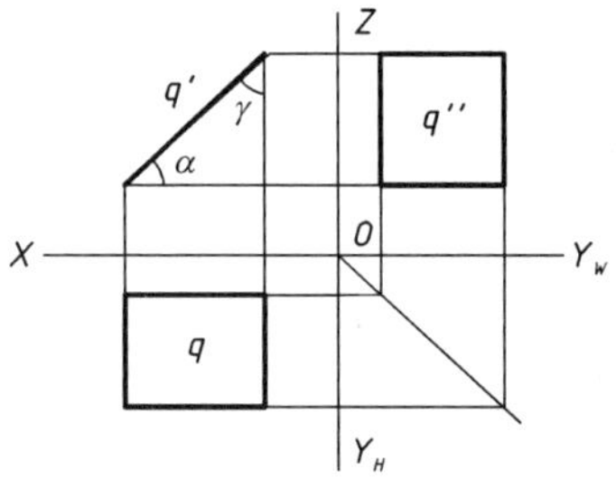	① 正面投影积聚成直线,与 X 轴夹角为 α,与 Z 轴夹角为 γ; ② 水平投影和侧面投影具有类似性
侧垂面	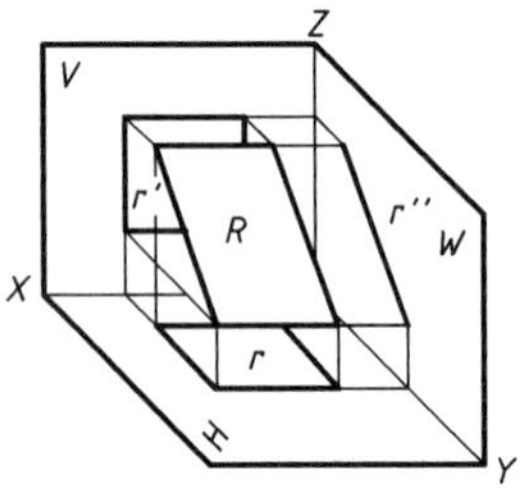	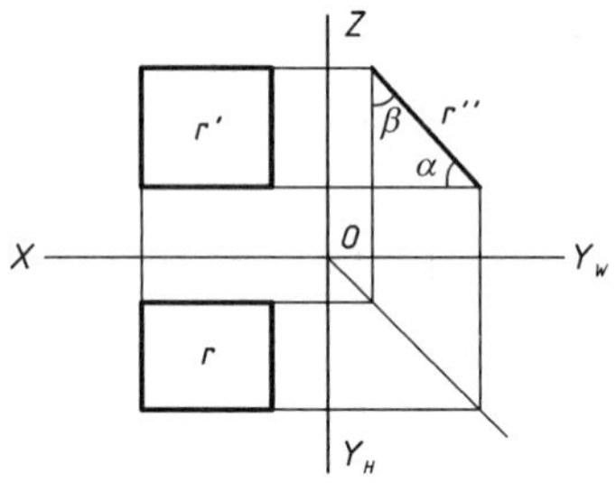	① 侧面投影积聚成直线,与 Y 轴夹角为 α,与 Z 轴夹角为 β; ② 正面投影和水平投影具有类似性

① 铅垂面。垂直于 H 面而倾斜于 V、W 面。

② 正垂面。垂直于 V 面而倾斜于 H、W 面。

③ 侧垂面。垂直于 W 面而倾斜于 V、H 面。

(3) 一般位置平面　一般位置平面与三个投影面都倾斜,因此在三个投影面上的投影都不反映实形,而是类似形,如图 2.22 所示。

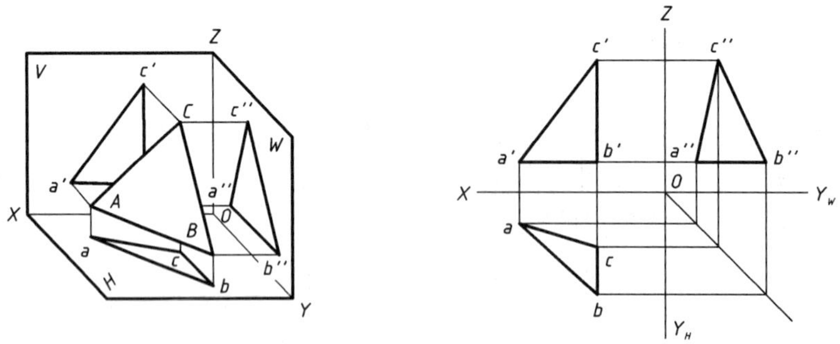

(a) 直观图　　(b) 投影图

图 2.22　一般位置平面的投影

2.2.3.3　平面上的点和直线

从几何学可知,判定点和直线在平面上的几何条件如下。

(1) 点在平面上的几何条件　如果点在平面内的任一直线上,则点一定在该平面上。因此要在平面内取点,必须过点在平面内取一条已知直线,如图 2.23(a)所示。

(2) 直线在平面上的几何条件

① 一直线经过平面上两点,则该直线一定在已知平面上,如图 2.23(b)所示。

② 一直线经过平面上一点且平行于平面上的另一已知直线,则此直线一定在该平面上,如图 2.23(c)所示。

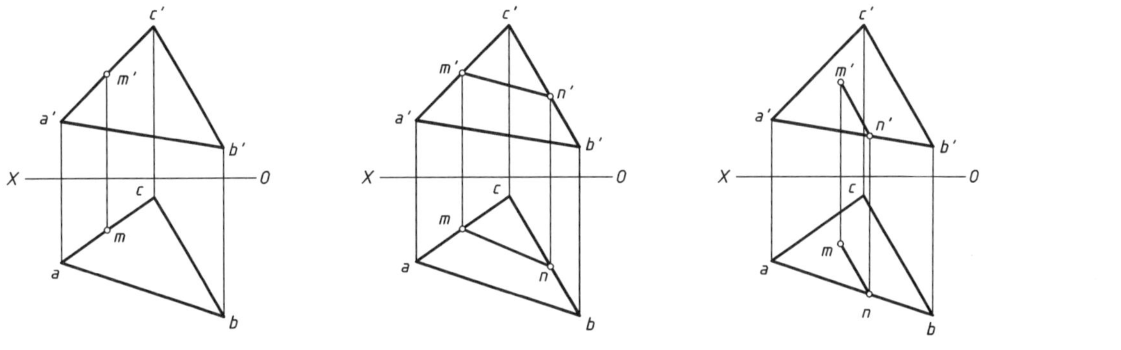

(a) 点在直线上　　(b) 直线过平面上两已知点　　(c) 过一点且平行于另一直线

图 2.23　平面内取点、取直线

例 2.6　求平面 ABC 上点 K 的正面投影,如图 2.24(a)所示。

点 K 在平面 ABC 上,则点 K 在平面 ABC 内的一条直线上,过点 K 作平面内直线,求得该直线的正面投影,然后根据点 K 在线上,正面投影在直线的同面投影上求得。

方法一　如图 2.24(b)所示。

① 连接水平投影 a 和 k,并延长与直线 bc 相交于 1。

② 在 BC 的正面投影 $b'c'$ 上找到 $1'$,连接 $a'1'$,则 $A1$ 是平面 ABC 上的直线。

③ 过 k 向上作投影连线与 $a'1'$ 相交于 k',即为所求点 K 的正面投影。

方法二　如图 2.24(c)所示。

① 过 k 作 $k1 /\!/ ac$,与 bc 相交于 1,在 $b'c'$ 上求得 1 的正面投影 $1'$。

② 过 $1'$ 作 $1'k' /\!/ a'c'$,与过 k 点的投影连线相交于 k',k' 即为所求。

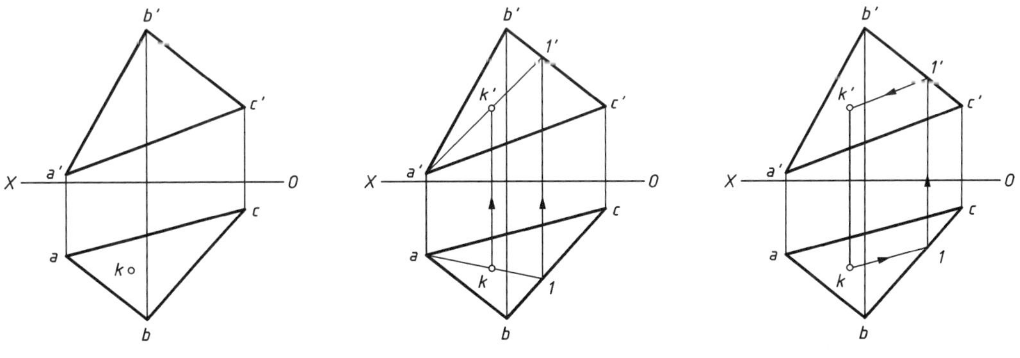

(a) 已知条件　　(b) 作图方法一　　(c) 作图方法二

图 2.24　求平面上点 K 的正面投影

平面上平行于投影面的直线,称为平面上的投影面平行线。

例 2.7　在平面 ABC 内作一条水平线,使其到 H 面距离为 10 mm,如图 2.25(a)所示。

在正面投影上作到投影轴的距离为 10 mm,且平行于投影轴的直线 $m'n'$,与 AC 和 BC

的正面投影分别相交于 m'、n'，在 ac 和 bc 求得 m'、n' 的水平投影 m、n，连接 mn 即为所求，如图 2.25(b)所示。

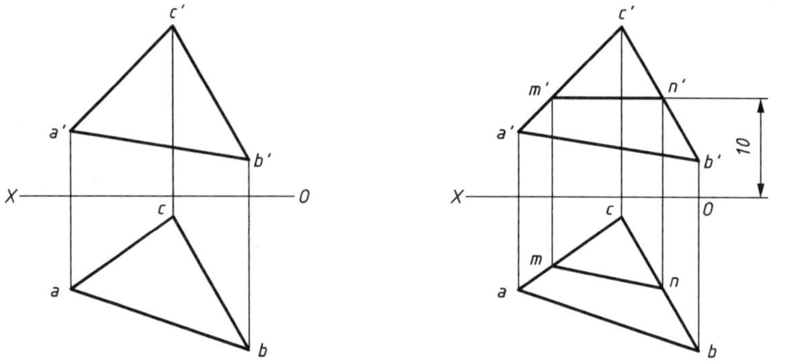

(a) 已知条件 (b) 投影作图

图 2.25 平面内投影面平行线做法

2.3 直线与平面、平面与平面的相对位置

2.3.1 平行

2.3.1.1 直线与平面互相平行

若一直线平行于平面上的任一直线，则此直线必定与该平面平行。

例 2.8 过点 M 作正平线与平面 ABC 平行，如图 2.26(a)所示。

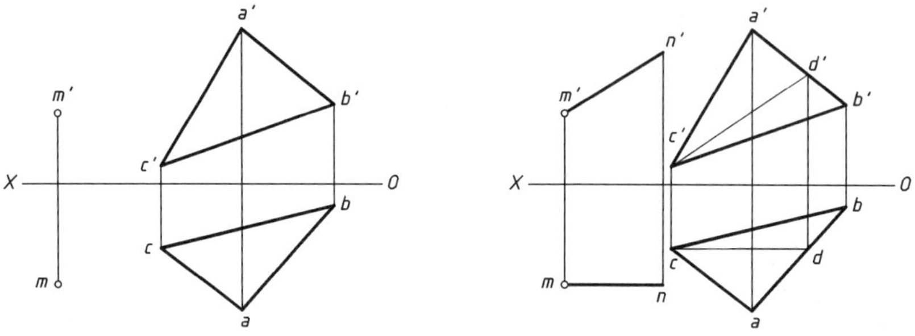

(a) 已知条件 (b) 投影作图

图 2.26 过点 *M* 作正平线与平面 *ABC* 平行

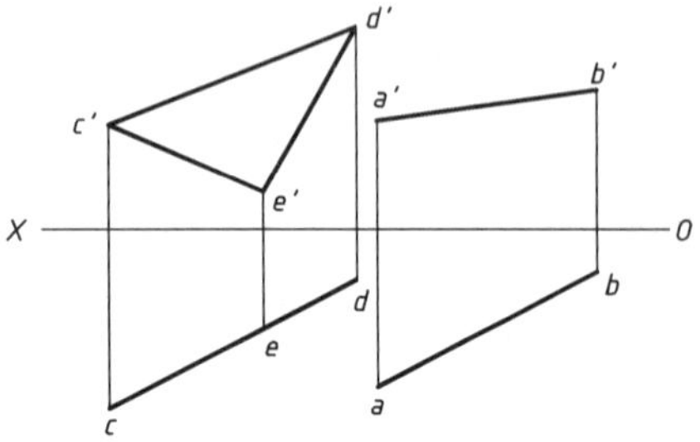

图 2.27 直线与投影面垂直面平行

过 c 作 $cd /\!/ OX$，与 ab 相交于 d 点，在 $a'b'$ 求得 d'，连接 $c'd'$；过 m、m' 分别作 $mn /\!/ cd$、$m'n' /\!/ c'd'$，连线 nn'，MN 即为所求线段，如图 2.26(b)所示。

如果直线与投影面垂直面平行，则在该平面所垂直的投影面上，直线的投影平行于平面的积聚性投影，如图 2.27 所示。

2.3.1.2　两平面平行

若一平面上相交两直线，对应地平行于另一平面上的相交两直线，则两平面互相平行。

例 2.9　已知如图 2.28(a)所示点 K 和$\triangle ABC$ 的两面投影，过点 K 作平面平行于$\triangle ABC$。

过点 k、k'分别作 $de \parallel ac$、$d'e' \parallel a'c'$，以及作 $fg \parallel ab$、$f'g' \parallel a'b'$，相交两直线 DE、FG 即为所求，如图 2.28(b)所示。

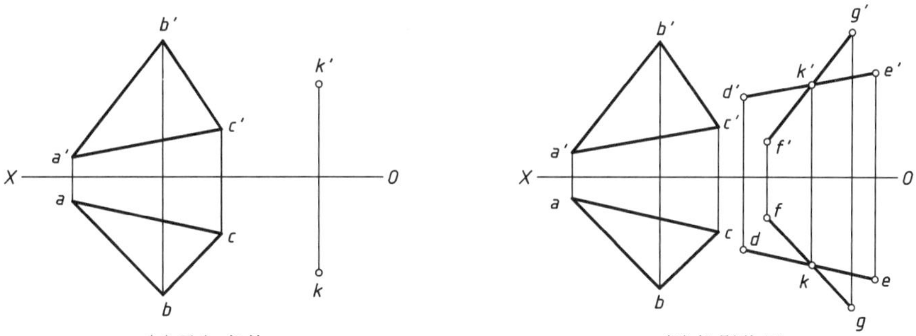

(a) 已知条件　　(b) 投影作图

图 2.28　过点 K 作平面平行于$\triangle ABC$

当两平面同时垂直于某一个投影面，它们的积聚投影互相平行，即可判定两平面平行，如图 2.29 所示。

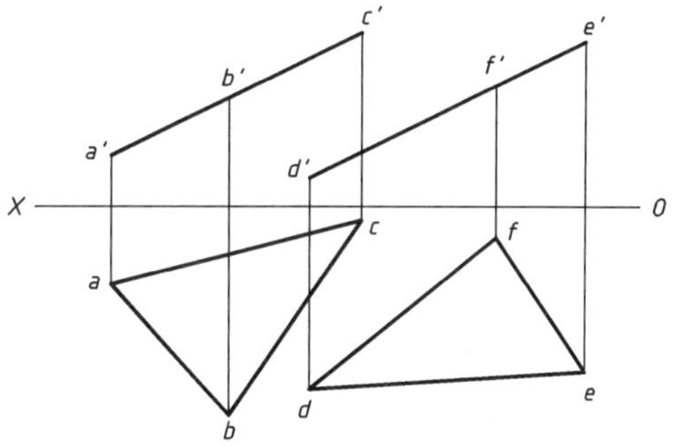

图 2.29　平面与投影面垂直面平行

2.3.2　直线与平面相交、平面与平面相交

直线与平面相交、平面与平面相交，其关键问题是求交点和交线，并判别可见性。实质是求直线与平面的共有点、两平面的共有线。同时，它们也是可见与不可见的分界点、分界线。

2.3.2.1　直线与特殊位置平面相交

由于平面有积聚投影，所以交点的一个投影可直接求出，而交点的其他投影可利用直线上取点的方法求得。

例 2.10　如图 2.30 所示，求直线 MN 与铅垂面 $BCDE$ 的交点 A，并判别可见性。

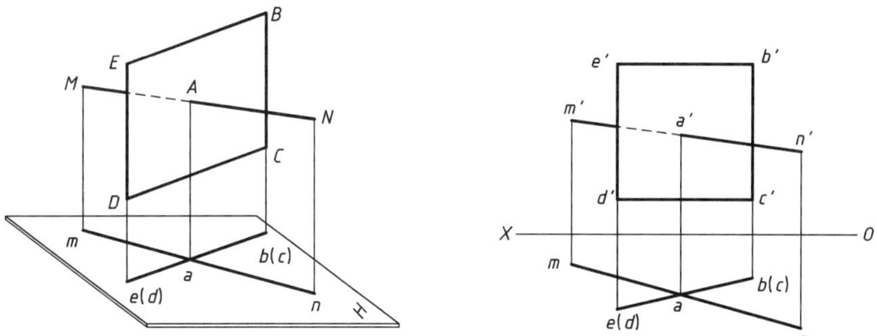

(a) 已知条件　　(b) 作图结果

图 2.30　直线与平面相交(一)

① 如图 2.30(a)所示,线面交点 A 的水平投影 a 是 H 面上的唯一共有点,可直接求得。定交点 A 的水平投影 a,求出 $a'\in m'n'$。

② 可见性分析:由水平投影可看出,an 在 $bcde$ 之前,所以 $a'n'$ 可见,画粗实线;与平面重影的部分不可见,用虚线表示,如图 2.30(b)所示。

例 2.11 如图 2.31(a)所示,求铅垂线 AB 与一般位置平面 CDE 的交点。

因 AB 的水平投影积聚为一点,故交点 K 的水平投影与 $a(b)$ 重合。

① 连接 ca 并延长与 de 相交于点 1,交点 1 在 DE 上,在 $d'e'$ 上找到 $1'$。

② 连接 $c'1'$ 与 $a'b'$ 相交于点 k'。

③ 判别可见性:cd 在 $a(b)$ 前边,所以 $a'k'$ 不全可见,完成作图,如图 2.31(b)所示。

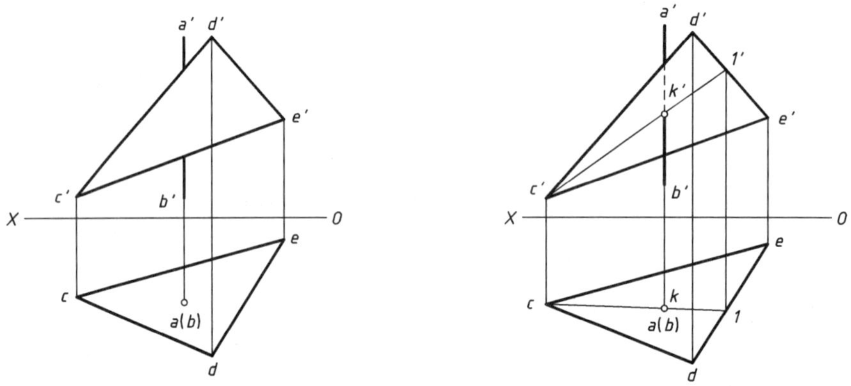

(a) 已知条件 (b) 求交点并判别可见性

图 2.31 直线与平面相交(二)

2.3.2.2 特殊位置平面与平面相交

交线是可见性分界线,重影部分不可见,用虚线画出。

例 2.12 如图 2.32(a)所示,求铅垂面 DEF 与一般位置平面 ABC 的交线。

① 求出一般位置直线 AC 和 BC 与铅垂面 DEF 的交点,得交线的水平投影 mn。

② 在 $a'c'$ 和 $b'c'$ 上分别求得 m'、n',连接 $m'n'$ 得交线的正面投影。

③ 判别可见性:在 BC 和 DE 正面投影的重影点 $1'$、$2'$,分别找出其水平投影 1、2,1 在

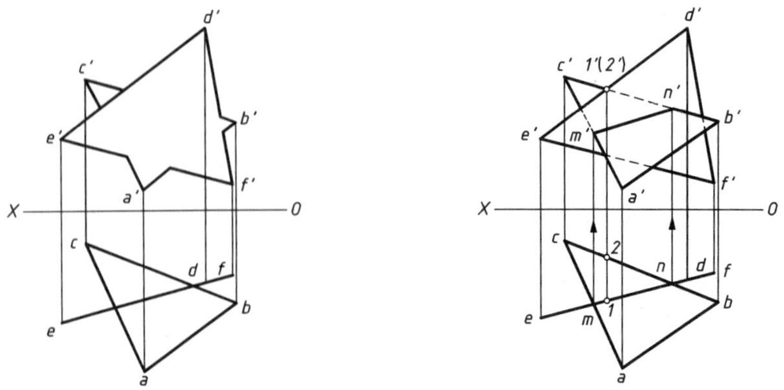

(a) 已知条件 (b) 投影作图

图 2.32 铅垂面与一般位置平面相交

前，即 DE 上的点 1 可见，BC 上的点 2 不可见。以交线 mn 分界，交线的左边，DEF 可见，ABC不可见；交线的右边则 ABC 可见，DEF 不可见，如图 2.32(b)所示。

2.3.2.3　两投影面垂直面相交求交线

两个正垂面的交线是一条正垂线；两个铅垂面的交线是一条铅垂线；两个侧垂面的交线是一条侧垂线。两平面积聚性投影的交点就是交线的积聚性投影。

例 2.13　如图 2.33(a)所示，求正垂面 ABC 与正垂面 DEF 的交线。

① 找到两正垂面正面投影的交点 $m'n'$。

② 过交点 $m'n'$向下作投影连线，找到两平面的公共交线 mn，从 mn 水平投影判断，m'可见，n'不可见，因此正面投影应该是 $m'(n')$。

③ 判别水平投影中 mc 和 fn 的可见性，从重影点 1、2 的正面投影可知 1 点可见，2 点不可见，即 $m1$ 可见，$n2$ 不可见。交线 mn 的左边，平面 DEF 上的点可见、画粗实线，平面 ABC上的点不可见、画虚线，如图 2.33(b)所示。

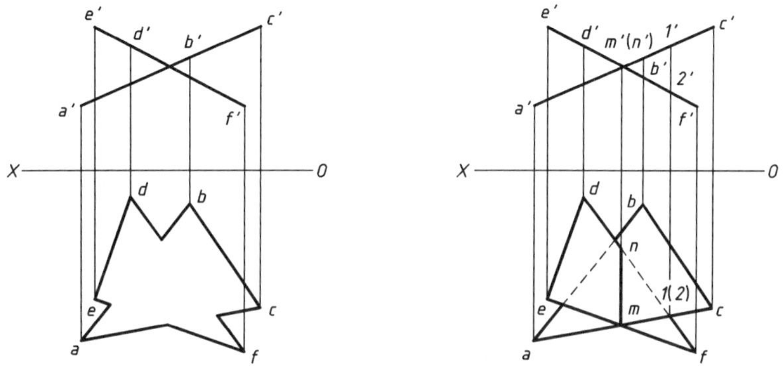

(a) 已知条件　　(b) 投影作图

图 2.33　两正垂面的相交

2.3.3　直线与平面垂直、平面与平面垂直

2.3.3.1　直线垂直于平面

如果一直线垂直于平面内任意两条相交直线，则直线与平面相互垂直。

若一直线垂直于一平面，则该直线的水平投影必垂直于平面上水平线的水平投影，直线的正面投影必垂直于平面上正平线的正面投影，直线的侧面投影必垂直于平面上侧平线的侧面投影。反之，可判断直线与空间平面垂直。

例 2.14　如图 2.34(a)所示，过点 A 作直线 AB 垂直于正垂面$\triangle DEF$，交$\triangle DEF$ 于点 B。

正垂面的垂直线是一条正平线。

① 过 a'作一垂线垂直 $e'd'f'$，垂足为 b'。

② 过 a 作OX 轴的平行线ab，与过 b'的投影连线相交于b，AB 即为所求，如图 2.34(b)所示。

2.3.3.2　平面垂直于平面

一直线垂直于一平面时，包含这条直线所作的所有平面都垂直于该已知平面。

如果两个平面相互垂直，则一个平面上必然包括另一个平面的一条垂线。若相互垂直的两个平面均垂直于同一个投影面，则它们的积聚性投影相互垂直，如图 2.35 所示。

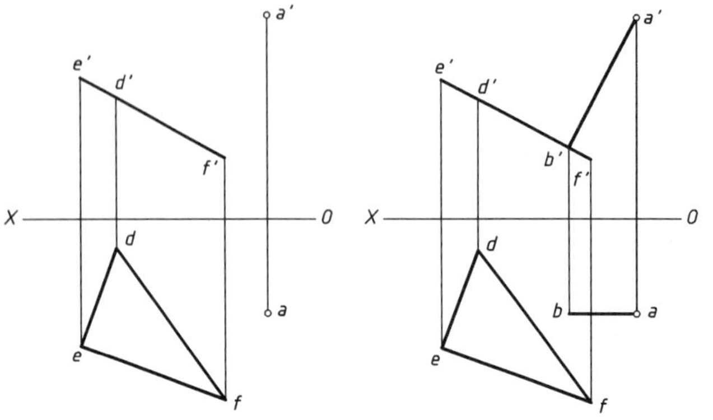

(a) 已知条件　　(b) 投影作图

图 2.34　过点 *A* 作直线垂直于△*DEF*

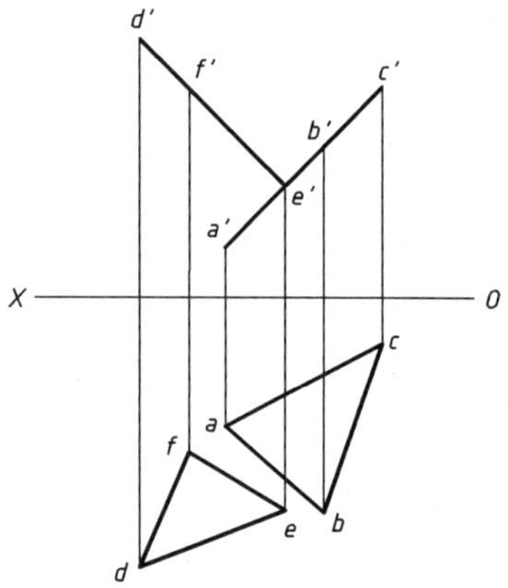

图 2.35　两正垂面△*ABC* 和△*DEF* 垂直

2.4　基本立体的投影

根据机器零件的功用不同,设计的结构形状和复杂程度也不同。但是,无论多么复杂的零件都可以看作由一些简单的基本几何体组成。要看懂复杂形体的图样,首先要学习、掌握基本几何体的投影特点和图样画法。

基本几何体按其表面性质可分为两类:平面立体和曲面立体。

(1) 平面立体　指表面都是由平面组成的立体,如棱柱、棱锥,如图 2.36(a)所示。

(2) 曲面立体　指表面由曲面与平面或由曲面组成的立体,如圆柱、圆锥、球等,如图 2.36(b)所示。

(a)　　(b)

图 2.36　常见的基本立体

2.4.1　平面立体的投影

平面立体由若干多边形围成,因此绘制平面立体的投影,也就是绘制它所有多边形表面的投影,即可以认为绘制这些多边形的边和顶点的投影。

2.4.1.1　棱柱的投影

1) 棱柱的特点

棱柱由两个底面和若干个侧棱面组成,侧棱线与底面垂直的棱柱称为直棱柱,上、下底面均为正多边形的直棱柱称为正棱柱。

2) 正六棱柱的投影图

(1) 投影分析　如图 2.37(a)所示,正六棱柱是由上、下底面和六个侧棱面所围成。上、下底面为水平面,水平投影反映实形,正面投影和侧面投影积聚成平行于相应投影轴的直线;六个侧面中,前、后两个棱面为正平面,正面投影反映实形,侧面投影积聚成平行于投影轴的直线;其余四个棱面均为铅垂面,水平投影积聚成直线。

(2) 正六棱柱的画图方法

① 画对称中心线。

② 画出反映顶面、底面实形(正六边形)的水平投影。

③ 根据棱柱的高度,按三面投影关系画出其余两投影图,如图 2.37(b)所示。

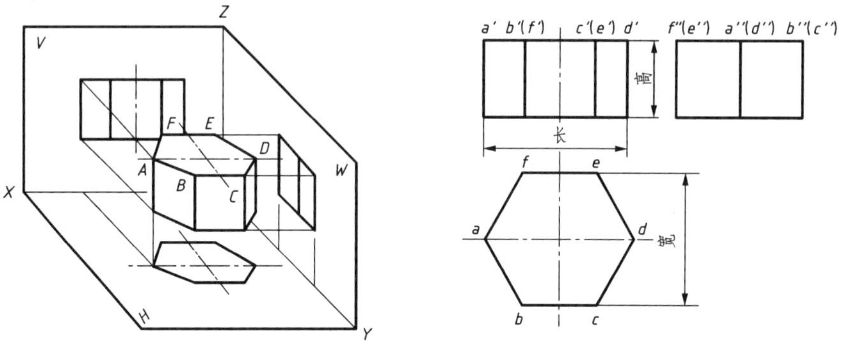

(a) 直观图　　(b) 三视图

图 2.37　正六棱柱的投影图

根据正投影的特点,物体在三投影面体系中,距离投影面的远近并不影响物体投影的大小,因此基本几何形体的三面投影可以不画投影轴,但要遵循三面投影之间的这种关系即"三等"关系:

正面投影与水平投影的长度相等,即长对正;

正面投影与侧面投影的高度相等,即高平齐;

水平投影与侧面投影的宽度相等,即宽相等。

2.4.1.2　棱锥的投影

1) 棱锥的特点

棱锥由一个多边形底面和若干个具有公共顶点的三角形组成,各侧棱线交汇于锥顶。底面为正多边形,各侧棱面为等腰三角形的棱锥称为正棱锥。

2) 正三棱锥的投影图

(1) 投影分析　如图 2.38(a)所示,正三棱锥底面$\triangle ABC$呈水平放置,水平投影$\triangle abc$

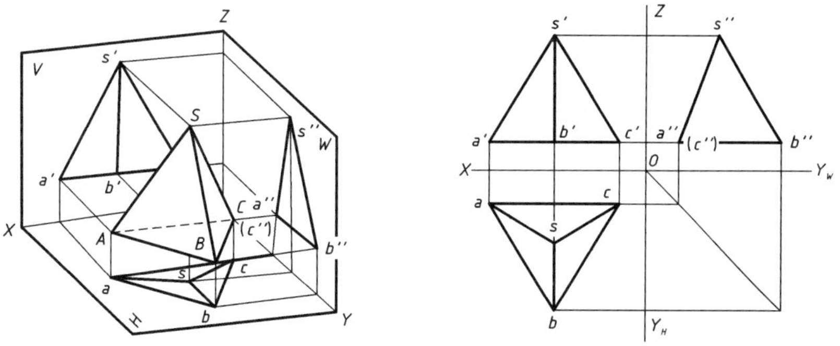

(a) 直观图　　(b) 三视图

图 2.38　正三棱锥的投影图

反映实形。棱面△*SAB*、△*SBC* 是倾斜面，它们的各个投影均为类似形，棱面△*SAC* 为侧垂面，其 *W* 面投影 $s''a''(c'')$ 积聚为一直线。

(2) 正三棱锥的画图方法

① 画反映实形的底面的水平投影。

② 画底面的正面投影和侧面投影。

③ 画锥顶的三面投影。

④ 画棱线的三面投影，如图 2.38(b)所示。

2.4.1.3　平面立体表面取点

在平面立体表面上取点，其原理和方法与在平面上取点相同。

(1) 正六棱柱上表面取点　如图 2.39 所示，正六棱柱的各个表面都处于特殊位置，因此，在其表面上取点均可利用平面投影积聚性，求解时注意水平投影和侧面投影的 *Y* 值要相等。可见性的判断方法是面可见，点则可见，反之不可见。

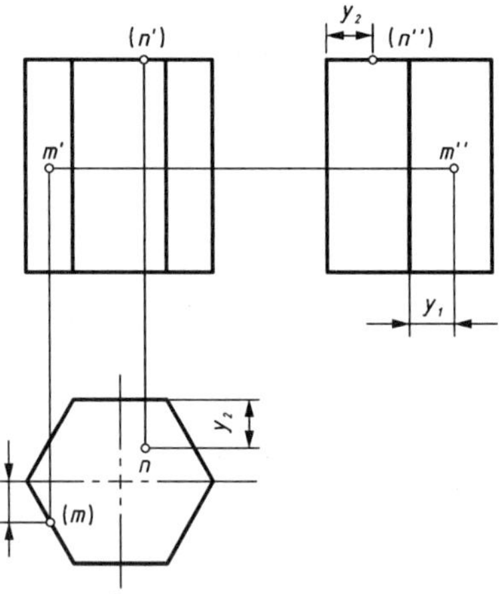

图 2.39　正六棱柱表面取点

(2) 棱锥上表面取点　在棱锥锥面上取点，可采用过锥顶作辅助线法，如图 2.40(a)所示；也可过点在锥面上作底边的平行线，如图 2.40(b)所示；或者过点作任意辅助直线求解，如图 2.40(c)所示。

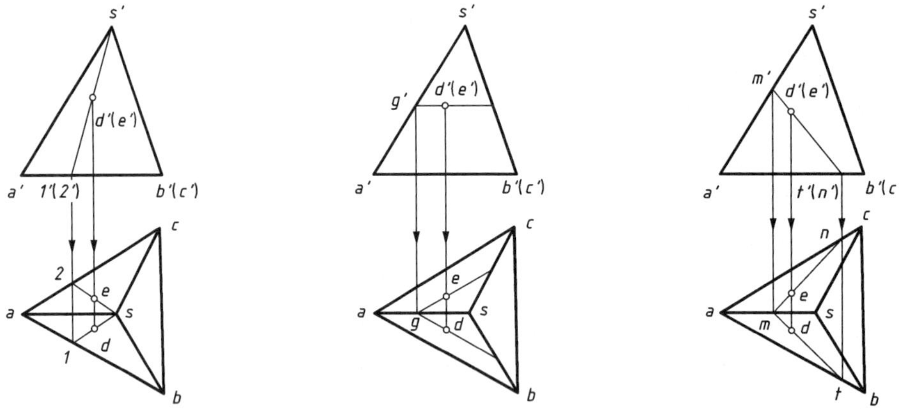

(a) 过锥顶　　(b) 平行底边　　(c) 任意直线

图 2.40　三棱锥表面上点的投影

2.4.2　曲面立体的投影

曲面是一动线在空间运动的轨迹。该动线称为母线，母线处于曲面上任一位置时称为素线。母线绕轴线旋转形成回转面，回转面上的任一点处垂直于轴线的圆称为纬圆。

2.4.2.1　圆柱

圆柱表面由底面和圆柱面组成。圆柱面是由一条直母线绕与之平行的轴线回转一周而成的，如图 2.41(a)所示。

(1) 圆柱的投影图　如图 2.41(b)所示，将圆柱体轴线垂直于 *H* 面放置，分别将其向三投影面进行投影，即可得到圆柱体的三个投影，圆柱的圆柱面的水平投影积聚为圆，这个圆也是圆柱上、下底面在 H 面的投影，反映底面(圆)的实形。圆柱的正面投影和侧面投影为矩形。矩形的上、下两条水平线为圆柱上、下底面水平圆的投影；将三投影面展开可得到圆柱的三面投影，如图 2.41(c)所示。

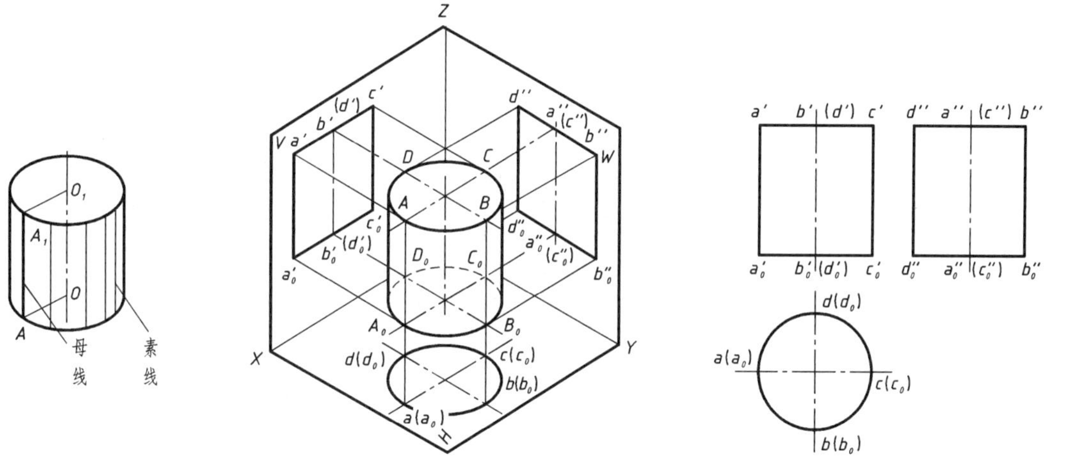

(a) 立体图　　(b) 直观图　　(c) 投影图

图 2.41　圆柱的投影

(2) 圆柱表面上取点　在圆柱表面取点可以利用其投影的积聚性来作图。如图 2.42 所示，圆柱面上有两点 M 和 N，已知 V 面投影 n' 和 m'，且为可见，求另外两投影。

由于点 N 在圆柱最左边的素线上，其另外两投影可直接求出；而点 M 可利用圆柱面有积聚性的投影，先求出点 M 在 H 面的投影 m，再由 m 和 m' 求出 m''。点 M 在圆柱面的前右半部分，故其 W 面投影 m'' 为不可见。

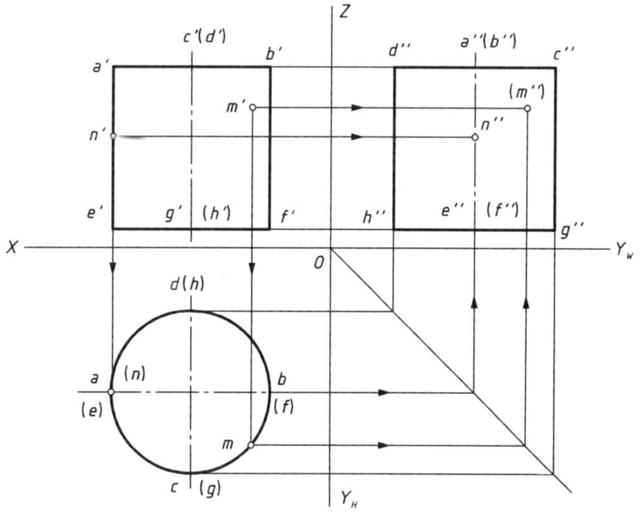

图 2.42　圆柱体表面取点

2.4.2.2　圆锥

圆锥由底面、圆锥面组成。圆锥面是由一条直母线绕与其相交的轴线回转形成的，如图 2.43(a)所示。

(1) 圆锥的投影图　如图 2.43(b)所示,将圆锥轴线垂直水平投影面,分别向三投影面进行投影,圆锥面的三个投影都没有积聚性。锥底的水平投影为圆,正面和侧面投影积聚为水平线;锥面的水平投影为圆,正面和侧面投影为三角形,三角形的两条斜边为锥面的外形线。将三投影面展开可得到圆锥的三面投影图,如图 2.43(c)所示。

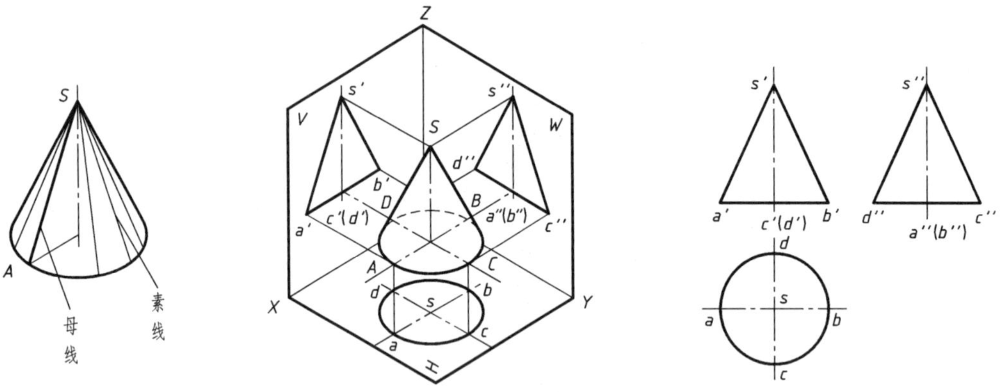

(a) 立体图　　(b) 直观图　　(c) 投影图

图 2.43　圆锥的投影

(2) 圆锥表面上取点　圆锥表面上取点的方法有两种:素线法和纬圆法,如图 2.44 所示。

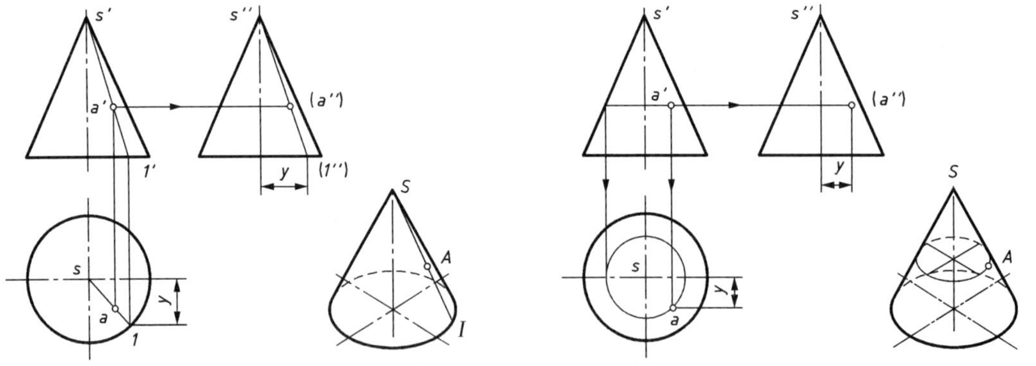

(a) 素线法　　(b) 纬圆法

图 2.44　圆锥体表面上点的投影

方法一　如图 2.44(a)所示,已知圆锥表面上点 A 的正面投影 a',作另外两个投影。过 a' 作素线 $s'1'$ 为辅助线(即圆锥面上素线 SⅠ 的正面投影),再作出 SⅠ 的水平投影 $s1$ 和侧面投影 $s''1''$,点 a 和 a'' 必分别在 $s1$ 和 $s''1''$ 上。

方法二　如图 2.44(b)所示,过点 A 在锥面上作一水平辅助圆,该圆与圆锥的轴线垂直,称此圆为纬圆。

点 A 的投影必在纬圆的同面投影上。过点 a' 作水平线为纬圆正面投影的积聚线。该线与轴线和正视转向轮廓线的投影相交,两点间的长度即为纬圆的直径,由此画出纬圆的水平投影。因点 A 在前半锥面上,故由 a' 向下引直线交于前半圆周一点即为 a,再由 a' 和 a 求出 (a'')。

2.4.2.3　圆球

球表面是球面，球面是一个圆母线绕过圆心且绕同一平面上轴线旋转形成的，如图 2.45(a)所示。

(1) 圆球的投影图　如图 2.45(b)所示，圆球的三面投影是与圆球直径相同的三个圆，这三个圆分别代表三个不同方向球的轮廓的素线圆投影。正面投影的圆是球面上平行于 V 面的圆的投影，也是前、后两半球面可见与不可见的分界线；水平投影中的圆，是球面上平行于 H 面的圆的投影，也是上、下两半球面的可见与不可见的分界线；侧面投影中的圆，是球面上平行于 W 面的圆的投影，也是左、右两半球面的可见与不可见的分界线。

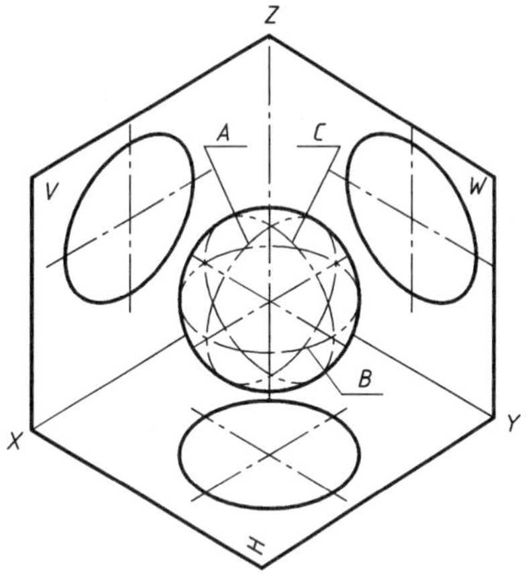

(a) 直观图

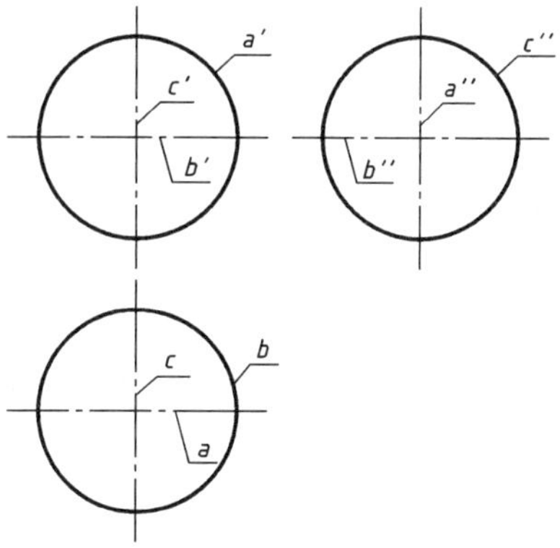

(b) 投影图

图 2.45　圆球的投影

(2) 圆球表面上取点　由于圆球是最特殊的回转面，过球心的任意一直径都可以作为回转轴作无数个圆。为了作图简便，求属于圆球表面上的点，常利用过该点作一个平行于任一投影面的纬圆。如图 2.46(a)所示，已知球面上 A、B 两点的一个投影，作点的另两面投影。

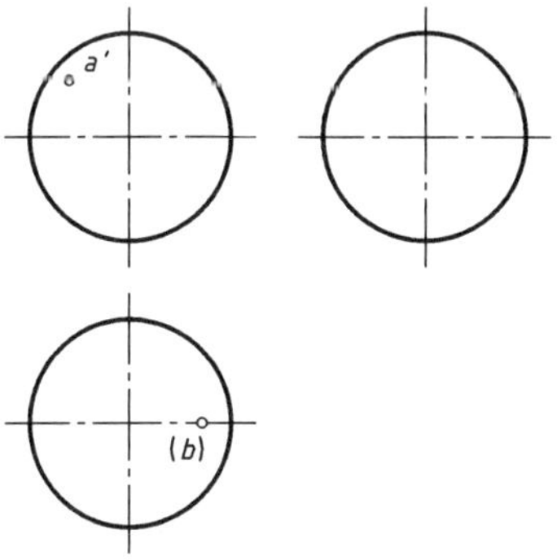

(a)

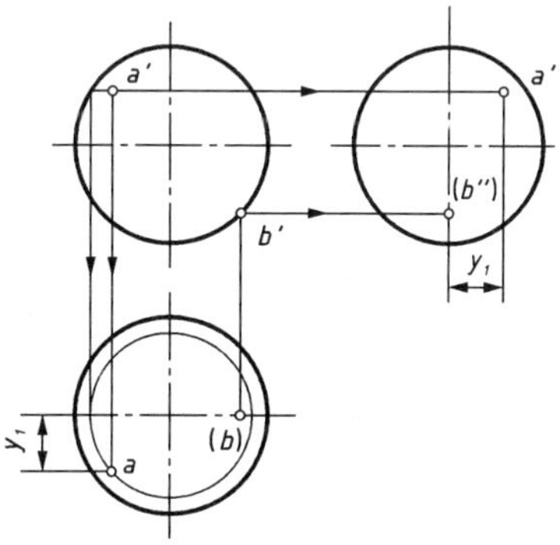

(b)

图 2.46　球体表面上点的投影

首先过 a'作水平圆(纬圆)的正面投影和水平投影；点 A 就在此水平圆(纬圆)上，并且由 a'判断点 A 在前半球面，由此根据投影关系，求得 a 和 a''，由于点 A 在左半球上，所以 a'' 可见。

由(b)的位置判断，B 点在右半球下方，过(b)作投影连线，求得大圆下部的 b'；由(b)和 b'求出(b'')，如图 2.46(b)所示。

2.5 立体表面的交线

机件上常见到两种交线：一种是平面与立体相交而产生的交线，称为截交线；另一种是立体与立体相交而产生的交线，称为相贯线。

2.5.1 截交线

2.5.1.1 概述

平面截切立体，在立体表面上产生的交线，称为截交线。用以截切立体的平面称为截平面，截交线围成的图形称为截断面，如图 2.47 所示。

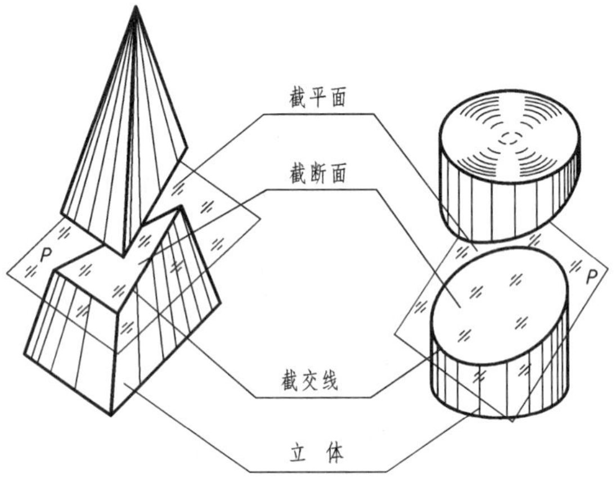

图 2.47 截交线

截交线的基本性质如下：

① 封闭性：截交线是封闭的平面图形。

② 共有性：截交线是截平面与立体表面的共有线，截交线上的点也是截平面和立体表面的共有点。

③ 截交线的形状取决于立体表面的形状和截平面与立体的相对位置。

2.5.1.2 求截交线的方法

因为截交线是截平面与立体表面的共有线，所以求截交线的实质，就是求出截平面与立体表面的共有点、共有线的问题。

1) 平面与平面立体相交

平面与平面立体相交所产生的截交线是一个封闭的平面多边形，多边形的每一条边是截平面与平面立体一个表面的交线，多边形的顶点是截平面与平面立体的棱线的交点。因此，求平面立体的截交线，可归结为求截平面与立体各表面的交线，或截平面与立体棱线的交点，并判别各投影的可见性，然后依次连线，即可得截交线的投影。

例 2.15 如图 2.48(a)所示，补全正垂面 P 截切四棱锥后的三面投影。

因为用正垂面 P 截切四棱锥，正面投影积聚成一条直线，且与棱锥的四个棱面相交，截交线为四边形，其四个顶点是四棱锥的四条棱线与截平面 P 的交点。

作图步骤如下：

① 找到棱线与截平面 P 四个交点 A、B、C、D 的正面投影 a'、b'、c'、d'。

② 在棱线的水平投影和侧面投影上分别求得 a、b、c、d 和 a''、b''、c''、d''，如图 2.48(b)所示。

③ 依次连接各点，判别可见性，补全未被截切的棱线和不可见棱线 $a''c''$，如图 2.48(c)所示。

2) 平面与曲面立体相交

平面与曲面立体相交所产生的截交线是一条封闭的平面曲线，或由平面曲线和直线或

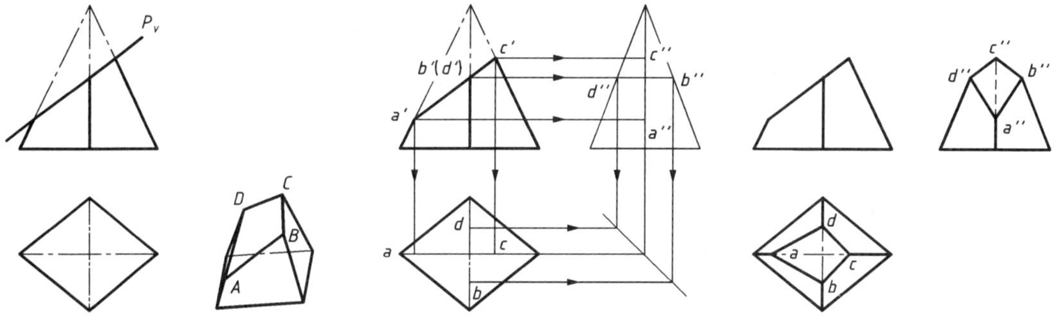

(a) 已知条件　　(b) 作图过程　　(c) 作图结果

图 2.48　平面截四棱锥

完全由直线所组成的平面图形。其形状取决于截平面与曲面立体的相对位置。

求曲面立体的截交线,就是求截平面与曲面立体表面共有点的投影,然后把各点的同名投影依次光滑连接起来。

(1) 平面与圆柱相交　根据截平面与圆柱的相对位置不同,正圆柱的截交线有三种情况,见表 2.5。

表 2.5　圆柱体的截交线

截平面位置	垂直于轴线	平行于轴线	倾斜于轴线
轴测图	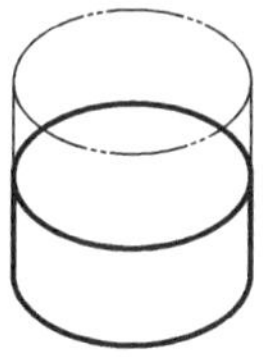	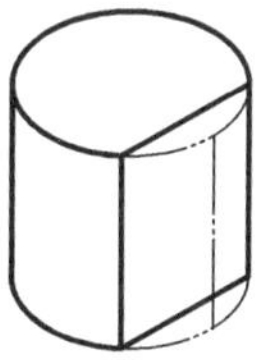	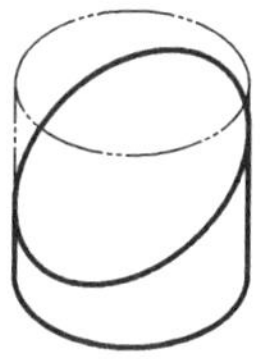
投影图	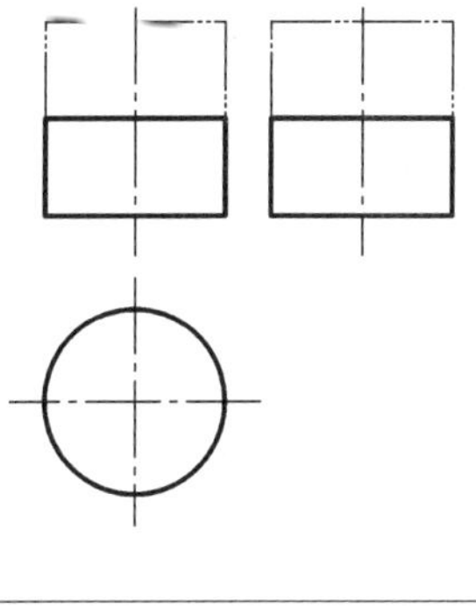	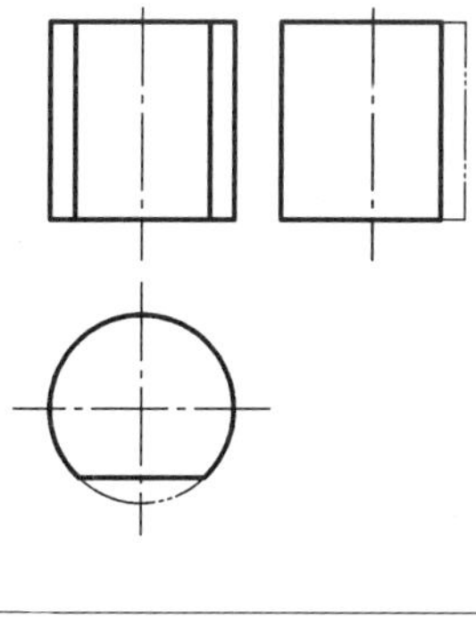	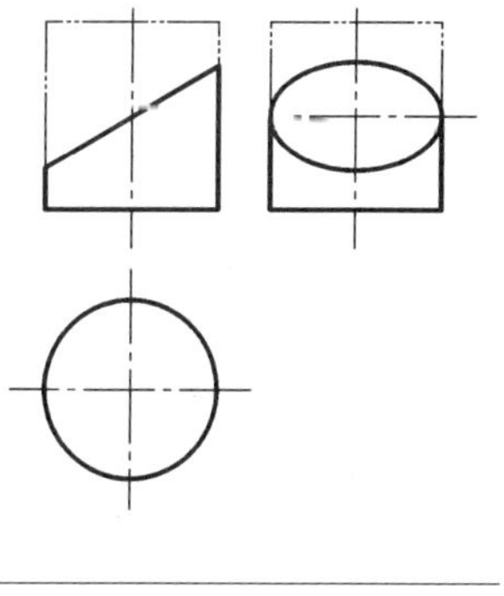
截交线形状	圆	矩形	椭圆

例 2.16　如图 2.49(a)所示,补全正垂面斜截圆柱体的侧面投影。

圆柱体被正垂面截切,正垂面与圆柱轴线倾斜相交,圆柱面上交线的形状是上下、前后对称的椭圆。正面投影积聚成直线,水平投影积聚在圆上,侧面投影为椭圆。由题可知,截交的正面和水平面投影均已知,只须补全侧面投影的椭圆即可。

作图步骤如下：

① 求特殊点。由正面投影 a'、b' 求得水平投影 a、b 和侧面投影 a''、b''；由正面投影 c'(d')，向右作投影连线，在转向轮廓线上找到最前点和最后点 c''、d''。

② 求一般点。在 $a'b'$ 间任取一般点 e'、(f')，向下作投影连线，在圆的水平投影上找到水平投影 e、f，并根据宽相等求得 e''、f''。

③ 判别可见性。各点处于圆柱的上半部分，均可见。用粗实线依次光滑连接 a''、e''、c''、b''、d''、f'' 各点，补全截切后圆柱体的侧面投影，如图 2.49(b)所示。

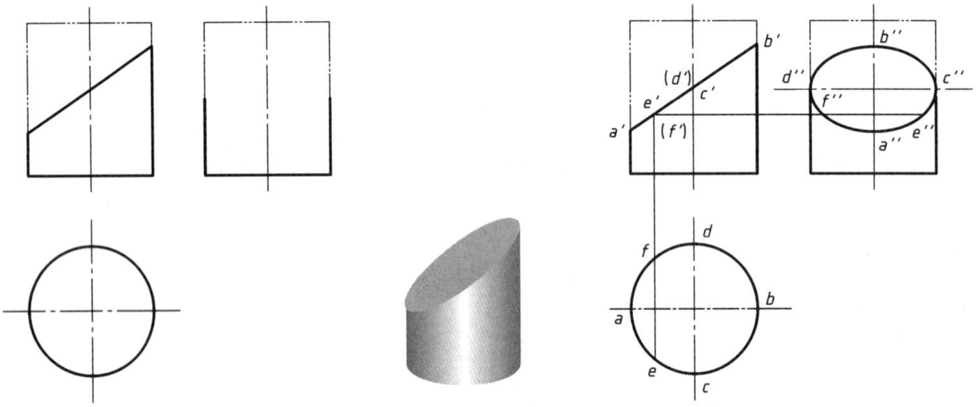

(a) 已知条件　　(b) 作图结果

图 2.49　平面斜截圆柱体

(2) 平面与圆锥相交　当平面与圆锥相交时，由于平面对圆锥的相对位置不同，其截交线的形状有五种不同的情况，见表 2.6。

表 2.6　圆锥体的截交线

截平面位置	垂直于轴线	过锥顶	与所有素线相交 $\theta > \alpha$	平行于一条素线 $\theta = \alpha$	平行于轴线 $\theta < \alpha$
轴测图	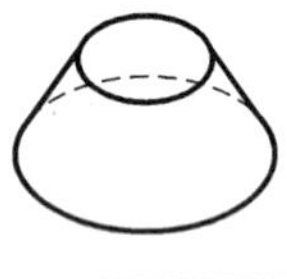	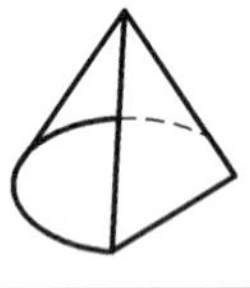	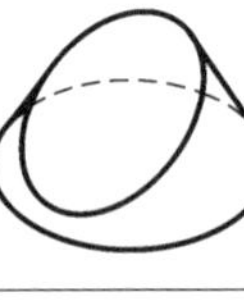	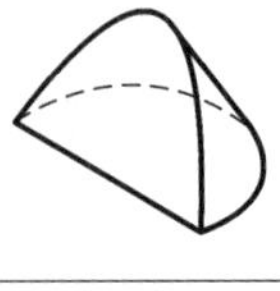	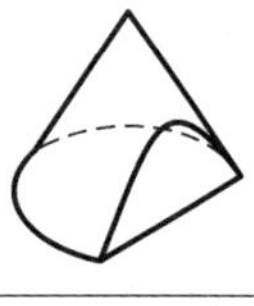
投影图	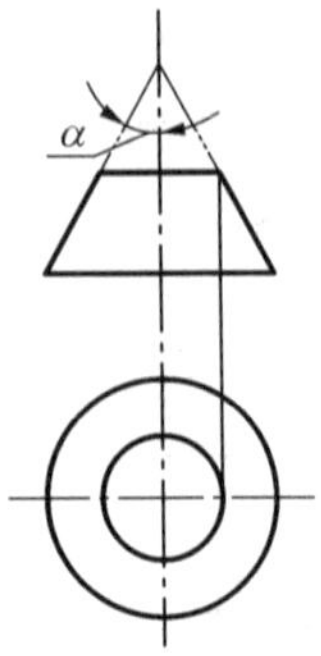	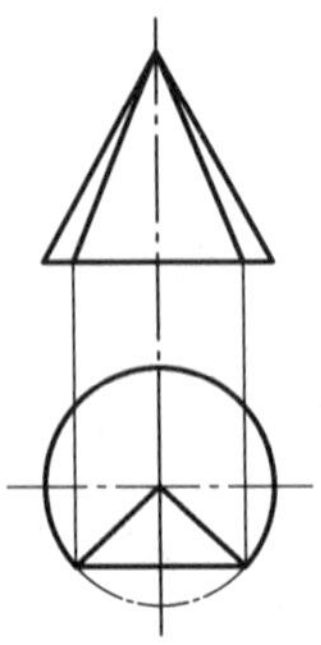	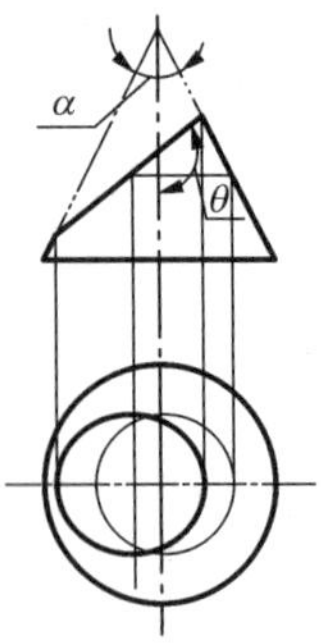	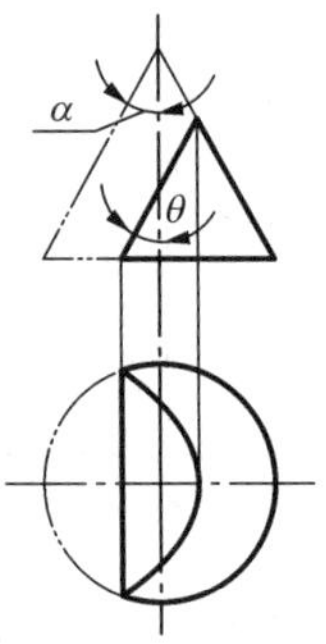	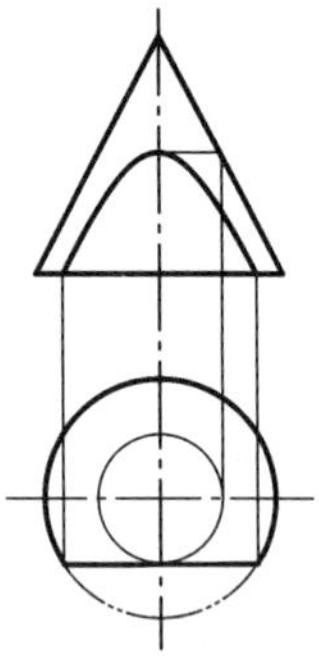
截交线形状	圆	等腰三角形	椭圆	抛物线加直线段	双曲线加直线段

例 2.17　如图 2.50(a),求所示圆锥切割后的投影。

用平行于轴线的平面截切圆锥,截交线是双曲线。

作图步骤如下:

① 找特殊点:找出最高点、最前点和最后点 A、B、C 的正面投影 a'、b'、c',据此求出其侧面投影 a''、b''、c''。

② 找一般点:在最高点和最低点之间再找一些中间点,用纬圆法找 D、E 的正面投影 d'、(e'),侧面投影 d''、e''。

③ 光滑连线,如图 2.50(b)所示。

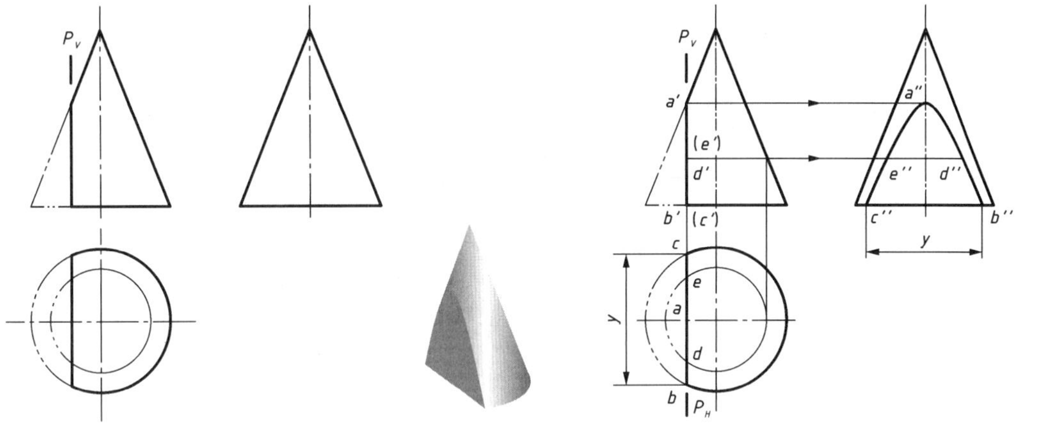

(a) 已知条件　　(b) 作图结果

图 2.50　平面截圆锥体

(3) 平面与圆球相交　平面与圆球相交,不论平面与圆球的相对位置如何,其截交线都是圆。但由于截切平面对投影面的相对位置不同,所得截交线(圆)的投影不同。

如图 2.51 所示,圆球被正平面 A 截切,所得截交线为正平圆,正面投影反映该圆实形,该圆的水平投影和侧面投影积聚成一条直线,直线的长度等于所截正平圆的直径;圆球被水平面 B 截切,所得截交线为水平圆,水平投影反映该圆实形,该圆的正面投影和侧面投影积

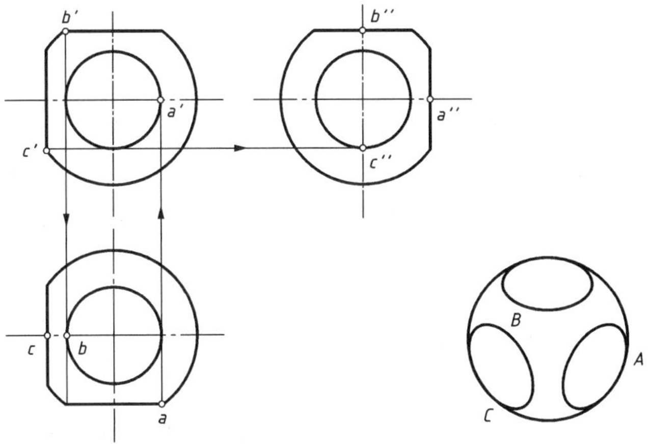

图 2.51　平面截圆球体

聚成直线;圆球被侧平面 C 截切,所得截交线为侧平圆,侧面投影反映该圆实形,该圆的正面投影和水平投影积聚成一条直线;如果截切平面为投影面的垂直面,则截交线的另两个投影是椭圆。

例 2.18 如图 2.52(a)所示,已知半球上通槽的正面投影,补全其他两面投影。

通槽是由一水平面和两侧平面对称截切半球而形成,它们与球面的交线都是圆弧,水平截平面与侧平面的交线为正垂线。

作图步骤如下:

① 侧平面截切,交线侧面投影为圆弧,水平投影为直线,如图 2.52(b)所示;

② 水平面截切,交线的水平投影为圆弧,侧面投影为直线,如图 2.52(c)所示;

③ 判断可见性,判断交线侧面投影为虚线,完成三投影图,如图 2.52(d)所示。

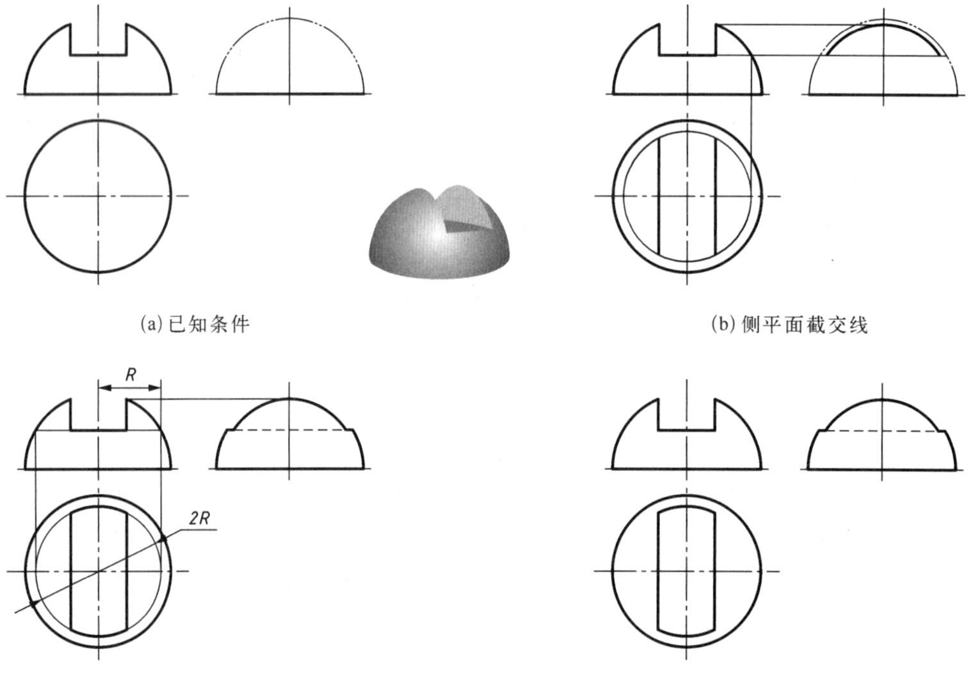

(a) 已知条件　(b) 侧平面截交线　(c) 水平面截交线　(d) 作图结果

图 2.52 半球开槽

2.5.2 相贯线

立体与立体相交的几何形体称为相贯体,它们的表面交线称为相贯线。相贯线是两立体表面的共有线,也是两立体表面的分界线。如图 2.53(a)所示,四棱柱与圆柱相贯;如图 2.53(b)所示,圆柱与圆柱相贯,这些相贯线明确地区分出各立体表面的范围。

2.5.2.1 相贯线的性质及求解步骤

(1) 相贯线的性质

① 共有性:相贯线是相交两形体表面的共有线或分界线,相贯线上的点一定是相交立体表面的共有点。

② 封闭性:由于立体表面是封闭的,因此相贯线在一般情况下是封闭的线条。特殊情况下,也有不封闭的情况。

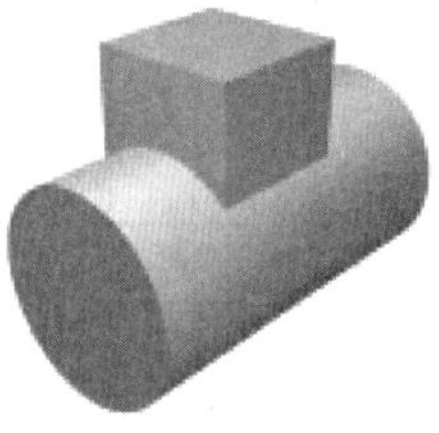

(a) 平面立体与曲面立体相交

(b) 曲面立体与曲面立体相交

图 2.53　两立体表面相交

③ 相贯线的形状取决于相贯体的形状、大小和相对位置。

(2) 求相贯线的步骤

① 首先应进行空间及投影分析，分析两相交立体的几何形状、相对位置和相对大小等，弄清相贯线是空间曲线还是平面曲线或直线。

② 求特殊位置点，即最高、最低、最前、最后、最左、最右点。

③ 在特殊点中间，求作相贯线上若干个一般位置点。

④ 按照顺序连接各点，判断可见性，整理轮廓线。可见性判别原则：当相贯线上的点同时处于两立体表面的可见部分时，这些点才可见。

2.5.2.2　*求相贯线的方法*

(1) 表面取点法　当两个圆柱体正交，且轴线垂直于投影面时，则圆柱面在该投影面上的投影积聚为圆，相贯线的投影也重合在圆上。可利用这一特点和相贯线共有性的性质，直接求出相贯线的两面投影，然后根据已知的两面投影求出第三投影。

例 2.19　如图 2.54(a)所示，求两轴线正交圆柱的相贯线。

两圆柱轴线垂直相交，直径不相等，一轴线垂直于 H 面，一轴线垂直于 W 面。根据相贯线的共有性，相贯线水平投影积聚在水平圆的投影上，侧面投影重合在大圆柱的积聚投影上，相贯线是一条封闭的、前后和左右对称的空间曲线。于是问题就可归结为，已知相贯线的水平投影和侧面投影，求作它的正面投影。

作图步骤如下：

① 找特殊点：先在已知相贯线的水平投影上，找出最左、最右、最前、最后点 A、B、C、D 的投影 a、b、c、d；再在相贯线的侧面投影上相应地作出 a''、(b'')、c''、d''。由 a、b、c、d 和 a''、(b'')、c''、d'' 作出 a'、b'、c'、(d')，如图 2.54(b)所示。

② 找一般点：在相贯线的侧面投影上，定出左右、前后对称的四个点 E、F、G、H 的投影 e''、(f'')、(g'')、h''，根据宽相等的投影特性，可在相贯线的水平投影上作出 e、f、g、h。由 e、f、g、h 和 e''、(f'')、(g'')、h'' 即可求出 e'、f'、(g')、(h')，如图 2.54(c)所示。

③ 按顺序依次连接各点的正面投影，即得相贯线。由于具有对称性，正面投影相贯线前边的可见部分遮挡住后边的，所以正面投影 $a'e'c'f'b'$ 可见，画粗实线，作图结果如图 2.54(d)所示。

轴线正交两圆柱相贯的常见情况如下：

① 两实心圆柱全贯，相贯线是上下对称的两条封闭的空间曲线，如图 2.55(a)所示。

② 圆柱孔全贯实心圆柱，相贯线就是圆柱孔的上、下孔口曲线，也是上下对称的两条封

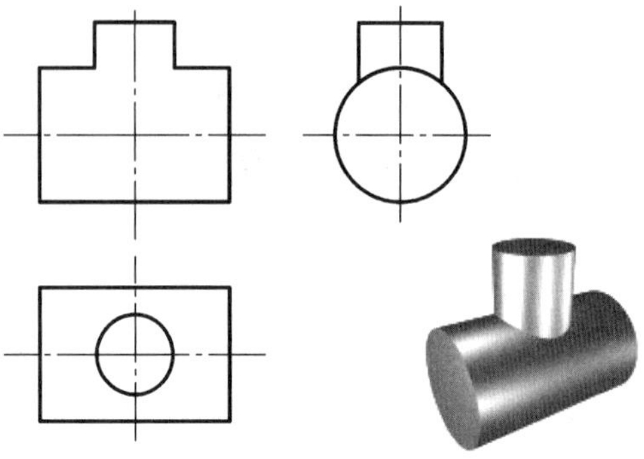

(a) 已知条件

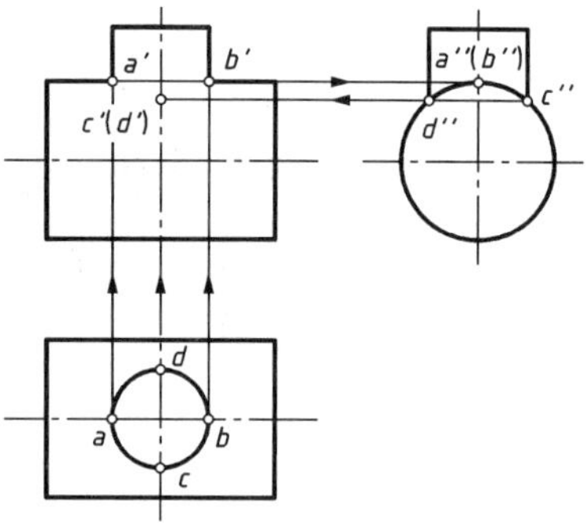

(b) 求特殊点

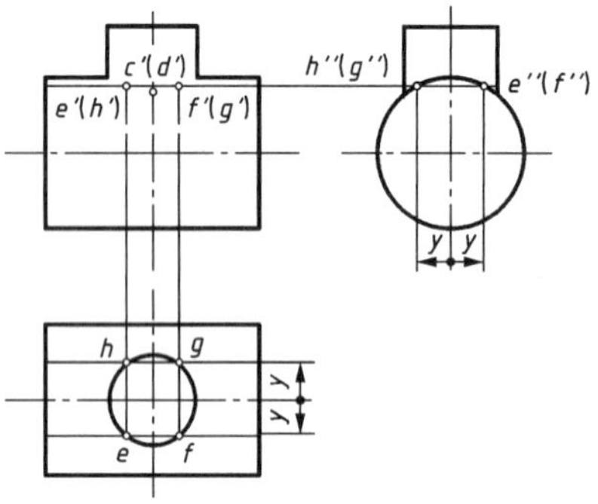

(c) 求一般点

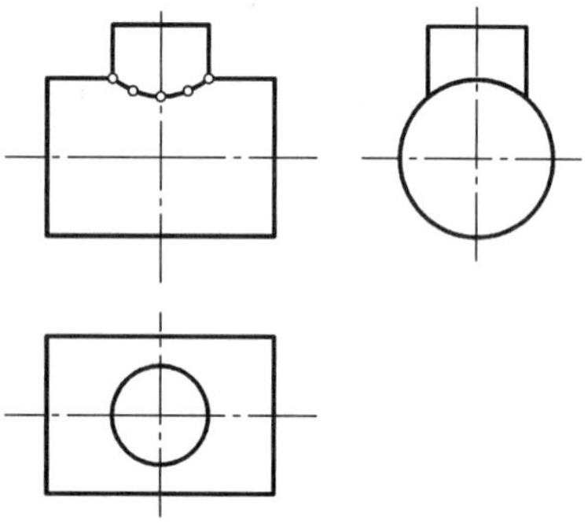

(d) 判别可见性并连线

图 2.54　两正交圆柱的相贯线

闭的空间曲线,如图 2.55(b)所示。

③ 长方体内两圆柱孔相贯,同样是上下对称的两条封闭的空间曲线,如图 2.55(c)所示。

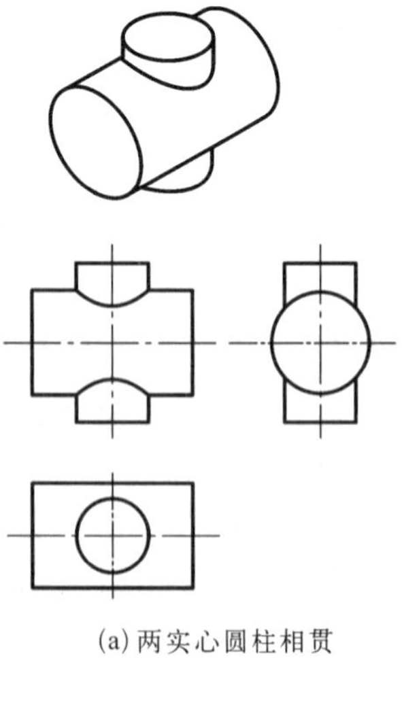

(a) 两实心圆柱相贯

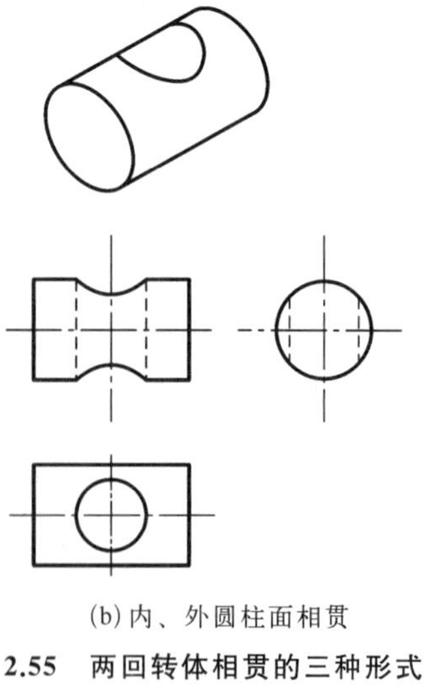

(b) 内、外圆柱面相贯

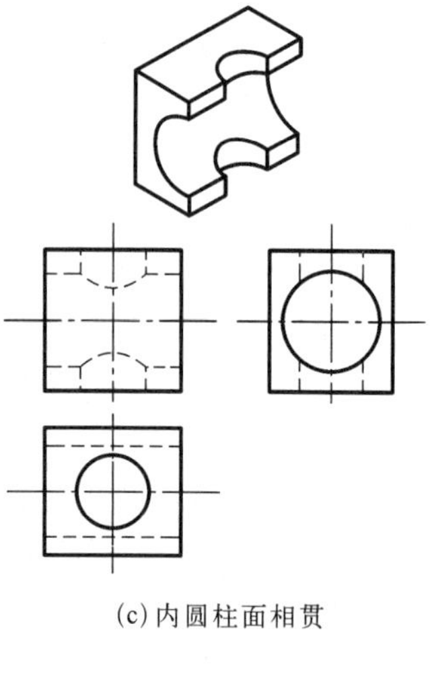

(c) 内圆柱面相贯

图 2.55　两回转体相贯的三种形式

这些相贯线的作图方法都可以采用表面取点法。

根据相贯线的性质,相贯线圆弧的弯曲方向总是小圆柱弯向大圆柱轴线方向。两圆柱正交相贯线的弯曲趋势及变化规律,如图 2.56 所示。

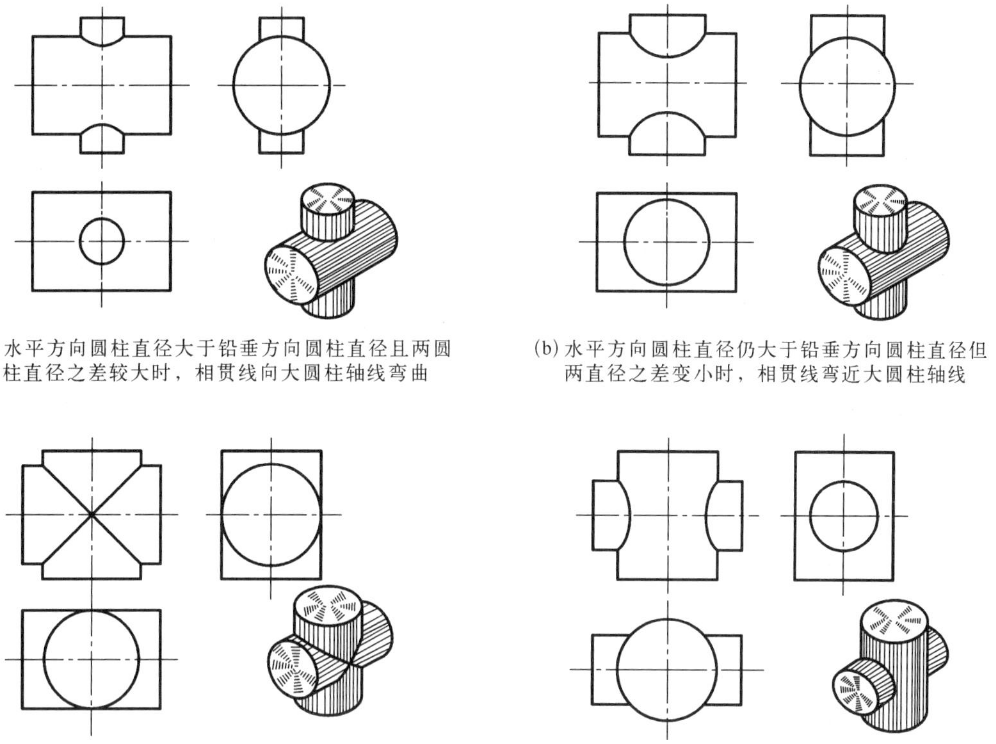

(a) 水平方向圆柱直径大于铅垂方向圆柱直径且两圆柱直径之差较大时，相贯线向大圆柱轴线弯曲

(b) 水平方向圆柱直径仍大于铅垂方向圆柱直径但两直径之差变小时，相贯线弯近大圆柱轴线

(c) 两圆柱直径相等时，相贯线为两个椭圆，其正面投影为相交两直线

(d) 水平方向圆柱直径小于铅垂方向圆柱直径时，相贯线向铅垂大圆柱轴线弯曲

图 2.56　两圆柱相贯线的弯曲及变化规律

(2) 辅助平面法　指利用三面共点的原理,用一个截平面同时去切割参与相贯的两个立体,分别求出辅助平面与这两个立体表面的截交线,两组截交线的交点就是两个相贯体表面和辅助平面的共有点(三面共点),即为相贯线上的点。改变辅助平面的位置,可以得到若干个公共点,再依次平滑连接各点的同面投影,就可以得到相贯线的投影。

选择辅助平面的原则是:辅助平面应为特殊位置平面,并要切割在两回转面的相交范围内。用辅助平面法求相贯线时,要使辅助平面与曲面立体截交线的投影为最简单,即为直线或平行于投影面的圆,如图 2.57 所示。

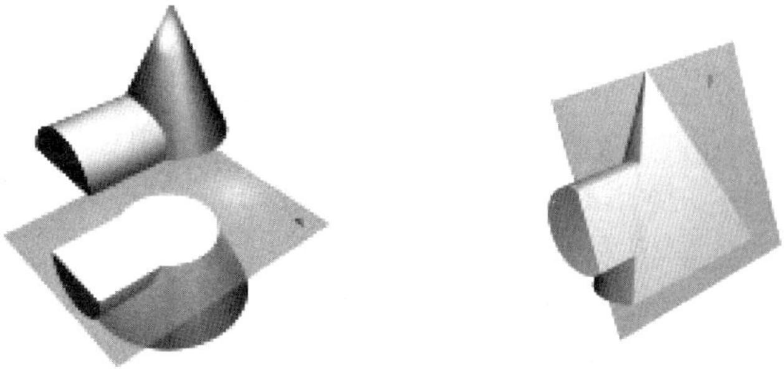

图 2.57　辅助平面法

例 2.20 如图 2.58(a)所示,求作圆柱与圆台的相贯线。

圆柱和圆台相贯,相贯线是一条封闭的空间曲线,且前后对称。由于圆柱面的侧面投影积聚为圆,相贯线的侧面投影也必重合在这个圆上,因此相贯线的侧面投影已知,求相贯线的正面投影和水平投影。

为了使辅助平面能与圆柱面、圆台面相交于素线或平行于投影面的圆,对圆柱而言,辅助平面应平行或垂直于轴线;对圆台而言,辅助平面应垂直于轴线或通过锥顶。综合以上情况,选择垂直于圆台轴线和过圆锥台锥顶两种辅助平面。

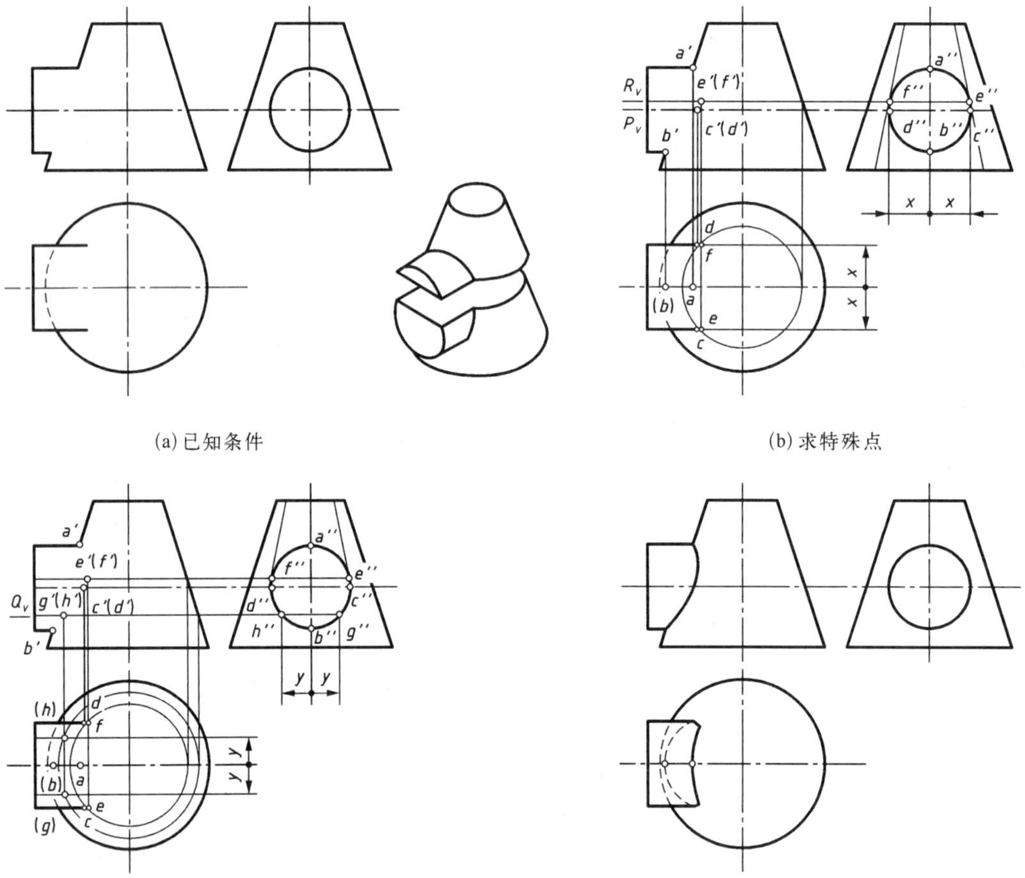

(a) 已知条件 (b) 求特殊点

(c) 求一般点 (d) 作图结果

图 2.58 圆柱与圆台的相贯线

作图步骤:

(1) 找特殊点

① 找最高点、最低点。通过圆台锥顶作正平面,与圆柱面相交于最高和最低两素线,与圆锥面相交于最左素线,在它们的正面投影的相交处作出相贯线上的最高点 A 和最低点 B 的正面投影 a' 和 b'。由 a'、b' 分别作出 a''、b'' 和 a、b。

② 找最前点、最后点。通过圆柱轴,垂直圆台轴作水平面 P_V,与圆柱面相交于最前、最后两素线;与圆台面相交成水平的纬圆,在水平投影相交处,作出相贯线上的最前点 C 和最后点 D 的水平投影 c 和 d。由 c、d 分别在 P_V 平面的正面和侧面投影上作出 c'、d'(c'、d' 相

互重合)和 c''、d''。由于 c 和 d 就是圆柱面水平投影的轮廓转向线的端点,也就确定了圆柱面水平投影的轮廓转向线的范围。

③ 找相贯线的最右点。通过圆台锥顶作与圆柱面相切的侧垂面,与圆柱面相切于一条素线,其侧面投影积聚,且与圆柱面侧面投影相切;作出切点的侧面投影 e''和 f'',通过 E、F 作水平面 R_V,根据宽相等,求出 E、F 的水平投影 e、f,再求得正面投影 e'、f',如图 2.58(b)所示。

(2) 求一般点　作水平面 Q_V 交圆台是纬圆,与侧面圆柱的积聚圆相交于 g''和 h'',根据宽相等,求出纬圆上 G、H 的水平投影 g、h,再求得正面投影 g'、h',如图 2.58(c)所示。

(3) 连成相贯线　按侧面投影中诸点的顺序,把诸点的正面投影和水平投影分别连成相贯线。按照"只有同时位于两个立体可见表面上的相贯线,其投影才可见"的原则,可以判断:水平投影 a、c、d、e、f 可见;b、g、h 不可见;正面投影 a'、b'、c'、e'、g'可见,d'、f'、h'不可见,且与 c'、e'、g'重合,作图结果如图 2.58(d)所示。

2.5.3　相贯线的特殊情况

在一般情况下,两回转体的相贯线是空间曲线,但在一些特殊情况下,也可能是平面曲线或直线。下面介绍相贯线为平面曲线的两种比较常见的特殊情况。

① 当圆柱与圆柱、圆柱与圆锥轴线正交,并相切于一个球时,相贯线是椭圆,该椭圆的正面投影是直线,水平投影为类似形,如图 2.59 所示。

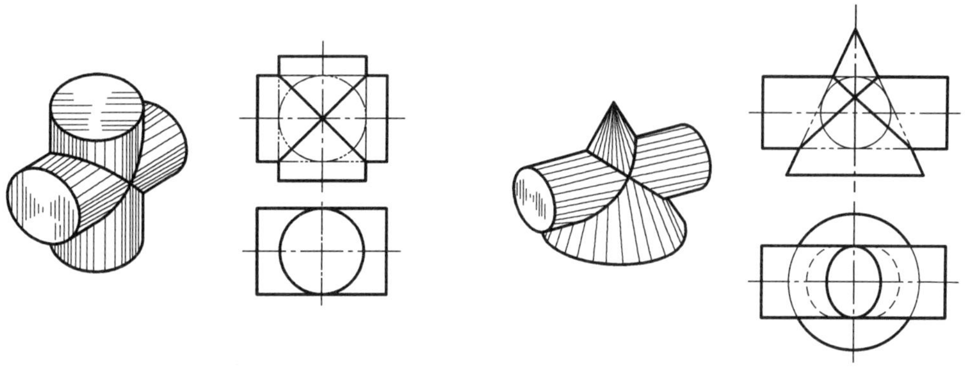

(a) 两圆柱体公切于球　　(b) 圆锥体与圆柱体公切丁球

图 2.59　相贯线投影为椭圆

当圆柱与圆柱轴线正交,且直径相等时,相贯线是两个椭圆,若椭圆是投影面垂直面,其投影积聚成直线段,如图 2.60 所示。

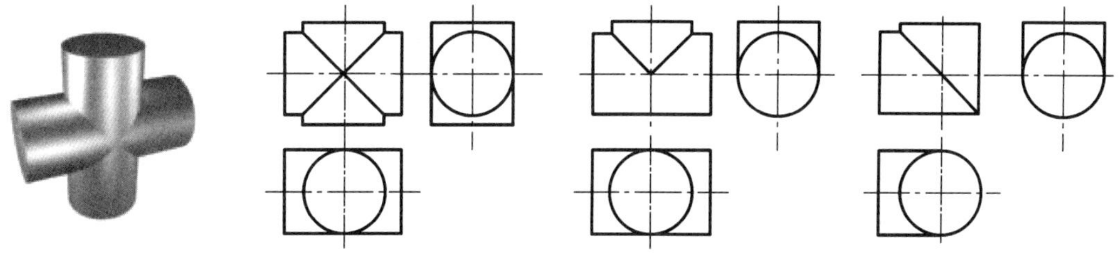

(a)　(b)　(c)　(d)

图 2.60　两圆柱轴线正交、直径相等

② 两个同轴回转体具有公共的轴线时,其相贯线是垂直于轴线的圆,正面投影是直线,如图 2.61 所示。

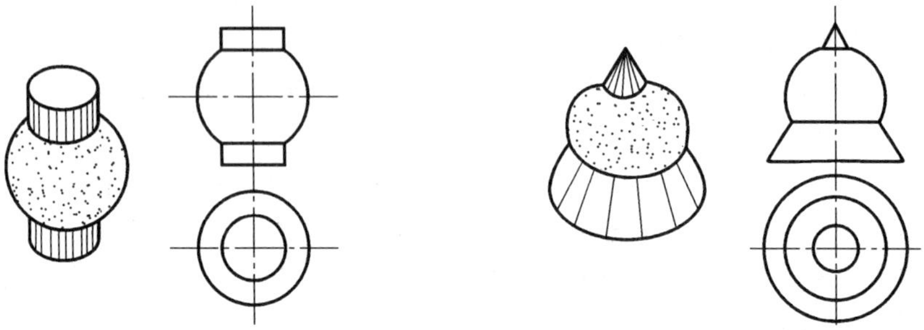

(a) 圆柱体与球体相贯　　(b) 圆锥体与球体相贯

图 2.61　同轴回转体的相贯线

第 3 章　轴测图

3.1　轴测图的基本知识

3.1.1　轴测投影概念

轴测图是用平行投影原理绘制的一种单面投影图。这种图富有立体感，但作图较繁、度量性差，因此在生产中作为辅助图样，用于需要表达机件直观形象的场合，如图 3.1 所示。

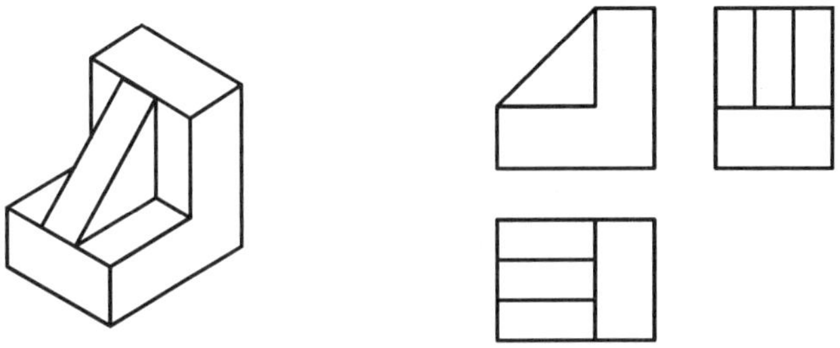

(a) 轴测投影图　　(b) 三视图

图 3.1　轴测图与三视图的比较

3.1.2　轴测投影的形成

将物体连同其参考直角坐标系，沿不平行于任一坐标平面的方向，用平行投影法将其投射在单一投影面上所得到的图形，称为轴测图。

如图 3.2 所示的轴测投影中，投影面 P 称为轴测投影面，投射方向 S 称为轴测投射方向。当投射方向 S 垂直于轴测投影面 P 时，所得图形称为正轴测图；当投射方向 S 倾斜于轴测投影面 P 时，所得图形称为斜轴测图。

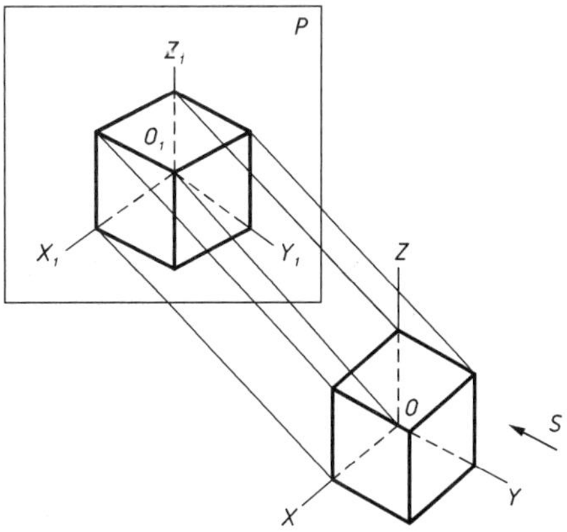

图 3.2　轴测图形成

3.1.3　轴测轴、轴间角、轴向伸缩系数

(1) 轴测轴　空间直角坐标轴 OX、OY、OZ 在轴测投影面上的投影 O_1X_1、O_1Y_1、O_1Z_1，称为轴测投影轴，简称轴测轴。

(2) 轴间角　轴测轴之间的夹角，称为轴间角，如$\angle X_1O_1Y_1$、$\angle Y_1O_1Z_1$、$\angle Z_1O_1X_1$。

(3) 轴向伸缩系数　物体上平行于直角坐标轴的直线段投影到轴测投影面 P 上的长度与其相应的原长之比，称为轴向伸缩系数。

用 p、q、r 分别表示 OX、OY、OZ 轴的轴向伸缩系数：

$$p=\frac{O_1X_1}{OX};\quad q=\frac{O_1Y_1}{OY};\quad r=\frac{O_1Z_1}{OZ}$$

3.1.4 轴测图的投影特性

由于轴测图是用平行投影法得到,因此必须遵守平行投影法的投影规律:

(1) 线性不变　直线或平面的轴测投影仍为直线或平面图形的类似形。

(2) 平行性不变　空间互相平行线段的轴测投影仍互相平行,因此凡是与坐标轴平行的线段,其轴测投影与相应的轴测轴平行。

(3) 从属性不变　点在直线(或平面)上,则点的轴测投影必在直线(或平面)的轴测投影上。

(4) 比例性不变　空间互相平行线段的长度之比等于它们的轴测投影的长度之比。因此凡是与坐标轴平行的线段,它们的轴向伸缩系数相等。

(5) 相切性不变　三视图中线与线相切,轴测图中仍然相切。

3.2 轴测图的分类

按其轴向伸缩系数的不同,正轴测图或斜轴测图可分为三种:

① 若 $p=q=r$,称为正(或斜)等轴测图,简称正(或斜)等测,如图 3.3 所示;

② 若 $p=r\neq q$(或 $p=q\neq r$、$q=r\neq p$),称为正(或斜)二等轴测图,简称正(或斜)二测,如图 3.4 所示;

③ 若 $p\neq q\neq r$,称为正(或斜)三测轴测图,简称正(或斜)三测。

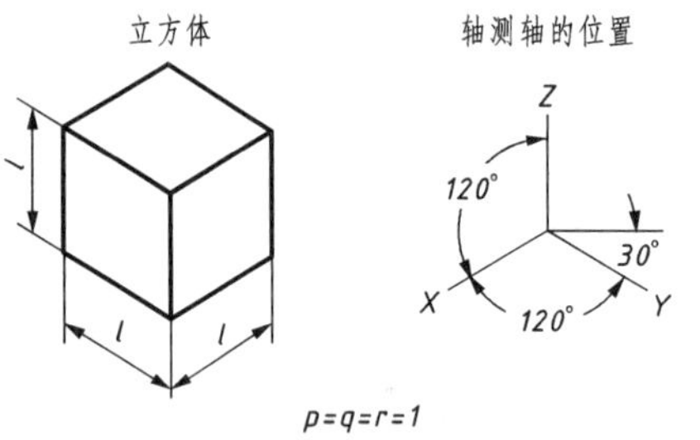

图 3.3　正等测图

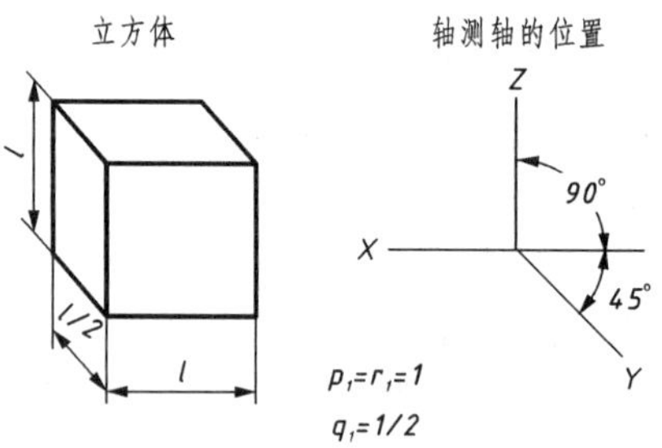

图 3.4　斜二等轴测图

国家标准《机械制图》中,推荐采用正等测、正二测、斜二测三种轴测图,工程中常用的是正等轴测图和斜二等轴测图。绘制物体的轴测图时,应用粗实线画出物体的可见轮廓,通常不画物体的不可见轮廓。但在必要时,也可用虚线画出物体的不可见轮廓。

3.3 轴测图的画法

3.3.1 正等轴测图的画法

正等轴测图的条件:

轴间角$\angle XOY=\angle YOZ=\angle XOZ=120°$,如图 3.5 所示;

轴向伸缩系数 $p_1=q_1=r_1\approx0.82$;

简化轴向伸缩系数 $p=q=r=1$。

用简化系数画出的轴测图,比用轴向伸缩系数画出的轴测图放大了 1.22 倍(即$1/0.82\approx1.22$)。但不影响物体的形状和立体感,因此画正等轴测图时,其尺寸可直接从三视图中用简化系数按 1∶1 量取。

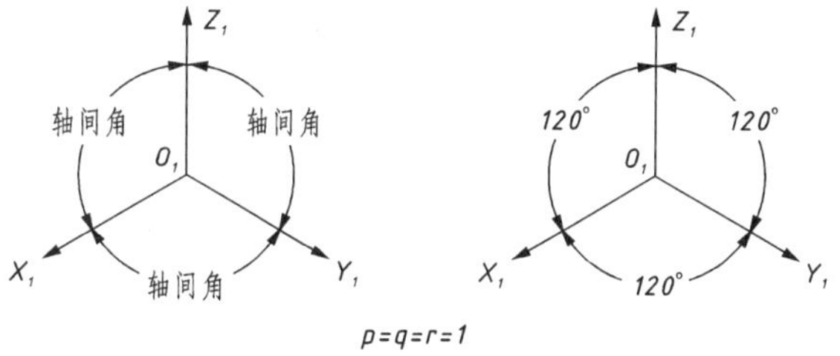

图 3.5　正等轴测图参数

3.3.2　平面立体正等轴测图的画法

常用平面立体正等轴测图的画法有坐标法、叠加法、切割法。

3.3.2.1　坐标法

根据物体的特点,建立合适的坐标轴,然后按坐标法画出物体上各顶点的轴测投影,再由点连成物体的轴测图。

例 3.1　如图 3.6(a)所示,根据截头四棱锥的正投影图,画出其正等轴测图。

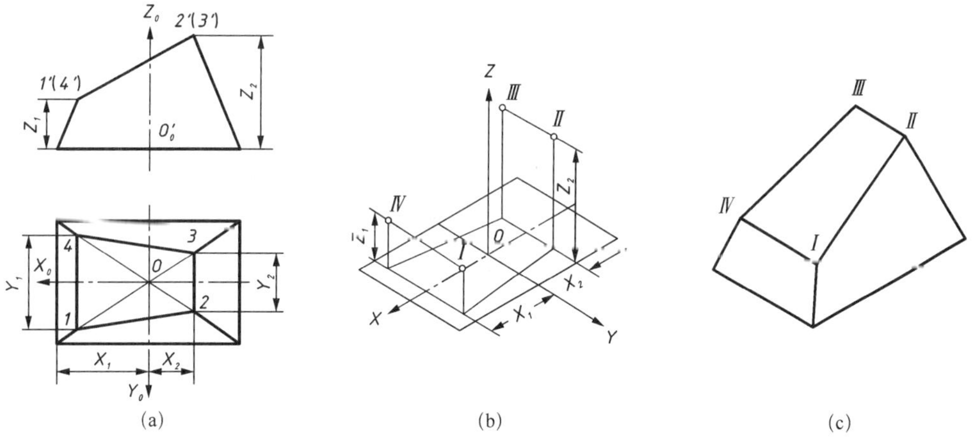

图 3.6　截头四棱锥正等轴测图画法

作图步骤如下:

① 在已知的正投影图中,定原点,画坐标轴。水平投影上以四棱锥体的对称轴线为坐标轴,以 O 为原点。

② 画轴测轴,并相应画出底面上各顶点的轴测图。

③ 根据截口的位置,按坐标作出截面上各顶点的轴测图,如图 3.6(b)所示。

④ 连接各点,擦去不可见的轮廓线,即得截头四棱锥的正等轴测图,如图 3.6(c)所示。

例 3.2 如图 3.7(a)所示,根据三棱锥的正投影图,画出其正等轴测图。

分析:三棱锥由各种位置的平面组成,作图时可以先作锥顶和底面的轴测投影,然后连接各棱线即可。

作图步骤如下:

① 在已知的正投影图中,定坐标原点,画坐标轴。考虑到作图方便,把坐标原点选在底面上点 C 处,并使 AC 与 OX 轴重合,如图 3.7(a)所示。

② 画出轴测轴 O_1X_1、O_1Y_1、O_1Z_1。

③ 根据坐标关系画出底面各顶点和锥顶 S 在底面的投影 s,如图 3.7(b)所示。

④ 过 s 垂直于底面向上作 O_1Z_1 的平行线 sS,在线上量取三棱锥的高度 Z,得到锥顶 S,如图 3.7(b)所示。

⑤ 依次连接各顶点,擦去多余的图线并描深,即可得到三棱锥的正等轴测图,如图 3.7(c)所示。

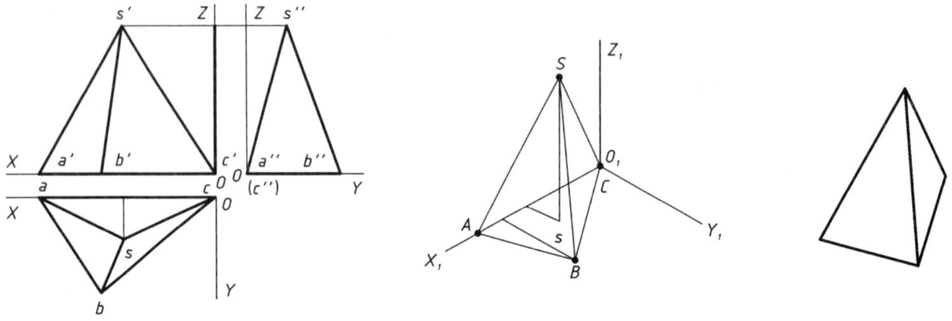

(a) (b) (c)

图 3.7 三棱锥正等轴测图画法

3.3.2.2 叠加法

对于叠加形成的物体,运用形体分析法,将物体分成几个简单的形体,然后根据各形体之间的相对位置依次画出各部分的轴测图,即可得到该物体的轴测图。

例 3.3 如图 3.8 所示,根据组合体的正投影图,画出其正等轴测图。

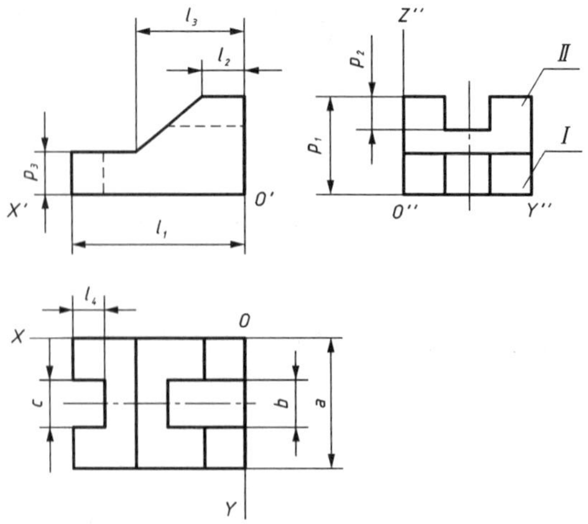

图 3.8 组合体三视图

作图步骤如下：

将物体看作由Ⅰ、Ⅱ两部分叠加而成。

① 定原点，画轴测轴，画Ⅰ部分的正等轴测图，如图 3.9(a)所示。

② 在Ⅰ部分正等轴测图的相应位置上画出Ⅱ部分的正等轴测图，如图3.9(b)所示。

③ 在Ⅰ、Ⅱ部分分别开槽，然后整理，加深即可得到这个物体的正等轴测图，如图 3.9(c)所示。

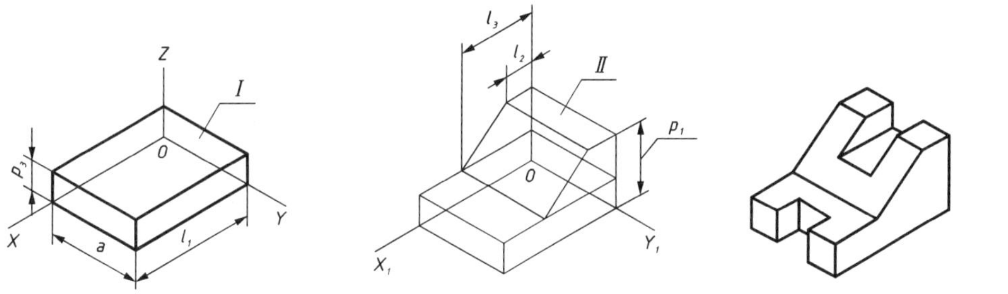

(a) 画形体Ⅰ　(b) 画形体Ⅱ　(c) 画切割部分，整理，加深

图 3.9　叠加法画正等轴测图

3.3.2.3　*切割法*

切割法适用于带截切面的平面立体，它以坐标法为基础，先用坐标法画出完整平面立体的轴测图，然后逐步切去各处的切口部分。

例 3.4　如图 3.10(a)所示，根据组合体的正投影图，画平面立体正等轴测图。

可以把它看作一完整的长方体被切割掉Ⅰ、Ⅱ两部分。

作图步骤如下：

① 定原点，画轴测轴。根据该平面立体的形状特征，画图时可先按完整的长方体来画，如图 3.10(b)所示。

② 再画被切去Ⅰ、Ⅱ两部分的正等轴测图，如图 3.10(c)所示。

③ 最后擦去被切割部分的多余作图线，加深可见轮廓线，即可得到平面立体的正等轴测图，如图 3.10(d)所示。

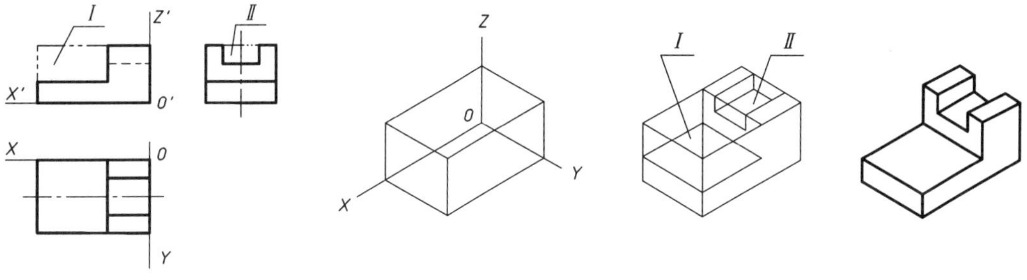

(a)　(b)　(c)　(d)

图 3.10　带切口平面立体正等轴测图画法

3.3.3　回转体的正等轴测图画法

3.3.3.1　*四心近似椭圆画法*

平行于坐标面的圆，其轴测图是椭圆。画图方法常用四心近似椭圆画法，也就是用光滑

连接的四段圆弧代替椭圆。作图时需要求出这四段圆弧的圆心、切点及半径。

例 3.5 图 3.11(a)所示为水平圆的投影图,试用四心近似椭圆法画轴测图。

作图步骤如下:

① 在投影图中定原点,画轴测轴。以圆心 O 为坐标原点,OX、OY 为坐标轴,在视图中画圆的外切正方形,a、b、c、d 为四个切点,如图 3.11(a)所示。

② 在轴测轴 O_1X_1、O_1Y_1 上,按 $OA=OB=OC=OD=d_1/2$ 得到四点,并作圆外切正方形的正等轴测图——菱形,其长对角线为椭圆长轴方向、短对角线为椭圆短轴方向,如图 3.11(b)所示。

③ 分别以短轴方向的 1、2 为圆心,$1D$、$2B$ 为半径作大圆弧,并以 O 为圆心作两大圆弧的内切圆交长轴于 3、4 两点,如图 3.11(c)所示。

④ 连接 13、14、23、24 分别交两大圆弧于 H、G、E、F。以 3、4 为圆心,$3E$、$4G$ 为半径作小圆弧 EH、GF,即可得到近似椭圆,如图 3.11(d)所示。

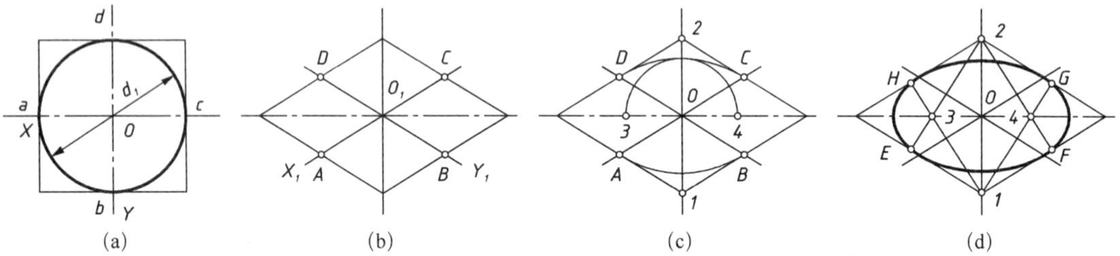

图 3.11 水平圆正等轴测图的四心近似椭圆画法

图 3.12 所示为平行各坐标面的圆的正等轴测图。由图可知,它们形状大小相同、画法一样,只是长、短轴方向不同。各椭圆长、短轴的方向为:

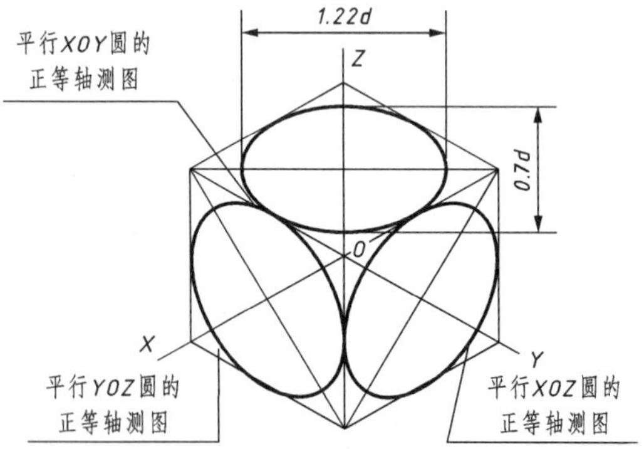

图 3.12 平行各坐标面的圆的正等轴测图

平行于 XOY 坐标面的圆的正等轴测图,其长轴垂直于 OZ 轴,短轴平行于 OZ 轴;

平行于 XOZ 坐标面的圆的正等轴测图,其长轴垂直于 OY 轴,短轴平行于 OY 轴;

平行于 YOZ 坐标面的圆的正等轴测图,其长轴垂直于 OX 轴,短轴平行于 OX 轴;

各椭圆的长轴≈$1.22d$,短轴≈$0.7d$(d 为圆的直径)。

3.3.3.2 曲面立体正等轴测图的画法

例 3.6 画圆柱的正等轴测图。

作图步骤如下:

① 在正投影图中选定坐标原点和坐标轴,如图 3.13(a)所示;

② 画轴测图的坐标轴,按 h 确定上、下底中心,并作上、下底菱形,如图 3.13(b)所示;

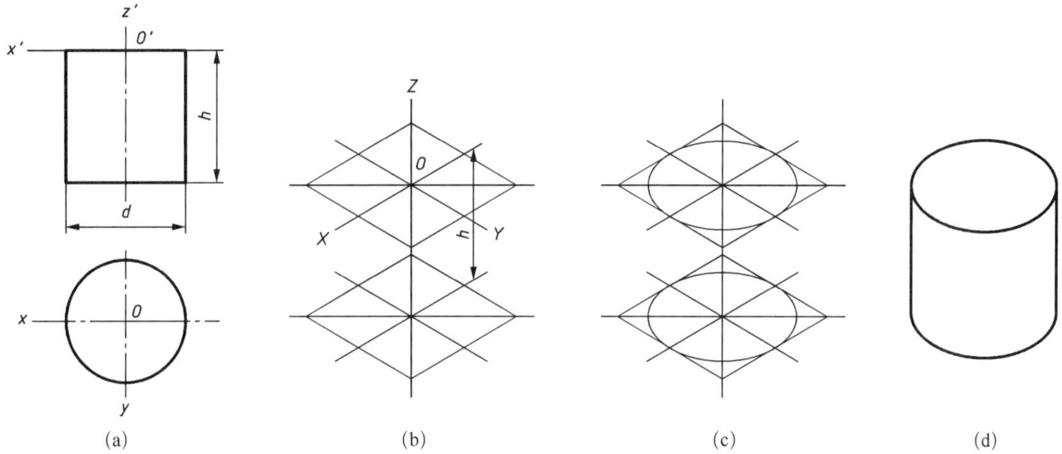

图 3.13　圆柱正等轴测图的画法

③ 用四心近似椭圆画法画出上、下底椭圆，如图 3.13(c)所示；

④ 作上、下底椭圆的公切线，擦去作图线，加深可见轮廓线，完成全图，如图 3.13(d)所示。

例 3.7　画圆台的正等轴测图，如图 3.14(a)所示。

作图步骤如下：

① 画轴测图的坐标轴，按 h、d_2、d_1 分别作上、下底菱形，如图 3.14(b)所示；

② 用四心近似椭圆画法画出上、下底椭圆，如图 3.14(c)所示；

③ 作上、下底椭圆的公切线，擦去作图线，加深可见轮廓线，完成全图，如图 3.14(d)所示。

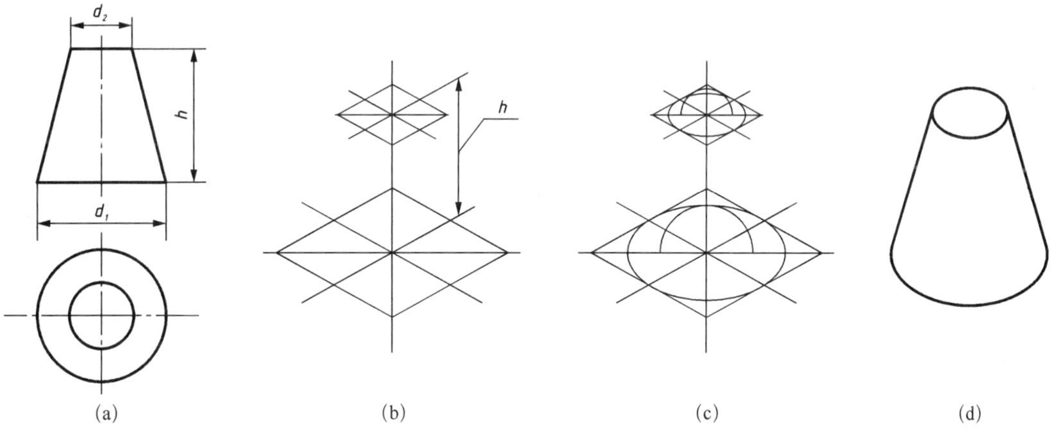

图 3.14　圆台正等轴测图的画法

例 3.8　画带切口圆柱体的正等轴测图，如图 3.15(a)所示。

作图步骤如下：

① 画完整圆柱的正等轴测图，如图 3.15(b)所示；

② 按 s、h 画截交线(矩形和圆弧)的正等轴测图(平行四边形和椭圆弧)，如图 3.15(c)

所示;

③ 擦去作图线,加深可见轮廓线,完成全图,如图 3.15(d)所示。

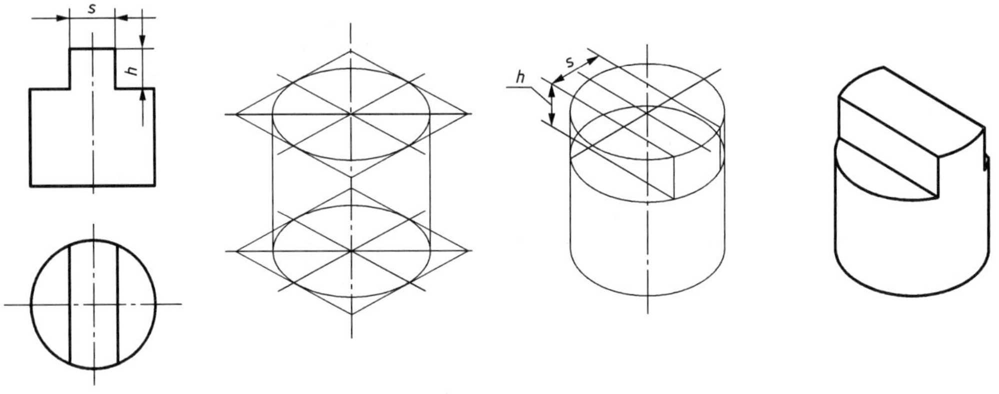

图 3.15　带切口圆柱体的正等轴测图画法

3.3.3.3　圆角的正等轴测图近似画法

例 3.9　圆角的正等轴测图的画法,如图 3.16(a)所示。

作图步骤如下:

① 画轴测图的坐标轴和长方形板的正等轴测图,对于顶面的圆弧可用四心近似椭圆画法;

② 作图时先按圆角半径 R 确定切点Ⅰ、Ⅱ、Ⅲ、Ⅳ;

③ 再由Ⅰ、Ⅱ、Ⅲ、Ⅳ作相应边的垂线,其交点为 O_1、O_2;

④ 最后以 O_1、O_2 为圆心,O_1Ⅰ、O_2Ⅲ为半径,作ⅠⅡ弧和ⅢⅣ弧,如图 3.16(b)所示;

⑤ 把圆心 O_1、O_2,以及切点Ⅰ、Ⅱ、Ⅲ、Ⅳ向下平移高度 h,画出底面圆弧的正等轴测图,如图 3.16(c)所示。

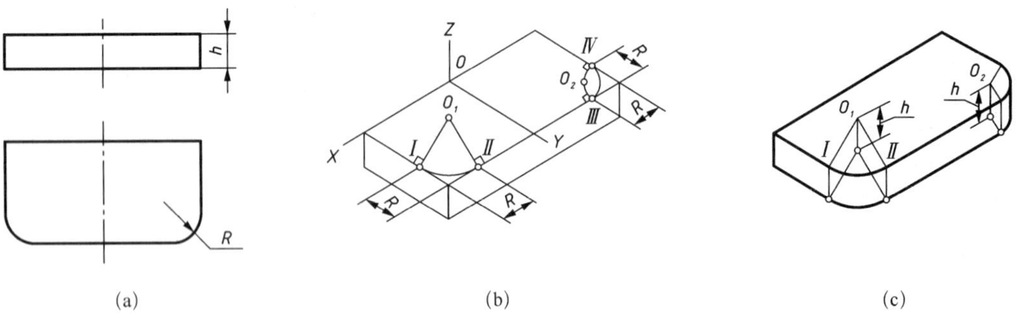

图 3.16　圆角正等轴测图的近似画法

例 3.10　如图 3.17(a)所示,根据组合体的正投影图,画正等轴测图。

组合体一般由若干基本立体组成。画组合体的轴测图,只要分别画出各基本立体的轴测图,并注意它们之间的相对位置即可。

作图步骤如下:

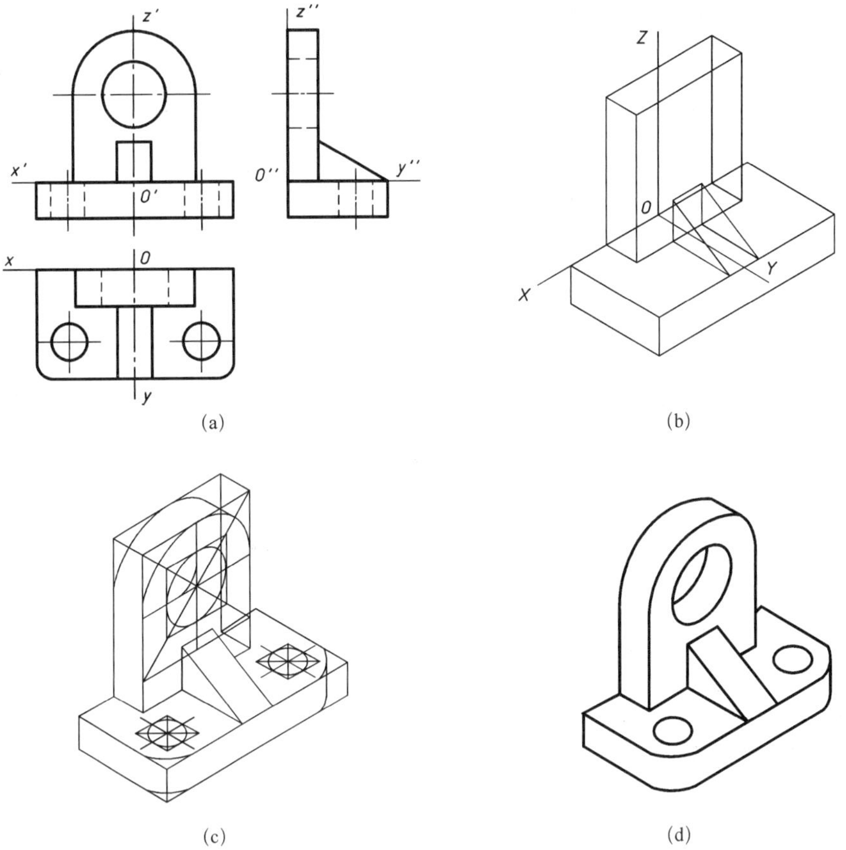

图 3.17　组合体正等轴测图的画法

① 画轴测图的坐标轴,分别画出底板、立板和三角形肋板的正等轴测图,如图 3.17(b)所示;

② 画出立板半圆柱和圆柱孔、底板圆角和小圆柱孔的正等轴测图,如图 3.17(c)所示;

③ 擦去作图线,加深可见轮廓线,完成全图,如图 3.17(d)所示。

3.3.4　斜二等轴测图的画法

斜二等轴测图是用斜投影法得到的。由于坐标面 XOZ 平行于轴测投影面 P,它在 P 面上的投影反映实形。斜二等轴测图的轴间角和轴测图中坐标轴的画法如图 3.18 所示。

画图时,OZ 轴竖直放置,OX 轴水平放置,OY 轴与水平成 45°。斜二等轴测图的轴向伸缩系数 $p=r=1$, $q=0.5$。即凡平行于 X 轴和 Z 轴的线段按 1∶1 量取,平行于 Y 轴的线段按 1∶2 量取。

斜二等轴测图平行于各坐标面的圆的画法如下:

① 平行于 V 面的圆仍为圆,反映实形。

② 平行于 H 面的圆为椭圆,长轴对 O_1X_1 轴偏转 7°,长轴≈$1.06d$,短轴≈$0.33d$。

③ 平行于 W 面的圆与平行于 H 面的圆的椭圆形状相同。长轴对 O_1Z_1 偏转 7°,如图 3.19 所示。

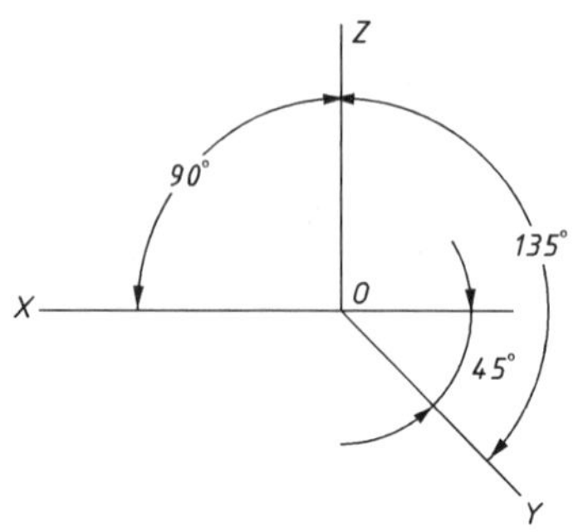

图 3.18 斜二等轴测图的轴间角

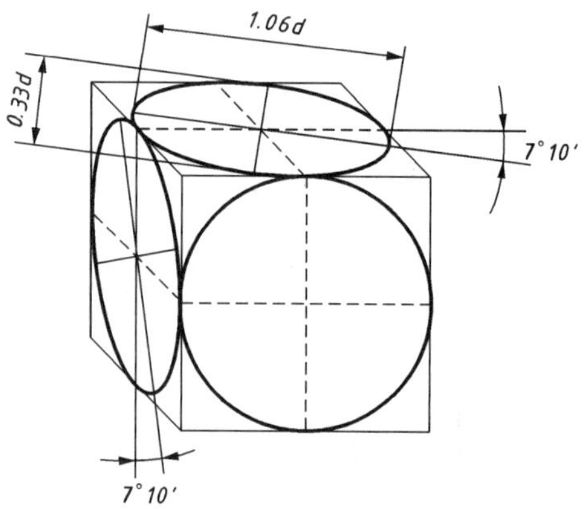

图 3.19 平行于各坐标面的圆的画法

例 3.11 如图 3.20(a)所示,根据圆台正投影图,画斜二等轴测图。

作图步骤如下:

① 在正投影图中,取圆台大圆端面的圆心为坐标原点 O_1,Y 轴与圆台轴线重合;

② 按圆台高度的一半,即 Y 轴轴向伸缩系数(0.5),在 Y_1 轴上截取圆台小圆端面的圆心 O_{11};

③ 分别以 O_1 和 O_{11} 为圆心,以圆台端面直径画圆;

④ 画出两圆的外公切线;

⑤ 最后擦去不必要作图线,加深可见轮廓线,完成斜二等轴测图,如图 3.20(b)所示。

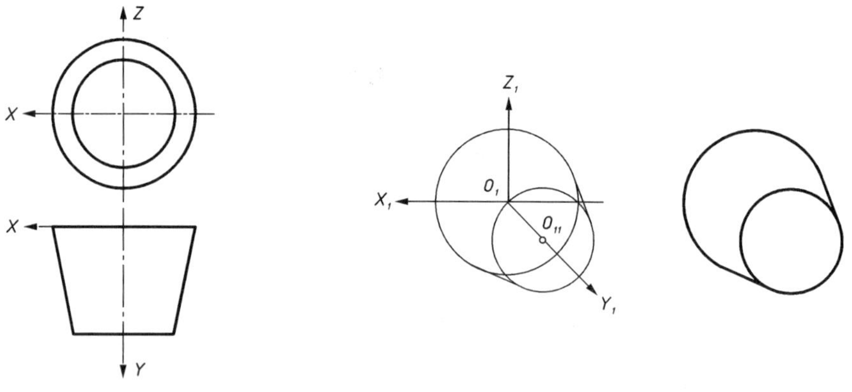

(a) (b)

图 3.20 圆台的斜二等轴测图

例 3.12 如图 3.21 所示,根据机件的正投影图,画斜二等轴测图。

该机件由圆筒及支板两部分组成,前后端面均有平行于 XOZ 坐标面的圆及圆弧。因此先确定各端面圆的圆心位置。

作图步骤如下:

① 在正投影图中选定坐标原点和坐标轴,如图 3.21(a)所示;

② 画轴测图的坐标轴,作主要轴线,确定各圆心Ⅰ、Ⅱ、Ⅲ、Ⅳ、Ⅴ的轴测投影位置,如图 3.21(b)所示;

③ 按正投影图上不同半径,由前往后分别作各端面的圆或圆弧,如图 3.21(c)所示;

④ 作各圆或圆弧的公切线,擦去多余作图线,加深可见轮廓线,完成全图,如图 3.21(d)所示。

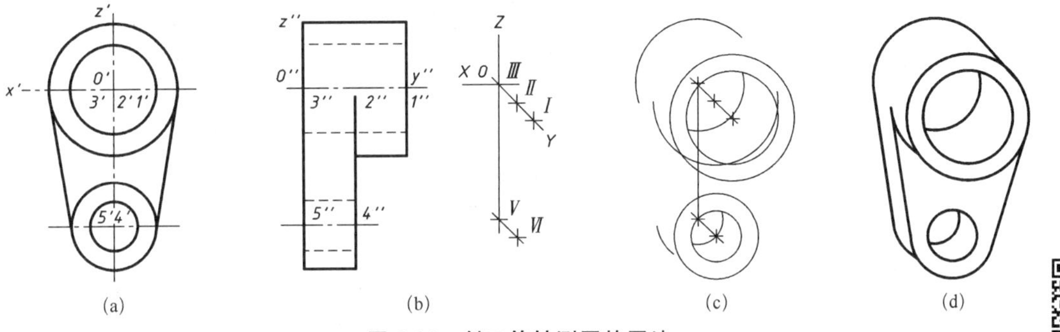

图 3.21　斜二等轴测图的画法

3.4　轴测剖视图

3.4.1　轴测剖视图的规定画法

在轴测图上,为了表示物体内部不可见结构的形状,用假想的剖切平面将组合体剖去一部分,一般用两个互相垂直的轴测坐标面(或其平行面)进行剖切。这种剖切后的轴测图,称为轴测剖视图。

3.4.1.1　剖面线的画法

轴测图中,平行于三个坐标面的剖面区域,剖面线方向是不同的,如图 3.22 所示。剖切平面剖开物体后得到的断面,应填充剖面符号,与未剖切部位相区别。不论是什么材料,剖面符号一律画成互相平行的等距细实线。剖面线的方向不同,轴测图的轴测轴方向和轴向伸缩系数也不同。正等测剖视图如图 3.22(a)所示,斜二测的剖面线方向如图 3.22(b)所示。

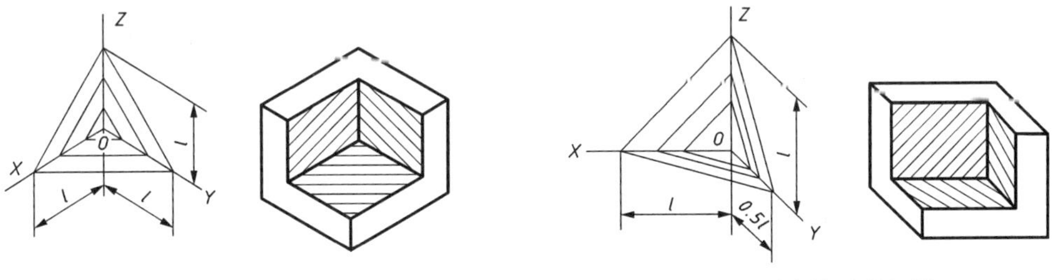

(a) 正等测剖面线　　(b) 斜二测剖面线

图 3.22　轴测剖视图中剖面线

3.4.1.2　剖切平面的位置

① 为了使图形清楚并便于作图,剖切平面一般应通过物体的主要轴线或对称平面,并且平行于坐标面;通常把物体切去四分之一,这样就能同时表达物体的内外形状,如图 3.23(a)所示;尽量避免在空间用一个剖切平面将物体切去一半,即沿一个轴测坐标平面(或其平行面)剖切,影响对物体整体形状的表达,如图 3.23(b)所示;也要避免选择不恰当的剖切位置,如图 3.23(c)所示。

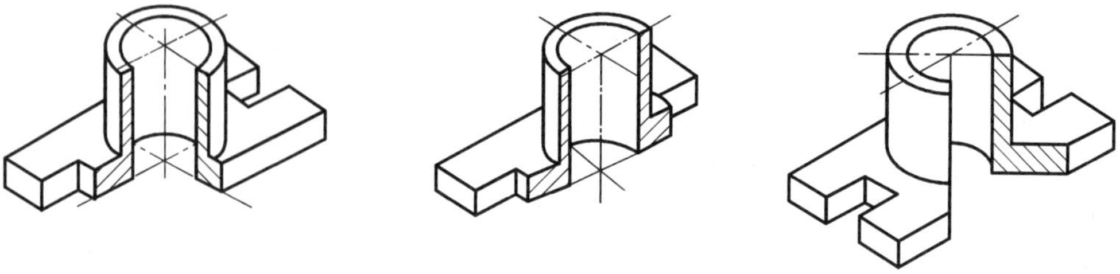

(a) 内、外形清楚　(b) 外形不完整　(c) 剖切位置不正确

图 3.23　轴测剖视图剖切位置

② 剖切平面通过零件的肋(或薄壁)等结构的纵向对称平面时,这些结构都不画剖面符号,而用粗实线将它与邻接的部分分开,如图 3.24(a)所示;图中表现不够清楚的地方,允许在肋板或薄壁部分,用细点表示被剖切部分,如图 3.24(b)所示。

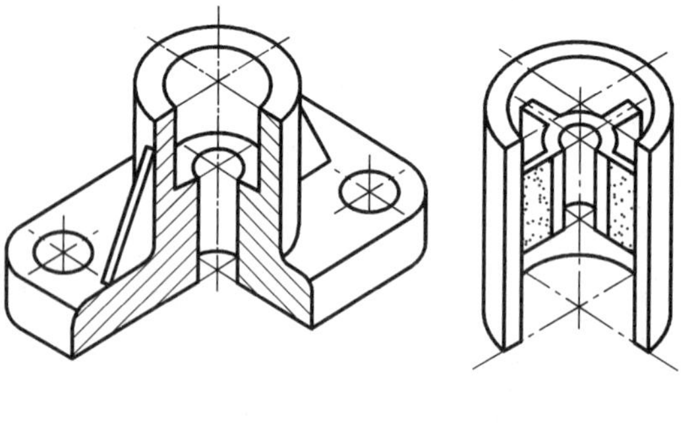

(a) 肋板不画剖面线　(b) 肋板用细点表示

图 3.24　轴测剖视图中肋板画法

③ 零件中间折断或局部断裂的表示:断裂处的边界线应画波浪线,并在可见断裂面内加画细点,以代替剖面线,如图 3.25 所示。

④ 在轴测剖视图装配图中,相邻零件剖面线方向相反或间隔不同,如图 3.26 所示;当剖切平面通过轴、销、螺栓等实心零件的轴线时,这些零件应按未剖切绘制。

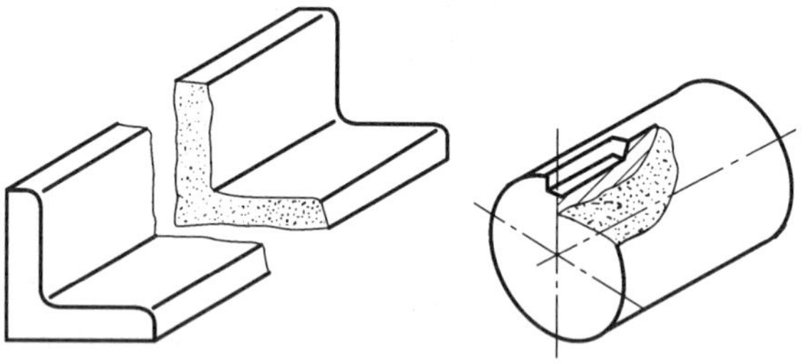

图 3.25　零件中间折断或局部断裂画法

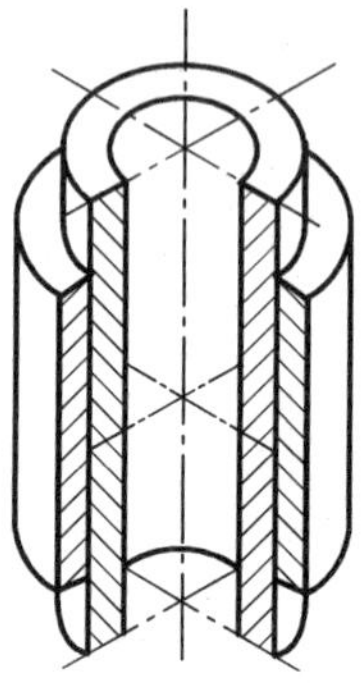

图 3.26　轴测装配图中剖面线

3.4.2　轴测剖视图的画法

轴测剖视图一般有两种画法:

(1) 先外形,再剖切　先将物体完整的轴测外形图作出,然后沿轴测轴方向,用剖切平面剖开,画出断面形状,擦去被剖切掉的四分之一部分轮廓,添加剖切后的可见内形,并在断面上画上剖面线,步骤如图 3.27 所示。

(2) 先作截断面,再作内、外形　准确想象剖切面形状,作出剖切后的剖面形状,再由此逐步画外部的可见轮廓,这种画法作图迅速,减少很多不必要的作图线,步骤如图 3.28 所示。

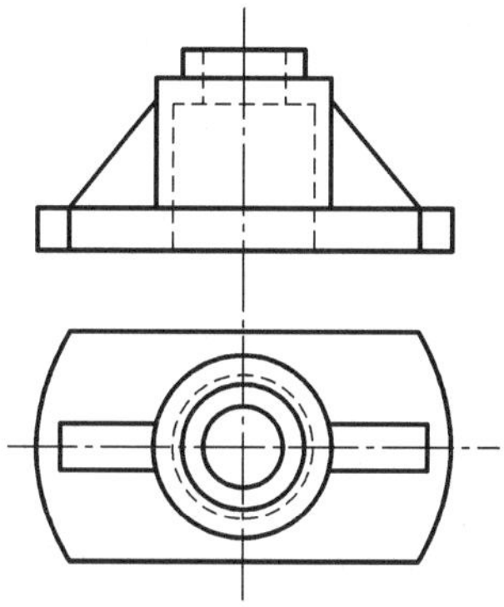

(a) 投影图

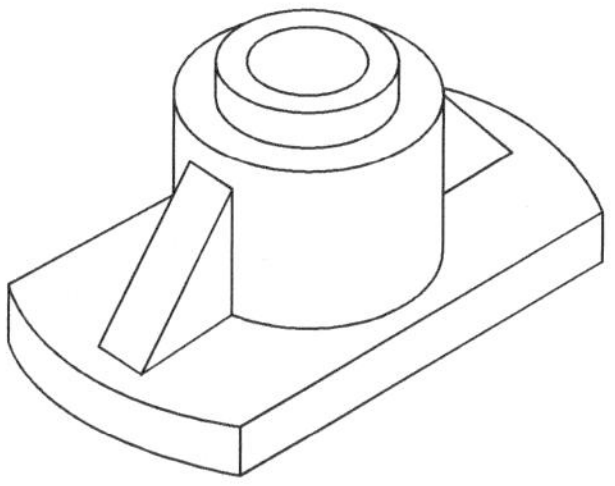

(b) 轴测图

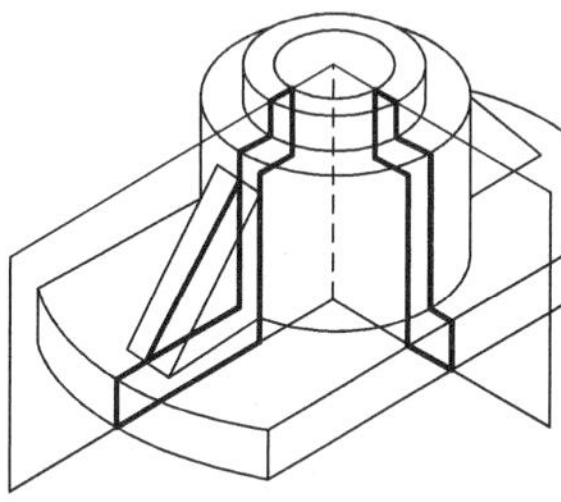

(c) 作截断面

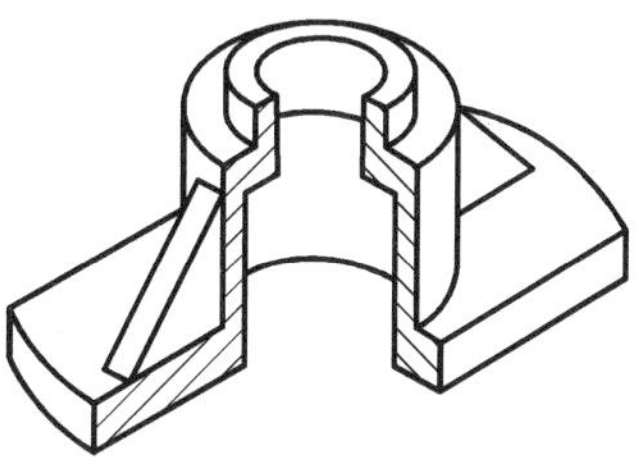

(d) 轴测剖视图

图 3.27　求轴测剖视图方法(一)

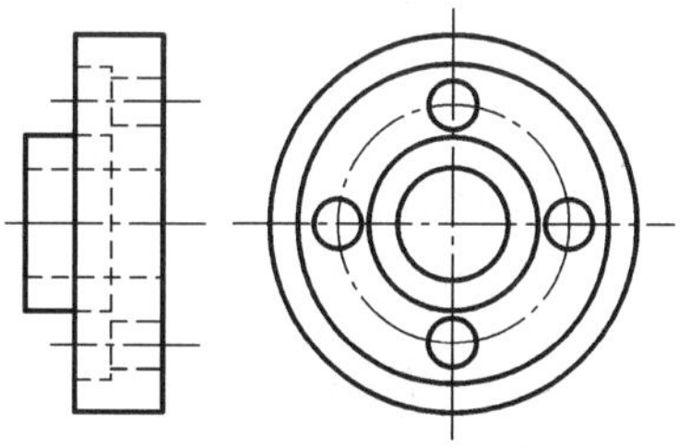

(a) 投影图

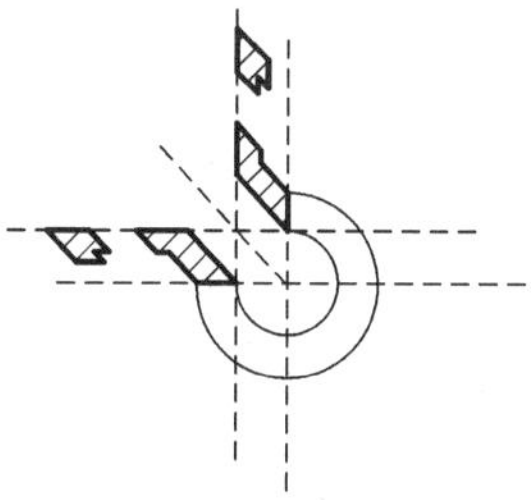

(b) 截断面形状

(c) 去多余线、加深轴测图

图 3.28　求轴测剖视图方法(二)

3.5　轴测图的尺寸标注

3.5.1　轴测图线性尺寸

线性尺寸一般应沿轴测轴方向标注，尺寸数值为机件的基本尺寸。尺寸数字应按相应的轴测图形，标注在尺寸线的上方；尺寸线必须和所标注的线段平行；尺寸界线一般平行于某一轴测轴。当在图形中出现字头向下时，应引出标注，将数字按水平位置注写，如图 3.29 所示。

3.5.2　标注角度尺寸

角度尺寸的尺寸线应画成与该坐标平面相应的椭圆弧，角度数字一般写在尺寸线的中断处，字头向上，如图 3.30 所示。

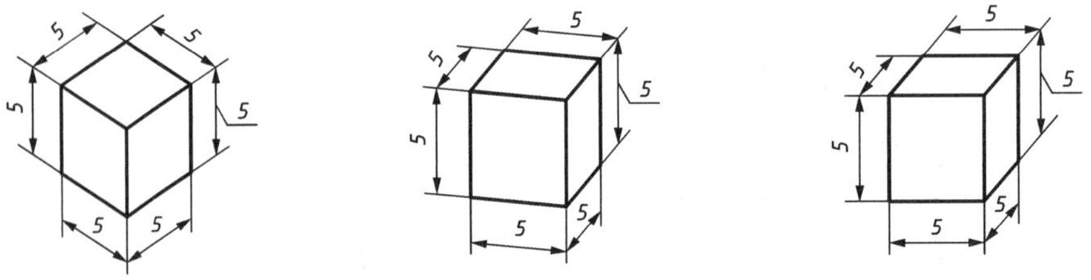

图 3.29　轴测图的尺寸标注

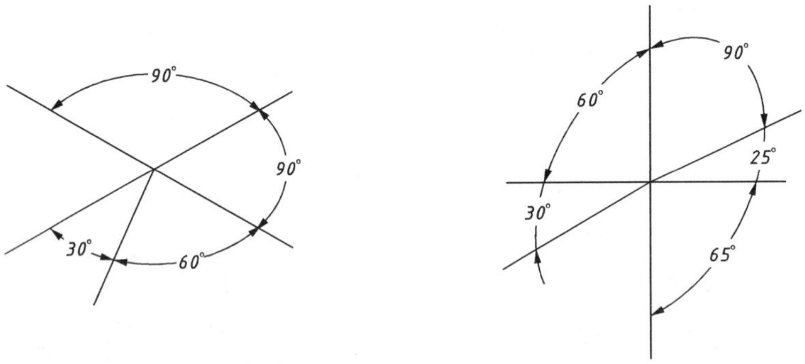

图 3.30　轴测图上角度的注法

3.5.3　圆的直径

标注圆的直径时,尺寸线和尺寸界线应分别平行于圆所在平面内的轴测轴;标注圆弧半径或较小的圆的直径时,尺寸可从(或通过)圆心引出标注,但标注尺寸数字的横线必须平行于轴测轴,如图 3.31 所示。

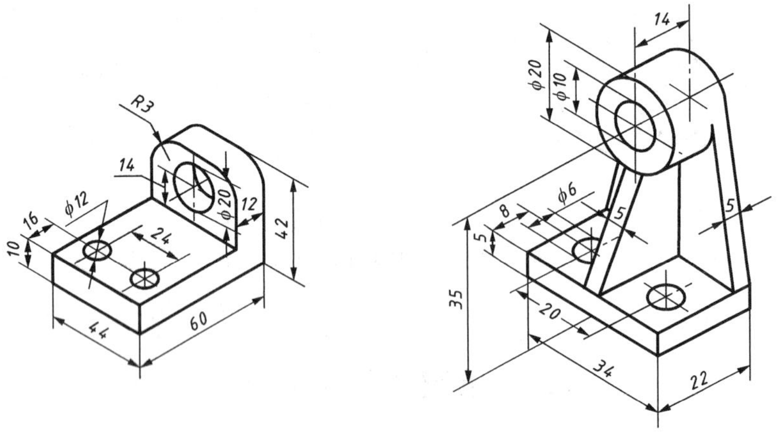

图 3.31　轴测图上圆或圆弧的标注

3.6　轴测图的选择

3.6.1　轴测图种类的选择

将正等测、正二测和斜二测的表现效果和作图过程稍加比较,不难发现正二测的直观性最好,但作图较繁。

斜二测中平行于某一坐标面的图形反映实形,因此适用于表示在某一方向上形状比较复杂或单一方向具有圆或圆弧的物体。

正等测的直观性逊于正二测和斜二测,但作图方便,特别适用于表达几个方向上都有圆或圆弧的物体。

所以,选择轴测图种类一般是:先"正"后"斜",先"等"后"二"。

例 3.13　夹子的两种轴测图比较,如图 3.32 所示。

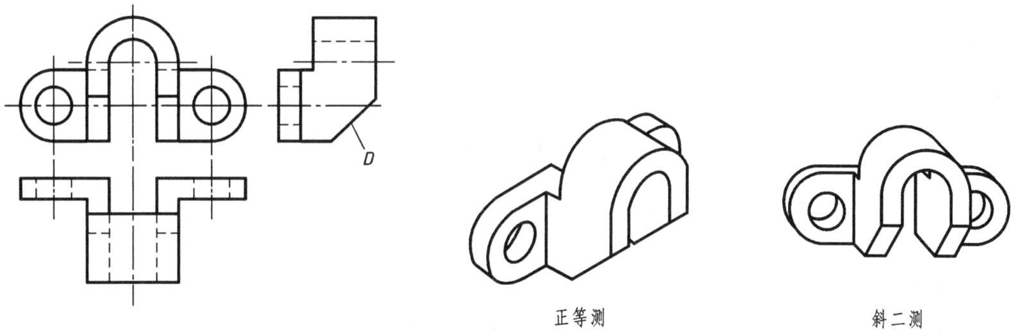

图 3.32　夹子的两种轴测图比较

采用正等测,图中的 D 面与投射方向一致而积聚成一条线,右侧的夹子中间通槽也没有表达清晰;如果采用斜二测,图形较清晰,如图 3.32 所示。

3.6.2　轴测图投影方向的选择

同一种轴测图由于投影方向不同,轴测轴的位置就有所不同,画出的轴测图效果也不一样。为把机件表达清楚,画轴测图时应选择有利的投射方向,如图 3.33 所示。

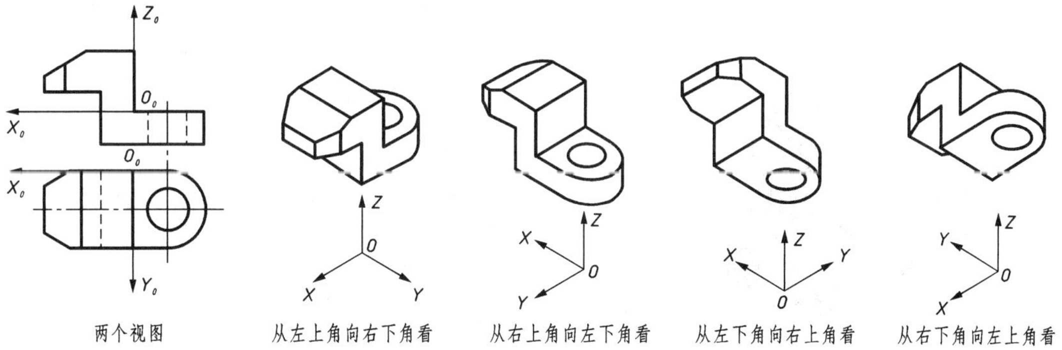

图 3.33　常用的四种正等轴测投射方向

由此可见应注意两个问题:

① 避免物体的表面或棱线在轴测图中积聚成直线或点;

② 避免物体的表面被遮挡以影响表现效果。

第 4 章　组合体

各种机械零件，尽管其形状千差万别，但一般都可以看成是由若干个基本几何形体叠加、切割组成。这种由基本形体组合而成的物体称为组合体。本章主要介绍组合体三视图的投影特性，组合体的画图、读图和尺寸标注。

4.1　三视图的形成及投影特性

4.1.1　三视图的形成

三视图的形成过程与三面投影的形成过程完全相同。在绘制技术图样时，将物体在三个相互垂直的投影面内作正投影，所得的三个图形称为三视图。分别为由前向后投影，在正投影面上所得视图称为主视图；由上向下投影，在水平投影面上所得视图称为俯视图；由左向右投影，在侧投影面上所得视图称为左视图，如图 4.1(a)所示。

在实际作图中，为了画图方便，需要将三个投影面表示在同一平面上，视图展开方式：V 面不动，H 面绕 OX 轴向下旋转 90°，W 面绕 OZ 轴向右旋转 90°，这样就得到了在同一平面上的三视图，如图 4.1(b)所示。在同一张图纸内，如按图 4.1(b)配置视图时，一律不注明视图的名称。

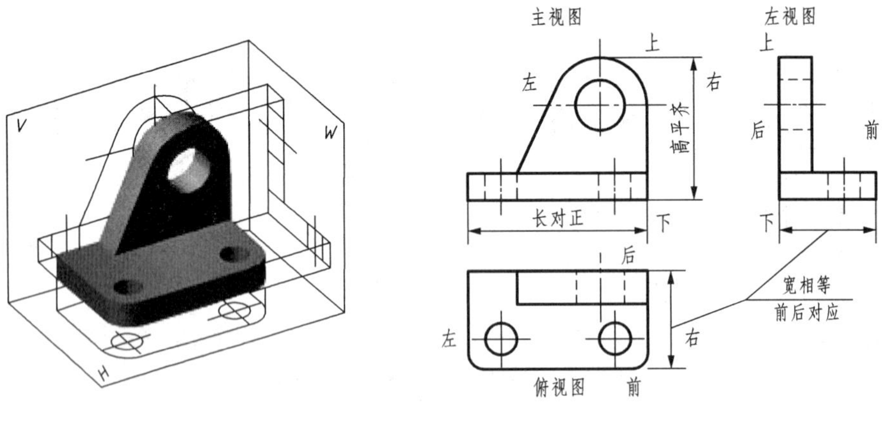

(a) 直观图　　(b) 三视图的投影特性

图 4.1　三视图的形成及投影特性

4.1.2　三视图的投影特性

如图 4.1(b)所示，表达几何形体的三视图之间有着内在联系。根据三视图的形成过程可以看出：一个视图只能反映两个方向的尺寸，主视图反映了物体的长度和高度，俯视图反映了物体的长度和宽度，左视图反映了物体的宽度和高度。三个视图之间的投影规律为：

① 主、俯视图长对正，反映同一个物体的长度；

② 主、左视图高平齐，反映同一个物体的高度；

③ 左、俯视图宽相等，反映同一个物体的宽度。

画图时，形体上每一个点、线和面的三个投影一定要符合上述投影规律；看图时，也必须以这三条规律为依据，找出三视图中的相应关系，构思机件的原形。

4.2　组合体的构形分析

4.2.1　形体分析法

形体分析法就是假想将组合体分解成若干基本形体，弄清各形体的形状、相对位置及组合方式，帮助组合体画图和读图的方法。

4.2.1.1　组合体的组合形式

组合体的组合形式可划分为叠加和切割（包括穿孔）两类，一般较复杂的形体往往由叠加和切割综合而成。如图 4.2 所示，(a)为两块长方形板的叠加形成的叠加式组合体；(b)为长方体两次切割后形成的切割式组合体；(c)为长方体经叠加、切割后形成的综合式组合体。

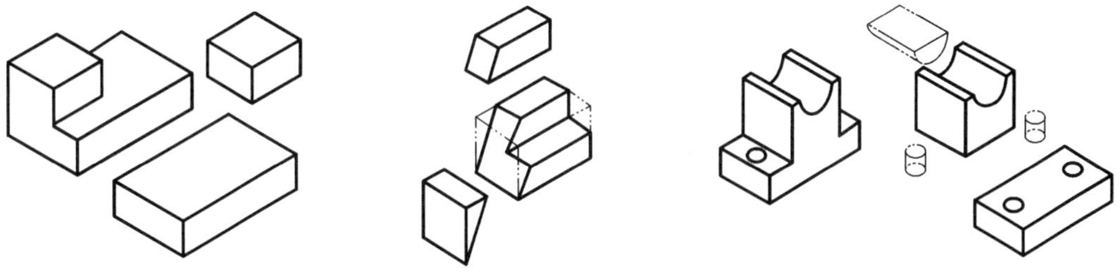

(a) 叠加　　(b) 切割　　(c) 综合

图 4.2　组合体的组合形式

4.2.1.2　组合体表面间的相对位置

(1) 不平齐　当两基本体表面不平齐时，结合处应画出分界线。

如图 4.3(a)所示，两长方体前后的宽度和左右的长度都不相等，则两者前后、左右端面都不平齐，主、左视图上存在分界线。

(2) 平齐　当两基本体表面平齐时，结合处不画分界线。

如图 4.3(b)所示，两长方体前端面平齐，主视图上无分界线。后端面和左右端面不平齐，主视图中的分界线不可见，用虚线表示，左视图上有分界线。

(3) 相切　当两形体表面相切时，两表面光滑地连接在一起，相切处不画分界线，如图 4.4 所示。

(4) 相交　当两基本体表面相交时，相交处应画出分界线。如图 4.5(a)所示，圆柱体相交，相交处应画出相贯线；如图 4.5(b)所示，长方体与圆柱体相交，主、左视图相交处应画出交线。

基本体被平面或曲面切割或穿孔后，会产生不同形状的截交线或相贯线，如图 4.6 所示。

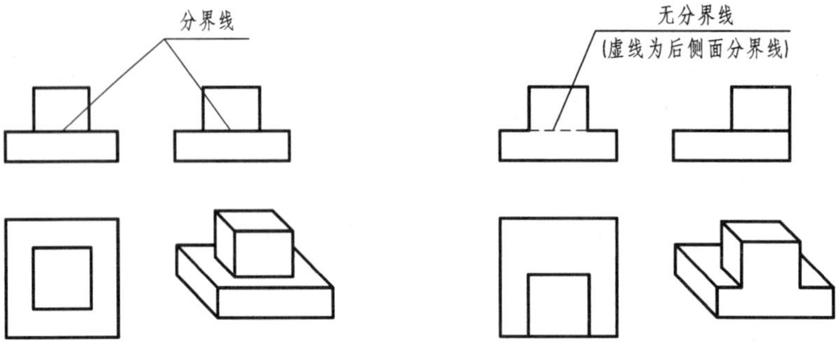

(a) 不平齐　　(b) 平齐

图 4.3　表面共面与不共面的画法

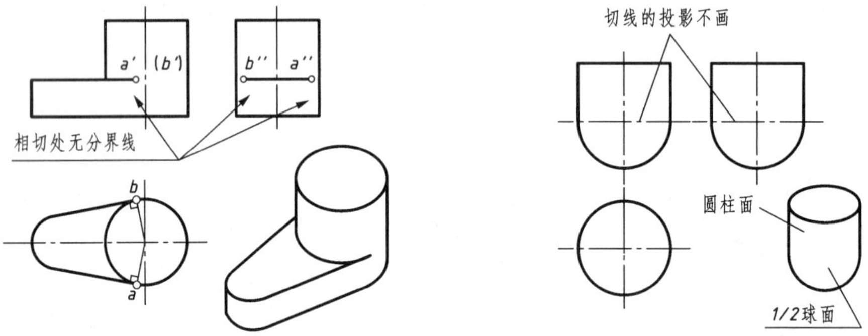

(a) 平面与曲面相切　　(b) 曲面与曲面相切

图 4.4　相切的画法

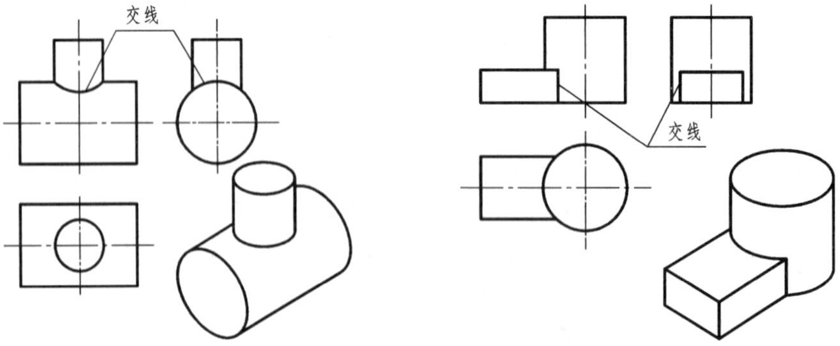

(a) 两圆柱体相交　　(b) 长方体和圆柱相交

图 4.5　相交的画法

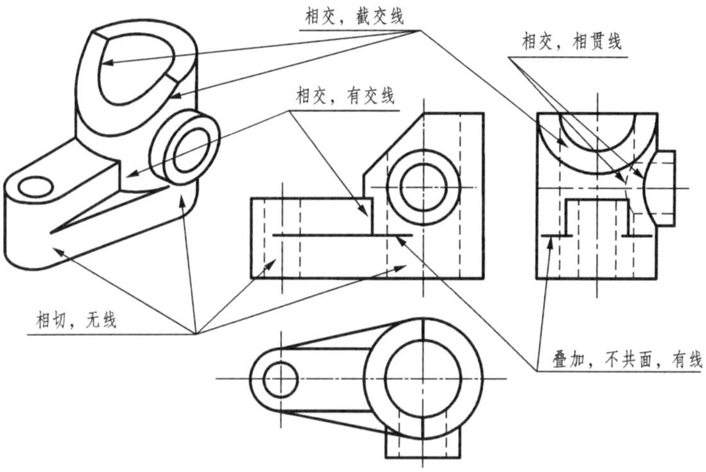

图 4.6　切割的画法

4.2.2　线面分析法

线面分析法是在形体分析的基础上,对不易表达清楚的局部,运用线、面投影关系,分析组合体表面形状及表面间相对位置的方法。

4.3　画组合体视图

4.3.1　画组合体视图的方法与步骤

(1) 形体分析　画组合体三视图时,应先分析物体的形状和结构特点,了解组合体由哪几个基本体组成,各基本体的形状、组合形式和相对位置关系,为画图作准备。

(2) 选择主视图　主视图是反映物体主要形状特征的视图,选择主视图一般应符合以下原则:

① 主视图应较多地反映组合体各部分的形状特征,尽量以清楚地表达组合体各组成部分形状、表明相对位置关系最多的方向作为主视图的投影方向;

② 符合自然安放位置,尽量使主要平面(或轴线)尽可能多地平行或垂直于投影面,以便使投影得到实形;

③ 尽量减少视图中的虚线。

(3) 选定画图比例和图幅　根据物体的大小选定作图比例,尽量选用 1∶1,这样既便于画图,又能较直观地反映物体的大小。

(4) 布置视图,画作图基准线　在选择图纸幅面的大小时,不仅要考虑到图形的大小和摆放位置,而且要留出标注尺寸和画标题栏的位置,图形布置要匀称。因此要先画每一投影的作图基准线,通常用对称中心线、轴线、大端面作为基准线。组合体视图需要确定长、宽、高三个方向的基准线。

(5) 画三视图　按照先主体、后细节,先实体、后挖切,先形体、后交线的方法,根据投影规律先从反映形体特征的视图画起,再画出其他两个视图。逐一画出各形体的三视图。这样既能保证各基本体之间的相对位置和投影关系,又能提高绘图速度。

(6) 查错描深　检查错漏,擦去多余图线后按标准线型描深。

4.3.2　组合体画图举例

例 4.1　画叠加式组合体——轴承座的三视图,如图 4.7 所示。

(1) 形体分析　轴承座由圆筒、长方形底板、支撑板和肋板四个基本部分组成,构成方式均为叠加,如图 4.7(b)所示。其中底板与支撑板后面共面,支撑板与圆筒相切,肋板与圆筒相交,轴承座的总体结构左、右对称。

(2) 选择主视图　如图 4.7(a)所示,将轴承座按自然位置安放后,将四个方向投影 A、B、C、D 所得的视图进行比较。若以 C 向作为主视图的投影方向,则主视图虚线较多;若按 D 向投影,则左视图的虚线多;若按 B 向投影,左视图清晰;再对 A 向和 B 向视图作比较,A 向更能反映轴承座各部分的形状特征,因此,应以 A 向作为主视图的投影方向。主视图确定后,其他视图就确定了。

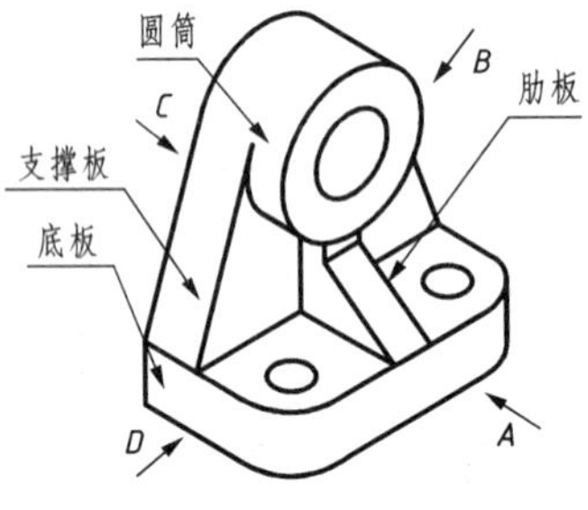

(a)

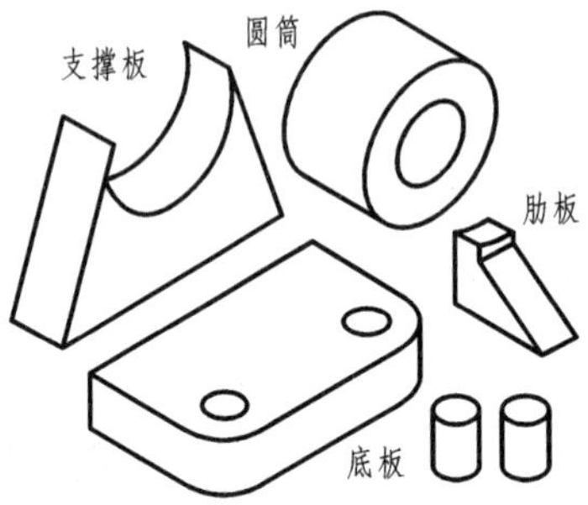

(b)

图 4.7　轴承座的形体分析

(3) 画图步骤

① 选择比例、确定图幅。

② 画基准线布置视图。轴承座以底面、后端面和左右对称中心线作为作图基准,如图 4.8(a)所示。

③ 运用形体分析法,逐个画出各组成部分形体的三视图,如图 4.8(b)～(e)所示。一般先画较大的、主要的组成部分(如轴承座的底板),再画其他部分;先画主要轮廓,再画细节。在形状较复杂的局部,如具有相贯线和截交线的地方,宜适当配合线面分析,可以帮助想象和表达,并能减少投影图中的错误。

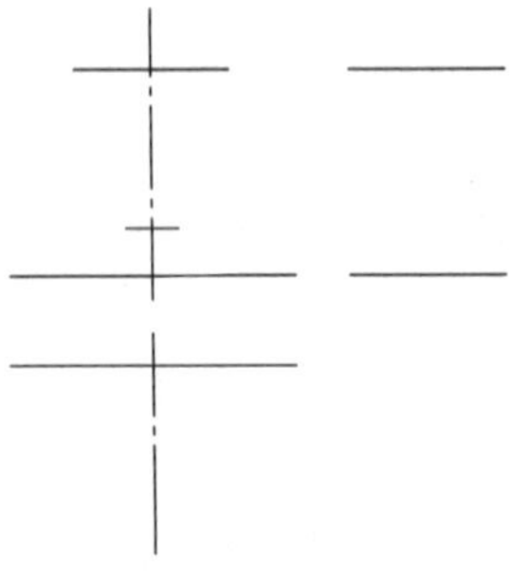

(a) 布置视图，画作图基准线

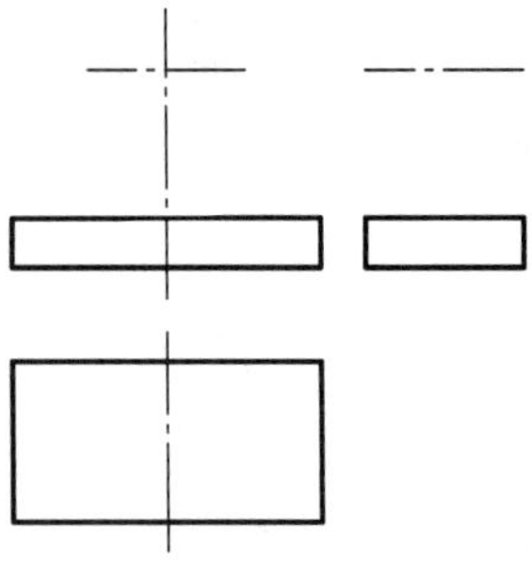

(b) 画底板

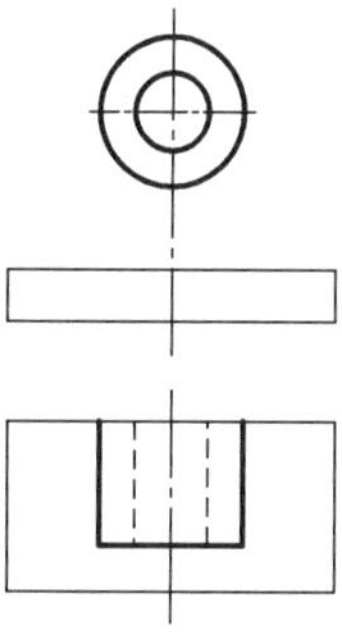
(c) 画圆筒

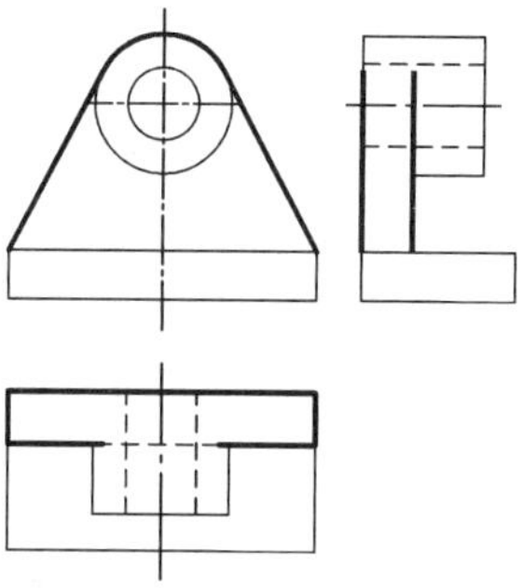
(d) 画支撑板

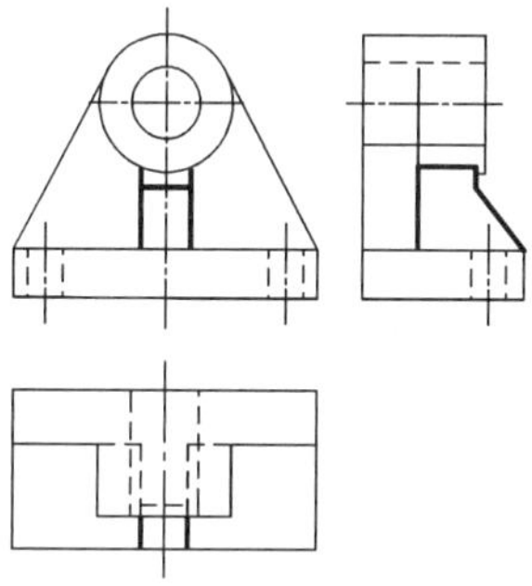
(e) 画肋板

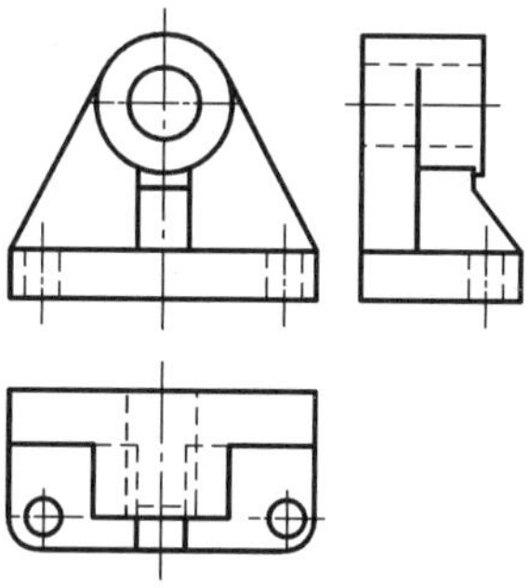
(f) 画底板的圆孔与圆角、加深

图 4.8　画轴承座的三视图过程

④ 检查底稿、描深，如图 4.8(f)所示。

例 4.2　补全切割式组合体的三视图，如图 4.9 所示。

(1) 形体分析　由图 4.9(a)分析组合体三视图，可见组合体是在基本体四棱柱基础上切割而成的。主视图的长方形缺角，说明在四棱柱的左上方用正垂面切掉一角，如图 4.9(b)

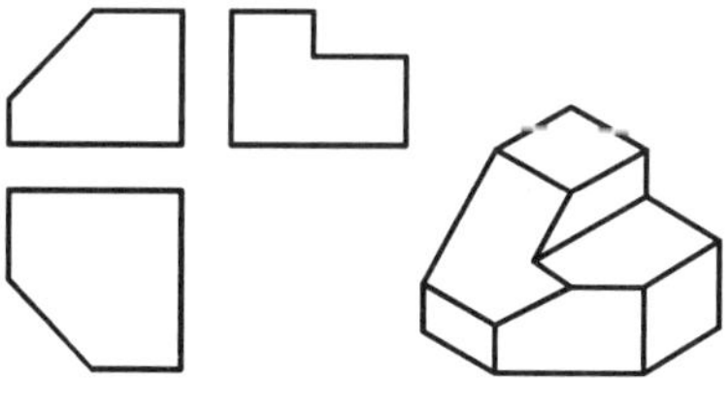
(a) 组合体三视图

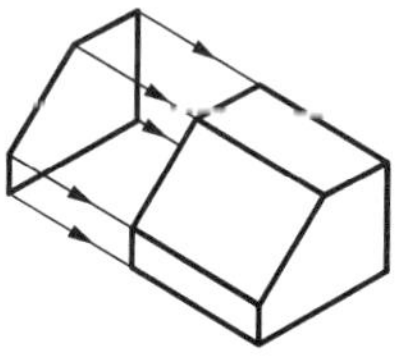
(b) 正垂面截切

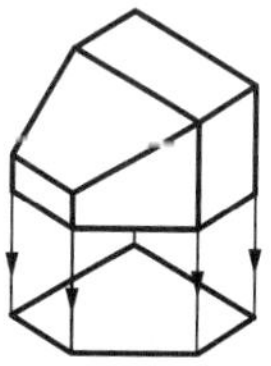
(c) 铅垂面截切

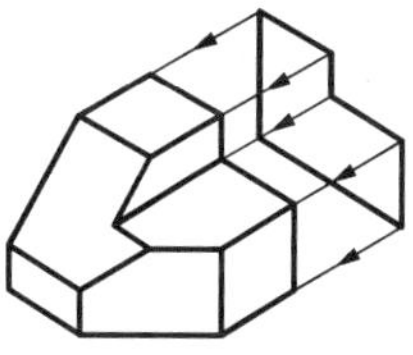
(d) 正平面和水平面截切

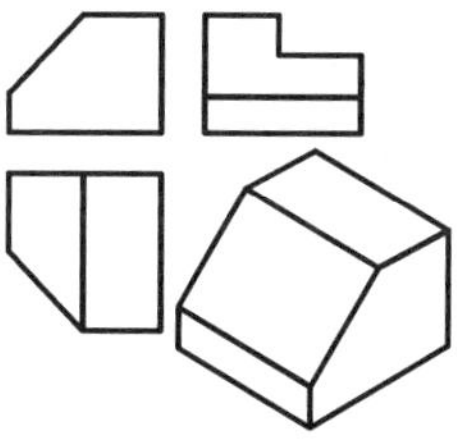
(e) 补正垂面截交线

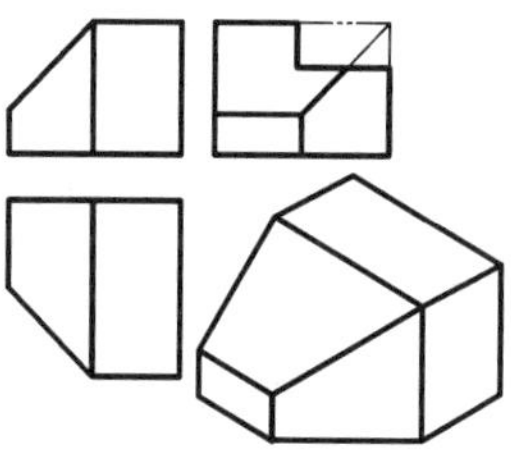
(f) 补铅垂面截交线

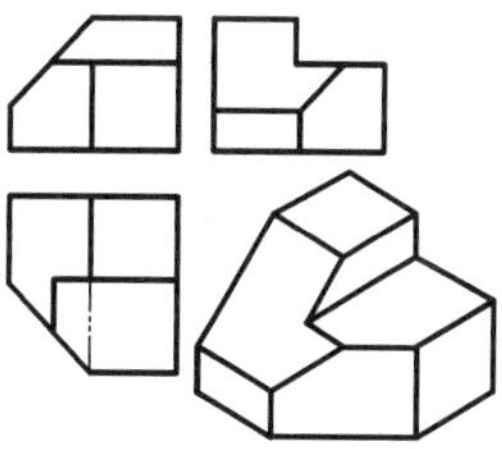
(g) 补正平面和水平面截交线

图 4.9　补全组合体的三视图过程

所示;俯视图的长方形左前方缺角,说明四棱柱左端用铅垂面切掉前角,如图 4.9(c)所示;左视图呈阶梯状,说明四棱柱的上前方被正平面和水平面共同切去了一块,如图 4.9(d)所示。由上述分析可知,该组合体是由四棱柱经三次切割以后形成的。分别补全每次切割后的截交线,即可完成组合体的三视图。

(2) 补线　补全正垂面截切后的截交线,如图 4.9(e)所示;铅垂面截切后的截交线,如图 4.9(f)所示;正平面和侧平面截切后的截交线,如图 4.9(g)所示。

4.4　读组合体视图

根据组合体的视图,想象其结构形状称为读图。可见读图和画图是认识组合体的两个相反的过程。

4.4.1　读组合体视图要领

4.4.1.1　几个视图联系起来看

因为组合体的一个视图不能唯一确定其形状,如图 4.10 所示。有时两个视图也不能唯一确定其形状,如图 4.11 所示。所以看图时应将已知的视图联系起来看,才能准确读懂各形体的几何特征和相对位置。

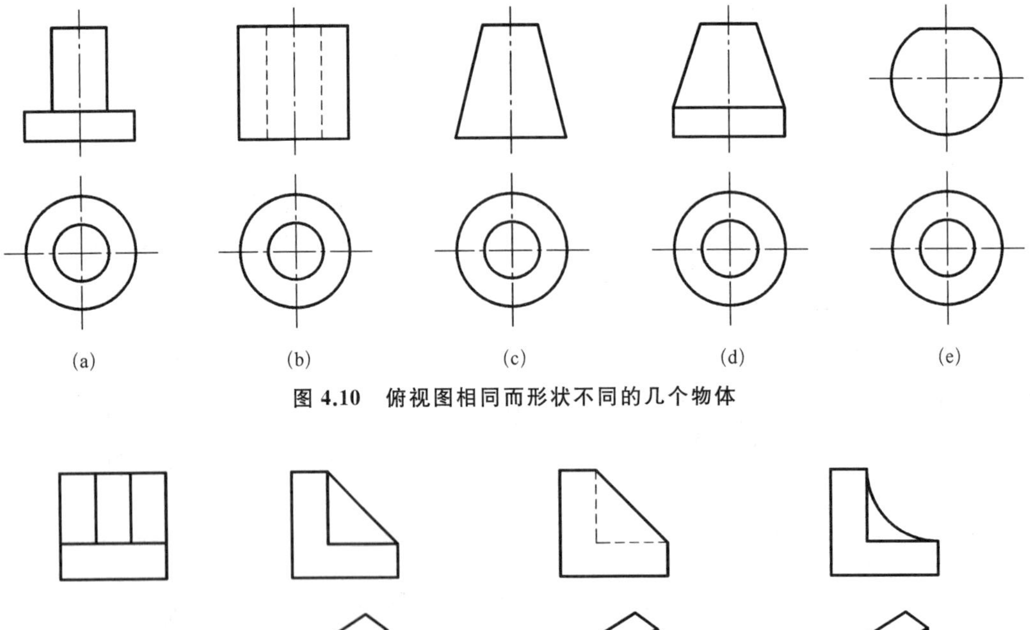

图 4.10　俯视图相同而形状不同的几个物体

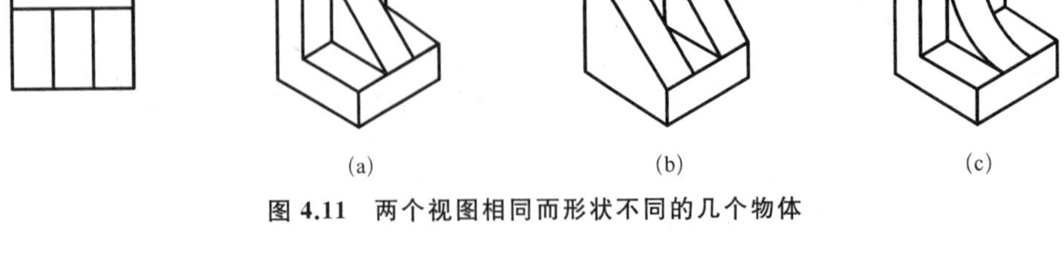

图 4.11　两个视图相同而形状不同的几个物体

4.4.1.2　弄清视图中线框和图线的含义

视图中的一个封闭线框,一般可表示平面的投影、曲面的投影、孔洞的投影或平面与曲面相切得到的组合面的投影,如图 4.12 所示。

视图中的一条图线(粗实线或虚线),一般可表示:

① 平面或曲面的积聚性投影;

② 回转体转向轮廓线的投影;

③ 组合体两表面交线的投影(如棱线、截交线、相贯线等),如图 4.12 所示。

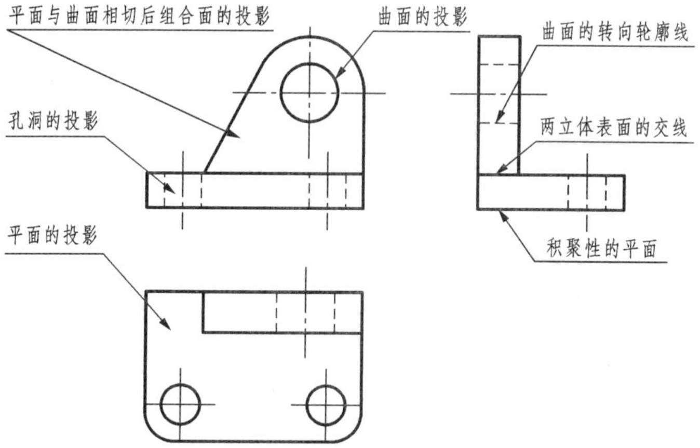

图 4.12　视图中线框、图线的含义

4.4.1.3　找出特征视图

特征视图就是最能反映组合体的形状特征和位置特征的视图,一般情况下是主视图。要先从反映形体特征明显的视图看起,再与其他视图联系起来,综合想象,识读出组合体的形状。如图 4.13 所示,主、俯视图相同,左视图就是特征视图。

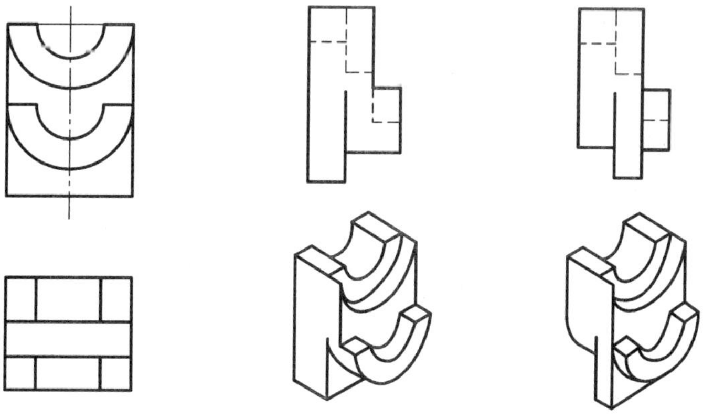

(a)　(b)

图 4.13　特征视图

4.4.2　读图方法和步骤

形体分析法与线面分析法是读图的基本方法,但是这两种方法并不是孤立运用的,实际读图时常常是综合运用,穿插进行。

4.4.2.1 用形体分析法读图

读图是画图的逆过程。在反映形状特征的视图上,按线框将组合体划分为几个部分;然后根据投影规律,找到各线框在其他视图上的投影,从而想象出每个部分的形状;最后根据其相对位置、组成方式和表面连接关系,综合想象出整体的结构形状,下面以图 4.14(a)的三视图为例加以说明。

(1) 划线框,对投影 先从反映形体特征明显的主视图看起,根据“长对正、高平齐、宽相等”的投影规律,把几个视图联系起来看。如图 4.14(a)所示,主视图分成三个独立部分。

(2) 识别形体,定位置 根据各部分三视图(或两视图)的投影特点想象出形体,并确定它们之间的相对位置。在图 4.14(b)中,1 为四棱柱切去了一个矩形槽;2 为穿孔的半圆头长方形板,3 为四棱柱肋板;它们之间的位置关系,均为叠加不共面,有交线。

(3) 综合起来想整体 综合考虑各个基本形体及其相对位置关系,通过逐个分析,可由图 4.14(a)的三视图,想象出如图 4.14(c)所示的物体。

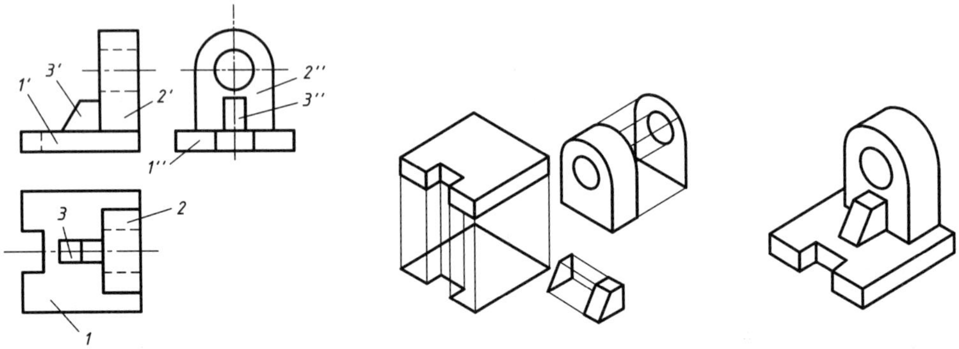

(a) 三视图 (b) 各部分的立体图 (c) 立体图

图 4.14 形体分析法读图

4.4.2.2 用线面分析法读图

组合体也可以看成是由若干面(平面或曲面)、线(直线或曲线)所围成的。因此,线面分析法也就是把组合体分解为若干面、线,找出每个表面的三个投影,并确定它们之间的相对位置和投影特性的方法。下面以图 4.15 所示的压块三视图加以说明。

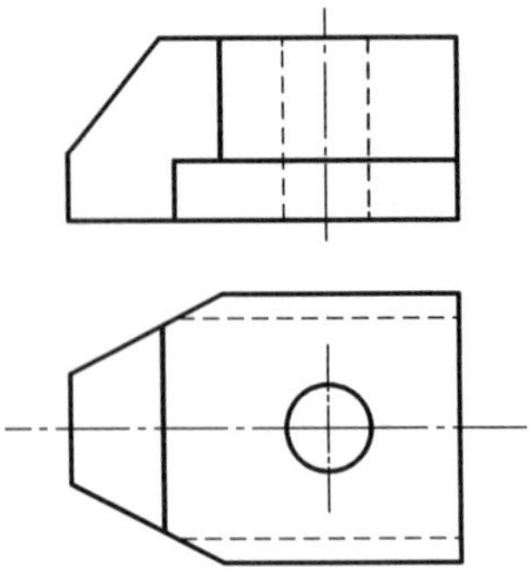

图 4.15 组合体的三视图

① 该形体的基本体是四棱柱,它是在此基础上切割和挖孔而成,如图 4.16 所示。

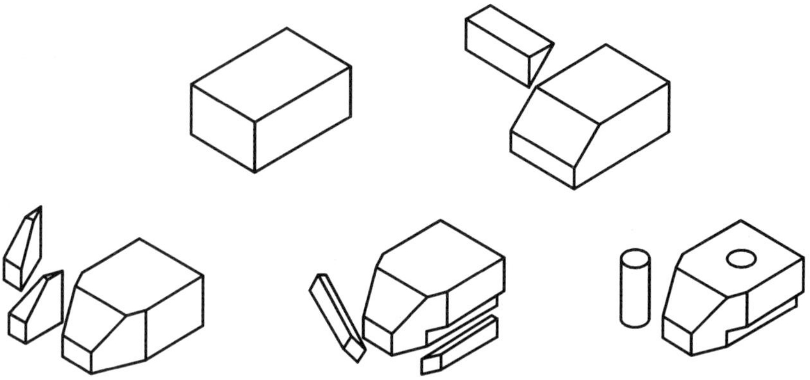

图 4.16　组合体的切割形成过程

从图 4.17(a)分析，俯视图中的梯形线框 p，在主视图中找出与它对应的斜线 p'，可知 P 面是梯形的正垂面，四棱柱的左上角就是由这个平面切割而成的。平面 P 对侧面和水平面都处于倾斜位置，所以它的侧面投影 p''和水平投影 p 是类似形，不反映 P 面的真形。

② 读图 4.17(b)，由主视图的七边形 q'出发，在俯视图上找出与它对应的斜线 q，可知 Q 面是垂直于水平面的。四棱柱的左端，就是由这样的两个平面前后切割而成的。平面 Q 对正面和侧面都处于倾斜位置，因而侧面投影 q''也是一个类似的七边形。

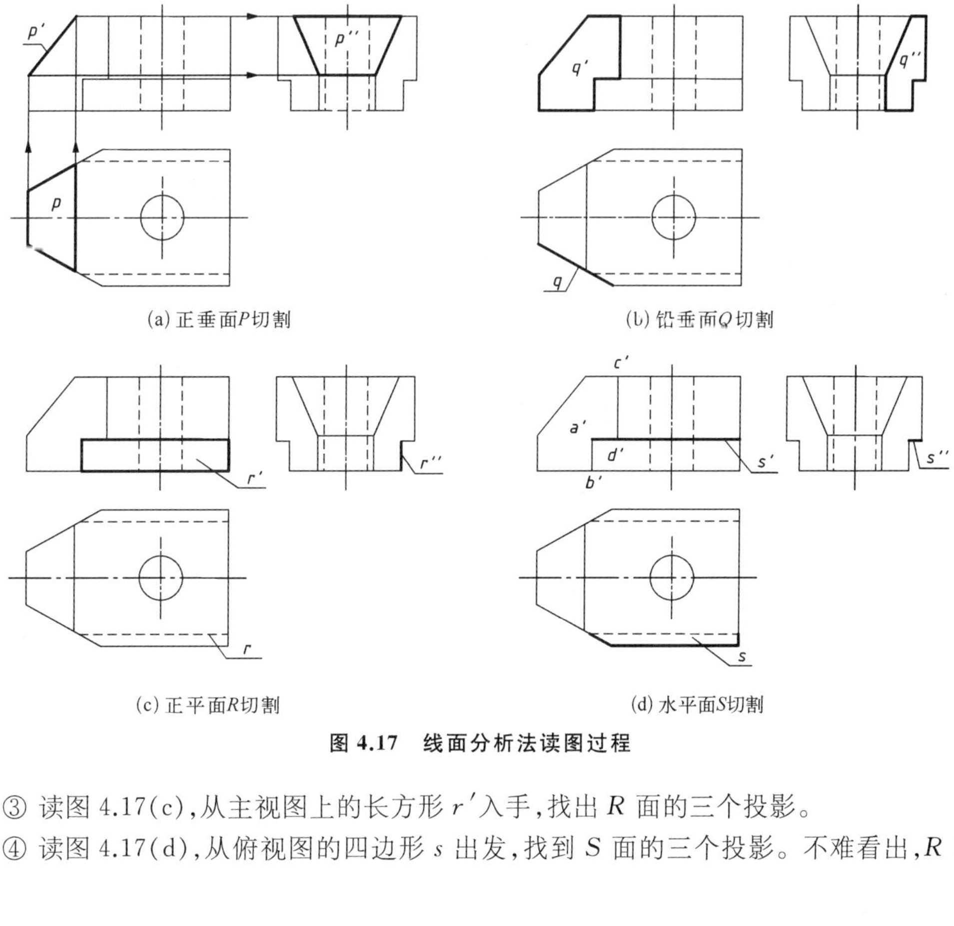

(a) 正垂面P切割　(b) 铅垂面Q切割

(c) 正平面R切割　(d) 水平面S切割

图 4.17　线面分析法读图过程

③ 读图 4.17(c)，从主视图上的长方形 r'入手，找出 R 面的三个投影。

④ 读图 4.17(d)，从俯视图的四边形 s 出发，找到 S 面的三个投影。不难看出，R 面平

行于正面,S 面平行于水平面。长方块的前后两边,就是由这两个平行平面切割而成的。在图 4.17(d)中,$a'b'$线不是平面的投影,而是 R 面与 Q 面的交线。$c'd'$线是处于最前的正平面与 Q 面的交线,压块中间还有一个圆柱孔。

其余表面比较简单易看,请读者自己分析。这样,既从形体上,又从线、面的投影上,彻底弄清了整个压块的三视图,就可以想象出如图 4.16 所示物体的空间形状。

看图时一般是以形体分析法为主、线面分析法为辅,线面分析方法主要用来分析视图中的局部复杂投影。由于工程上机件的形状是千变万化的,所以在读图时不能局限于某一种方法。

4.5 组合体的尺寸标注

组合体的视图只反映机件的形状,而其大小和相对位置要通过图上所注的尺寸确定。组合体视图上的尺寸标注要达到正确、完整、清晰、合理的要求,即所注尺寸要符合国家标准的有关规定;尺寸标注齐全,不遗漏,不重复;尺寸配置整齐、清楚,便于读图;方便生产加工和检测。本节在学习平面图形尺寸标注的基础上,进一步学习组合体的尺寸标注。

由于组合体可以看成是一些基本几何体组合而成,所以要学会组合体尺寸标注,必须首先掌握基本几何体的尺寸注法。

4.5.1 基本体的尺寸标注

4.5.1.1 常见基本体的尺寸标注

一般情况下,标注基本体的尺寸时,应标出长、宽、高三个方向的尺寸。对于圆柱体、圆锥体,如果在投影为非圆的视图上标注直径 ϕ 时,可以省略一个视图。常见基本体的尺寸注法,如图 4.18 所示。

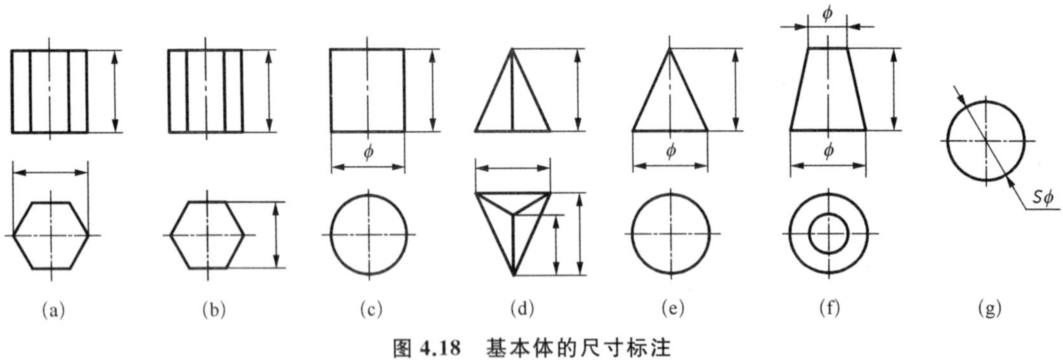

图 4.18 基本体的尺寸标注

4.5.1.2 带有缺口的基本体的尺寸标注

截交线形状取决于立体的形状、大小以及截平面与立体的相对位置。对于带有缺口的基本体,只标注缺口位置的尺寸,而不标注截交线和相贯线的尺寸,如图 4.19 所示。

4.5.1.3 常见底板的尺寸标注

如图 4.20 所示,机器零件上的一些常见底板、法兰盘等,它们的形状多为长方体、圆柱体及其经切割(穿孔)的组合体。通常是由两个以上基本体组成,它们的尺寸标注一般先注出长、宽、高尺寸,再注出其上圆孔、圆角的定形尺寸和定位尺寸及总体尺寸。

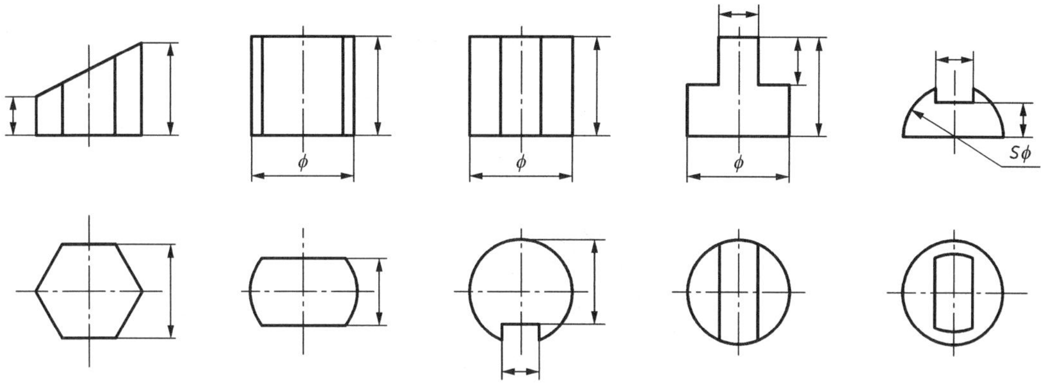

图 4.19　带有缺口的基本体的尺寸标注

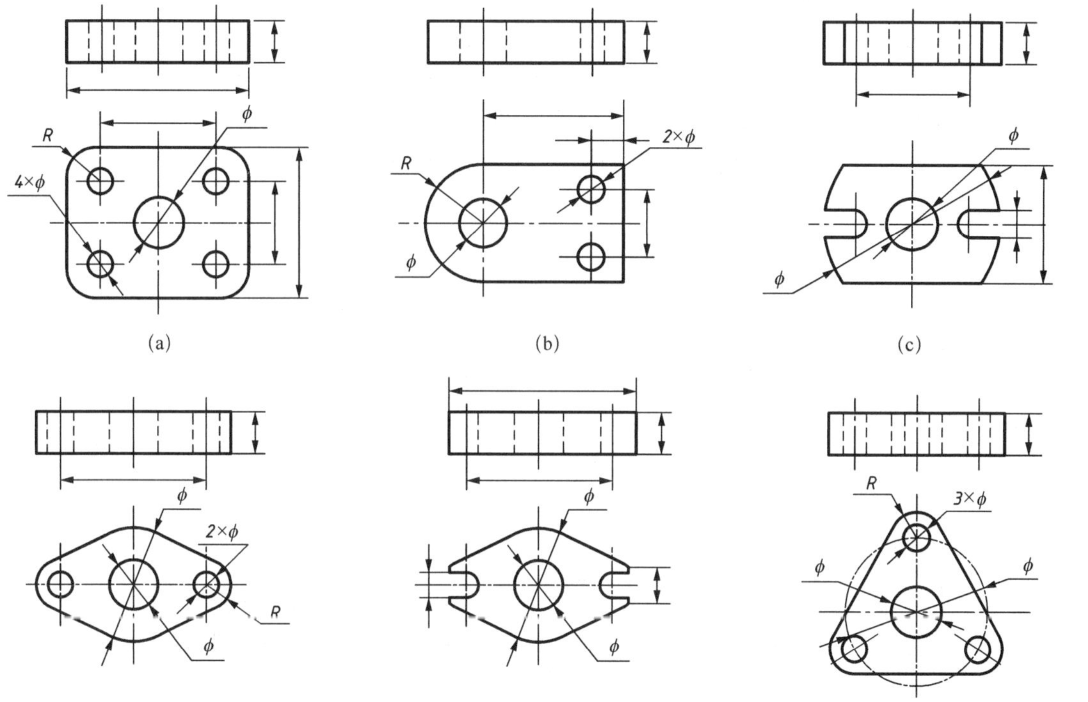

图 4.20　常见底板的尺寸标注

4.5.2　组合体的尺寸标注

4.5.2.1　尺寸基准

标注尺寸的起始位置称为尺寸基准。组合体在长、宽、高方向都至少应该有一个尺寸基准,其中一个为主要基准,其余为辅助尺寸基准。尺寸基准的确定既与物体的形状有关，也与该物体的加工制造要求、工作位置等有关。常选用物体上的对称面、重要孔的轴线或端面、较大的底面或端面等作为尺寸基准。

如图 4.21 所示,由于组合体左右对称,故可将左右对称面作为长度方向的尺寸基准;机件的最后端面为重要孔的端面,定为宽度方向的尺寸基准;底平面定为高度方向的尺寸

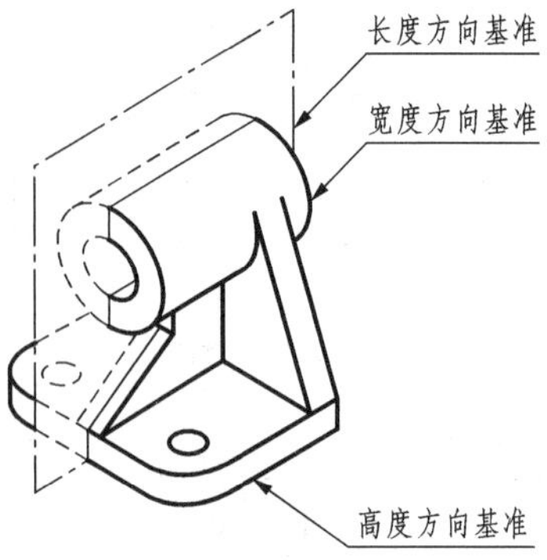

图 4.21　组合体的尺寸标注基准

基准。

4.5.2.2　尺寸标注要正确、完整

组合体图样上必须标注定形尺寸、定位尺寸和总体尺寸。其中总体尺寸是确定组合体外形的总长、总宽和总高的尺寸。一般组合体应注出长、宽、高三个方向的总体尺寸。当组合体端部为回转体结构时,该方向的总体尺寸一般不直接注出,而是注出回转轴线的定位尺寸和回转体的半径或直径,如图 4.22(a)中注出 34 和 $R14$,图 4.22(b)中标注 $R8$ 和定位尺寸 21。

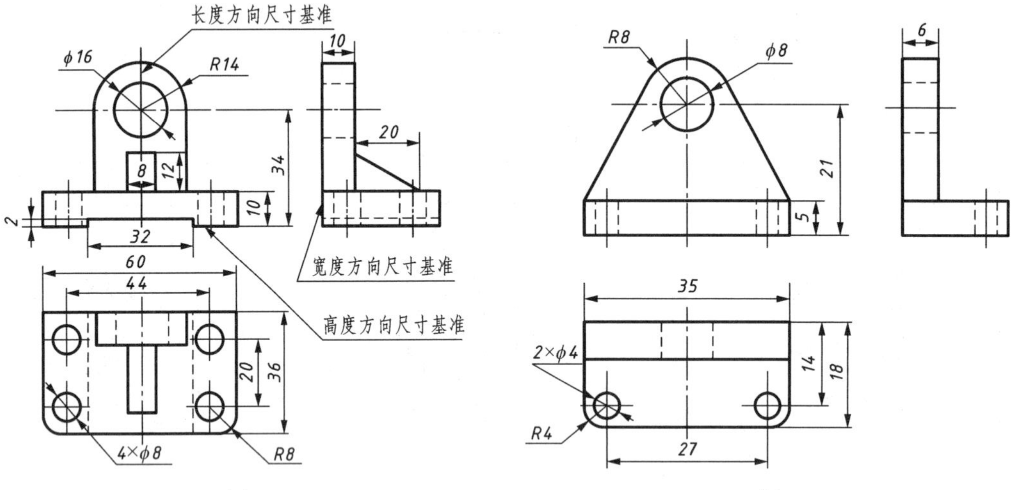

图 4.22　组合体的尺寸分析与标注

组合体尺寸标注要齐全,不得遗漏,且避免重复。为保证尺寸标注的完整性,一般采用形体分析法,将组合体分解为若干基本形体,先注出各基本形体的定形尺寸,然后再注出定位尺寸(也可以先注出定位尺寸,再注出定形尺寸),最后标注总体尺寸。

4.5.2.3　尺寸标注要清晰

要使尺寸标注清晰,应注意以下几点:

① 定形尺寸尽量标注在反映该部分形状特征的投影上,并尽量避免在虚线上标注尺寸。表示圆弧的半径应标注在投影为圆弧的视图上。

② 同一基本体的定形尺寸和有关定位尺寸应尽量集中标注。

③ 同方向的平行尺寸，应使小尺寸在内、大尺寸在外，避免尺寸线与尺寸界线相交。

④ 尺寸尽量标在投影外部，配置在两投影之间。

⑤ 同心圆柱的直径，最好标注在非圆投影上。

⑥ 内形与外形尺寸最好分别标注在投影图两侧。

⑦ 表示缺口的尺寸，应标注在反映真形的视图上。

4.5.2.4　**组合体尺寸标注的方法和步骤**

现以图 4.23(a)支架为例，说明标注组合体尺寸的方法与步骤。本例题先注定形尺寸，后注定位尺寸。

① 分析形体，将组合体分解成底板、立板和肋板三个组成部分，分别想出各部分的三视图投影，如图 4.23(b)所示。

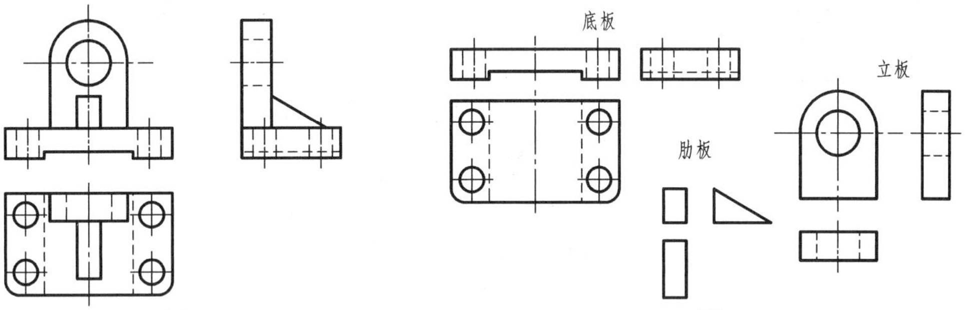

(a)　(b)

图 4.23　组合体的形体分析

② 分析各组成部分三视图的定形尺寸和定位尺寸，如图 4.24 所示。

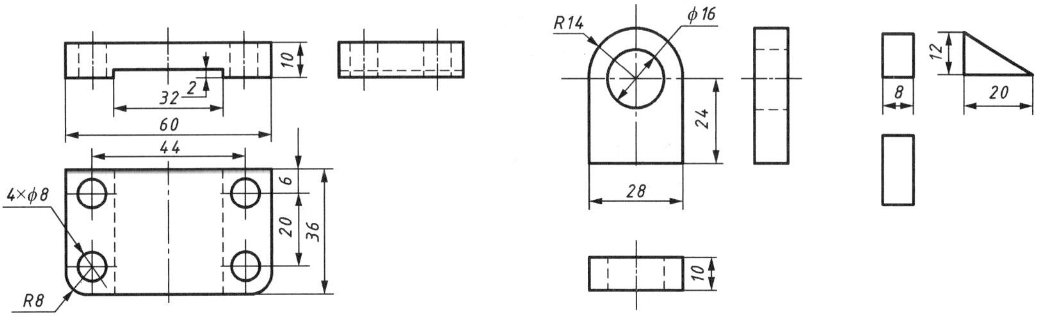

(a)　(b)　(c)

图 4.24　组合体各部分的尺寸标注

③ 标注底板的定形尺寸[图 4.25(a)]。标注竖板和肋板的定形尺寸[图 4.25(b)]。

④ 选定尺寸基准，长度方向的尺寸基准为左右对称面，宽度方向尺寸基准为后端面，高度方向尺寸基准为底面。

⑤ 标注组合体的定位尺寸，如图 4.25(c)所示，主视图中的 34，以及俯视图中的尺寸 6、20、44，都是确定形成组合体的各基本形体间相互位置的定位尺寸。

⑥ 标注总体尺寸，组合体总长为 60、总宽为 36，总高的尺寸不宜直接注出，可由 34 和

$R14$ 确定。长方形底板的长度 60 和宽度 36，既是底板的定形尺寸，又是组合体的总体尺寸，无须重复标注。

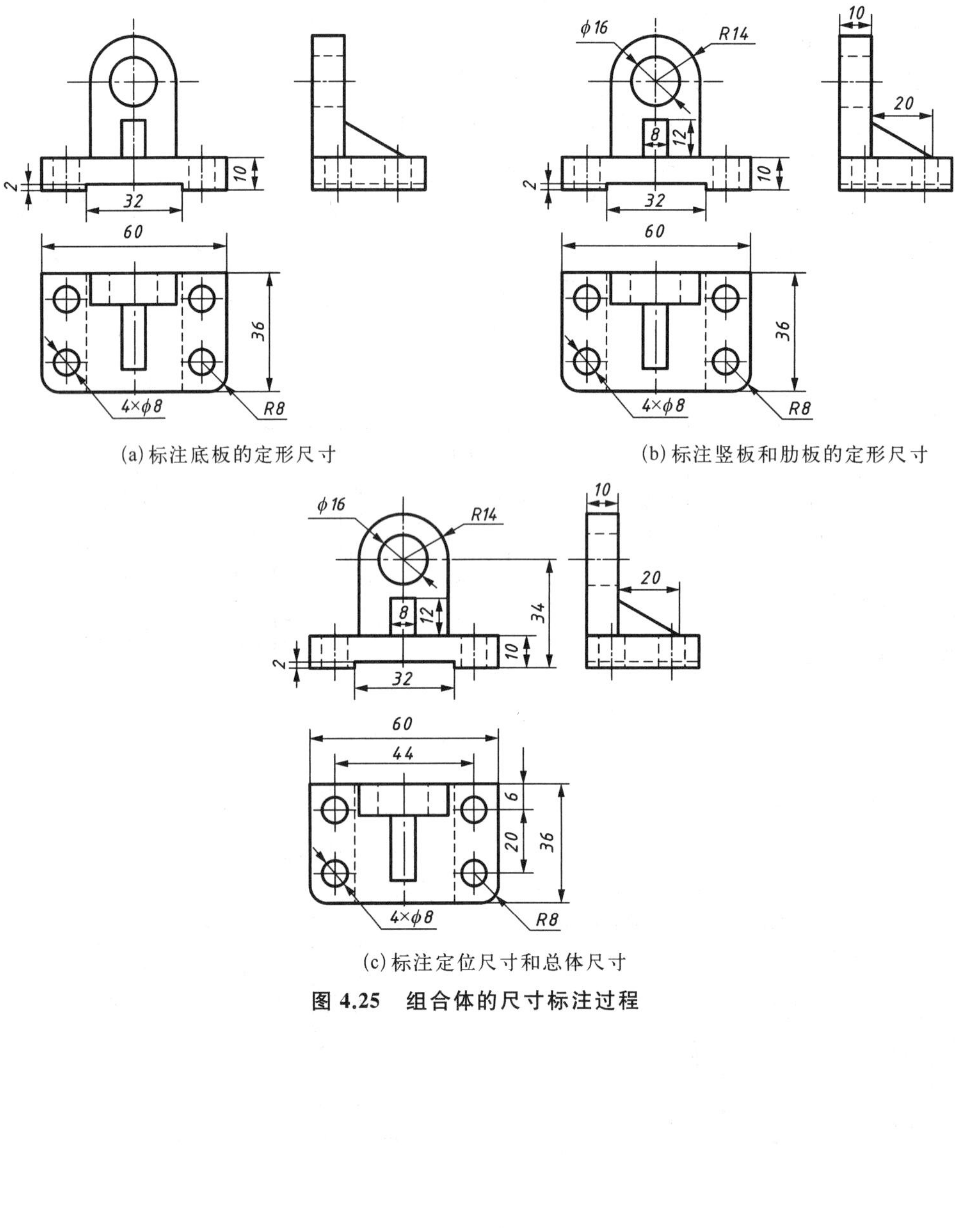

(a) 标注底板的定形尺寸

(b) 标注竖板和肋板的定形尺寸

(c) 标注定位尺寸和总体尺寸

图 4.25　组合体的尺寸标注过程

第 5 章　机件表达法

实际生产中，机件的形状和结构是复杂多样的，仅用三视图表达，往往会出现虚线过多、图线重叠、倾斜结构失实等情况。为了完整、清晰地反映机件的形状和结构，国家标准 GB/T 4458.1～4458.6《机械制图　图样画法剖视图和断面图》及 GB 17452—1998《技术制图图样画法剖视图和断面图》，规定了视图、剖视图、断面图、局部放大图、简化画法等表达方法，以满足零件内外结构表达的需要。

5.1　视　图

视图是机件向基本投影面投影所得的图形，主要用来表达机件的外部结构和形状。在视图中一般仅画出机件的可见部分，只有在必要时，才用虚线画出其不可见部分。

视图分为基本视图、向视图、局部视图和斜视图。

5.1.1　基本视图

国家标准规定正六面体的六个面作为基本投影面，机件向各基本投影面投影，得到六个基本视图，如图 5.1(a)所示，分别为主视图、俯视图、左视图、后视图、仰视图、右视图。

正六面体的六个面展开方法：正立投影面保持不动，其余各投影面如图 5.1(b)中箭头所指方向旋转，使之与正立投影面共面。

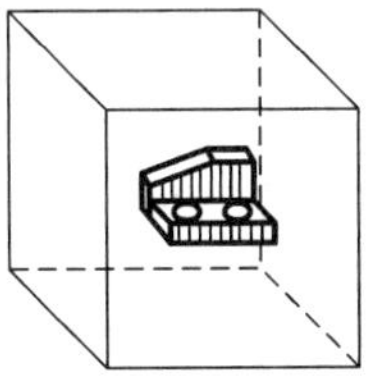

(a)

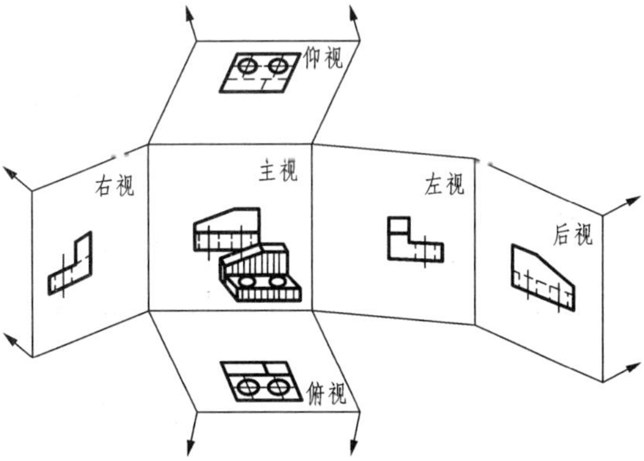

(b)

图 5.1　六个基本视图的形成及展开

展开后各视图的名称及配置如图 5.2 所示，除主视图、俯视图、左视图外，其他三个视图的名称分别为右视图(自右向左投射)、仰视图(自下向上投射)、后视图(自后向前投射)。各视图间投影关系，即主、俯、仰、后：长对正；主、左、右、后：高平齐；俯、左、仰、右：宽相等。国家标准规定，在同一张图样上，当基本视图按投影关系配置时(图 5.2)，一律不标注视图的

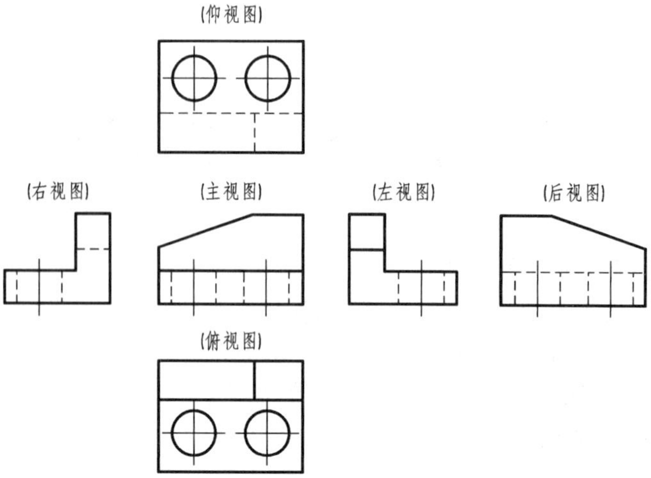

图 5.2 按投影关系配置的六个基本视图

名称;否则,应进行标注。

实际绘图时,并不是每个机件都必须要用六个视图表达它的外形结构,应根据机件的复杂程度,选用其中必要的基本视图。视图选择的原则如下:

① 在机件表示完整、清楚的前提下,力求视图的数量为最少;

② 尽量避免使用虚线表达物体的轮廓及棱线;

③ 避免不必要的重复表达。

5.1.2 向视图

向视图是可以自由配置的基本视图。

当六个基本视图不能按投影关系配置时,国家标准规定可以采用向视图自由配置,如图5.3所示。由于向视图的配置是随意的,为了不引起误解,图中要给出明确标注:

① 在向视图的上方标注出视图的名称"×","×"为大写拉丁字母的代号,注写时按 A、B、C、…的顺序编写。

② 在相应的视图附近用箭头注明投射方向,并标注上相同的字母,字母均应水平书写。

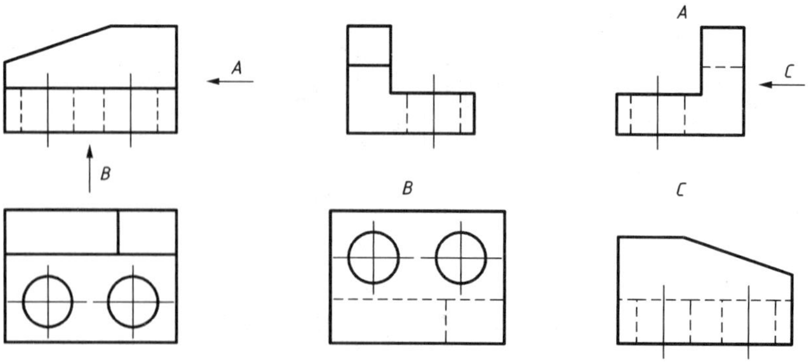

图 5.3 向视图

5.1.3 局部视图

将机件某一部分向基本投影面投射所得到的视图,称为局部视图。

当机件的主要形状已经表达清楚，只有局部结构未表达清楚而又没有必要画出机件的完整的视图时，可采用局部视图，如图 5.4 所示。图中所示的机件，绘制了主视图和俯视图，还有两侧凸台及左侧肋板的厚度没有表达清楚，故采用“A”“B”两个局部视图，以清楚地反映凸台及肋板的形状。这样重点突出、简单明了，便于画图和看图。

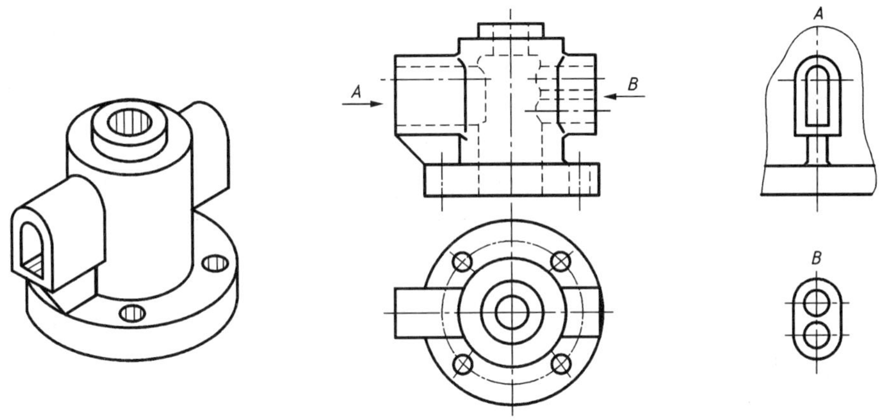

图 5.4　局部视图

画局部视图时应注意：

① 一般在局部视图的上方标注视图的名称，并在相应的视图附近用箭头指明投射方向，标注出相同的字母，字母一律水平书写，如图 5.4 所示。

② 当局部视图按投影关系配置，中间又没有其他视图隔开时，可省略标注。如图 5.4 中“A”及箭头均可省略。

③ 局部视图也可按向视图的配置形式自由配置，这时须加标注。标注形式与向视图一样，如图 5.4 中的“B”所示。

④ 当所表达的局部结构是完整的，且外轮廓线又成封闭时，波浪线可省略不画，如图5.4 中的 B 图所示。

⑤ 局部视图一般用波浪线或双折线表示断裂边界，如图 5.4 中的 A 图所示。用波浪线作为断裂线时，波浪线不应超过断裂机件的轮廓线，也不能画在中空处，应画在机件的实体上，如图 5.5 所示。

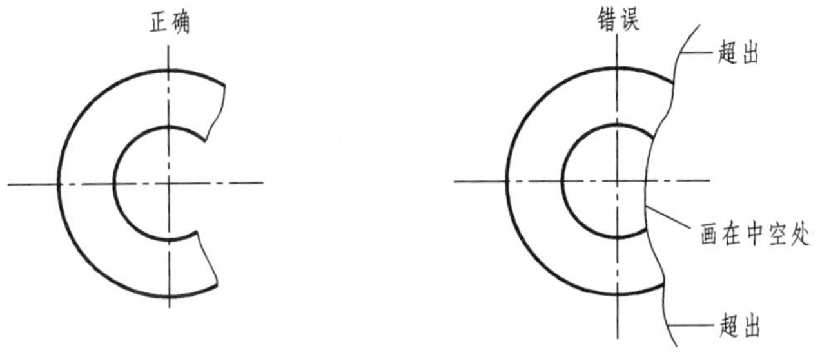

图 5.5　波浪线画法

5.1.4　斜视图

机件向不平行于基本投影面的平面投射所得到的视图，称为斜视图。

斜视图用于表达机件上对基本投影面倾斜部分的形状结构。如图 5.6(a)所示,机件右边的倾斜部分在基本视图上不能反映真形,且不便于尺寸标注。为了清楚、直观地表达这一部分的结构,可增加一个平行于该倾斜结构的正垂面作为新投影面,然后用正投影法将倾斜结构向新投影面投射,就可得到反映倾斜结构真形的斜视图“A”,如图 5.6(b)所示。

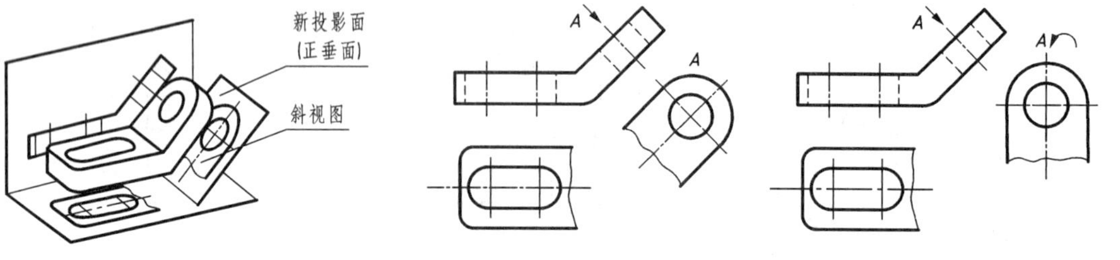

(a) (b) (c)

图 5.6 斜视图的形成及画法

画斜视图时应注意:

① 一般在斜视图的上方标注视图的名称,并在相应的视图附近用箭头指明投射方向,标注出相同的字母,字母一律水平书写,如图 5.6(b)所示。

② 当已画出需要表达的某一倾斜结构真形的斜视图后,通常用波浪线断开,不画其他视图中已表达清楚的部分,如图 5.6(b)、(c)所示。

③ 为了制图简便,在不致引起误解的情况下,斜视图允许旋转放正。旋转配置的斜视图名称要加注旋转符号,并且字母放在靠近旋转符号的箭头端。旋转符号所表示的旋转方向应与图形的旋转方向一致,如图 5.6(c)所示。

④ 旋转配置的斜视图,也允许将旋转的角度标在字母之后。

旋转符号的尺寸及比例要求,如图 5.7 所示。

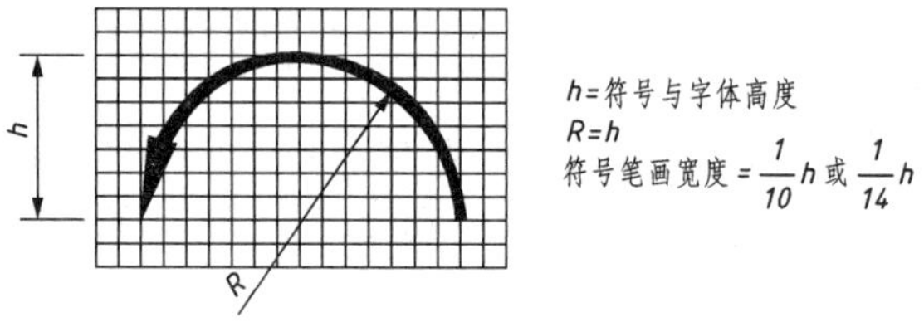

图 5.7 旋转符号的画法

5.2 剖视图

当机件的内部形状较复杂时,视图上虚线较多,给读图和标注尺寸增加了困难。为了清晰地表达机件的内部结构,可采用剖视图。

5.2.1 剖视图的概念和画法

5.2.1.1 剖视图的概念

假想用剖切面(平面或柱面)剖开机件,将处在观察者与剖切面之间的部分移去,将其余部分向投影面投影，所得到的视图称为剖视图。

剖视图主要用来表达零件的内部或被遮盖部分的结构，如图 5.8(a)所示的零件，在主视图中，用虚线表达其内部结构，不清晰。按照图 5.8(b)所示的方法，假想沿机件前后对称面把它剖开，拿走剖切平面前面的部分，将后面部分再向正投影面投影，这样，就得到了一个剖视的主视图，如图 5.8(c)所示。

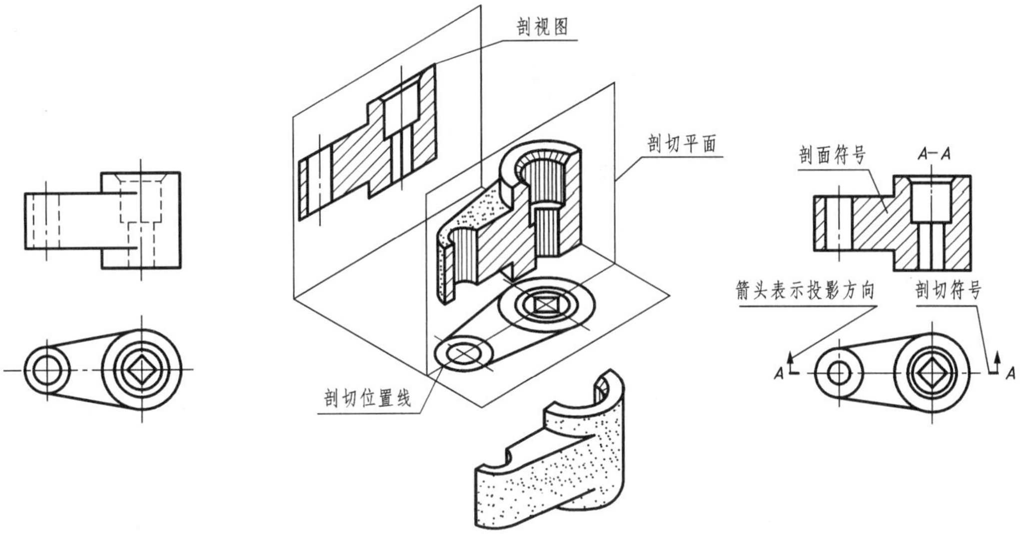

(a) (b) (c)

图 5.8 剖视图的形成

5.2.1.2 剖视图的画法及标注

(1) 剖切面及剖切位置的确定 为了使剖切后获得的投影视图能反映机件内孔的实际大小，剖切面一般都选择特殊位置的平面。剖切位置应通过机件的对称平面、轴线、中心线和孔的轴线。

(2) 剖面符号的绘制 为了区分机件被剖切到的实体部分和未被剖切到的部分，在剖切断面上要画出剖面符号，如图 5.8(c)所示。不同的材料有不同的剖面符号，常用规定的剖面符号见表 5.1。

表 5.1 剖面符号(GB/T 17453—2005)

材料	剖面符号①	材料		剖面符号
金属材料(已有规定剖面符号除外)	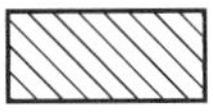	基础周围的泥土		
线圈绕组元件	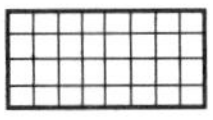	玻璃及供观察用的其他透明材料		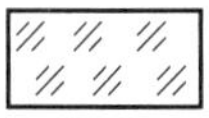
型砂、填砂、粉末冶金、砂轮、陶瓷刀片、硬质合金刀片等		木材	纵剖面	
木质胶合板	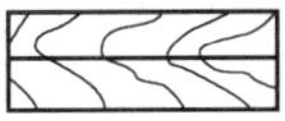		横剖面	

(续表)

材　　料	剖面符号	材　　料	剖面符号
转子、变压器、电抗器等的叠钢片②	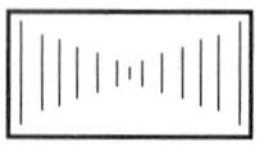	砖	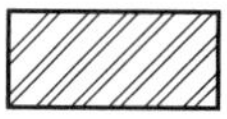
非金属材料(已有规定的剖面符号者除外)	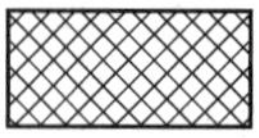	网格(筛网、过滤网等)	
混凝土			
钢筋混凝土		液体③	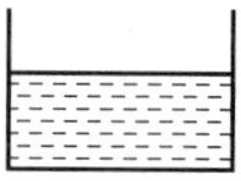

注:① 剖面符号仅表示材料类型,材料的名称和代号必须另外注明。
② 叠钢片的剖面线方向,应与束装中叠钢片的方向一致。
③ 液面用细实线绘制。

(3) 剖视图的标注　为了方便看图,剖视图一般需要标注,剖视图的标注一般包括剖切位置、投影方向和剖视图名称。标注方法如图 5.8(c)、图 5.9(a)所示。

① 一般在剖视图的上方,标注剖视图名称"×-×"(×为大写拉丁字母),如图 5.9 所示主视图上的"A -A"。

② 在相应的视图上,用剖切符号表示。剖切符号由短画线、箭头和字母组合而成。短画线表示剖切面位置,在短画线的外侧画出与它垂直的细实线和箭头表示投影方向,并在线旁标注与剖视图名称相同的大写字母,字母一律水平书写。剖切符号不应与轮廓线相交,也不应用其他任何线代替。

剖视图的标注也可省略,当剖视图与原视图按投影关系配置、中间又无其他图形隔开时,可以省略箭头;当剖切平面与物体对称面完全重合,而且剖视图的配置符合上述情形时,标注可以全部省略,如图 5.9(b)所示。

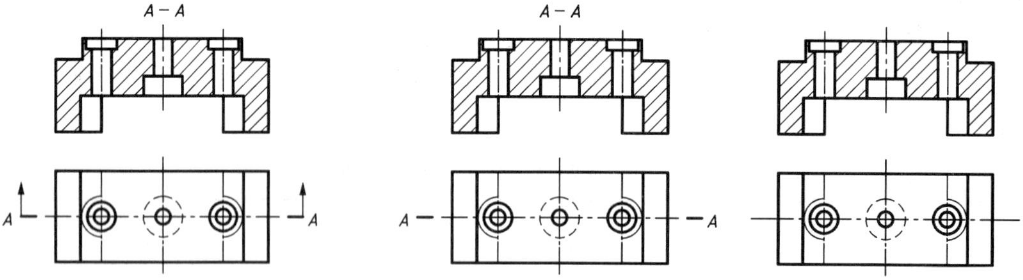

(a) 剖视符号完整标注　　(b) 省略标注

图 5.9　剖视符号的标注

(4) 校核、描深

5.2.1.3　画剖视图时的注意事项

① 剖视图是假想地把机件切开投影得到的,实际的机件并没有缺少,所以当机件的某一个视图画成剖视图后,其他视图不受影响,仍应完整地画出。

② 剖切平面后方的可见部分必须全部画出,不能遗漏。要仔细分析剖切平面后面的结

构形状，分析有关视图的投影特点，以免画错。图 5.10 所示为剖面形状相同，但剖切平面后面的结构不同的三块底板的剖视图。

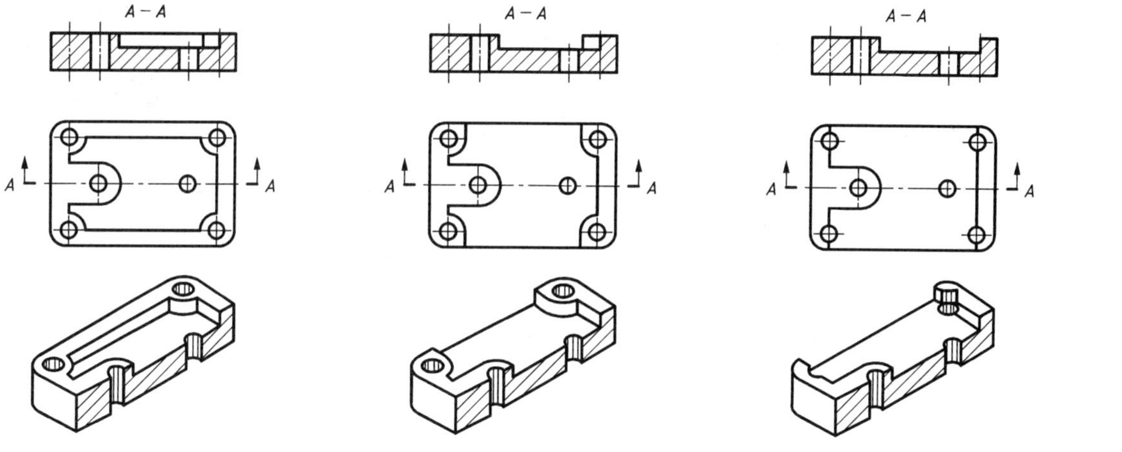

(a)　(b)　(c)

图 5.10　底板的剖视图

③ 为了清晰地反映机件内部结构的形状特征，剖切面应平行于投影面，并且尽量通过较多的内部结构(孔、槽等)的轴线、对称中心线或对称面等。

④ 为了清晰地区分机件被剖切到的实体部分和未被剖切到的部分，在剖切断面上要画出剖面符号。在绘制机械图样时，用得最多的是金属材料的剖面符号。按国家标准规定，在同一零件图中，剖视图的剖面线，应画成间隔相等、方向相同，而且与主要轮廓线或剖面区域的对称线成 45°(向左或向右倾斜均可)的平行细实线，如图 5.10 所示。

当图形中的主要轮廓线与水平线成 45°时，该图形的剖面线应画成与水平线成 30°或 60°的平行线，其方向与间隔应与该机件的其他视图的剖面线相同，如图 5.11 所示。

⑤ 为了便于看图，剖视图应标注。一般在剖视图的上方用大写拉丁字母标出剖视图的名称"×-×"，在相应的视图上用剖切符号示意剖切位置和投影方向，并标注相同的字母，如图 5.9 所示。

⑥ 在剖视图中，对于已经表示清楚的结构，其虚线可省略不画。对于没有表达清楚的结构，在不影响剖视图的清晰，同时可以减少一个视图的情况下，可画少量虚线，如图 5.12 所示。

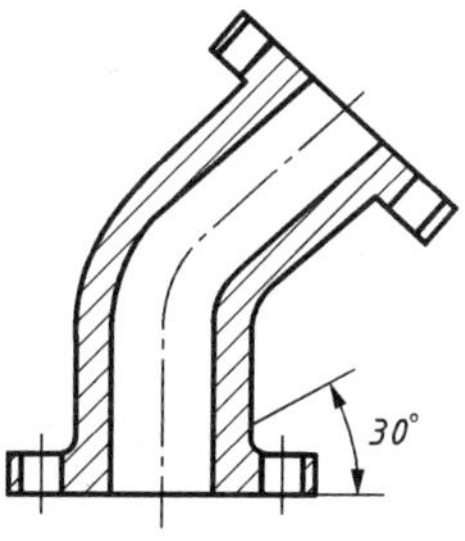

图 5.11　特殊剖面线画法

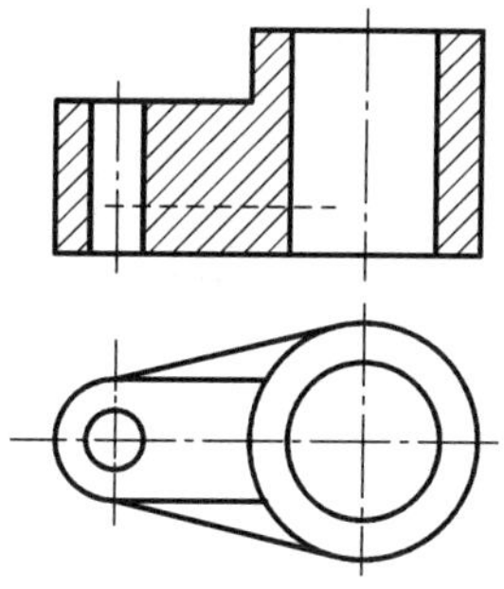

图 5.12　画虚线剖视图

5.2.2 剖切面的种类

根据机件的实际形状和结构特点,应采用相应的剖切面剖开机件,国家标准规定了各种不同形式的剖切面。

5.2.2.1 单一剖切面

① 用平行于基本投影面的单一剖切平面剖切,是常用的一种方法,如图 5.13 所示。

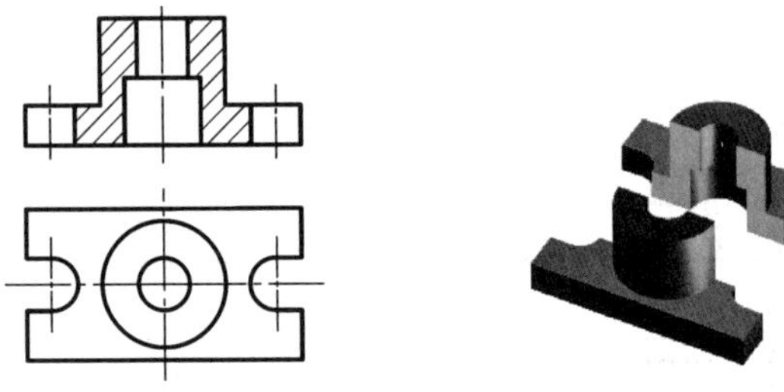

图 5.13 单一剖切面

② 用不平行于任何基本投影面的剖切平面,剖开机件的方法称为斜剖视。当机件上有倾斜部分的内部结构,在基本投影面上的投影不能反映实形时,可以用与基本投影面倾斜的平面剖切,再投影到与剖切平面平行的辅助投影面上,如图 5.14 所示。

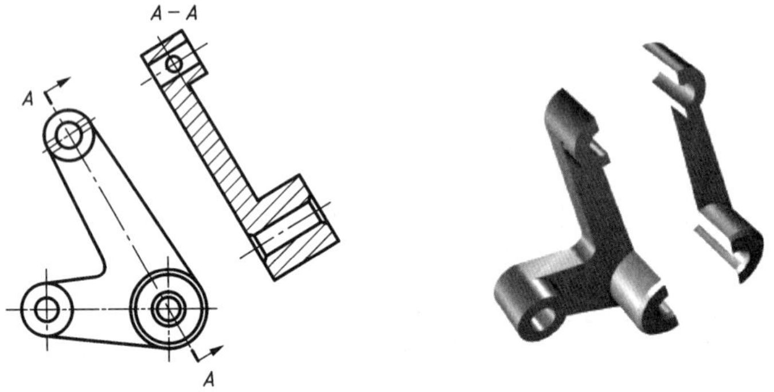

图 5.14 斜剖视(一)

绘制斜剖视图注意事项:

采用斜剖视所得到的剖视图必须标注,字母一律水平书写;在不致引起误解时,允许将图形转置水平画出,但必须加注旋转符号,如"A -A",字母须注写在箭头一侧,如图 5.15 所示。

③ 一般也可用单一柱面剖切机件,剖视图应按展开绘制,如图 5.16 所示。

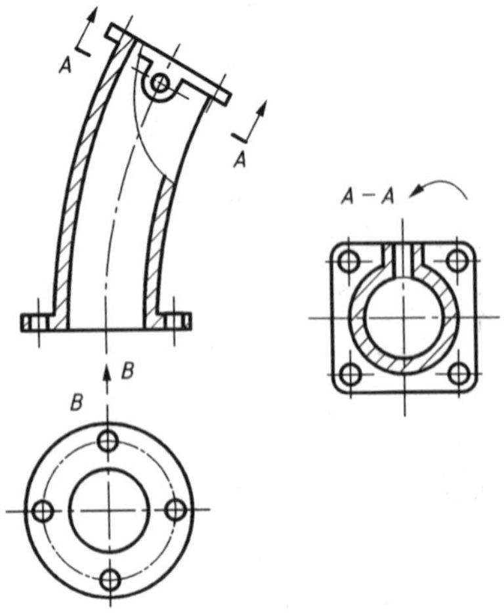

图 5.15 斜剖视(二)

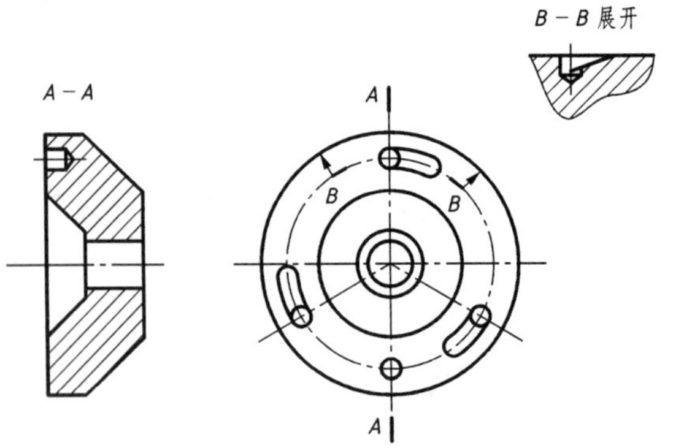

图 5.16 单一柱面剖切

5.2.2.2　**几个剖切平面**

(1) 阶梯剖　用两个或多个平行的剖切平面剖开机件的方法称为阶梯剖,如图 5.17 所示。阶梯剖常用于孔、槽等结构不在一个平面上,难以用单一剖切面剖切的机件。

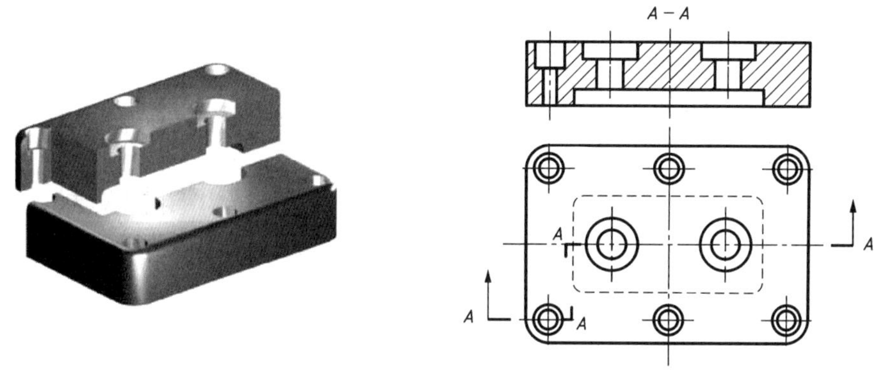

图 5.17　阶梯剖(一)

采用阶梯剖时应注意:

① 由于用假想平面剖切机件,故不应画出剖切面转折处分界面的投影,如图 5.18(a)所示。

② 剖切面的转折处不应与图中的轮廓线重合,如图 5.18(b)所示。

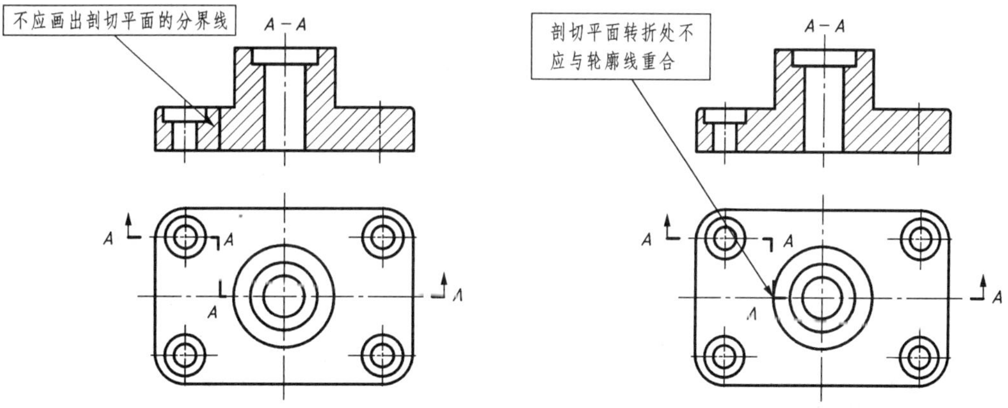

(a)　(b)

图 5.18　阶梯剖(二)

③ 在图形内不应出现不完整的要素。只有当两个要素在图形上具有公共对称中心线或轴线时,可以各画一半,此时应以对称中心线或轴线为界,如图 5.19 所示。

④ 用几个剖切平面剖切时,剖切符号的转折处应标注相同的字母,当转折处的地方有限,而又不致引起误解时,允许省略字母,如图 5.20 所示。

(2) 旋转剖　用两个或多个相交剖切平面剖开机件,将被剖切平面剖开的结构及其有关部分,旋转到与选定的投影面平行,再进行投影的方法称为旋转剖,如图 5.21 所示。这种方法适合于有明显回转中心的机件。

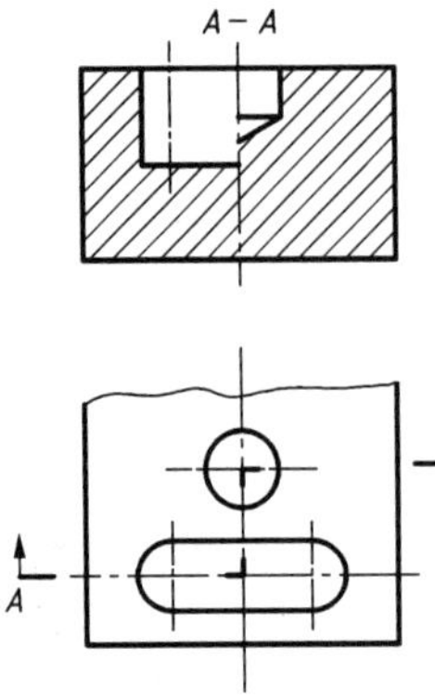

图 5.19 具有公共对称中心线的剖视图

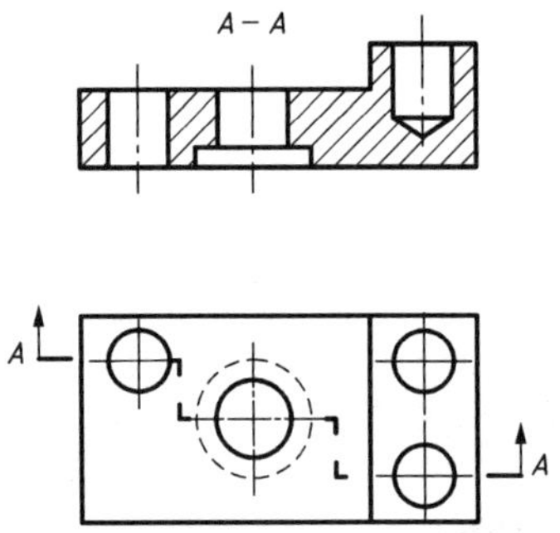

图 5.20 阶梯剖省略标注

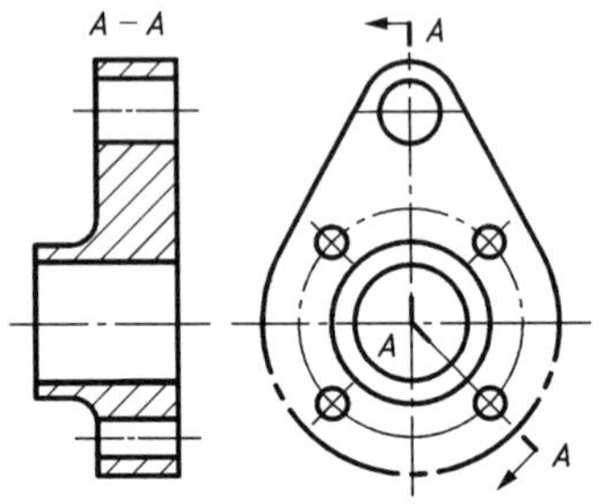

(a) (b)

图 5.21 旋转剖视图

采用旋转剖时应注意：

① 在剖切平面后的其他结构，一般按原来位置投影，如图 5.22 中的油孔。

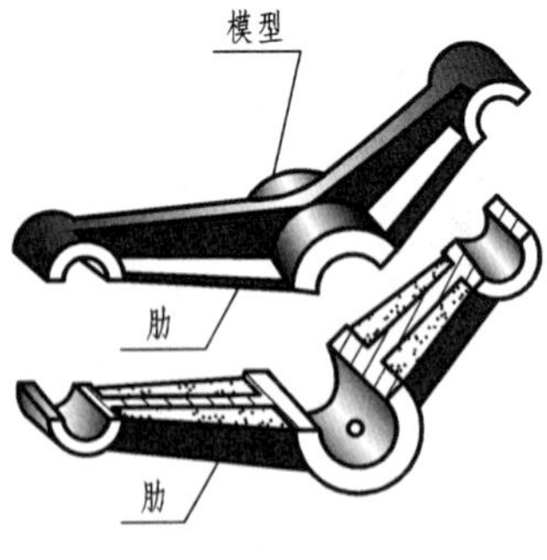

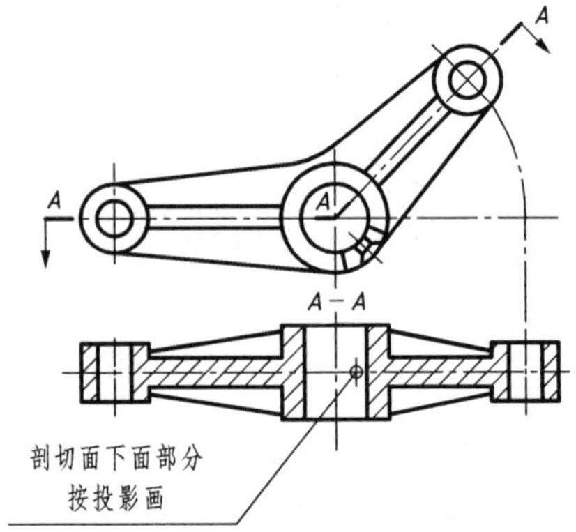

(a) (b)

图 5.22 旋转剖(一)

② 当剖切后产生不完整要素时，应将此部分按不剖绘制，如图 5.23 中的臂。

③ 倾斜的剖面必须旋转到与选定的基本投影面平行，使被剖开的结构投影为实形。采用这种“先旋转后投影”的方法绘制的剖视图，往往有些部分图形会伸长，如图 5.24 所示。

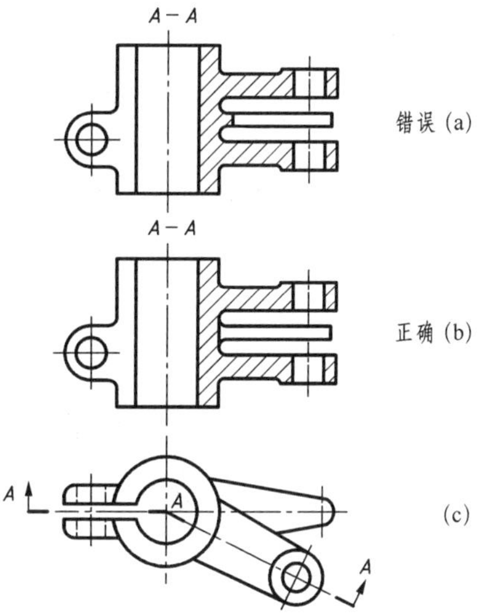

图 5.23　旋转剖(二)

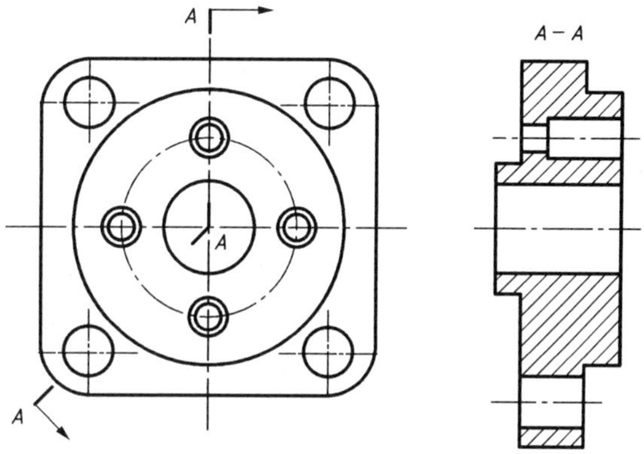

图 5.24　旋转剖(三)

④ 当剖切平面纵向通过肋板、轮毂时,对称平面按不剖画,如图 5.22(b)所示。

⑤ 用旋转剖所得的剖视图必须标注,如图 5.22～图 5.24 所示。

(3) 复合剖　用旋转剖、阶梯剖组合的剖切平面剖开机件的方法称为复合剖视,如图 5.25 所示。复合剖常用于内部结构比较复杂,而用上述方法又不能完全表达的机件。

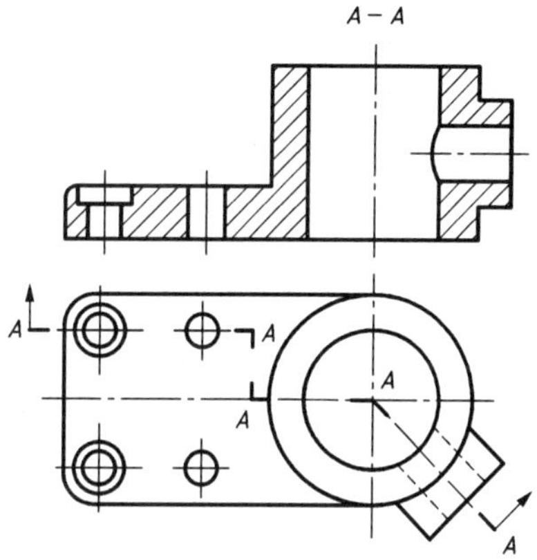

图 5.25　复合剖视图

5.2.3　剖视图的分类

按剖切面不同程度地剖开机件的情况,将剖视图分为全剖视图、半剖视图和局部剖视图。

5.2.3.1　全剖视图

用剖切平面完全地剖开机件所得到的视图称为全剖视图。如图 5.26 中的主视图和左视图均为全剖视图。全剖视图可以用单一剖切面剖开机件得到,也可以用其他形式的剖切面剖切机件获得。

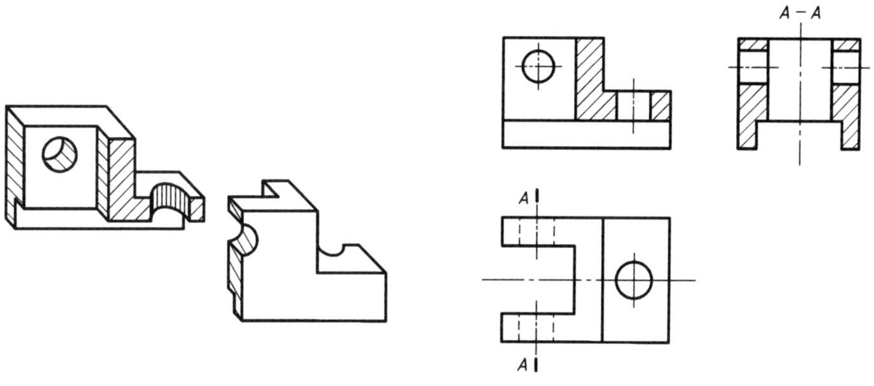

图 5.26　全剖视图

全剖视图主要用于内部形状复杂、外形简单或外形虽然复杂但已经用其他视图表达清楚的机件。

5.2.3.2 半剖视图

当机件具有对称平面时,以对称中心线为界,在垂直于对称平面的投影面上投影得到的,由半个剖视图和半个视图合并的图形称为半剖视图。如图 5.27 所示,主视图和俯视图均为半剖视图。

半剖视图既充分地表达了机件的内部结构,又保留了机件的外部形状,具有内外兼顾的特点,适用于表达对称的或基本对称的机件。

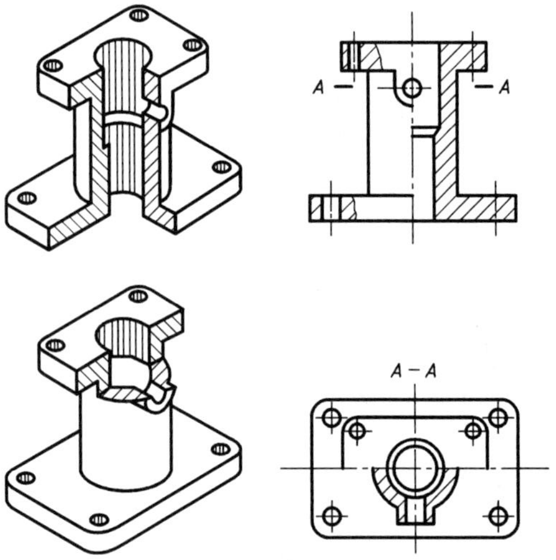

图 5.27 半剖视图

半剖视注意事项如下:

① 具有对称平面的机件,在垂直于对称平面的投影面上,才宜采用半剖视。若机件的形状接近于对称,而不对称部分已另有视图表达时,也可以采用半剖视,如图 5.28 所示。

② 半个剖视和半个视图必须以细点画线为界。如果作为分界线的细点画线刚好和轮廓线重合,则应避免使用。如图 5.29(a)所示,尽管图的内外形状都对称,似乎可以采用半剖视,但采用半剖视图后,其分界线恰好和内轮廓线相重合,不满足分界线是细点画线的要求,而宜采取局部剖视表达,用波浪线将内、外形状分开,如图 5.29(b)所示。

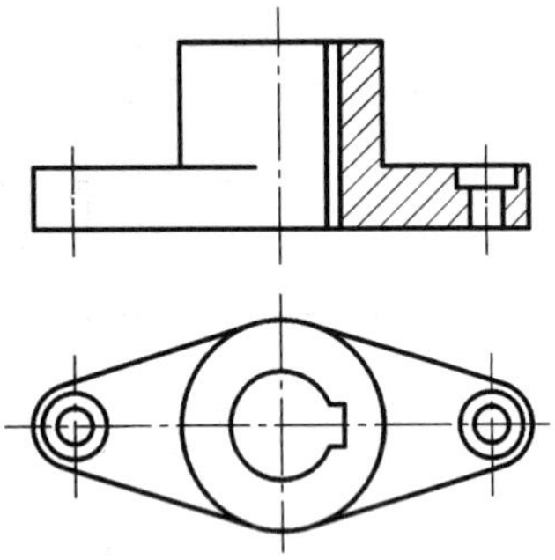
图 5.28 基本对称机件的半剖视图

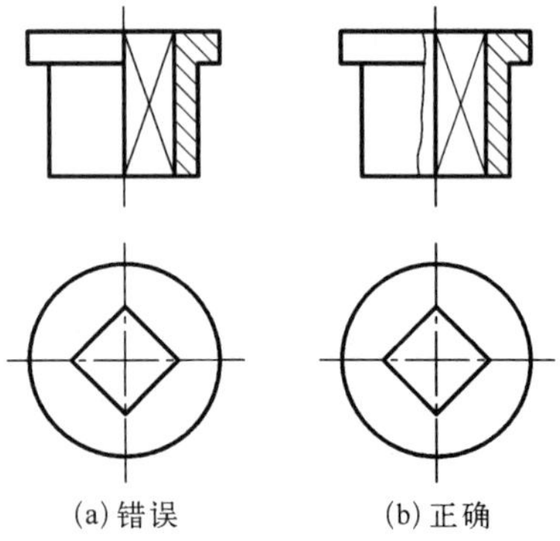
(a) 错误 (b) 正确

图 5.29 对称机件的局部剖视图

③ 由于机件对称,当半剖视图内部形状已表达清楚时,表达外形的视图中虚线可省略不画。

④ 半剖视图中标注尺寸时,由于对称机件的图形只画出一半,因此仅在尺寸线的一端画出箭头,尺寸线另一端略超过对称中心线。如图 5.30 所示的 $\phi16$、$\phi22$ 的两个尺寸。

⑤ 半剖视图一般是剖右不剖左,剖前不剖后。

5.2.3.3 局部剖视图

将机件局部剖开后进行投影得到的剖视图称为局部剖视图。这是在同一视图上同时表达内外形状的方法,并且用波浪线作为剖视图与视图的分界线。图 5.31 所示的主视图和俯

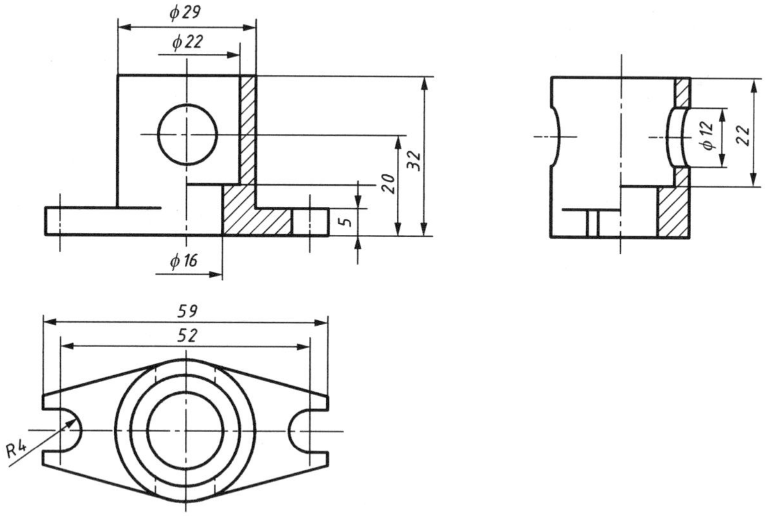

图 5.30　半剖视图的尺寸标注

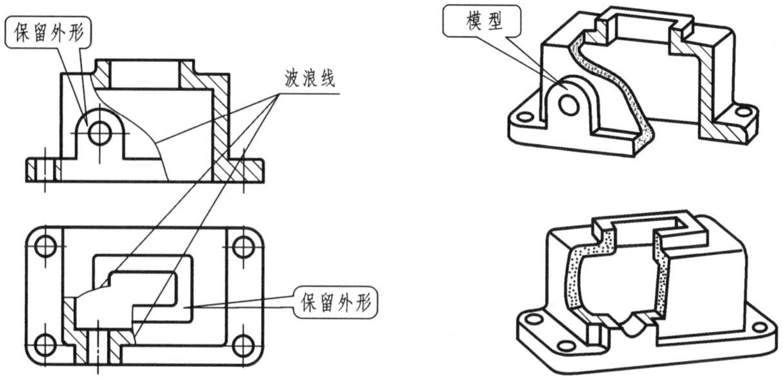

图 5.31　局部剖视图

视图均采用了局部剖视图。

(1) 局部剖视的适用情况　局部剖视是一种比较灵活的表达方法,剖切范围根据实际需要决定。使用时要考虑看图方便,剖切不要过于零碎,常用于下列两种情况:

① 机件只有局部内形要表达,而又不必或不宜采用全剖视图时;

② 不对称机件需要同时表达其内、外形状,宜采用局部剖视图。

(2) 局部剖视注意事项

① 局部剖视图一般以波浪线或双折线作为剖开部分与未剖开部分的分界线,波浪线不能超出机件轮廓线之外,也不能与其他图形重合,还不能用其他图线代替,如图 5.32 所示。

② 当被剖切部位的局部结构为回转体时,允许将该结构的中心线作为局部剖视图与视图的分界线。图 5.33 所示为拉杆的局部剖视图。

③ 局部剖视图的标注方法和全剖视相同。但如局部剖视图的剖切位置非常明显,则可以不标注。

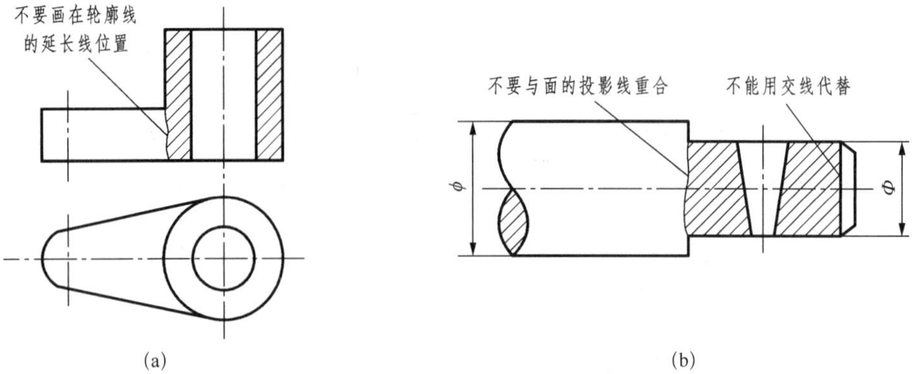

图 5.32　局部剖视图波浪线的画法

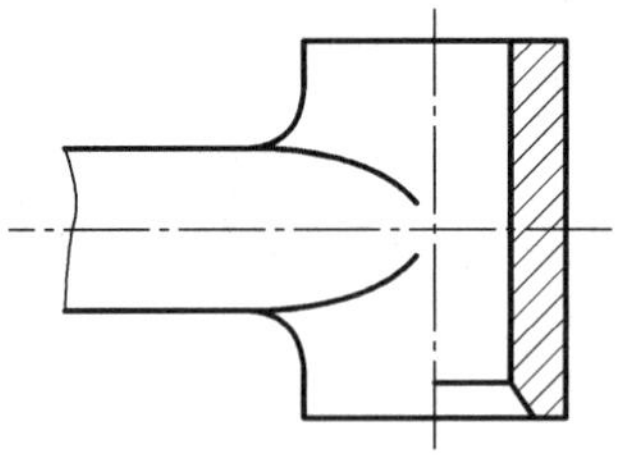

图 5.33　拉杆局部剖视图

5.3　断面图

假想用剖切平面将机件的某处切断,仅画出断面的图形,这种图形称为断面图。如图5.34(a)所示,断面图主要用来表达局部结构的截面形状,如常用来表达轴上的键槽和孔、轮辐和肋等的截面形状。

断面与剖视的区别在于:断面只画出剖切平面和机件相交部分的断面形状,如图5.34(a)所示;剖视则必须把断面和断面后可见的轮廓线都画出来,如图5.34(b)所示。

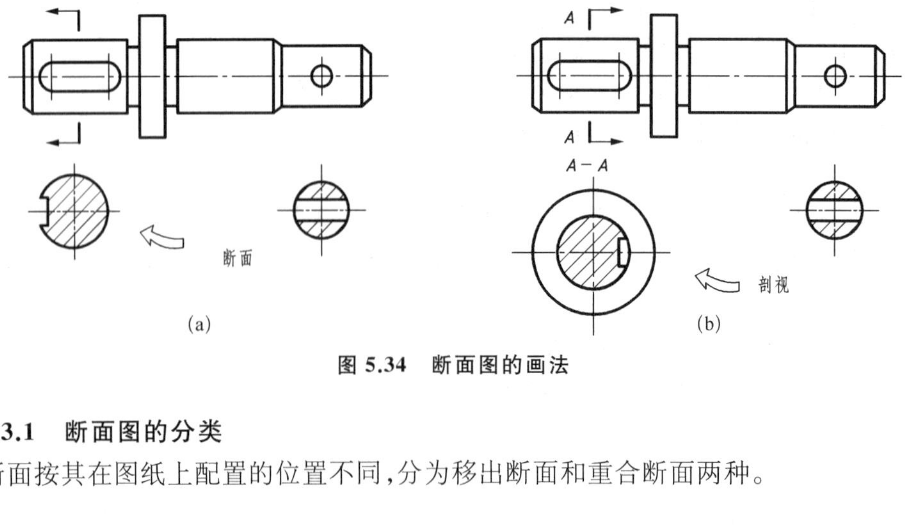

图 5.34　断面图的画法

5.3.1　断面图的分类

断面按其在图纸上配置的位置不同,分为移出断面和重合断面两种。

5.3.1.1　**移出断面**

画在视图外的断面图称为移出断面图,如图 5.34(a)所示。

移出断面的画法如下:

① 剖切平面应垂直于被剖切处机件的主要轮廓线,断面图的轮廓线用粗实线绘制,通常配置在剖切线延长线上,如图 5.35、图 5.37 所示。

② 移出断面的图形对称时也可画在视图的中断处,如图 5.36 所示。

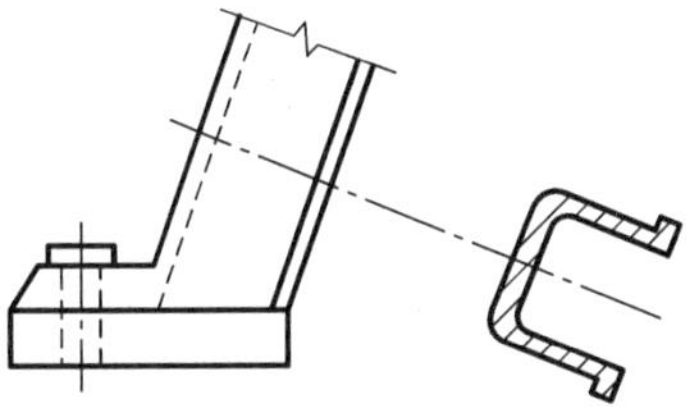

图 5.35　移出断面(一)

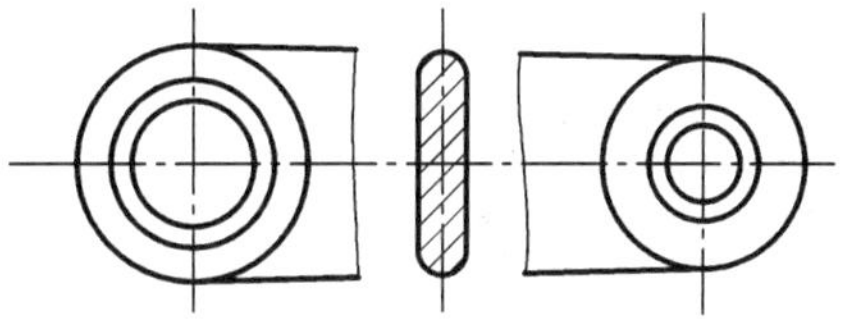

图 5.36　移出断面(二)

③ 必要时可将移出断面配置在其他适当的位置,但要标注,如图 5.37 所示的 $A-A$。在不引起误解时,允许将图形旋转,如图 5.38 所示。

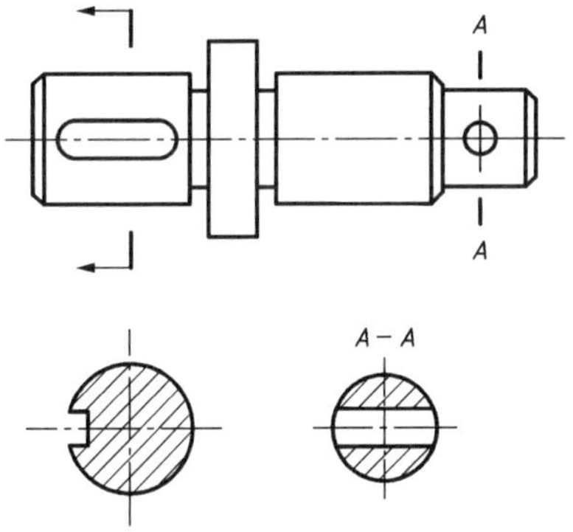

图 5.37　移出断面(三)

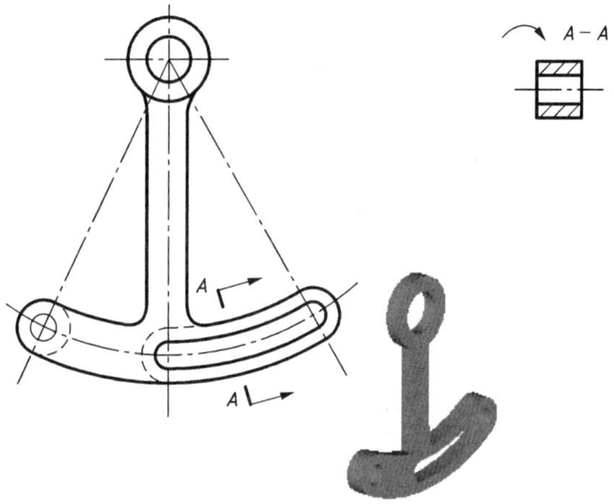

图 5.38　移出断面(四)

④ 由两个或多个相交的剖切平面剖切得出的移出断面图,中间一般应断开,如图 5.39 所示。

⑤ 当剖切平面通过回转而形成的孔或凹坑的轴线时,则这些结构按剖视图要求绘制,如图 5.40(a)、(b)所示。

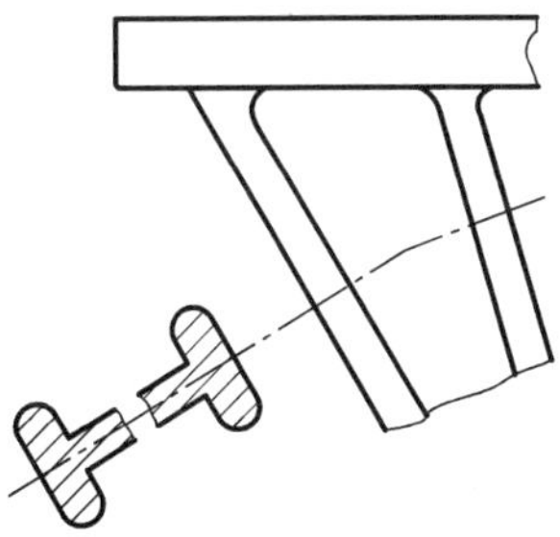

图 5.39　移出断面(五)

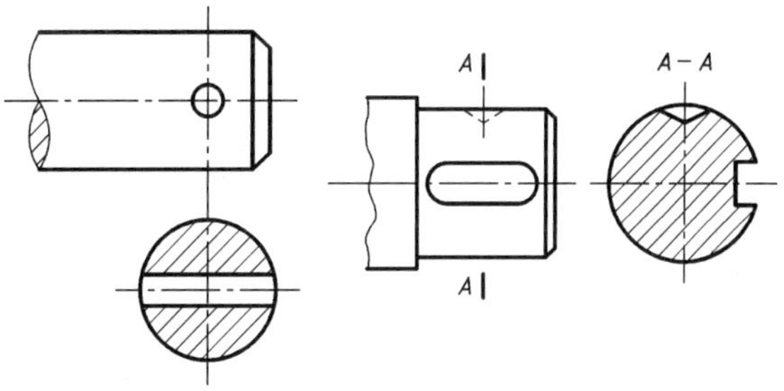

(a)　(b)

图 5.40　移出断面(六)

5.3.1.2 重合断面

画在视图轮廓之内的断面图称为重合断面图。

① 重合断面的轮廓线用细实线绘制。当视图中的轮廓线与重合断面的图形重叠时,视图中的轮廓线仍应连续画出,不可间断。不对称重合断面,须画出剖切面位置符号和箭头,可省略字母,如图 5.41 所示。

② 对称的重合断面,可省略全部标注,如图 5.42 所示。

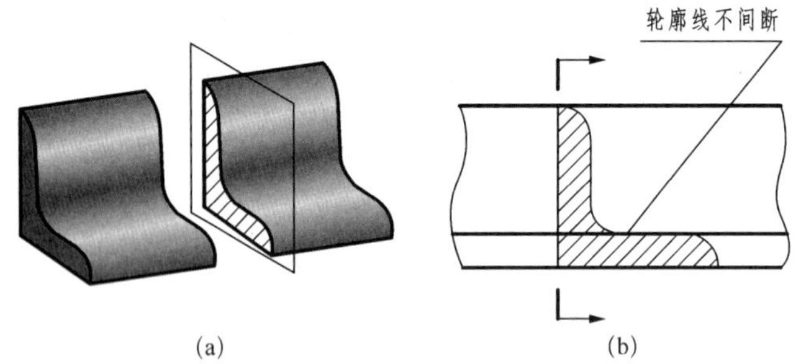

图 5.41 重合断面图(一)

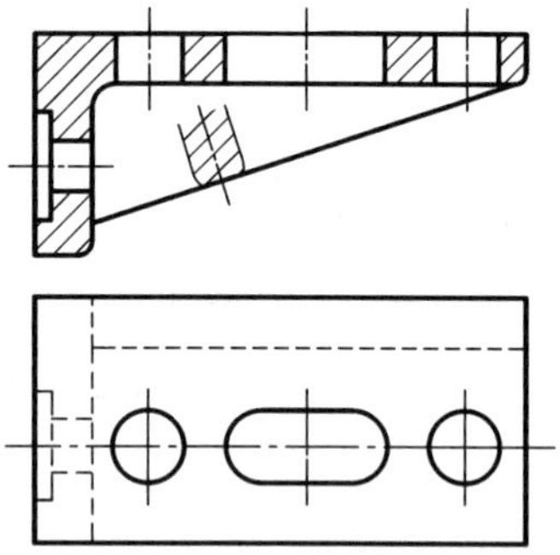

图 5.42 重合断面图(二)

5.3.2 剖切位置与断面图的标注

① 移出断面图一般用大写的拉丁字母标注其名称"×-×",在相应的视图上用剖切符号表示剖切位置和投射方向(用箭头表示),并标注相同的字母。

② 配置在剖切符号延长线上不对称移出断面,应画出剖切符号和箭头,但可省略字母,如图 5.37 所示;配置在剖切符号上不对称重合断面图,应画出剖切符号和箭头,可省略字母,如图 5.41(b)所示。

③ 不配置在剖切符号延长线上的对称移出断面,以及按投影关系配置的移出断面,一般不必标注箭头,如图 5.37 中的 $A-A$ 和图 5.40(b)。

④ 对称的重合断面图、配置在剖切线延长线上的对称移出断面及配置在视图中断处的移出断面图,均可省略标注,如图 5.42、图 5.40(a)、图 5.36 所示。

5.4 局部放大图和简化画法

5.4.1 局部放大图

用大于原图形的比例画出机件上部分结构的图形,称为局部放大图。

局部放大图画法:

① 局部放大图可画成视图,也可画成剖视图、断面图,它与被放大部分的表示方法无关,如图 5.43 所示。

② 绘制局部放大图时,除螺纹牙型、齿轮和链轮的齿形外,应用细实线圈出被放大的部位。

③ 当同一机件上有几处被放大的部分时,应用罗马数字依次标明被放大的部位,并在局部放大图的上方,标注出相应的罗马数字和所采用的比例,如图 5.43 所示。

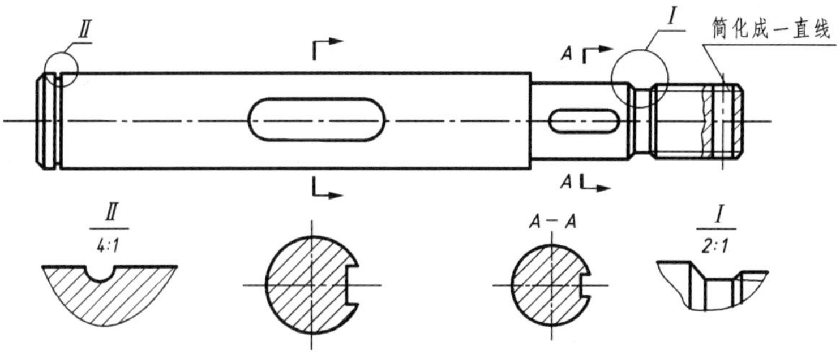

图 5.43　有几个被放大部分的局部放大图画法

④ 当机件上被放大的部分仅一处时，在局部放大图的上方只须注明所采用的比例，如图 5.44 所示。

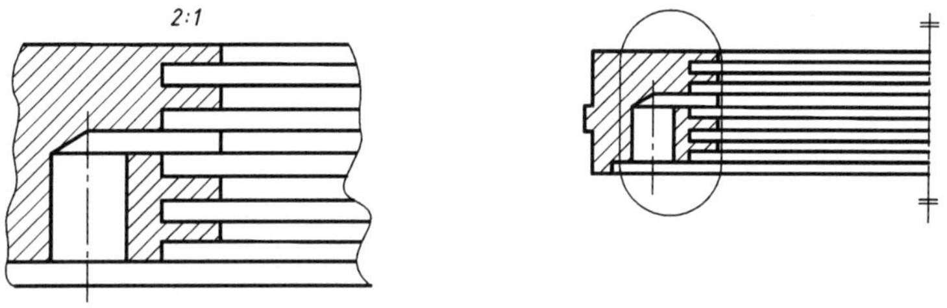

图 5.44　仅有一个被放大部分的局部放大图画法

⑤ 局部放大图应尽量配置在被放大部位的附近。

⑥ 同一机件上不同部位的局部放大图，当图形相同或对称时，只须画出一个，如图5.45 所示。

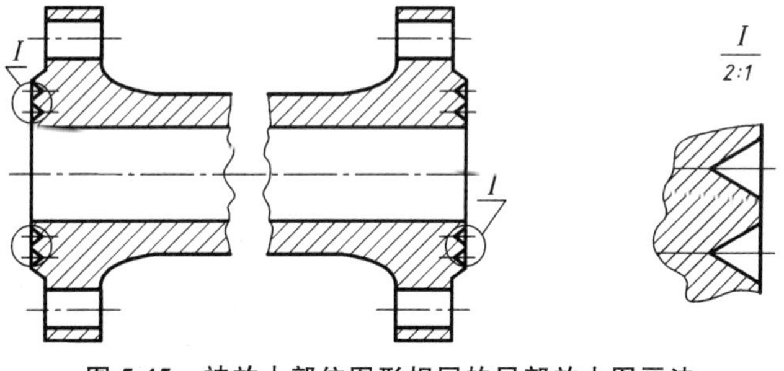

图 5.45　被放大部位图形相同的局部放大图画法

⑦ 必要时可用几个图形来表达同一个被放大部位的结构，如图 5.46 所示。

5.4.2　简化画法及其他规定画法

(1) 重复性结构的简化画法

① 当机件具有若干相同且成规律分布的孔(圆孔、螺纹孔、沉孔等)时，可以只画出一个或几个完整的结构，其余只须用细点画线表示其中心位置，在零件图中应注明孔的总数，如图 5.47 所示。

② 当机件具有若干相同结构(如齿、槽等)，并按一定规律分布时，可以只画出一个或几个完整的结构，其余只须用细实线相连，并用细点画线表示其中心位置，但在零件图中应注

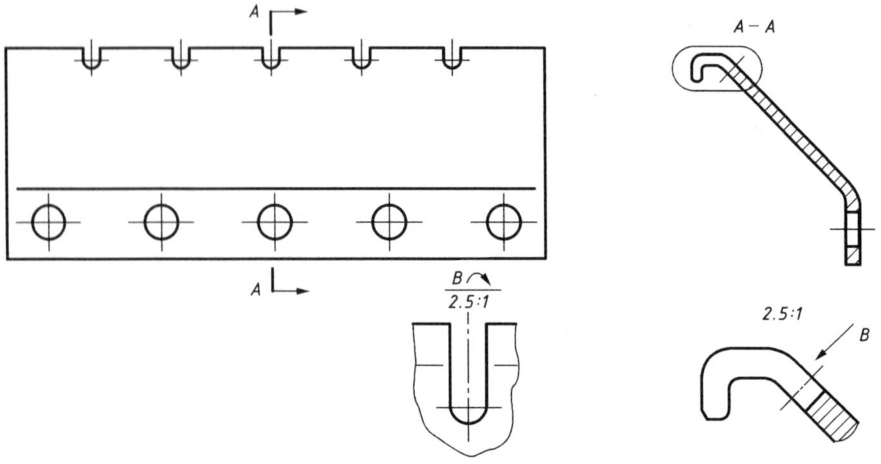

图 5.46 用几个图形表达同一个被放大部位的局部放大图画法

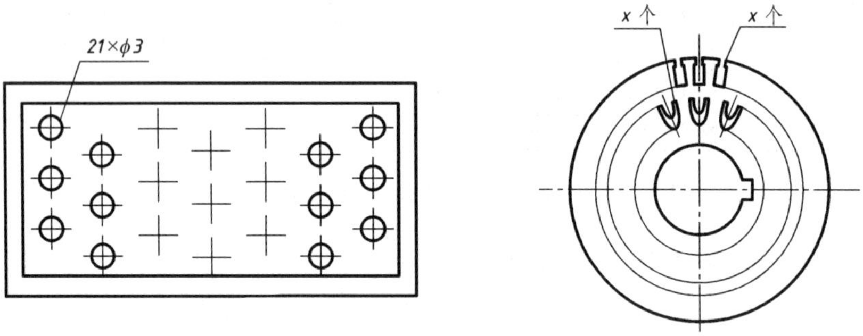

(a) (b)

图 5.47 成规律分布的相同孔的简化画法

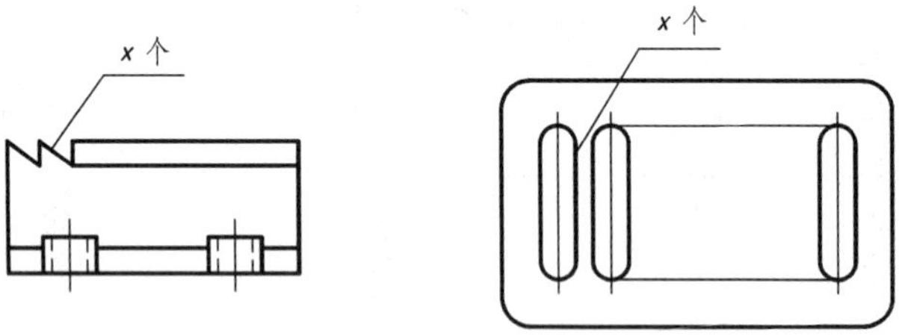

(a) (b)

图 5.48 成规律分布的若干相同结构的简化画法

明该结构的总数,如图 5.48 所示。

(2) 机件上滚花部分或网状物、编织物的画法　可在轮廓线附近用细实线局部示意画出,并在零件图的图形上或技术要求中注明这些结构的具体要求,如图 5.49 所示。

(3) 肋板、辐板的简化画法　对于机件上的肋、轮辐及薄壁等,如按纵向剖切,这些结构都不画剖切符号,而用粗实线将它们与其邻接部分分开,如图 5.50 的左视图所示;但当剖切面垂直于肋和轮辐等的对称平面或轴线时,这些结构仍应画剖面符号,如图 5.50 中的俯视图所示。

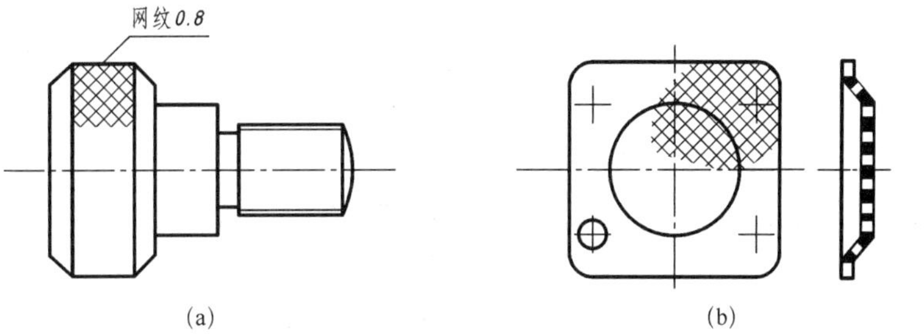

图 5.49　网状物、滚花的简化画法

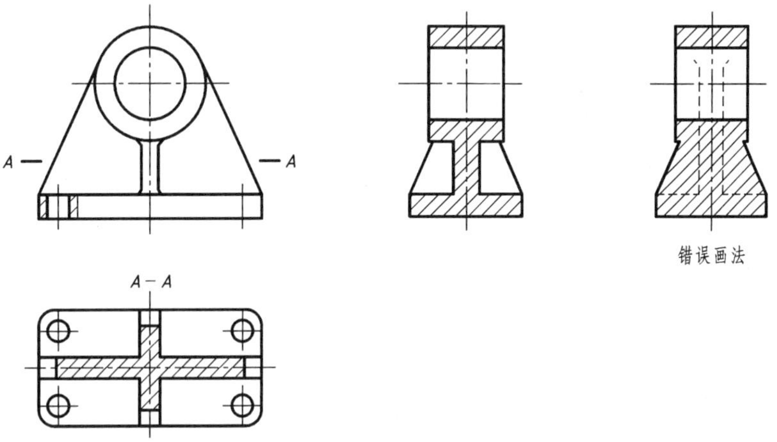

图 5.50　肋板的画法

(4) 回转体上均匀分布的肋板和孔的画法　回转体上均匀分布的肋、轮辐、孔等结构不处于剖切面上时，可将这些结构旋转到剖切平面画出，且无须标注，如图 5.51 所示。

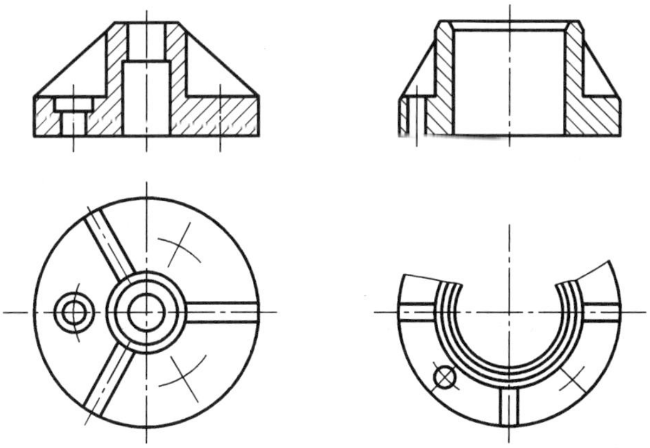

图 5.51　回转体机件上肋、孔的画法

(5) 回转体机件上的平面画法　当回转体机件上的平面在图形中不能充分表达时，可用相交的两条细实线表示，如图 5.52 所示。

(6) 较小结构、较小斜度的简化画法

① 机件上较小结构，如在一个图形中已表示清楚时，其他图形可简化或省略不画，如图

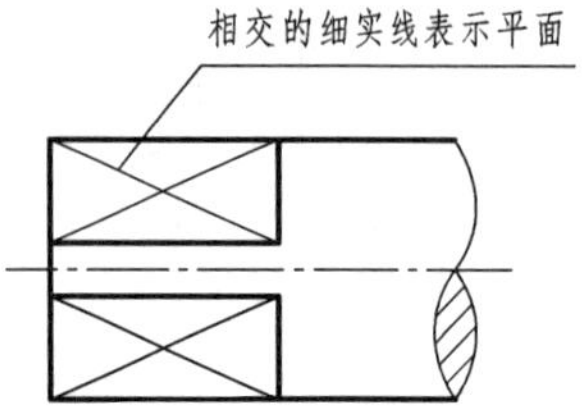

图 5.52　平面的简化画法

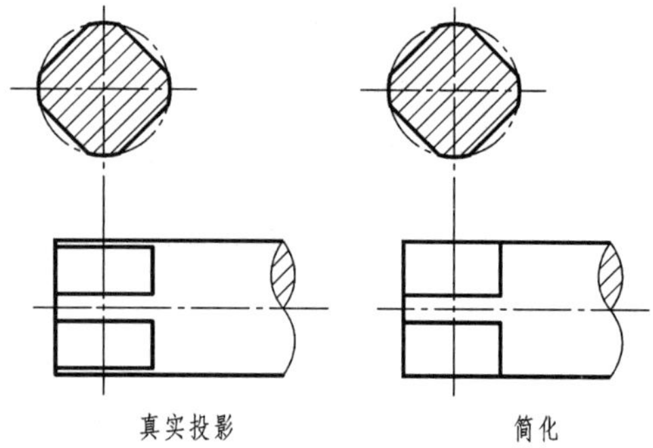

图 5.53　较小结构的简化画法

5.53 所示。

② 机件上斜度不大的结构,如一个图形中已经表示清楚,其他图形可按小端画出,如图 5.54 所示。

③ 在不致引起误解时,零件图中的小圆角、锐边的小圆角或 45°小倒角允许省略不画,但必须标注尺寸或在技术要求中加以说明,如图 5.55 所示。

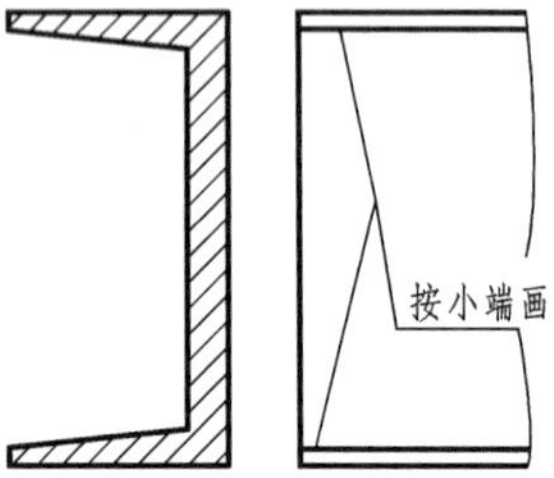

图 5.54　机件上较小斜度的简化画法

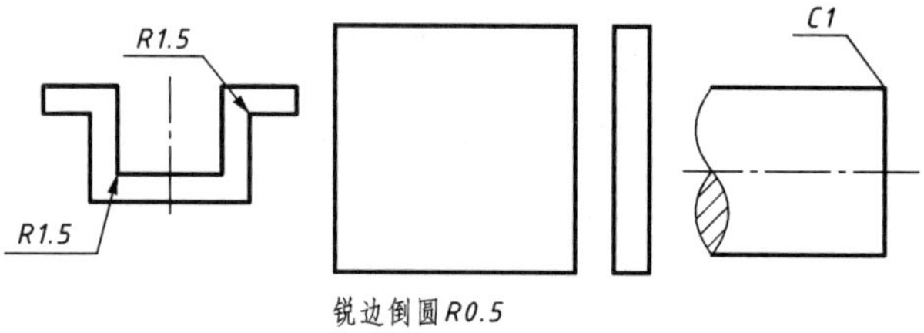

图 5.55　机件上较小圆角、倒角的简化画法

④ 零件上对称结构的局部视图,如键槽、方孔等,可按图 5.56 所示的方法表示。

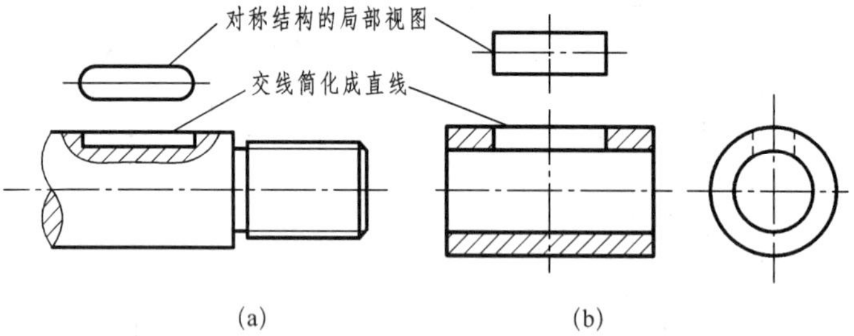

图 5.56　机件上键槽、方孔的简化画法

(7) 对称画法

① 在不致引起误解时,对称机件的视图可以只画一半或四分之一,此时必须在对称中心线的两端画出两条与其垂直的平行细实线,如图 5.57 所示。

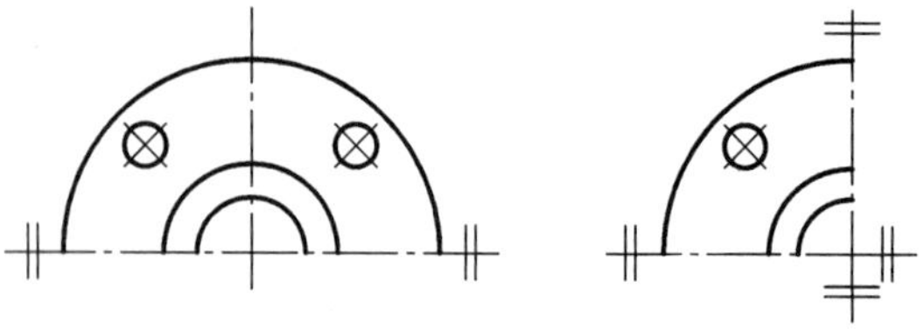

图 5.57　对称机件的简化画法

② 基本对称机件也可按对称机件的方式绘制,但应对其中不对称的部分加注说

明,如图 5.58 所示。

(8) 与投影面小角度倾斜面的画法　与投影面倾斜角度小于或等于 30°圆或圆弧,其投影可以用圆或圆弧代替,如图 5.59 所示。

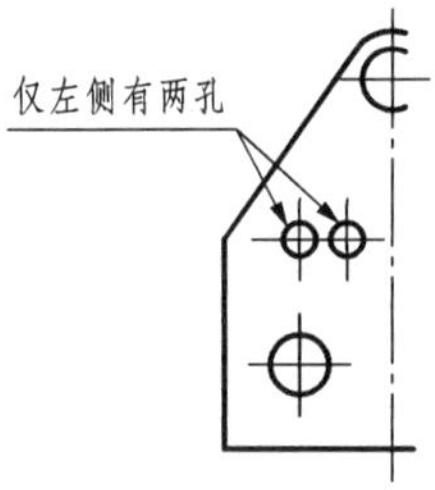

图 5.58　基本对称机件的简化画法

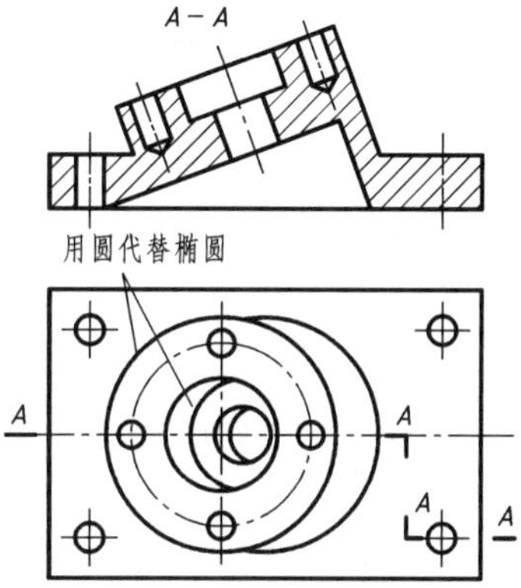

图 5.59　与投影面倾斜角度小于或等于 30°的圆或圆弧的简化画法

(9) 断裂画法　对于较长的机件(如轴、连杆、筒、管、型材等),若沿长度方向的形状一致或按一定规律变化时,可将其断开后缩短绘制,但要标注机件的实际尺寸。折断处的表示方法一般有两种,一是用波浪线断开,如图 5.60(a)所示,另一种是用双点画线断开,如图 5.60(b)所示。

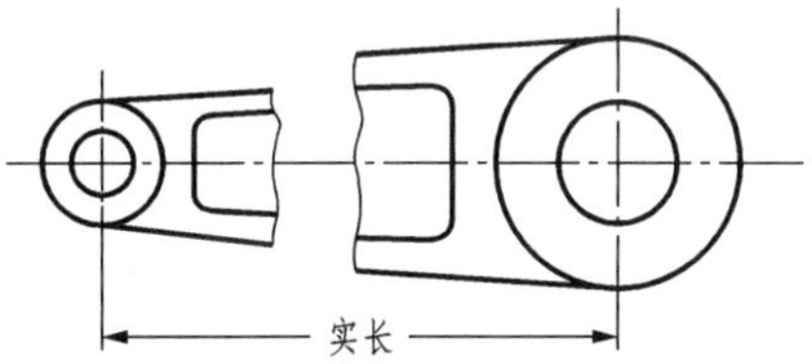

(a)拉杆轴套断裂画法

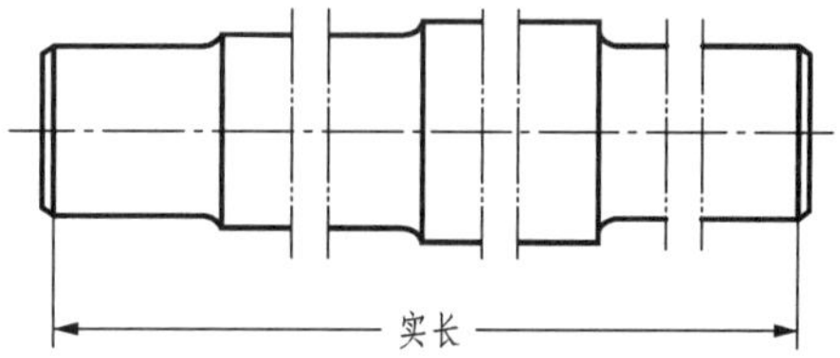

(b)阶梯轴断裂画法

图 5.60　各种断裂画法

(10) 圆柱形法兰和类似零件上孔的画法　圆柱形法兰和类似零件上沿圆周均匀分布的孔的画法,如图 5.61 所示。

(11) 过渡线、相贯线的画法　在不致引起误解时,图形中的过渡线、相贯线可以简化,例如用圆弧或直线代替非圆曲线,如图 5.62 所示;也可采用模糊画法表示相贯线,如图 5.63 所示。

(12) 剖面符号可省略的画法　在不致引起误解的情况下剖面符号可省略,如图 5.64 所示。

(13) 位于剖切平面前方结构的画法　在需要表示位于剖切平面前的结构时,这些结构按假想投影的轮廓线绘制,如图 5.65 所示。

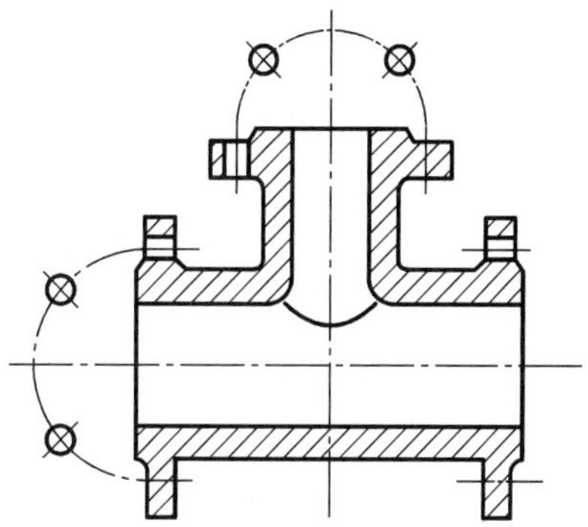

图 5.61　法兰盘上的孔

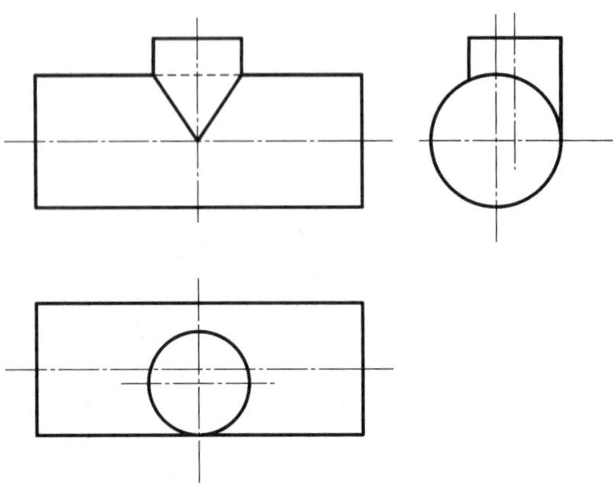

图 5.62 相贯线的简化画法

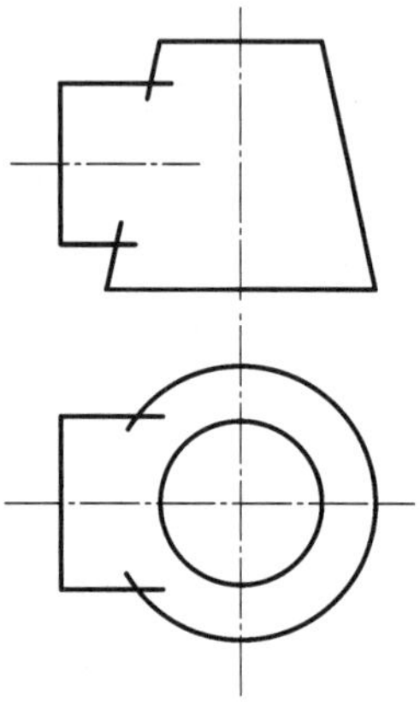

图 5.63 相贯线的模糊画法

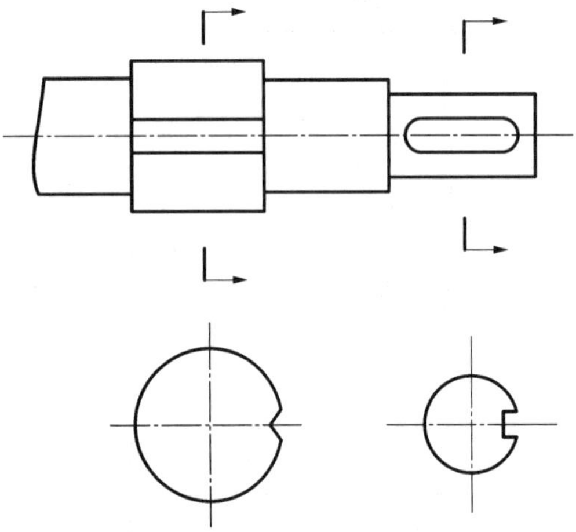

图 5.64 剖面符号的省略

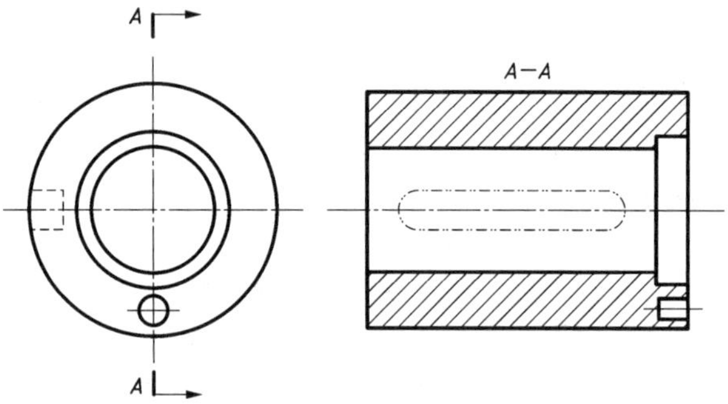

图 5.65 表示位于剖切平面前的结构时，这些结构按假想投影的轮廓线绘制

(14) 在原视图中简化被放大部位的画法　在局部放大图表达完整的前提下允许在原视图中简化被放大部位,如图 5.66(a)、(b)所示。

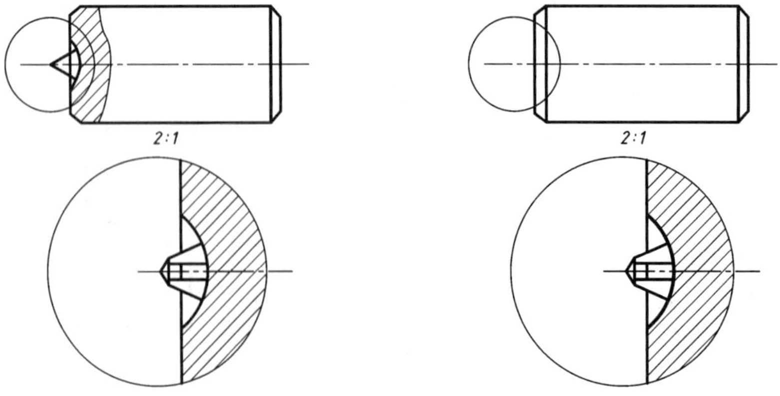

(a)　　(b)

图 5.66 被放大部位的简化画法

5.5　综合举例

在实际应用中,机件的形状是多种多样、错综复杂的,应根据机件的具体结构形状和特点,综合分析,选用适当的表达方法。在选择表达方法时,首先应考虑看图方便,并根据机件的结构特点,用较少的图形,正确、完整、清晰地表达机件的结构形状。在此原则下,还要注意所选用的每个图形,它既要有各图形自身明确的表达内容,又要注意它们之间的相互联系。下面举例说明表达方法的综合运用。

5.5.1　阀体

阀体的轴测图如图 5.67 所示。

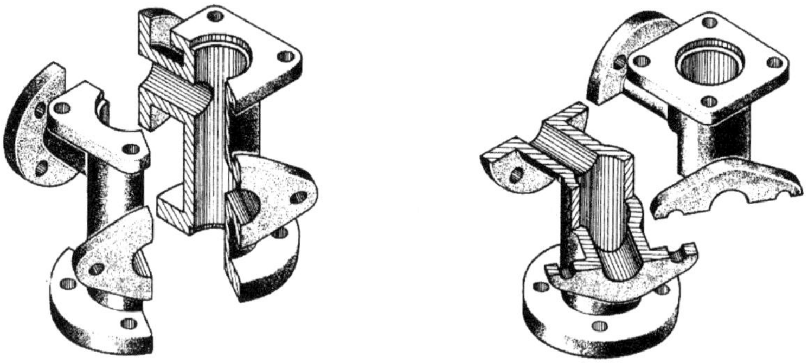

图 5.67　阀体

5.5.1.1　形体分析

阀体的构成大体可分为主管体、左管体、右管体、上连接板、下连接板、左连接板、右连接板等部分。阀体的主体结构是圆柱管;上端有一方形连接板,开有四个安装孔;下端有一圆形连接板,开有四个安装孔;左边有一轴线和主管铅垂轴线垂直相交的左管体,与主管体相贯,其中左管孔与主管孔也相贯,左管体的前端有一圆形连接板,开有四个安装孔;右边有一个向前方倾斜 45°的右管体,管端部有一个圆菱形连接板,上有两个安装孔。

5.5.1.2　图形分析

阀体的表达方案共有五个图形,如图 5.68 所示。各个视图表达的意义如下:

① 主视图全剖视图,"$B-B$"是采用旋转剖,表达阀体的内部结构形状;

② 俯视图全剖视图,"$A-A$"是采用阶梯剖,重点表达左、右管体对于主管体的相对位置,还表达了下端连接板的外形及四个小孔的位置;

③ 局部剖视图"$C-C$",表达左端管体连接板的外形及其上四个孔的大小和相对位置;

④ 局部向视图"D",表达上连接板的外形及其上面四个孔的大小和位置;

⑤ 斜剖视图"$E-E$",表达右端管连接板的形状和两个孔的大小和位置。

5.5.2　支架

支架的轴测图如图 5.69 所示。

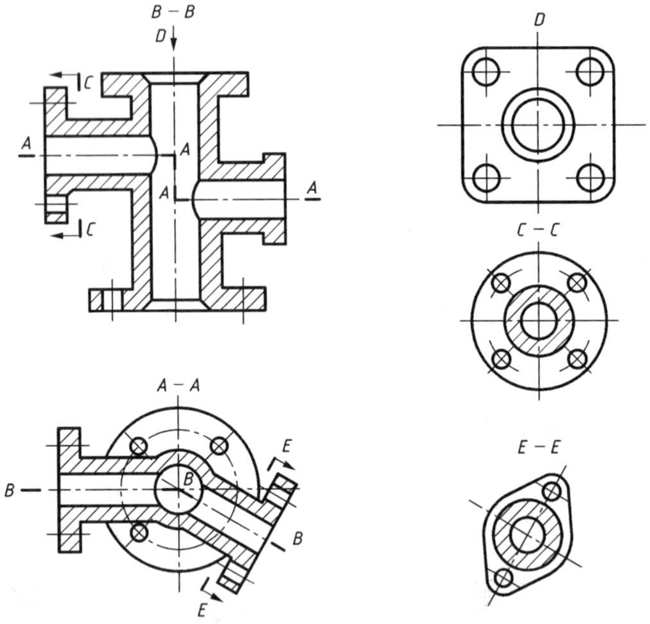

图 5.68　阀体机件表达方法

5.5.2.1　形体分析

支架由三部分组成：圆筒、底板和肋板。

5.5.2.2　图形分析

支架的表达方案共有四个图形，如图 5.70 所示。

① 主视图采用两处局部剖，反映上部圆柱的通孔以及下部斜板上的四个小通孔。它既表达了肋、圆柱和斜板的外部结构形状，又表达了孔内部结构的形状。

② 用局部视图“B” 清楚地表达上部圆柱与十字肋的相对位置关系。

③ 移出断面图，表达十字肋板的形状。

④ 局部斜视图“A 向旋转”，表达斜板的实形及其与十字肋板的相对位置。

图 5.69　支架

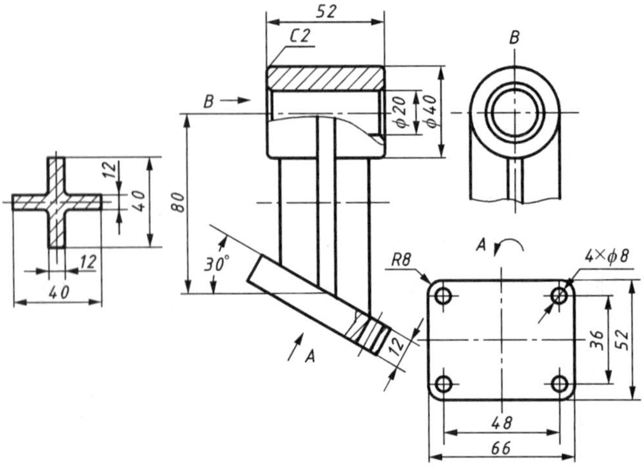

图 5.70　支架机件表达方法

5.6　第三角画法简介

用正投影法绘制工程图样时，有第一角投影法和第三角投影法两种画法，国际标准规定这两种画法具有同等效力。我国国家标准规定，技术图样用正投影法绘制，并优先采用第一角画法，必要时(如按合同规定等)才允许使用第三角画法。而有些国家则采用第三角投影法(如美国、日本等)。为适应国际科学技术交流的需要，对第三角画法的特点简介如下。

5.6.1　第三角投影体系的概念

如图 5.71 所示，由三个互相垂直相交的投影面组成的投影体系，把空间分成了八个部分，每一部分为一个分角，依次为Ⅰ、Ⅱ、Ⅲ、…、Ⅶ、Ⅷ分角。将机件放在第一分角进行投影，称为第一角投影。而将机件放在第三分角进行投影，称为第三角投影。

第一角与第三角投影方法的区别，就是观察者、投影面和机件相对位置发生了变化。在第一角投影中，位置关系是“观察者—机件—投影面”；而在第三角投影中，位置关系是“观察者—投影面—机件”。假想投影面是透明的，按照正投影的方法，向各个投影面投影，如图 5.71 所示。

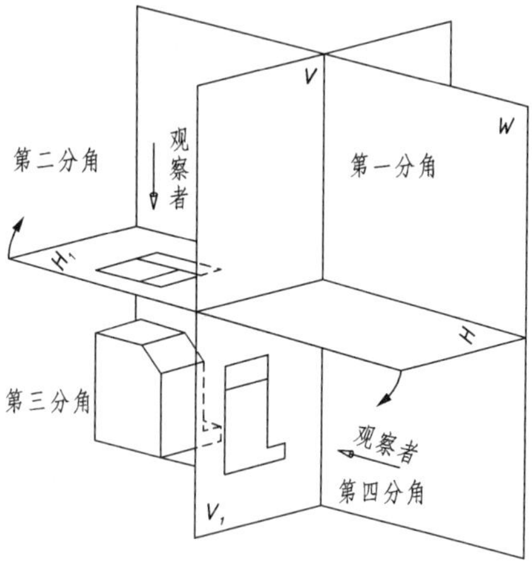

图 5.71　第三角投影

5.6.2　第三角投影视图的展开和视图配置

将机件置于正六面体中，用正投影法分别向六个基本投影面投影，可得到六个基本视图：

主视图：从前向后投影，物体在 V 面上得到的视图；

右视图：从右向左投影，物体在 W 面上得到的视图；

俯视图：从上向下投影，物体在 H 面上得到的视图；

仰视图：从下向上投影，得到的视图；

后视图：从后向前投影，得到的视图；

左视图：从左向右投影，得到的视图。

六个基本视图按图 5.72(a)所示的方法展开投影面：V 面保持不动，与 V 面相邻的四个投影面分别绕与 V 面的交线旋转 90°，旋转到 V 面的上方、右方、左方、下方，都与 V 面位于同一个平面上；在物体后面的投影面则先绕它与 V 面的交线旋转 90°，旋转到 W 面的右方，与 W 面位于同一平面上，然后随着 W 面，与 W 面一起绕 W 面与 V 面的交线，旋转到 V 面而位于同一个平面上。

由于第三角投影的画法是按正投影法绘制的，因此各视图之间保持对应的投影关系。遵循正投影法的三等关系“长对正，高平齐，宽相等”。如果在同一张图纸内，六个基本视图按图 5.72(b)配置时，一律不注视图名称。

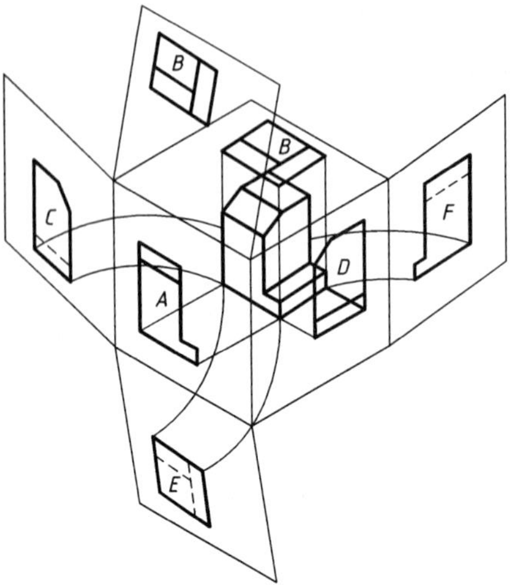

(a)

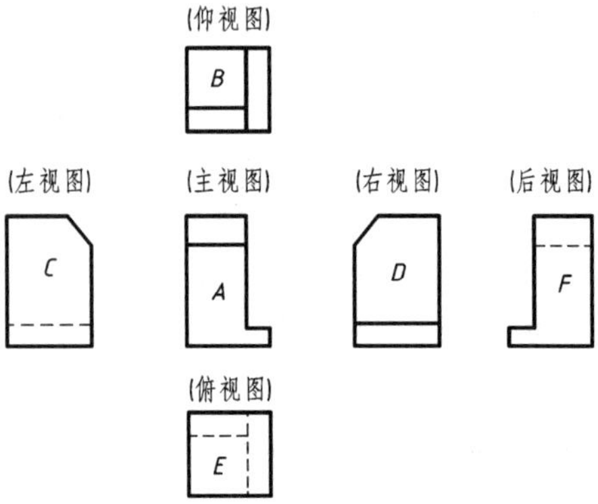

(b)

图 5.72 第三角六个基本视图及配置

5.6.3 第三角投影的识别符号

国际标准中规定,可采用第一角投影,也可采用第三角投影,为了区别这两种投影,规定在标题栏中专设格的栏内用规定的识别符号表示。国家标准规定,我国采用第一角画法。因此,采用第一角画法时无须标出画法的识别符号。采用第三角画法时,必须在图样中画出第三角投影的识别符号。两种投影的识别符号,如图 5.73 所示。

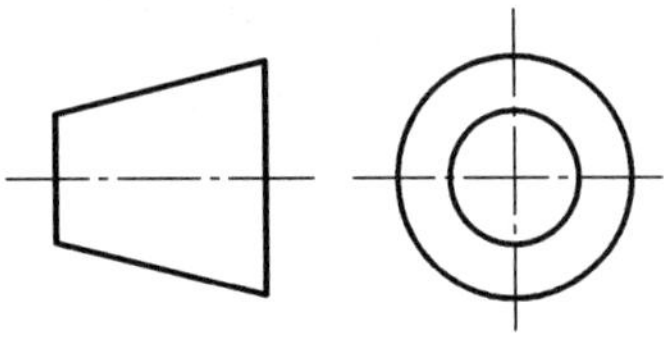

(a) 第一角画法

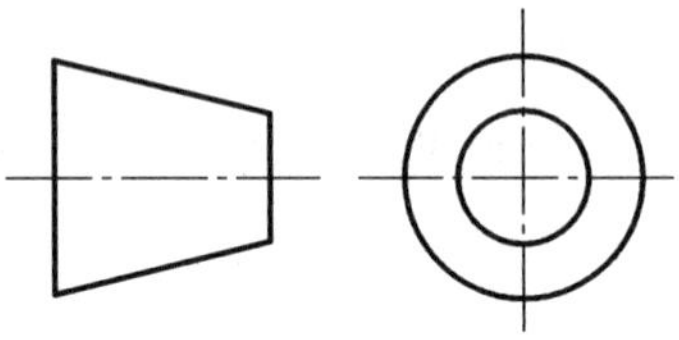

(b) 第三角画法

图 5.73 两种投影的识别符号

第 6 章 标准件和常用件

标准件和常用件是在机器或部件中广泛使用的零件。这些零件往往使用面广、用量大，所以需要成批或大量生产。为了提高产品质量，降低生产成本，便于专业化大批量生产，国家标准颁布了各种标准件的标准、常用件部分参数的标准。标准件是指零件的结构、尺寸等各方面参数都完全符合标准，如螺栓、螺柱、螺钉、螺母、键、销和滚动轴承等连接件。齿轮、蜗轮、蜗杆等常用的传动件，它们的轮齿部分有相应的国家标准。凡是重要结构符合国家标准的零件称为常用件。图 6.1 所示是齿轮减速器轴测图，泵体、泵盖是一般零件，螺栓、螺母、垫片、键、销等属标准件，齿轮属常用件。

本章将介绍标准件和常用件的结构、规定画法、代号(参数)和规定标记。

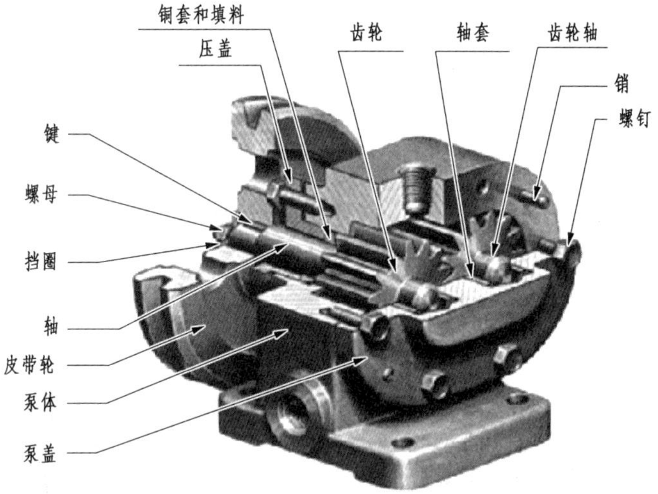

图 6.1 齿轮减速器

6.1 螺纹的规定画法和标注

6.1.1 螺纹的形成和要素

6.1.1.1 螺纹的形成

螺纹是在圆柱或圆锥表面上沿着螺旋线所形成的，具有相同的轴向剖面的连续凸起和沟槽。在圆柱(或圆锥)外表面上所形成的螺纹称为外螺纹；在圆柱(或圆锥)内表面上所形成的螺纹称为内螺纹。车床上加工螺纹是常见形成螺纹的一种方法，如图 6.2 所示。切削螺纹时，把工件安装在车床主轴的卡盘上，加工时车床主轴带动工件等速旋转，车刀沿径向进刀后沿轴线方向作等速直线运动，在工件外表面(或内表面)车削出螺纹。

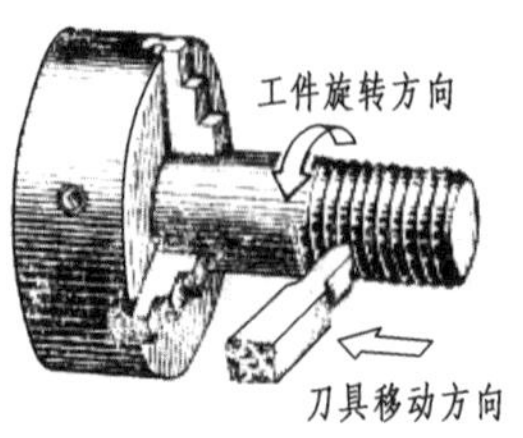

(a) 加工外螺纹

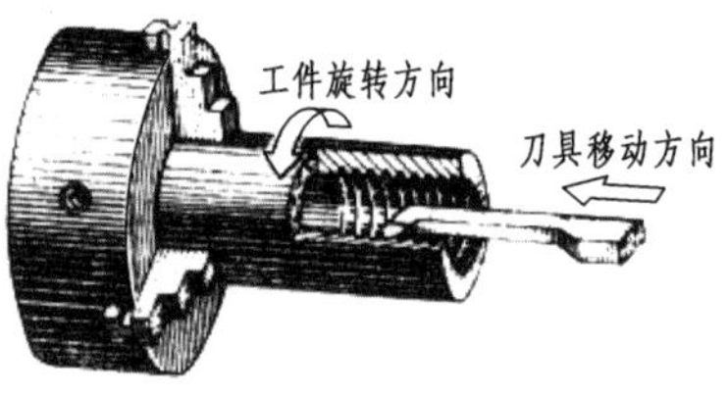

(b) 加工内螺纹

图 6.2 螺纹的加工

6.1.1.2 螺纹的要素

(1) 螺纹的牙型　通过螺纹轴线剖切时,螺纹断面的形状,称为螺纹的牙型。常用螺纹的牙型如图 6.3 所示。

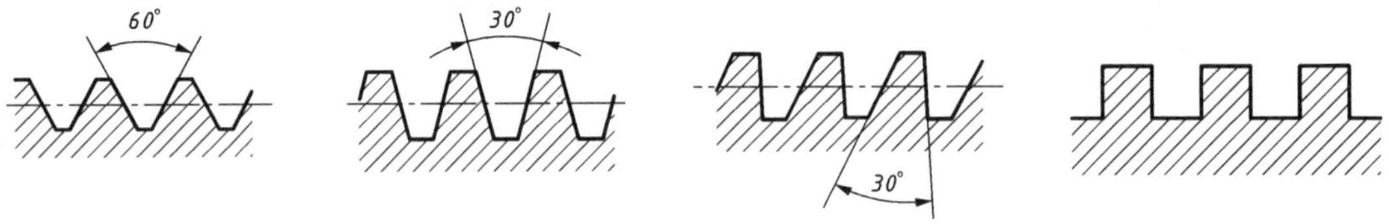

(a) 三角形螺纹　(b) 梯形螺纹　(c) 锯齿形螺纹　(d) 方形螺纹

图 6.3 常用螺纹的牙型

(2) 螺纹的直径　螺纹的直径包括大径(d、D)、小径(d_1、D_1)、中径(d_2、D_2)。大径是指外螺纹牙顶圆的直径 d,或内螺纹牙底圆的直径 D;螺纹小径是指外螺纹牙底圆的直径 d_1,或内螺纹牙顶圆的直径 D_1;在大径和小径之间,螺纹牙的轴向厚度与两牙之间的轴向距离相等处的直径为螺纹中径,分别用 d_2 和 D_2 表示,如图 6.4 所示。

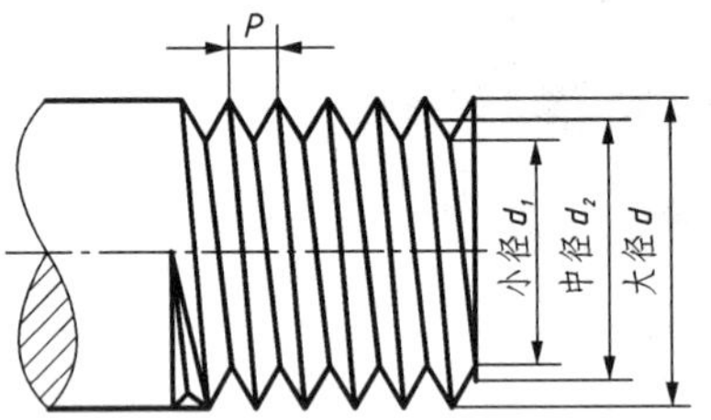

(a) 外螺纹

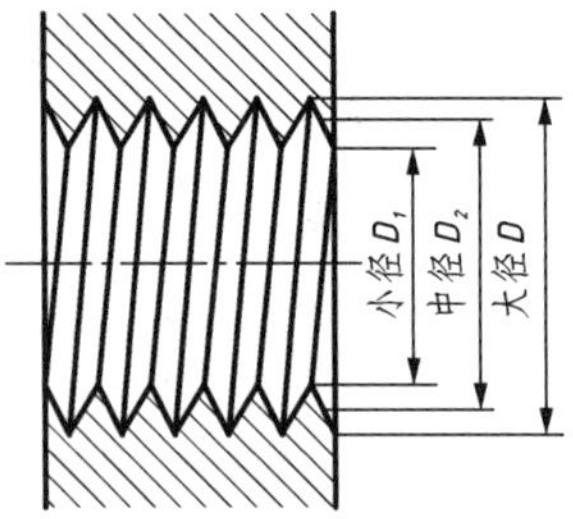

(b) 内螺纹

图 6.4 螺纹的直径

(3) 螺纹的线数　螺纹有单线和多线螺纹之分,沿一条螺旋线生成的螺纹,称为单线螺纹,如图 6.5(a)所示;沿轴向等距分布的两条或两条以上的螺旋线形成的螺纹为多线螺纹,如图 6.5(b)所示。

(4) 螺纹的螺距和导程　在中径线上,相邻两螺纹对应两点间的轴向距离称为螺距,用字母 P 表示。在中径线上,同一条螺旋线上,相邻两牙对应两点间的轴向距离称为导程,用 S 表示。单线螺纹的导程＝螺距($S=P$);多线螺纹的线数为 n,导程＝$n\times$螺距,即 $S=n\times P$,如图 6.5 所示。

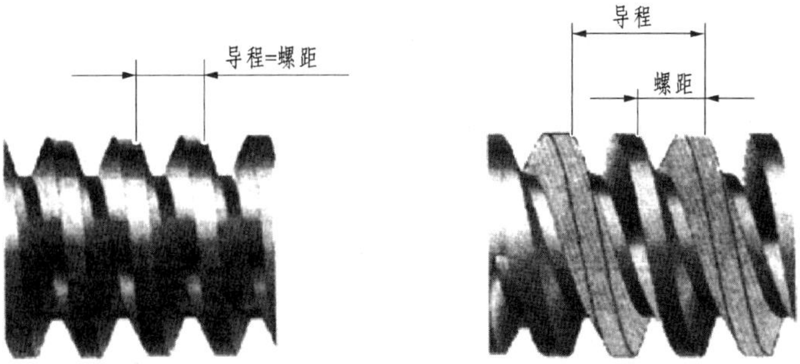

(a) 单线　　(b) 双线

图 6.5　螺纹的线数、导程和螺距

(5) 螺纹的旋向　螺纹分右旋和左旋两种，工程上常用右旋螺纹。顺时针方向旋转时旋入的螺纹，称为右旋螺纹；逆时针旋转时旋入的螺纹，称为左旋螺纹。也可用右手或左手螺旋规则来判断螺纹的旋向，如图6.6所示。

(a) 左旋螺纹　　(b) 右旋螺纹

图 6.6　螺纹的旋向

内、外螺纹必须配合使用，当上述五项基本要素完全相同时，内、外螺纹才能进行互相旋合，正常使用。国家标准对螺纹的牙型、大径和螺距做了统一规定，凡是这三项要素符合国家标准的螺纹，称为标准螺纹；凡是牙型符合标准，而大径、螺距不符合标准的螺纹，称为特殊螺纹；牙型不符合标准的螺纹，称为非标准螺纹。

6.1.2　螺纹的规定画法

国家标准(GB/T 4459.1—1995)规定了在机械图样中螺纹和螺纹紧固件的画法。

6.1.2.1　外螺纹的规定画法

① 如图 6.7(a)所示，平行于螺纹轴线的投影图中，螺纹大径画粗实线(即牙顶所在的轮廓线)，小径画细实线(即牙底所在的轮廓线)，并画入端部倒角处；螺纹终止线画粗实线。在投影为圆的视图上，大径画粗实线圆，小径画细实线约 3/4 圆，倒角圆省略

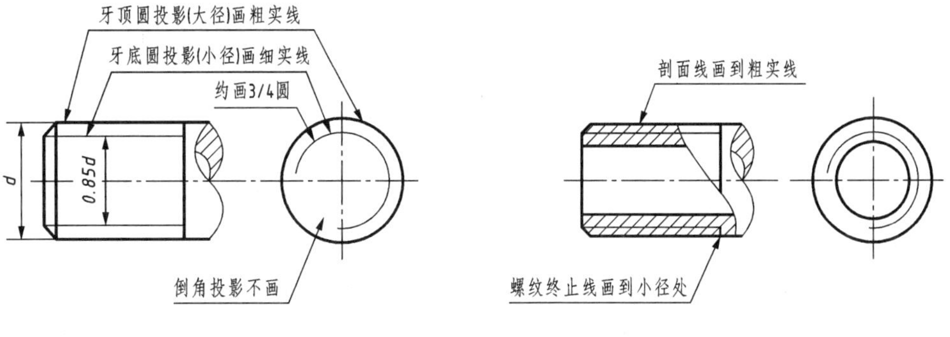

(a) 不剖的画法　　(b) 剖切时的画法

图 6.7　外螺纹的画法

不画。

② 当外螺纹加工在管子的外壁,需要剖切时,表示方法如图 6.7(b)所示。

6.1.2.2 内螺纹的规定画法

如图 6.8 所示,非圆的投影中,螺纹小径用粗实线表示;螺纹大径用细实线表示,并画入端部倒角处,剖面线画至小径的粗实线处;在投影为圆的视图上,螺纹小径画粗实线,大径画细实线约 3/4 圆,倒角圆省略不画。

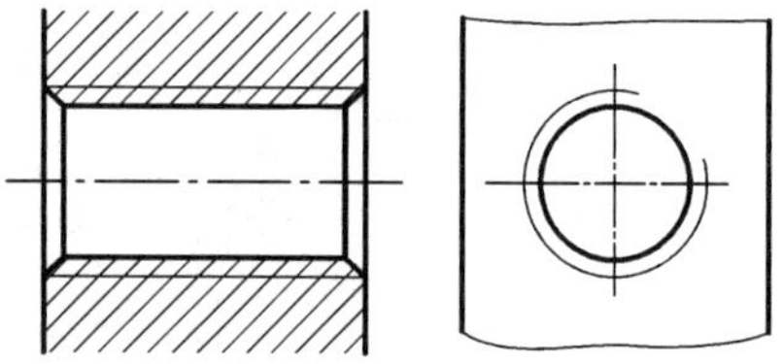

图 6.8 内螺纹的画法

不通孔(盲孔)的内螺纹的表示方法如图 6.9 所示,应将钻孔深度与螺纹深度分别画出,注意孔底按钻头的锥顶角画成 120°,钻孔深度要比螺孔深度长 0.5d,不需要标注。

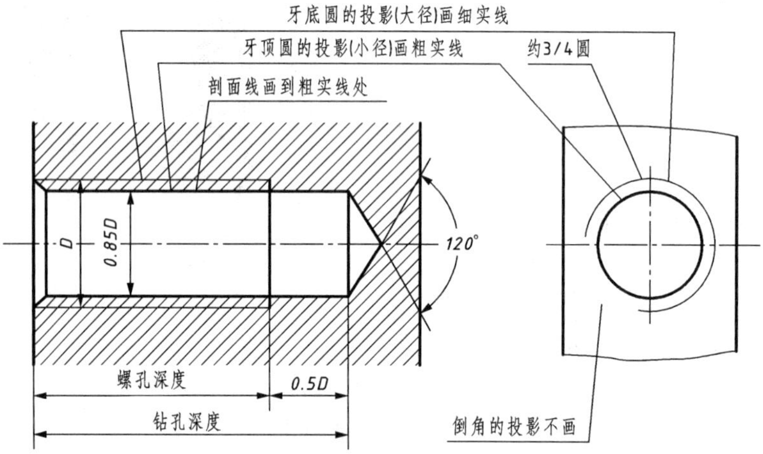

图 6.9 盲孔内螺纹的画法

6.1.2.3 内、外螺纹收尾与不可见螺纹画法

无论是内螺纹还是外螺纹,螺纹尾部一般不必画出,当需要表示螺纹收尾时,尾部的牙底用与轴线成 30°的细实线绘制,如图 6.10 所示;不可见螺纹的所有图线均按虚线绘制,如图 6.11 所示。

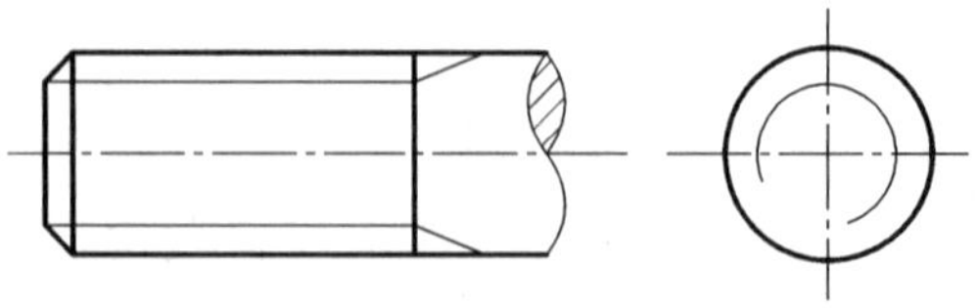

图 6.10 螺纹收尾的画法

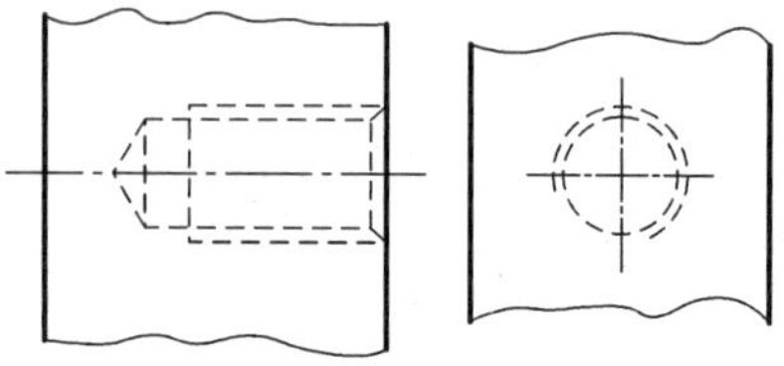

图 6.11 内螺纹的视图画法

6.1.2.4 内、外螺纹连接画法

当内、外螺纹连接时,其旋合部分按外螺纹的画法绘制,其余部分仍按各自画法绘制。须特别注意的是:表示内、外螺纹牙顶、牙底的粗、细实线应分别对齐,剖开后剖面线应画到粗实线为止,如图 6.12 所示。

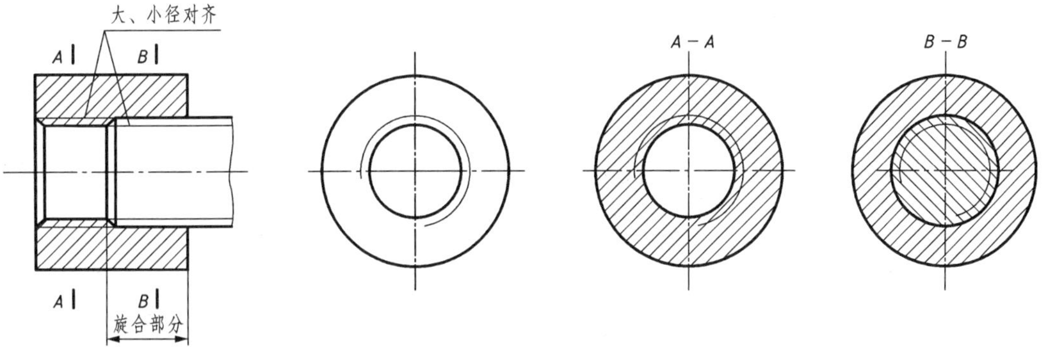

图 6.12　螺纹连接的画法

6.1.3　常用螺纹的分类和标注

6.1.3.1　常用螺纹的分类

螺纹按用途可分为连接螺纹和传动螺纹。

(1) 连接螺纹　常用的连接螺纹有两种,即普通螺纹和管螺纹。这两种螺纹的特点是牙型均为三角形,其中,普通螺纹的牙型角为 60°,管螺纹的牙型角为 55°。

① 普通螺纹。分为粗牙普通螺纹和细牙普通螺纹,在大径相同的条件下,细牙普通螺纹的螺距比粗牙普通螺纹的螺距小,细牙普通螺纹的小径比粗牙普通螺纹的小径大,因此细牙普通螺纹多用于细小的精密零件或薄壁零件上。

② 管螺纹。常用于管道连接,分为非螺纹密封的管螺纹和用螺纹密封的管螺纹。管螺纹的尺寸代号是管子孔径(1 英寸＝25.4 mm),不是指管螺纹大径。螺纹大径、小径等参数可由尺寸代号从国家标准中查出。非螺纹密封的外管螺纹中径公差分 A、B 两个等级。

(2) 传动螺纹　用于传递动力和运动,其牙型有梯形螺纹、锯齿形螺纹和方形螺纹等。

常用标准螺纹的种类、牙型及用途见表 6.1。

表 6.1　常用标准螺纹的种类、牙型及用途

螺纹种类			特征代号	外形图	牙型图	用途
连接螺纹	普通螺纹	粗牙	M	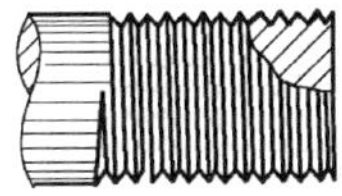	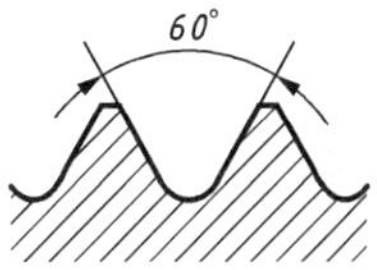	是最常用的连接螺纹
		细牙				用于细小的精密零件或薄壁零件
	非螺纹密封管螺纹		G	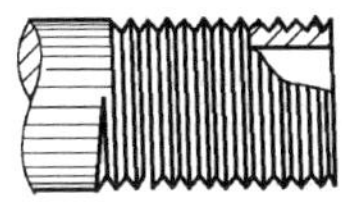	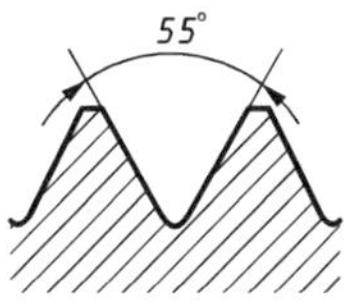	用于水管、油管、气管等一般低压管路的连接

(续表)

螺纹种类		特征代号	外形图	牙型图	用途
传动螺纹	梯形螺纹	Tr	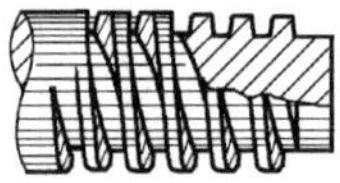	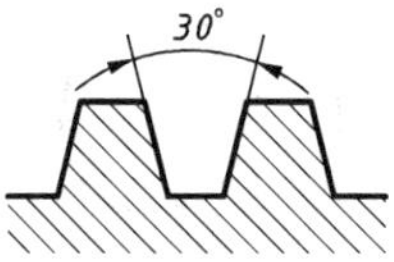	机床丝杠采用这种螺纹进行传动
	锯齿形螺纹	B	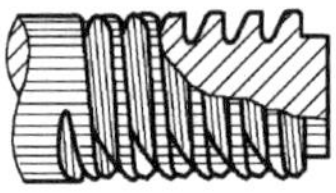	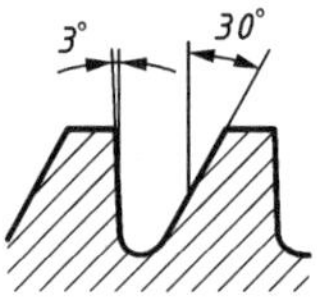	只能传递单方向的力

6.1.3.2　常用螺纹的标注

因为各种螺纹采用了统一的规定画法，为了识别螺纹的种类和要素，国家标准规定对螺纹必须按规定的标记标注，见表 6.2。

表 6.2　标准螺纹的规定标注

螺纹分类		外形图	特征代号	标注示例	说明
连接螺纹	粗牙普通螺纹	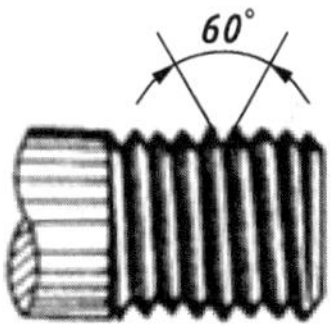	M	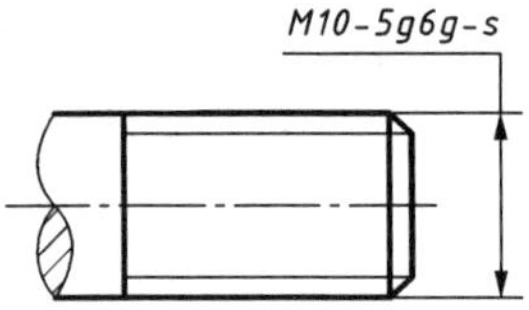	M10—5g6g—s 旋合长度代号 顶径公差带代号 中径公差带代号 公称直径
	细牙普通螺纹			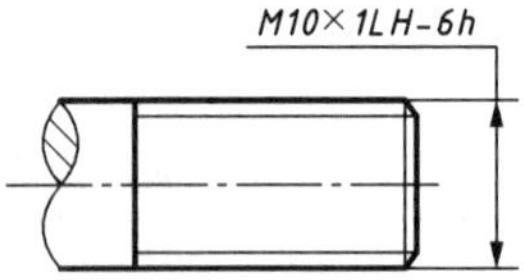	M10×1 LH—6h 中径顶径公差带代号 左旋 螺距 公称直径
	非螺纹密封的管螺纹	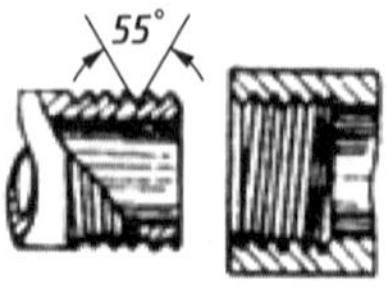	G	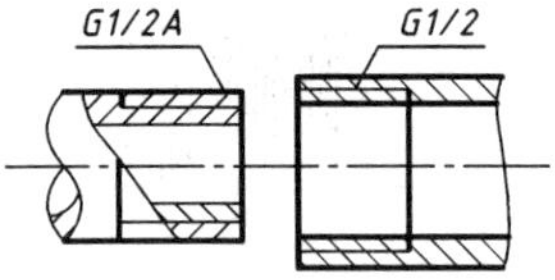	G1/2A—LH 左旋 A 级外螺纹 尺寸代号
	用螺纹密封的圆柱内管螺纹	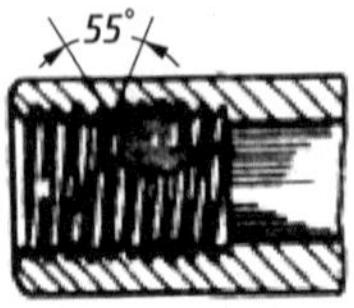	Rp	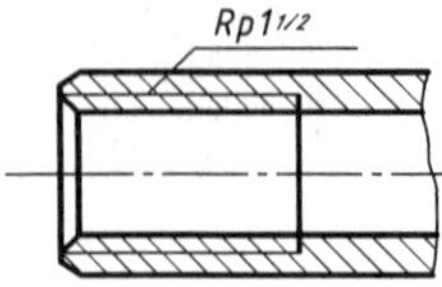	Rp1½ 尺寸代号

（续表）

螺纹分类		外　形　图	特征代号	标 注 示 例	说　　明
连接螺纹	用螺纹密封的圆锥外管螺纹	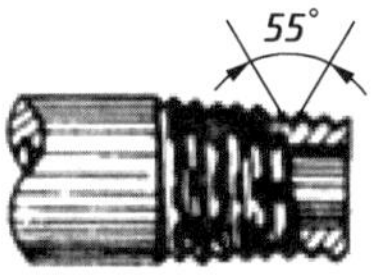	R	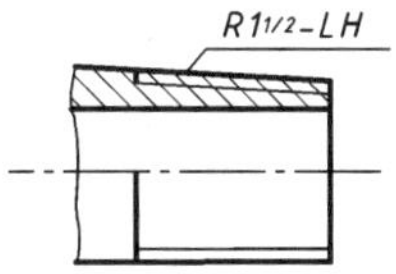	R1½－LH 左旋 尺寸代号
	用螺纹密封的圆锥内管螺纹	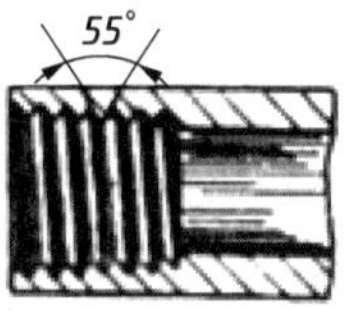	Rc	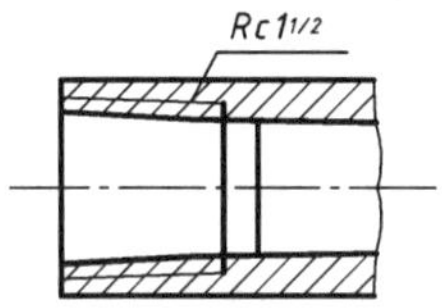	Rc1½ 尺寸代号
传动螺纹	梯形螺纹	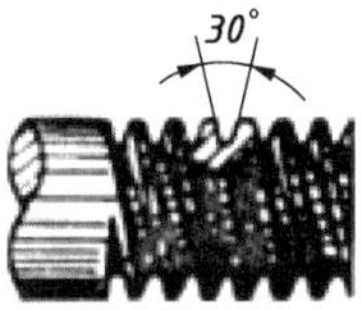	Tr	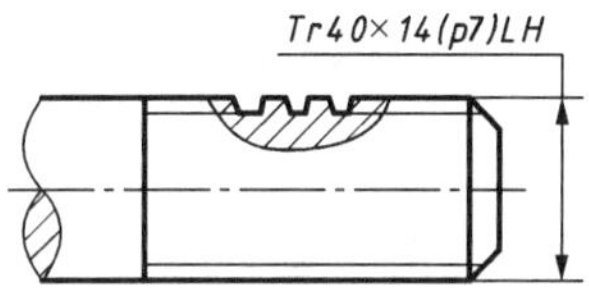	Tr40×14(p7)LH 左旋 螺距 导程 公称直径
	锯齿形螺纹	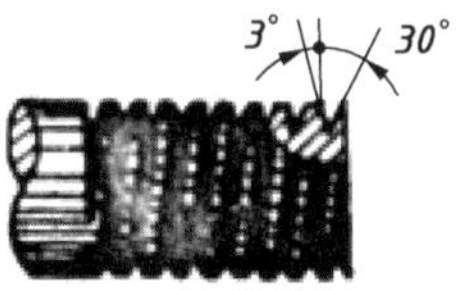	B	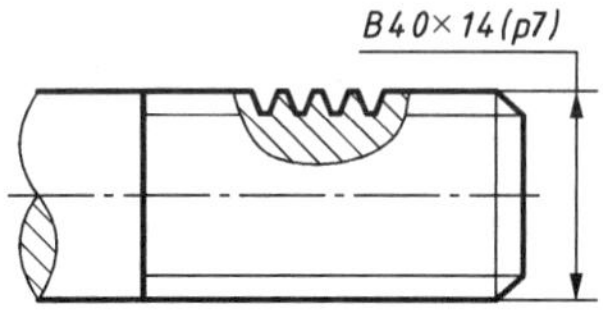	B40×14(p7) 螺距 导程 公称直径

螺纹的标注内容如下：

[螺纹代号] [公称直径×螺距(导程/线数)] [旋向]—[中径顶径公差带代号]—[旋合长度代号]

关于螺纹标注说明如下：

① 普通粗牙螺纹的螺距省略不标注。

② 右旋螺纹不标注旋向；左旋螺纹须标注代号“LH”。

③ 螺纹公差带代号指螺纹中径和顶径的公差带代号，由公差等级和基本偏差代号组成，内螺纹用大写字母，如 6H，外螺纹用小写字母，如 6h。当中径和顶径公差带代号相同时，只须注写一次。

④ 旋合长度指螺纹旋入长度，分短、中、长三种，分别用 S、N、L 表示，中等长度可省略不标。

⑤ 管螺纹标注用一条斜向细实线，一端指向螺纹大径，另一端引一条水平细实线，将螺纹标记写在横线上。

标注示例参见表 6.2。

6.2 常用螺纹紧固件的规定标记和画法

6.2.1 常用螺纹紧固件的规定标记

螺纹紧固件是标准件,其尺寸、结构形状、材料、技术要求均已标准化,一般由标准件厂家大量生产,使用单位可按要求根据有关标准选用,常用螺纹紧固件如图6.13所示。

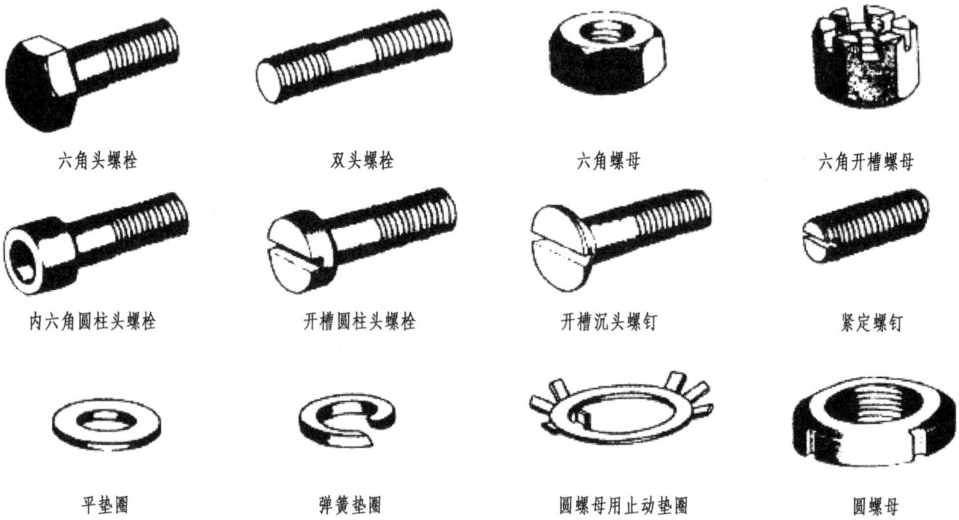

图6.13 常用螺纹紧固件

螺纹紧固件的规定标记见表6.3,标记内容包括:

名称 标准编号 螺纹规格 - 性能等级

表6.3 常见的螺纹紧固件及规定标注

名称	简 图	标记示例	说 明
螺栓	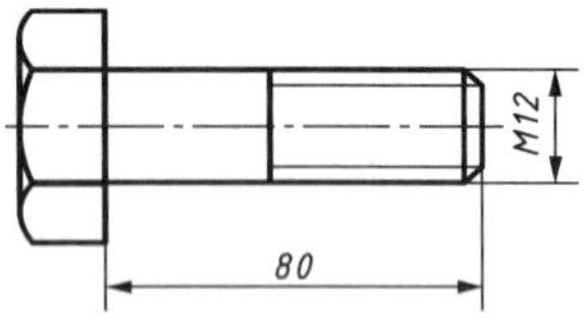	螺栓 GB/T 5782—2000M12×80	螺纹规格 d=M12,公称长度 L=80 mm的六角头螺栓
双头螺柱	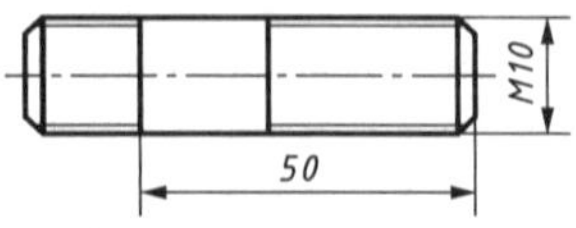	螺柱 GB/T 898—1988M10×50	螺纹规格 d=M10,公称长度 L=50 mm的双头螺柱
螺母	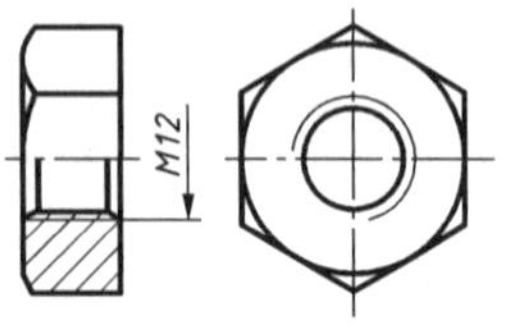	螺母 GB/T 6170—2000M12	螺纹规格 D=M12 的六角螺母

（续表）

名称	简　　图	标 记 示 例	说　　明
垫圈	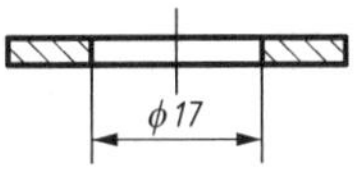	垫圈 GB/T 97.1—2002 16-140HV	规格尺寸 $d=16$ mm，性能等级为 140 HV 的平垫圈
螺钉	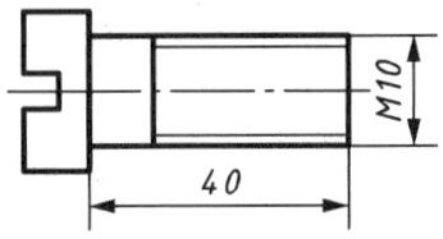	螺钉 GB/T 65—2000M10×40	螺纹规格 $d=10$ mm，公称长度 $L=40$ mm 的螺钉

6.2.2　常用螺纹紧固件的画法

(1) 查表法　由于常用的螺纹紧固件均属于标准件，其有关尺寸和图样可根据公称直径和标准编号，在国家标准中查到全部尺寸，依尺寸画图。

(2) 比例画法　如需要画出螺纹紧固件的零件图时，可采用比例画法。即紧固件的各部分尺寸，按与螺纹大径成一定比例，确定其他各部分尺寸，近似地画出螺纹紧固件的图形，见表 6.4。

表 6.4　螺纹紧固件的比例画法

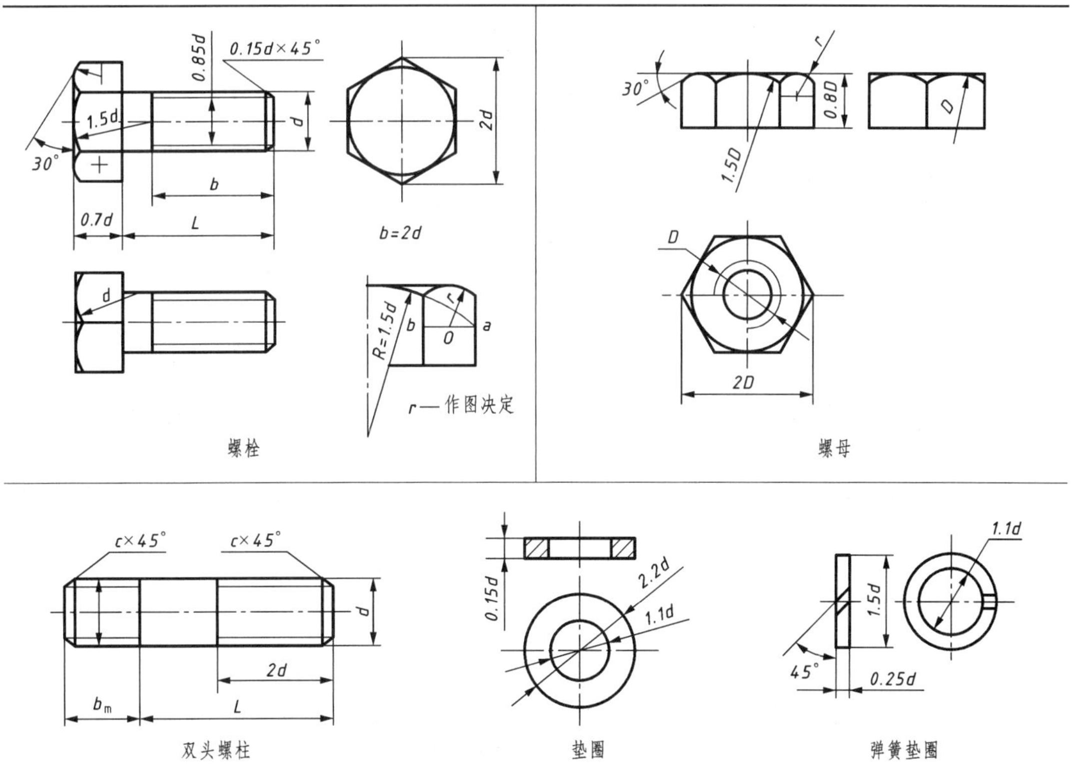

6.2.3　常用螺纹紧固件的装配图画法

常用螺纹紧固件的连接有三种类型：螺栓连接、螺柱连接及螺钉连接，采用哪种连接按需要选定。但无论采取哪种连接，其画法都应遵守下列规定：

① 两零件接触表面画一条粗实线;不接触表面画两条线。

② 在剖视图上,相邻的两个零件的剖面线方向相反或方向相同但间隔不等;同一个零件在不同视图上的剖面线方向和间隔必须一致。

③ 当剖切平面通过螺纹紧固件(螺杆、螺栓、螺柱、螺钉、螺母、垫圈等)的轴线时,均按不剖绘制。

④ 各个紧固件均可以采用简化画法。

6.2.3.1 螺栓连接的装配图画法

螺栓连接主要用于连接两个(或两个以上)不太厚,并可钻成通孔的零件。将螺栓穿过已钻好通孔的被连接零件,然后套上垫圈,再旋紧螺母,如图 6.14 所示。垫片垫在螺母和被连接件之间,其目的是增加螺母与被连接零件之间的接触面,保护被连接件的表面不致因拧螺母而被刮伤。

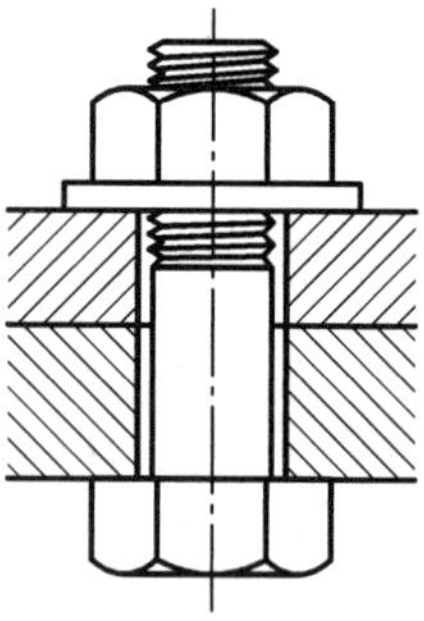

图 6.14 螺栓连接

画螺栓连接图,应根据紧固件的标记,按其相应标准的各部分尺寸绘制。但为了方便作图,通常可按其各部分尺寸与螺栓大径 d 的比例关系近似地画出,如图 6.15(a)所示;国家标准规定螺栓、螺母均可采用简化画法,如图 6.15(b)所示。

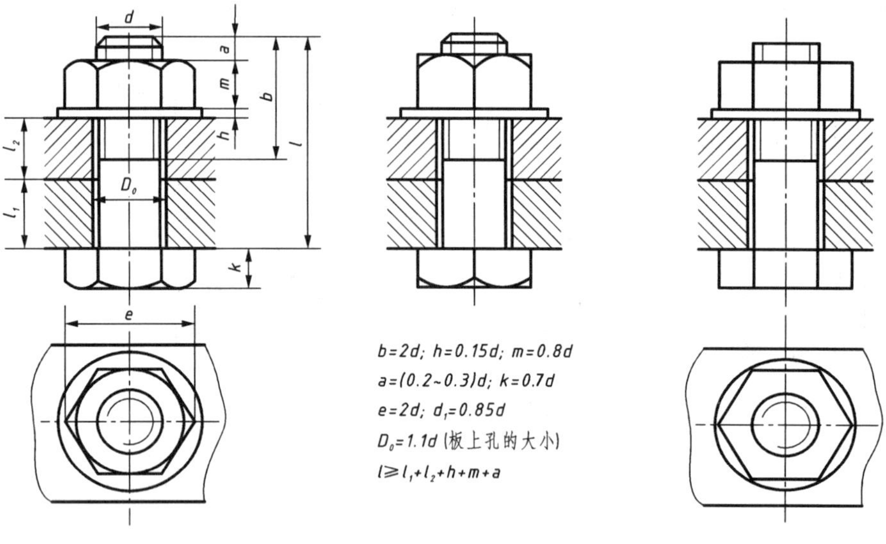

(a) 螺栓连接的比例画法 (b) 螺栓连接的简化画法

图 6.15 螺栓连接的画法

画图时应注意下列几点:

① 被连接件上的通孔孔径大于螺纹直径(孔径约为螺纹大径的 1.1 倍),安装时孔内壁与螺栓杆部不接触,应分别画出各自的轮廓线,即两条粗实线。

② 螺栓上的螺纹终止线应低于被连接件顶面,以便拧紧螺母时有足够的螺纹长度。

③ 螺栓杆部的有效长度 L 应先按下式估算:

$$L \geqslant L_1 + L_2 + h + m + a$$

式中，L_1 和 L_2 分别为两个被连接件的厚度；h 为垫圈厚度；m 为螺母厚度允许值的最大值；a 是螺栓末端伸出螺母的高度。根据估算的结果(L 值)，从相应螺栓标准中查螺栓有效长度 L 的系列值，最终选取一个最接近的长度值。

6.2.3.2　螺柱连接装配图的画法

螺柱连接主要用于一个被连接件较厚，不适于钻成通孔或不能钻成通孔的场合。较厚的零件上加工有螺纹孔，另一个零件上加工成光孔。螺柱连接时，将螺柱的旋入端拧入较厚被连接件的螺纹孔中，套入较薄被连接件，加入垫圈后，另一端用螺母拧紧，如图 6.16 所示。

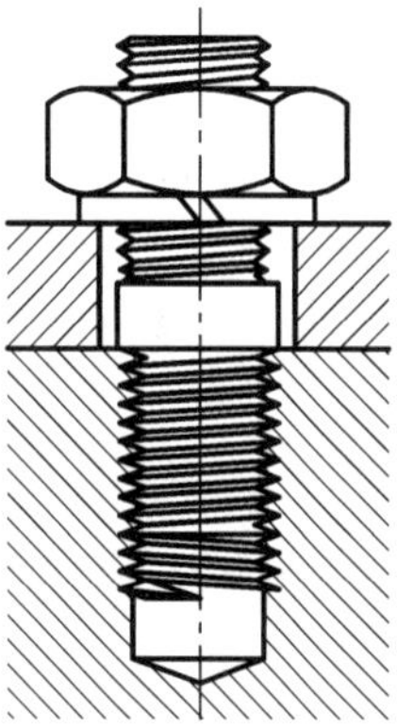

图 6.16　螺柱连接

如图 6.17(a)所示，用比例画法绘制双头螺柱连接时应注意下列几点：

① 螺柱的旋入端长度 b_m 与被连接件材料有关，b_m 与螺柱大径 d 的关系如下：

a. 钢和青铜：$b_m = d$。

b. 铸铁：$b_m = 1.25d$ 或 $b_m = 1.5d$ (GB/T 899—1988)。

c. 铝：$b_m = 2d$(GB/T 900—1988)。

螺孔深度约为 $b_m + 0.5d$，钻孔深度比螺孔深度大 $0.5d$。在装配图中可不画出钻孔深度。

② 保证连接紧固，螺柱旋入端应完全拧入被连接零件的螺纹孔中，即旋入端的螺纹终止线与螺纹孔的孔口轮廓线平齐。

③ 伸出端螺纹终止线应低于较薄零件顶面，以便拧紧螺母时有足够的螺纹长度。

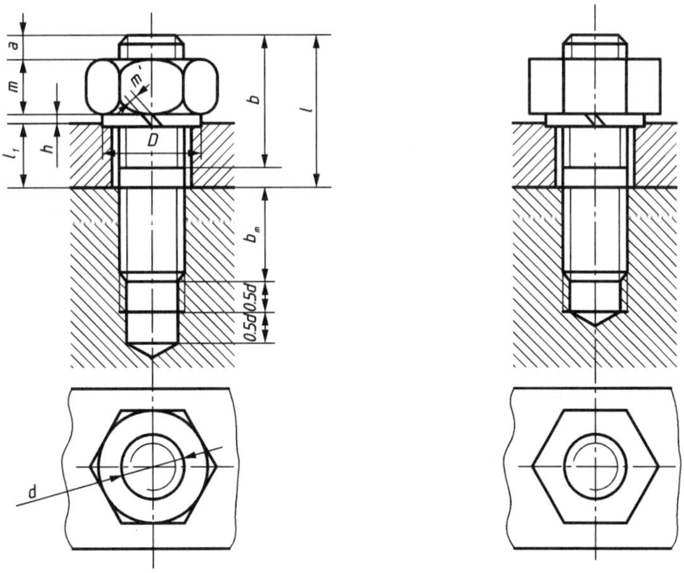

(a) 螺柱连接比例画法　　(b) 螺柱连接简化画法

图 6.17　螺柱连接的画法

④ 螺柱的有效长度 L(不包括旋入端的长度)应先按下式估算：

$$L = L_1 + h + m + a$$

式中,字母含义与螺栓连接相同,L_1 为较薄被连接件的厚度;h 为垫圈厚度;m 为螺母厚度允许值的最大值;a 是螺柱末端伸出螺母的高度。根据估算的高度,从相应国家标准中查螺柱有效长度 L 系列值,从中选取一个最接近估算值的标准长度值。

国家标准规定螺栓、螺母均可采用简化画法,如图 6.17(b)所示。

6.2.3.3 螺钉连接装配图的画法

螺钉连接常用于受力不大、又不经常拆卸的地方,如图 6.18 所示。

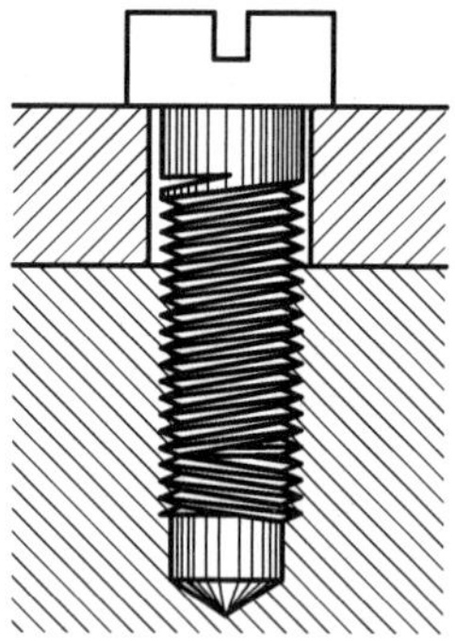
图 6.18 螺钉连接

几种常用螺钉连接装配图的比例画法,如图 6.19 所示。螺钉的有效长度 L 估算公式如下：

$$L = b_m + L_1$$

式中,L_1 为较薄零件的厚度;b_m 为螺钉旋入较厚零件螺纹孔的深度;b_m 值与双头螺柱相同。根据估算的结果,从国家标准螺钉有效长度 L 系列值中查找,选取一个最接近估算值的标准长度值。

用比例画法绘制螺钉连接图时应注意下列几点：

① 为了使螺钉连接牢固,螺钉的螺纹终止线应高于零件螺纹孔的端面轮廓线,螺钉下端面与螺纹孔的螺纹终止线之间应留有 0.5d 的间隙。

② 在俯视图上,螺钉头部的一字槽或十字槽的投影应画成与水平线成 45°的斜线,必要时可以涂黑表示。

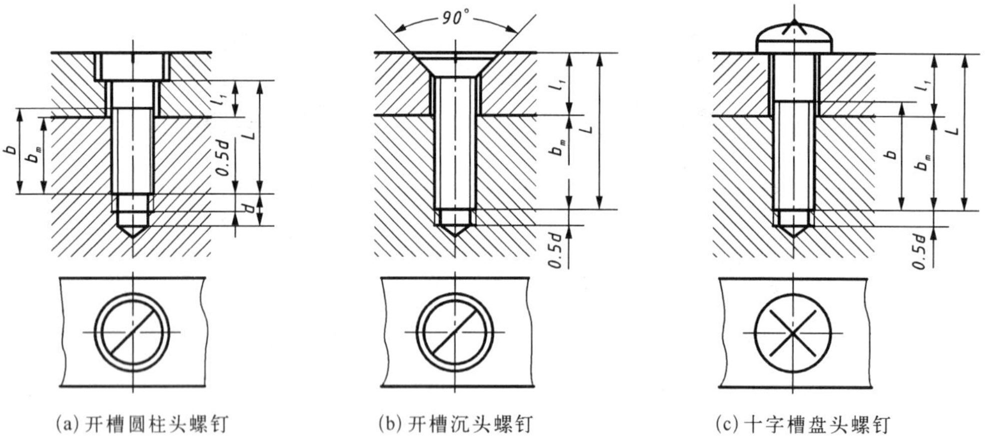

(a) 开槽圆柱头螺钉　(b) 开槽沉头螺钉　(c) 十字槽盘头螺钉

图 6.19 几种螺钉连接的画法

6.3 键连接和销连接

键和销都是标准件,键连接与销连接是工程上常用的可拆连接。

6.3.1　键连接

在机器中，键通常用来连接轴和装在轴上的转动零件（如齿轮、带轮等），传递运动和扭矩。即在轴和轴上转动零件的孔内，分别加工出键槽，再嵌入键，使轴和转动零件连接在一起，实现同时转动，如图 6.20 所示。

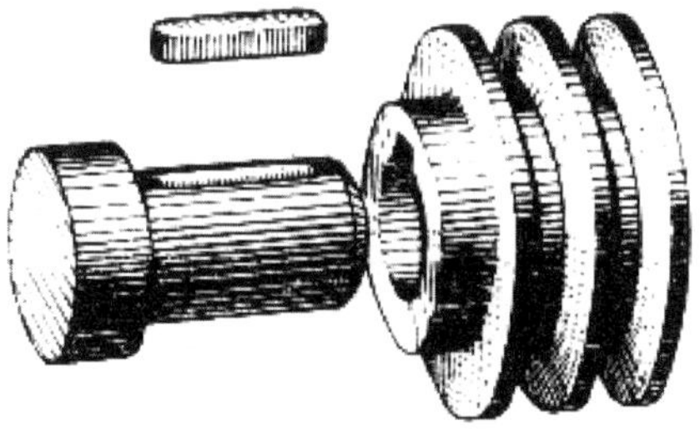

图 6.20　键连接

6.3.1.1　常用键的标记

常用键的种类很多，包括普通平键、半圆键和钩头楔键等，普通平键又有 A、B、C 三种形式，如图 6.21 所示。

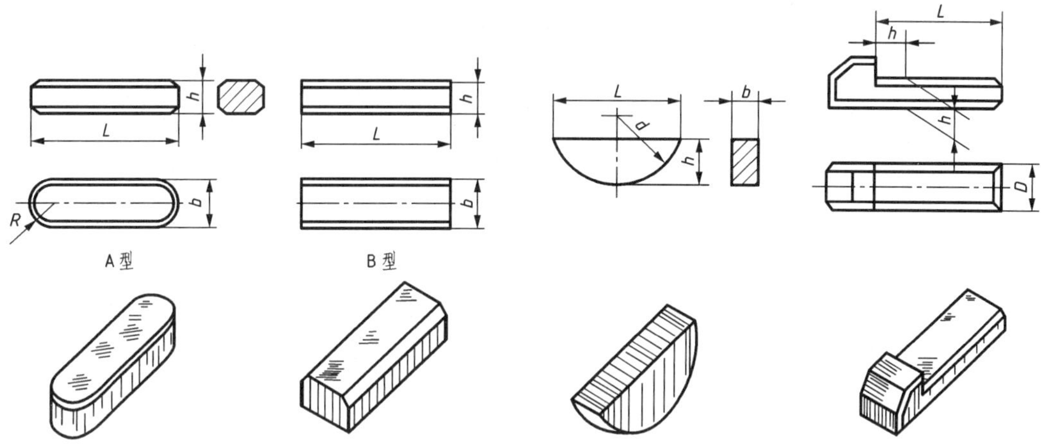

(a) 普通平键　(b) 半圆键　(c) 钩头楔键

图 6.21　常用键的型式和尺寸

键的规定标记格式为：

名称　规格　国标号

其中 A 型普通平键省略字母 A。

常用键的结构型式及标记示例见表 6.5。

表 6.5　常用键的结构型式及标记示例

序号	名　称	图　例	标记示例
1	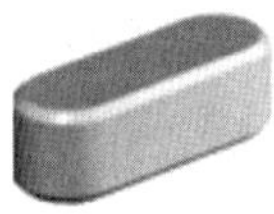 普通平键(A)	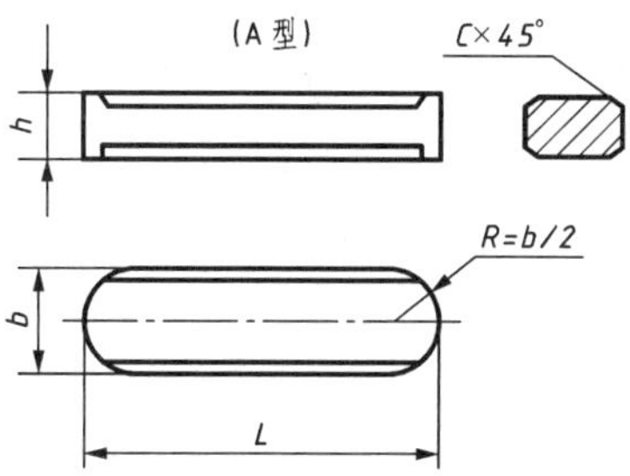	$b=18$，$h=11$ $L=100$ 普通平键（A 型） 标记： 键 18×100 GB/T 1096—2003

(续表)

序号	名　称	图　　例	标 记 示 例
2	 半圆键	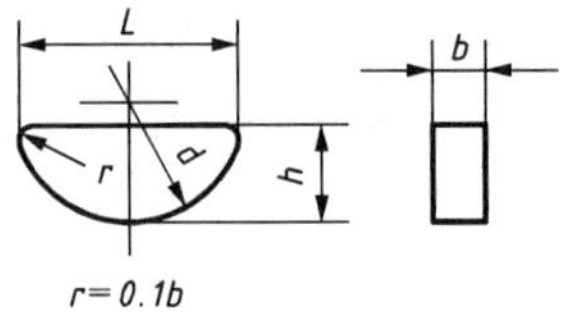	b=6，h=10 L=24.5 半圆键 标记： 键 6×25 GB/ T 1099.1—2003
3	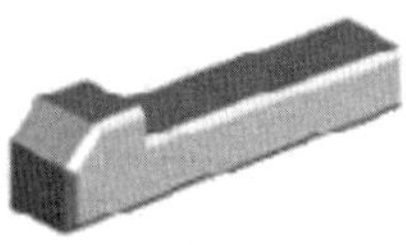 钩头楔键	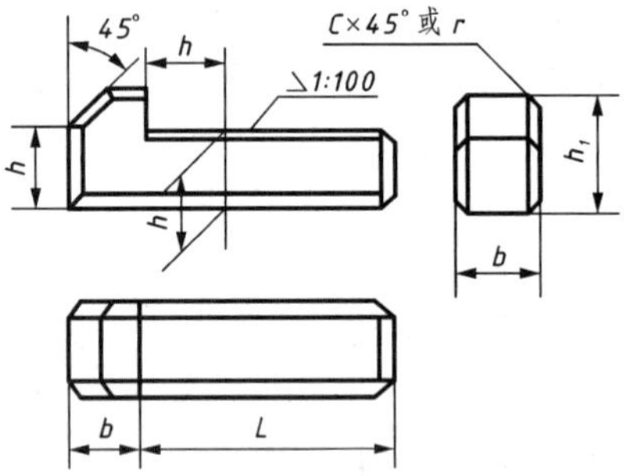	b=18，h=11 L=100 钩头楔键 标记： 键 18×100 GB/ T 1565—2003

6.3.1.2　键与键槽尺寸的确定、键槽的画法及尺寸标注

键的尺寸可从国家标准(见本书附录)中查出。键的高度 h 和宽度 b 是根据被连接轴段的直径选取，而长度 L 则是根据传递动力的大小、轮毂的长度设计计算后，参照标准长度系列确定。与键相配合的键槽是标准结构要素，其结构尺寸可从国家标准中查出，键槽的画法及尺寸标注如图 6.22 所示。

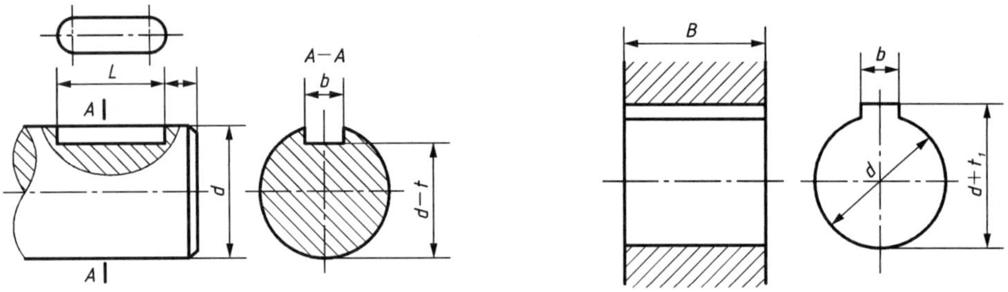

(a) 轴上键槽尺寸的规定标注　　(b) 轮毂上键槽尺寸的规定标注

图 6.22　键槽的画法及尺寸标注

6.3.1.3　键连接的画法

画键连接装配图时，首先要知道轴的直径和键的形式，清楚键的工作状态。

如图 6.23 所示，普通平键和半圆键的两侧面为工作表面，装配时，键的两侧面与键槽的侧面接触，工作时，靠键的侧面传递扭矩。绘制装配图时，键与键槽侧面之间无间隙，画一条线；键的顶面是非工作表面，与轮毂键槽的顶面不接触、有间隙，应画两条线。

如图 6.24 所示，钩头楔键的顶面有 1∶100 的斜度，安装时将键打入键槽，靠键与键槽顶面的压紧力使轴上零件固定，因此，顶面是钩头楔键的工作表面。绘制装配图时，键与键槽顶面之间无间隙，画一条线；键的两侧面是非工作表面，与键槽的侧面不接触而有间隙，应画两条线。

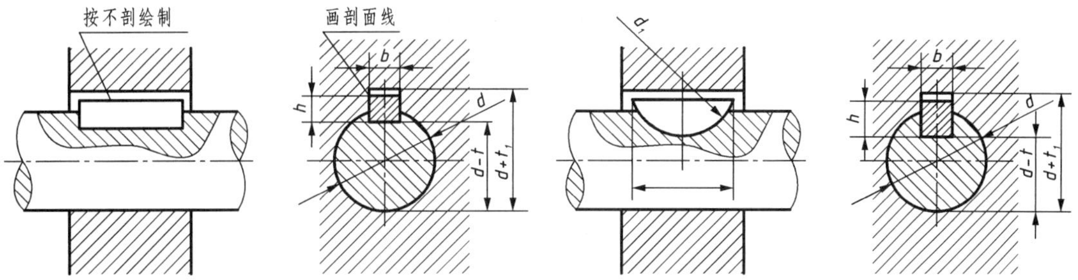

(a) 普通平键　　(b) 半圆键

图 6.23　普通平键和半圆键的连接画法及尺寸标注

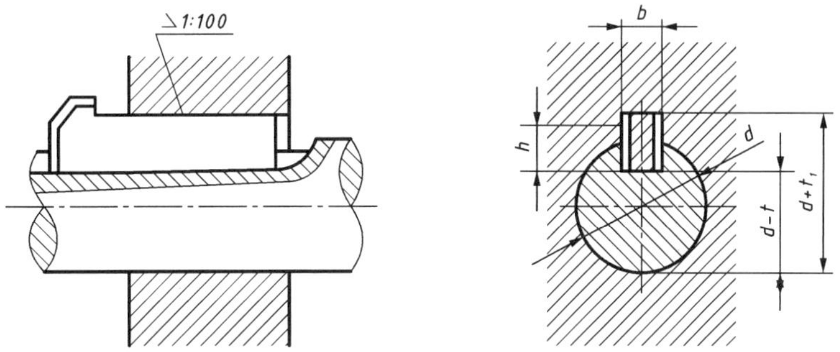

图 6.24　钩头楔键的连接画法及尺寸标注

平键和键槽的剖面尺寸及普通平键的型式、尺寸见本书附录。

6.3.2　销连接

销是标准件，类型亦很多，主要用于零件间的连接、定位及防松等场合，能传递不大的扭矩，常用的有普通圆柱销、圆锥销和开口销，如图 6.25 所示。

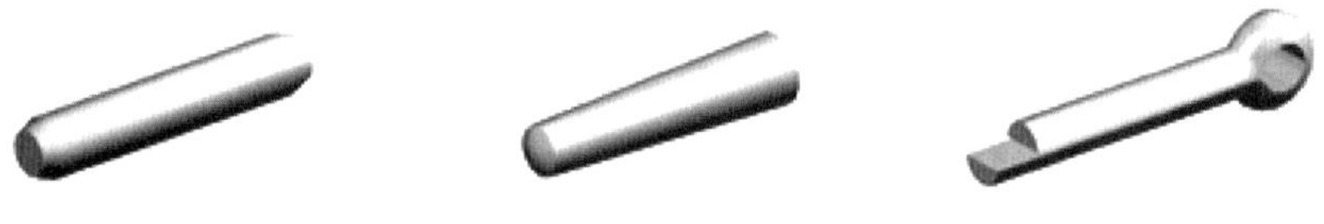

(a) 圆柱销　　(b) 圆锥销　　(c) 井口销

图 6.25　常用的销

6.3.2.1　常用销的标记

常用销的标记格式为：

名称	国标号	规格	$d \times L$

① 普通圆柱销主要用于定位，也可用于连接。有 A、B、C、D 四种型号，用于不经常拆卸的地方。

② 圆锥销有 1∶50 的斜度，定位精度比圆柱销高，多用于经常拆卸的地方。锥销孔的直径指锥销的小端直径，标注时应采用旁注法。

销的结构型式、尺寸和标记都可以在相应的国家标准中查到，常用销的型式和规定标记，见表 6.6。

表 6.6 常用销的结构型式及标记示例

名称及标准编号	简　　图	标记及其说明
圆柱销	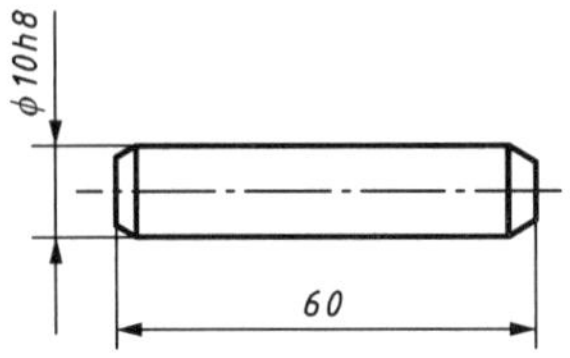	销 GB/T 119.1—2000 B10×60 表示 B 型圆柱销，其公称直径 $d=10$ mm 长度 $l=60$ mm
圆锥销	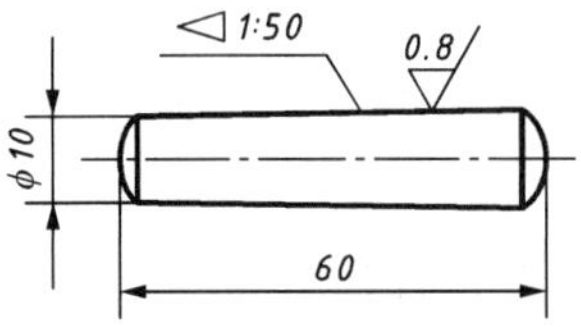	销 GB/T 117—2000 A10×60 表示 A 型圆锥销，其公称直径 $d=10$ mm 长度 $l=60$ mm
开口销	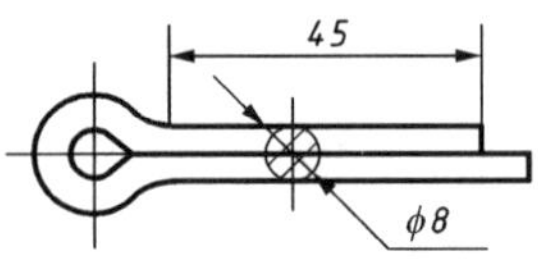	销 GB/T 91—2000 8×45 表示开口销，其公称直径 $d=8$ mm 长度 $l=45$ mm

6.3.2.2　**销连接的画法**

圆柱销和圆锥销的画法与一般零件相同。如图 6.26 所示，在剖视图中，当剖切平面通过销的轴线时，按不剖处理。画轴上的销连接时，通常对轴采用局部剖，表示销和轴之间的配合关系。

由于圆柱销经多次拆装后，与销孔的配合精度会受到影响，而圆锥销有锥度，可弥补拆装后产生的间隙，因此对于需多次拆装的，宜使用圆锥销。开口销连接如图 6.26(c)所示，常与六角开槽螺母配合使用，起到锁紧防松的作用。

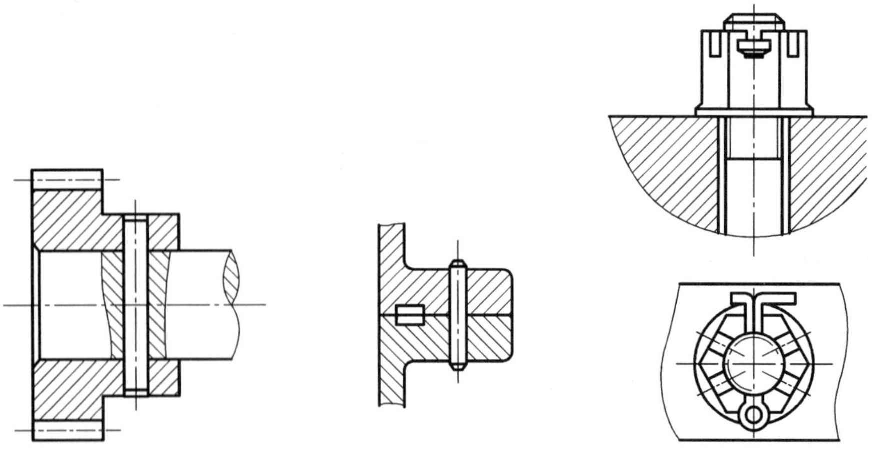

(a) 圆柱销　　(b) 圆锥销　　(c) 开口销

图 6.26 常用的销连接画法

用圆柱销和圆锥销连接零件时，为了保证精度，被连接或需定位的两零件上的销孔应该同时钻孔,钻孔后再铰孔,并应在零件图上注明“装配时作”或“与××件配作”等字样,如图 6.27 所示。

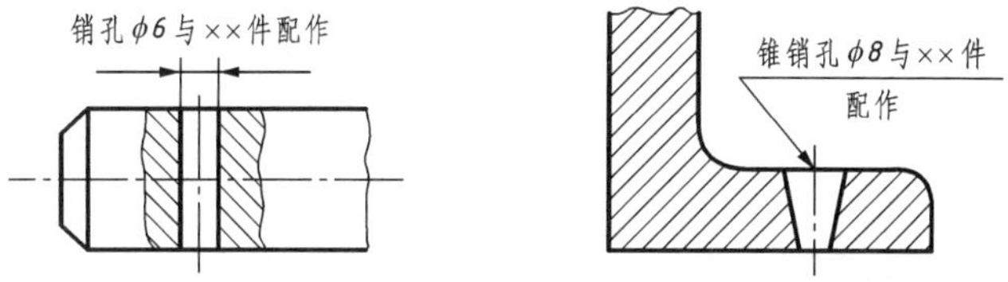

图 6.27　销孔尺寸标注

以上三种销在装配图上,不标注销的尺寸,但须将销的标记写入装配图的明细栏中或在引出线端部编号位置上标出。

6.4　齿　轮

齿轮是机械传动中广泛应用的传动零件,用于传递功率,或者改变回转方向和转动速度。常见的齿轮传动形式有三种,如图 6.28 所示。圆柱齿轮用于两平行轴之间的传动;圆锥齿轮用于两相交(通常是垂直相交)轴之间的运动传递;蜗轮、蜗杆传动用于两交叉轴之间的运动传递。

(a) 圆柱齿轮　(b) 圆锥齿轮　(c) 蜗轮蜗杆

图 6.28　齿轮传动形式

6.4.1　圆柱齿轮各部分的名称和代号

齿轮是常用件,即部分结构、尺寸和参数已经标准化。本节主要介绍齿廓曲线为渐开线的标准直齿圆柱齿轮的基本知识和规定画法。两啮合的标准直齿圆柱齿轮各部分的名称和代号如图 6.29 所示。

(1) 分度圆　通过轮齿齿厚等于齿槽宽处的圆是分度圆。分度圆是设计齿轮时计算各部分尺寸的基准圆,直径用 d 表示。当两个标准齿轮啮合时,其分度圆重合。

(2) 齿顶圆和齿顶高　通过轮齿顶部的圆,称为齿顶圆,直径用 d_a 表示;齿顶圆与分度圆之间的径向距离为齿顶高,用 h_a 表示。

(3) 齿根圆和齿根高　通过轮齿根部的圆,称为齿根圆,直径用 d_f 表示;齿根圆与分度圆之间的径向距离,称为齿根高,用 h_f 表示。

(4) 齿距　齿距是指分度圆上相邻两齿间对应点的弧长(槽宽 e+齿厚 s),用 p 表示。对于标准齿轮来说,分度圆上的齿厚 s 与槽宽 e 相等。显然,齿距 $p=s+e$。

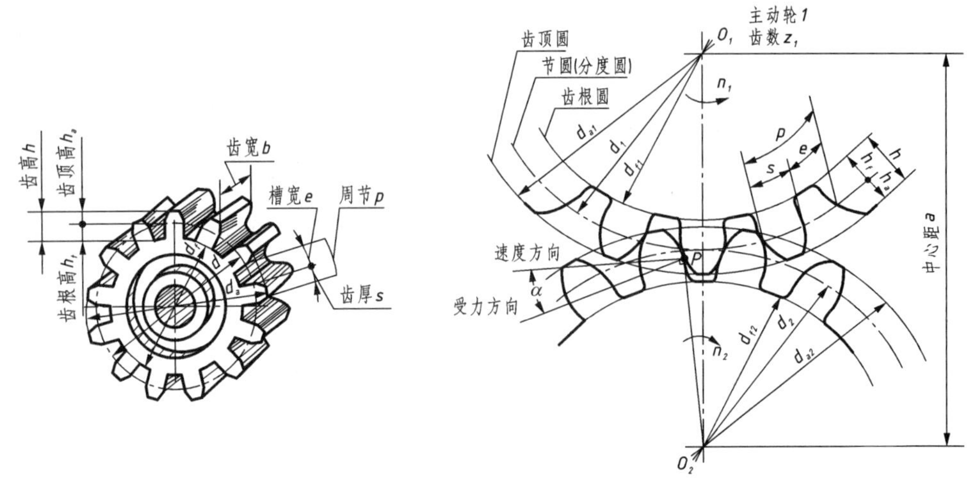

图 6.29 齿轮各部分名称

(5) 模数　模数是设计和制造齿轮的一个重要参数,用 m 表示;以 z 表示齿轮的齿数,则分度圆周长$=\pi d=zp$,即分度圆直径 $d=zp/\pi$,设 $m=p/\pi$,即有 $d=mz$。由于模数与齿距 p 成正比,因此齿轮的模数增大,齿厚也增大,齿轮的承载能力也随之越强。为了便于设计和加工,国家标准对模数制定了统一的标准值。通用机械和重型机械用圆柱齿轮模数的标准值见表6.7,单位为 mm。

表 6.7 标准模数(GB/T 1357—2008)

第一系列											1
	1.25	1.5	2	2.5	3	4	5	6	8	10	12
	16	20	25	32	40	50					
第二系列		1.125	1.375	1.75	2.25	2.75		3.5		4.5	5.5
	(6.5)	7	9	11	14	18	22	28		35	45

(6) 压力角　一对啮合齿轮的轮齿齿廓在接触点(即节点)处的公法线与两分度圆的公切线之间的夹角,称为压力角,用 α 表示。我国标准齿轮的压力角为 20°。

(7) 中心距　中心距是指一对啮合的圆柱齿轮轴线之间的最短距离,用 a 表示:

$$a=\frac{d_1+d_2}{2}=\frac{m(z_1+z_2)}{2}$$

只有模数和压力角都相同的一对齿轮,才能正确啮合。

6.4.2 圆柱齿轮各几何要素的尺寸关系

标准直齿圆柱齿轮的计算公式见表 6.8。

6.4.3 圆柱齿轮的规定画法

6.4.3.1 单个圆柱齿轮的规定画法

圆柱齿轮上的轮齿是多次重复出现的要素,为简化绘图,GB/T 4459.2—2003《机械制图 齿轮表示法》中规定了齿轮的简化表示法。单个圆柱齿轮的规定画法如图 6.30 所示。

表 6.8　外啮合标准直齿圆柱齿轮几何计算式

基本参数：模数 m、齿数 z、压力角 20°		
各部分名称	代　号	计　算　公　式
分度圆直径	d	$d = mz$
齿顶高	h_a	$h_a = m$
齿根高	h_f	$h_f = 1.25m$
齿顶圆直径	d_a	$d_a = m(z+2)$
齿根圆直径	d_f	$d_f = m(z-2.5)$
齿距	p	$p = \pi m$
分度圆齿厚	s	$s = \frac{1}{2}\pi m$
中心距	a	$a = \frac{1}{2}(d_1+d_2) = \frac{1}{2}m(z_1+z_2)$

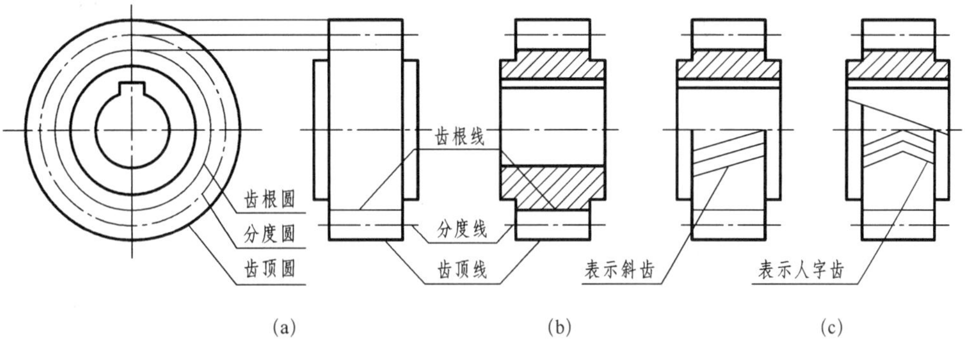

图 6.30　单个圆柱齿轮的规定画法

① 齿轮的轮齿部分按规定画法绘制，其余部分按投影规律绘制。

② 轮齿部分的齿顶圆和齿顶线用粗实线表示。分度圆和分度线用点画线表示。在剖视图中，齿根线用粗实线表示；在外形图中，齿根线和齿根圆用细实线表示，或省略不画，如图 6.30(a)所示。

③ 剖视图中，当剖切平面通过齿轮的轴线时，轮齿部分按不剖处理，齿根线用粗实线绘制，如图 6.30(b)所示。

④ 当需要表示斜齿轮和人字齿轮时，可在非圆投影的外形图上，用三条与轮齿方向一致的细实线表示齿线的方向，如图 6.30(c)所示。

⑤ 通常主视图采用剖视图表达。

6.4.3.2　啮合圆柱齿轮的规定画法

两标准圆柱齿轮啮合时，在反映为圆的视图中，两个分度圆相切，如图 6.31 所示。两齿轮的啮合画法，关键是啮合区的画法，其他部分仍按单个齿轮的规定画法绘制。啮合区的画法规定如下：

① 在非圆投影的剖视图中，两轮节线重合，画细点画线；齿根线画粗实线；将一个齿轮的齿顶线画成粗实线，另一齿轮轮齿被遮挡部分画成虚线，或省略不画，如图 6.31(a)所示。

② 在非圆投影的外形视图中，啮合区的齿顶线和齿根线不必画出，节线画成粗实线，如图 6.31(b)所示。

③ 齿顶线和齿根线的间隙(即顶隙)为 0.25m(m 为模数)。

④ 在反映圆的视图中,两节圆(分度圆)相切;啮合区内的齿顶圆用粗实线绘制,如图 6.31(c)所示;也可省略,如图 6.31(d)所示。

⑤ 需要表明齿形,可在反映圆的视图中,用粗实线画出一个或两个齿形,或用局部放大图表示。

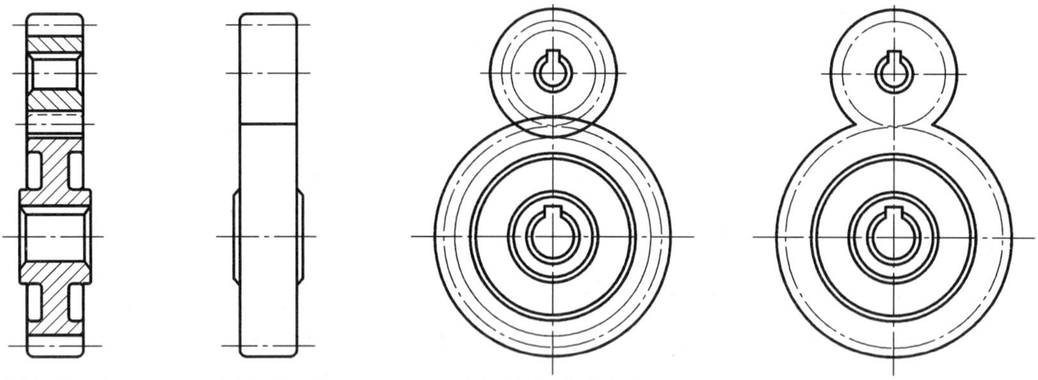

(a)主视图全剖　(b)主视图外形　(c)左视图表达方法一　(d)左视图表达方法二

图 6.31　啮合圆柱齿轮的规定画法

直齿圆柱齿轮的工作图,如图 6.32 所示。图中除具有一般零件图的视图、尺寸、技术要求和标题栏外,在图样右上角还必须列出齿轮参数表,并在表中注写模数、齿数、压力角等基本参数。

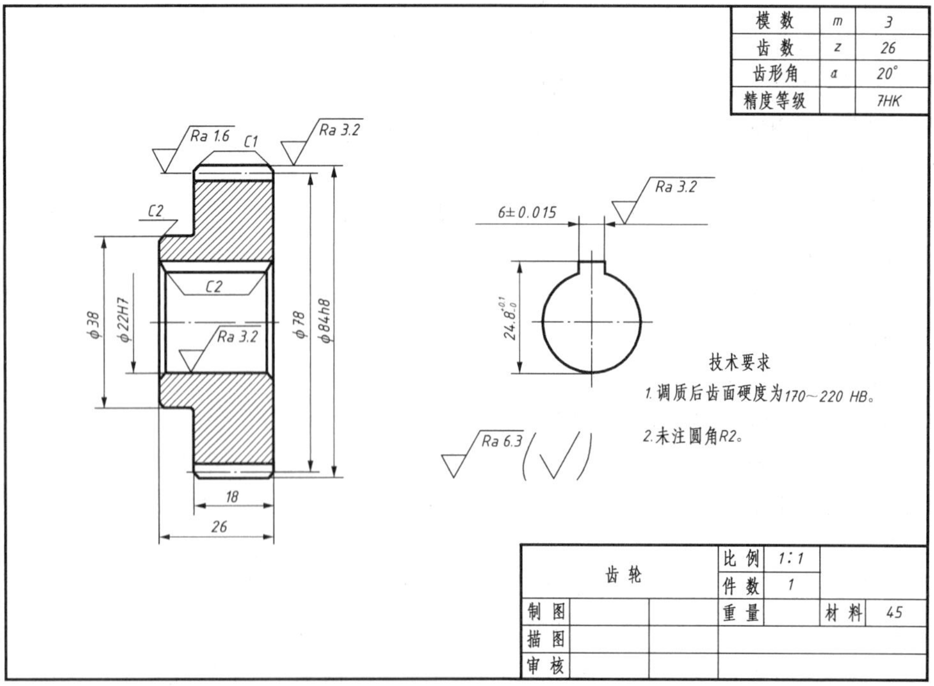

图 6.32　直齿圆柱齿轮工作图

6.5　滚动轴承

6.5.1　滚动轴承的类型和结构

滚动轴承是一种支承轴的组件，具有摩擦阻力小、结构紧凑的优点，在机械产品中广泛应用。滚动轴承是标准部件，由专门的工厂生产，需用时可根据要求确定型号，直接选购即可。

滚动轴承的类型很多，按承受载荷的方式和大小的不同，可分为向心轴承(例如深沟球轴承，主要承受径向力)、推力轴承(例如推力球轴承，主要承受轴向力)、向心推力轴承(例如圆锥滚子轴承，主要承受径向力和轴向力)三大类。但是无论哪种类型，它们的结构都大致相似，其结构一般由内圈、外圈、滚动体和保持架组成，如图 6.33 所示。

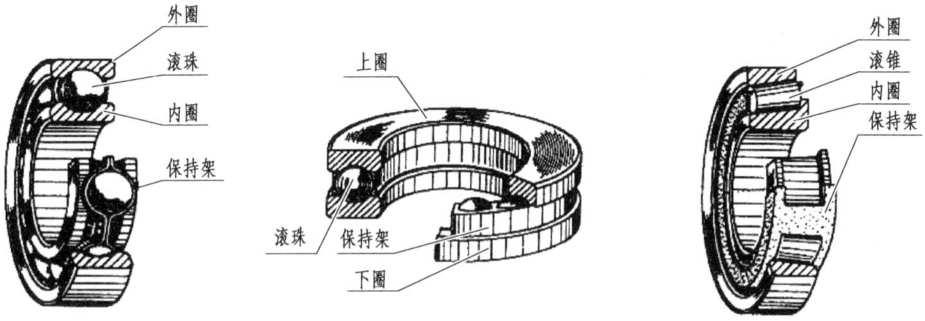

(a) 深沟球轴承　(b) 推力球轴承　(c) 圆锥滚子轴承

图 6.33　滚动轴承的类型

6.5.2　滚动轴承的代号和画法

6.5.2.1　滚动轴承的代号

滚动轴承的代号是由前置代号、基本代号和后置代号组成的，其中基本代号是滚动轴承代号的核心，如图 6.34 所示。

<table>
<tr><td>前置代号</td><td colspan="5">基本代号</td><td colspan="8">后置代号</td></tr>
<tr><td rowspan="4">轴承的分部件代号</td><td>五</td><td>四</td><td>三</td><td>二</td><td>一</td><td rowspan="4">内部结构代号</td><td rowspan="4">密封与防尘结构代号</td><td rowspan="4">保持架及其材料代号</td><td rowspan="4">特殊轴承材料代号</td><td rowspan="4">公差等级代号</td><td rowspan="4">游隙代号</td><td rowspan="4">多轴承配置代号</td><td rowspan="4">其他代号</td></tr>
<tr><td rowspan="3">类型代号</td><td colspan="2">尺寸系列代号</td><td colspan="2" rowspan="3">内径代号</td></tr>
<tr><td>宽度系列代号</td><td>直径系列代号</td></tr>
</table>

图 6.34　滚动轴承代号组成

1) 基本代号

基本代号的结构是由轴承类型代号、尺寸系列代号和内径代号构成。

(1) 轴承类型代号　类型代号由数字或字母表示：如“3”代表圆锥滚子轴承；“7”代表角

接触球轴承;“6”代表深沟球轴承;“N”代表圆柱滚子轴承等。

(2) 轴承尺寸系列代号　滚动轴承的尺寸系列代号由轴承的宽(高)度系列代号和直径系列代号组成,用两位数字表示。

① 宽(高)度系列代号。可表示轴承结构、内径和直径系列都相同的轴承宽度方面的变化系列;对于推力轴承为高度系列代号,表示同一直径系列推力轴承的高度变化,正常宽度省略标注。

② 直径系列代号。可表示结构相同、内径相同的轴承在外径和宽度方面的变化系列。对于向心轴承和向心推力轴承,0 和 1 表示特轻系列;2 表示轻系列;3 表示中系列;4 表示重系列。

(3) 轴承内径代号　基本代号右起一二位数字:

① $d=10, 12, 15, 17$ mm 时,代号 00,01,02,03;

② 内径 $d=20\sim495$ mm,且为 5 的倍数时,$d=$代号$\times5$(mm);

③ $d<10$ mm 或 $d>500$ mm,及 $d=22, 28, 32$ mm 时,代号直接用内径尺寸(mm)。

2) 前置、后置代号

(1) 前置代号　表示轴承的分部件,用字母表示。如用 L 表示可分离轴承的可分离套圈;K 表示轴承的滚动体与保持架组件等。

(2) 后置代号　用字母和数字等表示轴承的结构、公差及材料的特殊要求等。

① 滚动轴承内部结构代号。表示同一类型轴承的不同内部结构,用字母表示。如分别用 C、AC 和 B 表示角接触球轴承的接触角 15°、25°和 40°。

② 滚动轴承的公差等级。其公差等级分为 2 级、4 级、5 级、6 级、6x 级和 0 级,共 6 级,依次由高级到低级,其代号分别表示为/P2、/P4、/P5、/P6、/P6x 和/P0。公差等级中,6x 级仅适用于圆锥滚子轴承;0 级为普通级,在轴承代号中不标出。

③ 滚动轴承的游隙代号。常用的轴承径向游隙系列分为 1 组、2 组、0 组、3 组、4 组和 5 组,共 6 个组别,径向游隙依次由小到大。0 组游隙是常用的游隙组别,代号中不标出,其余的游隙组别在轴承代号中分别用/C1、/C2、/C3、/C4、/C5 表示。

注:滚动轴承的前置代号、基本代号和后置代号的具体含义可查阅 GB/T 272—1993 标准。

例如:“6308”表示内径为 40 mm,中系列深沟球轴承,正常宽度系列,正常结构,0 级公差,0 组游隙。

“7211C/P5”表示内径为 55 mm,轻系列角接触球轴承,正常宽度,接触角 $\alpha=15°$,5 级公差,0 组游隙。

6.5.2.2　滚动轴承的画法

滚动轴承是标准件,一般无须画零件图。在画装配图时,可根据 GB/T 4459.7—2017 规定的简化画法或规定画法表示。一般在画装配图前,应先根据轴承代号,由国家标准查出轴承的外径 D、内径 d、宽度 B、T 等几个主要尺寸后,按比例绘制。

采用通用画法或特征画法时,在同一图样中一般只采用其中一种画法。

常用滚动轴承的简化画法(含通用画法和特征画法)和规定画法,见表 6.9。

基本规定如下:

① 三种画法中各种符号、矩形线框和轮廓线均用粗实线绘制。绘制滚动轴承时,其矩形线框或外框轮廓的大小应与滚动轴承的外形尺寸一致。

表 6.9　滚动轴承的画法

<table>
<tr><th rowspan="2">名称</th><th rowspan="2">规 定 画 法</th><th colspan="2">简 化 画 法</th></tr>
<tr><th>特 征 画 法</th><th>通 用 画 法</th></tr>
<tr><td>深沟球轴承</td><td>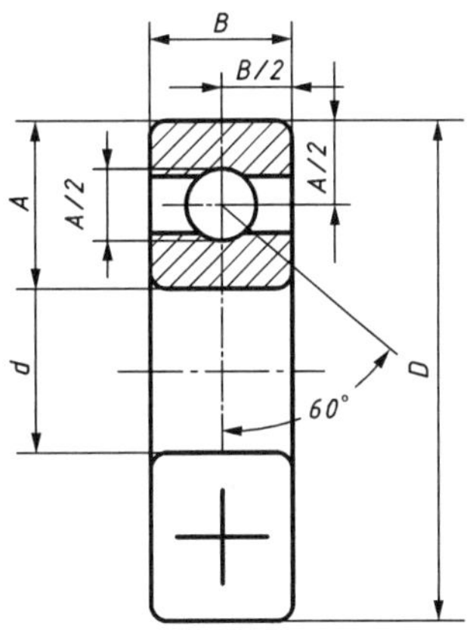
</td><td>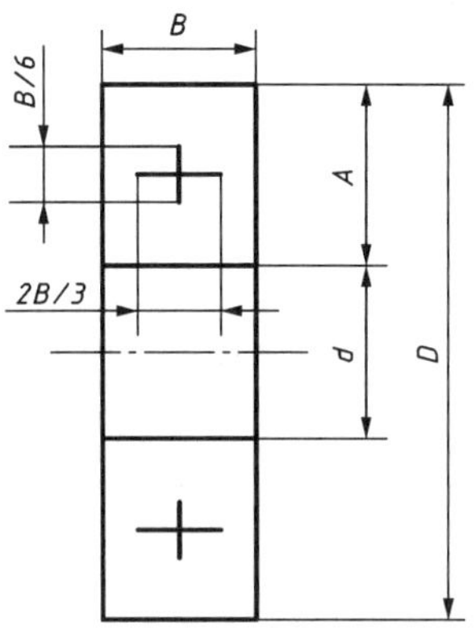
</td><td rowspan="3">当不需要确切地表示外形轮廓、载荷特性、结构特征时
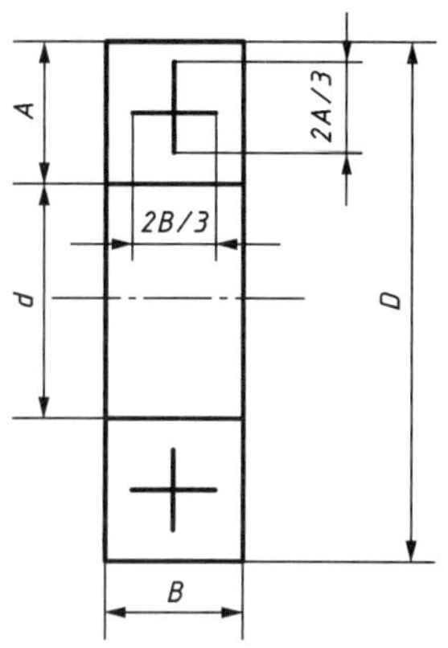
</td></tr>
<tr><td>推力球轴承</td><td>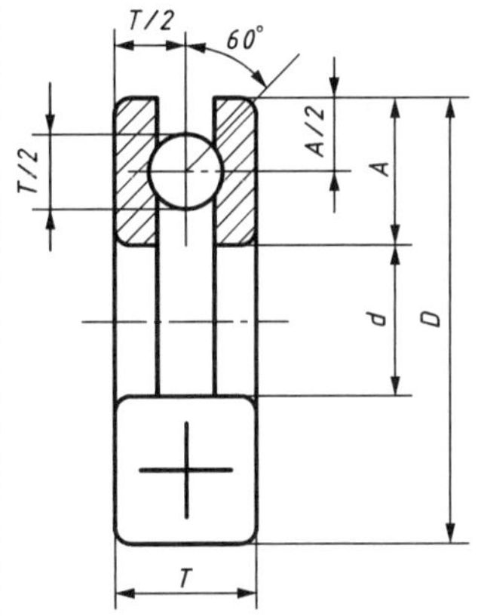
</td><td>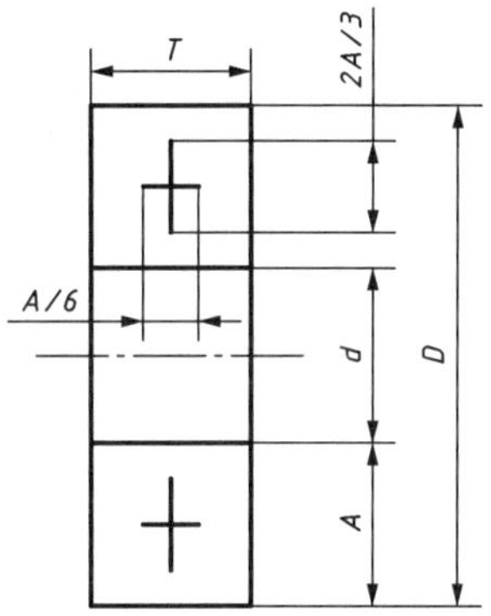
</td></tr>
<tr><td>圆锥滚子球轴承</td><td>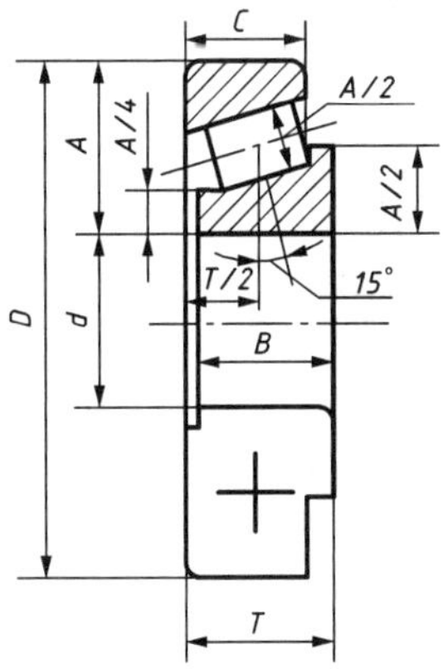
</td><td>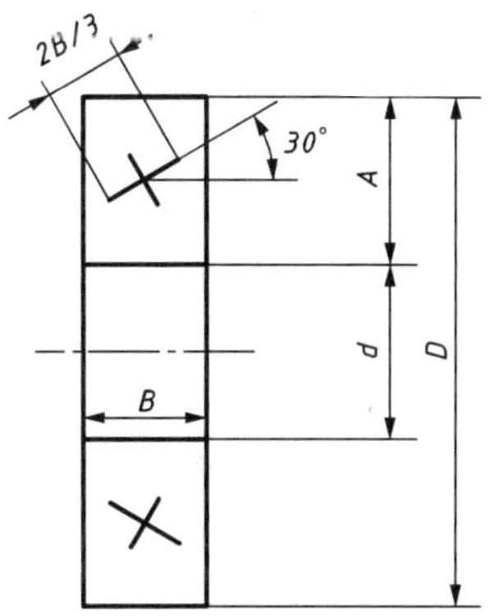
</td></tr>
</table>

② 在剖视图中，用通用画法和特征画法绘制滚动轴承时，一律不画剖面符号。采用规定画法绘制时，其各套圈可画成方向和间隔相同的剖面线。

③ 在装配图中用规定画法绘制滚动轴承时,轴承的保持架及倒角等均省略不画。一般只在轴的一侧用规定画法表达轴承,在轴的另一侧应按通用画法绘制。

④ 在装配图的剖视图中采用规定画法绘制滚动轴承时,轴承的滚动体不画剖面线,各套圈的剖面线方向可画成方向一致、间隔相同。在不致引起误解时,还允许省略剖面线。

⑤ 在装配图的明细表中,必须按规定注出滚动轴承的代号。

6.6 弹　簧

弹簧是一种用来减震、夹紧、测力和储存能量的常用零件,其种类多、用途广。常见的有螺旋弹簧和涡卷弹簧,根据其受力情况不同,螺旋弹簧又可分为压缩弹簧、拉伸弹簧和扭转弹簧,如图 6.35 所示。国家标准对弹簧的结构型式、材料、尺寸系列、技术要求等做了统一规定。本节介绍最常用的圆柱螺旋压缩弹簧的画法。

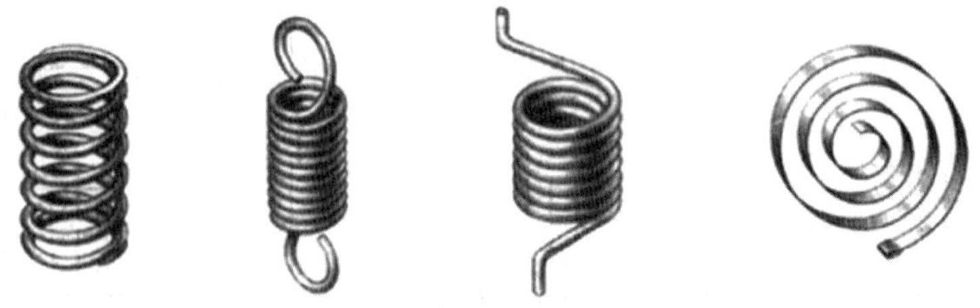

图 6.35　弹簧的类型

6.6.1　螺旋压缩弹簧的各部分名称

圆柱螺旋压缩弹簧各部分名称如图 6.36(a)、(b)所示。

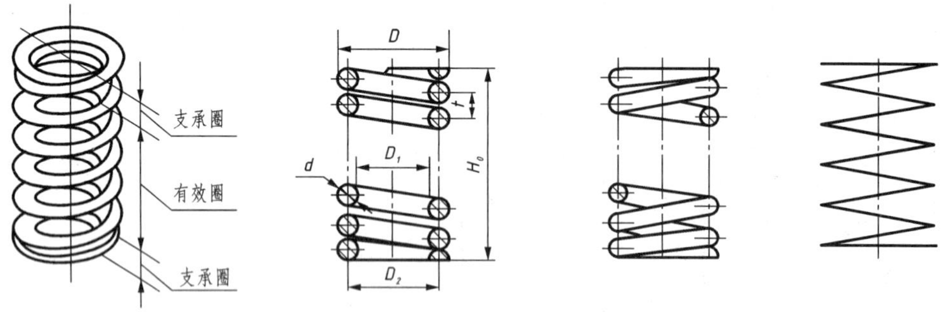

图 6.36　弹簧的画法

(1) 簧丝直径 d　指弹簧钢丝直径。

(2) 弹簧外径 D　指弹簧的最大直径。

(3) 弹簧内径 D_1　指弹簧的最小直径。

(4) 弹簧中径 D_2　指弹簧的平均直径, $D_2=D_1+d=D-d$。

(5) 节距 t　指除支承圈外,相邻两有效圈上对应点之间的轴向距离。

(6) 有效圈数 n、支承圈数 n_2、总圈数 n_1　在给弹簧加压和减压时，始终保持各节距相等的变化，它是参加工作的有效圈数，是计算弹簧受力的主要依据；为了使螺旋压缩弹簧工作时受力均匀，增加弹簧的平稳性，将弹簧的两端并紧、磨平。并紧、磨平的圈数主要起支承作用，称为支承圈；有效圈数 n 与支承圈数 n_2 之和称为总圈数 n_1，即 $n_1 = n + n_2$。

(7) 展开长度 L　指制造弹簧时坯料的长度：

$$L = n_1 \sqrt{(\pi D_2)^2 + t^2}$$

(8) 自由高度 H_0　弹簧在不受外力作用时的高度，称为自由高度：

$$H_0 = nt + (n_2 - 0.5)d$$

6.6.2　螺旋弹簧的规定画法

6.6.2.1　圆柱螺旋压缩弹簧零件图的画法

① 在与弹簧中心轴线平行的视图上，弹簧的螺旋线可画成直线，如图 6.36(b)或图 6.36(c)所示。

② 不论左旋弹簧还是右旋弹簧，均可画成右旋。但左旋弹簧要注出旋向“左”字。

③ 有效圈数在四圈以上的螺旋弹簧，允许每端只画 1～2 圈(不包括支承圈)，中间各圈可省略不画，用通过簧丝断面中心的细点画线连起来。中间部分省略后，允许适当缩短图形的长度，但应注明弹簧设计要求的自由高度，如图 6.36(b)、(c) 所示。

④ 当弹簧被剖切，簧丝直径在图上小于 2 mm 时，其剖面可以涂黑表示，或采用示意画法，如图 6.36(d)所示。

6.6.2.2　圆柱螺旋压缩弹簧装配图的画法

① 在装配图中，位于弹簧后的结构按不可见处理；可见部分应从弹簧的外轮廓线或从弹簧钢丝剖面的中心线画起，如图 6.37(a)所示。

② 在装配图中，螺旋弹簧被剖切时，簧丝直径小于 2 mm 的剖面可以涂黑表示，如图 6.37(b)所示；也可以采用示意画法，如图 6.37(c)所示。

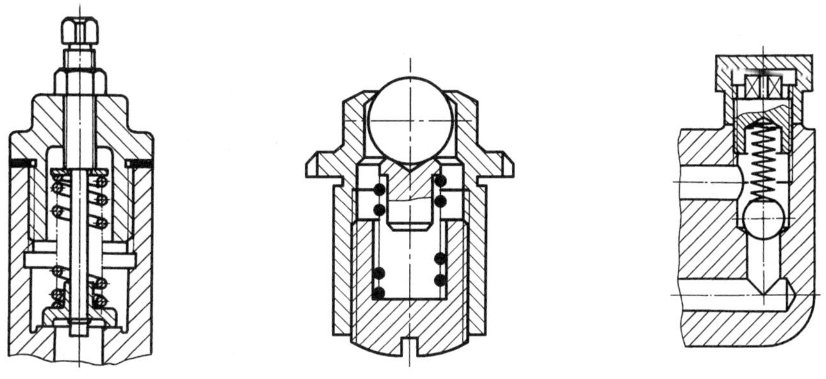

(a)　(b)　(c)

图 6.37　装配图中弹簧的画法

第 7 章　机械工程图

7.1　零件图

零件是组成部件或机器的最小单元，任何机器或部件都是由零件按一定关系和要求装配而成的。根据零件在机器或部件中的功能及零件的加工工艺，一般将零件分为三类：

(1) 标准件　零件的结构、尺寸和画法等参数都已标准化，如螺栓、螺母、垫圈等。标准件通常不画零件图，只要按规定的标记标注出来，便可以查阅相关国家标准来确定。

(2) 常用件　零件的部分结构及重要参数标准化、系列化，并有规定画法，但有些要素尚未完全标准化，如齿轮、花键等，实际生产中需要画出零件图。

(3) 非标准零件　这类零件的结构比较复杂，形状决定于在机器或部件中的作用和加工工艺。实际生产中这类零件需要画出零件图。

7.1.1　零件图的内容和表达方法

零件图是制造和检验零件的主要依据。图样中反映了单个零件的结构形状、尺寸大小和技术要求，是设计部门提交给生产部门的重要技术文件。

7.1.1.1　零件图的内容

如图 7.1 所示为轴零件图，它主要包括以下四项内容：

(1) 图形　用一组视图(如基本视图、剖视图、断面图和局部视图等)，正确、完整、清晰、简便地表达出零件的内外结构形状。

(2) 尺寸　在零件图上用一组尺寸，正确、完整、清晰、合理地标注出零件结构形状及其相互位置的大小，要标注出制造和检验该零件所需要的全部尺寸。

(3) 技术要求　用规定的代号和文字注明零件在制造和检验时应达到的各种技术要求，如尺寸精度、零件上各表面应具有的表面粗糙度、材料的热处理、材料的表面处理等内容。

(4) 标题栏　为使绘制的图样便于管理及查阅，每张图都必须有标题栏。填写的内容主要有零件的名称、材料、比例、图样编号、责任签署(制图设计)人等。

7.1.1.2　零件的表达方法

零件图应能正确、完整、清晰地表达零件的结构形状，同时还应方便读图、便于绘图。实现这些要求的关键，一是要恰当地选择零件的主视图，二是合理地确定其他视图的数目和表达方案的选择。

1) 主视图的选择

主视图是零件图的核心，一般情况下看图和画图都是先从主视图入手，在零件图中主视图选择得是否合理，直接关系到其他视图的位置、数量，以及看图和画图是否方便。选择主视图的原则如下：

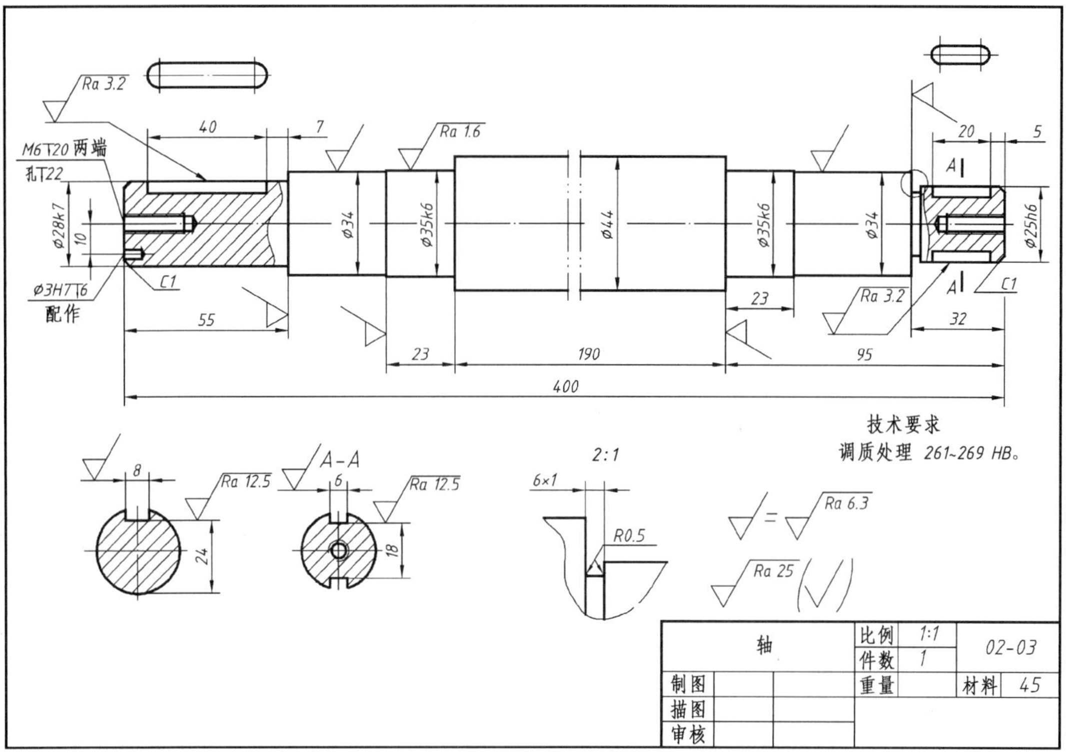

图 7.1　轴零件图

(1) 投影方向　主视图的投影方向,应该能够反映出零件形状特征。在主视图上能够清楚和较多地表达出零件的结构形状,以及各结构形状之间的相对位置关系。

(2) 零件的加工位置　优先选取零件加工时在机床上的装夹位置作为主视图。如果主视图与加工位置一致,则方便制造者看图,便于加工和测量。

(3) 零件的工作位置　考虑零件在机器或部件中的工作位置选取主视图。容易想象零件在机器中的作用,便于将零件和机器或部件联系起来,有利于画图和读图。

2) 基本视图数目的确定

主视图确定后,其他视图的选择原则如下：

① 每个视图都要有明确的表达重点,各视图相互配合、相互补充,表达内容不应重复。

② 优先考虑采用基本视图,当内部结构需要表达时,应尽量在基本视图上作剖视;对尚未表达清楚的局部结构和倾斜结构,可选择恰当的局部剖(视)图、斜剖(视)图和局部放大图,并尽可能按投影方向配置视图。

③ 视图数量取决于零件结构的复杂程度。在完整、清晰地表达出零件的形状结构前提下,尽可能减少视图的数量。

如图 7.1 所示,轴主要是在车床上加工,加工时轴水平放置,所以主视图按零件的加工位置选择,轴线水平放置。为了清楚地表达轮齿部分的结构、键槽的结构,采用了局部剖视图、移出断面图。

3) 典型零件的分析

零件的种类很多,结构形状也千差万别。一般根据零件结构、用途相似的特点和加工制造特点,将零件大致分为轴套类、盘盖类、叉架类、箱体类等典型零件,介绍如下。

(1) 轴套类零件　轴类零件的表达方案如图 7.1 所示;套类零件的表达方案如图 7.2 所示。

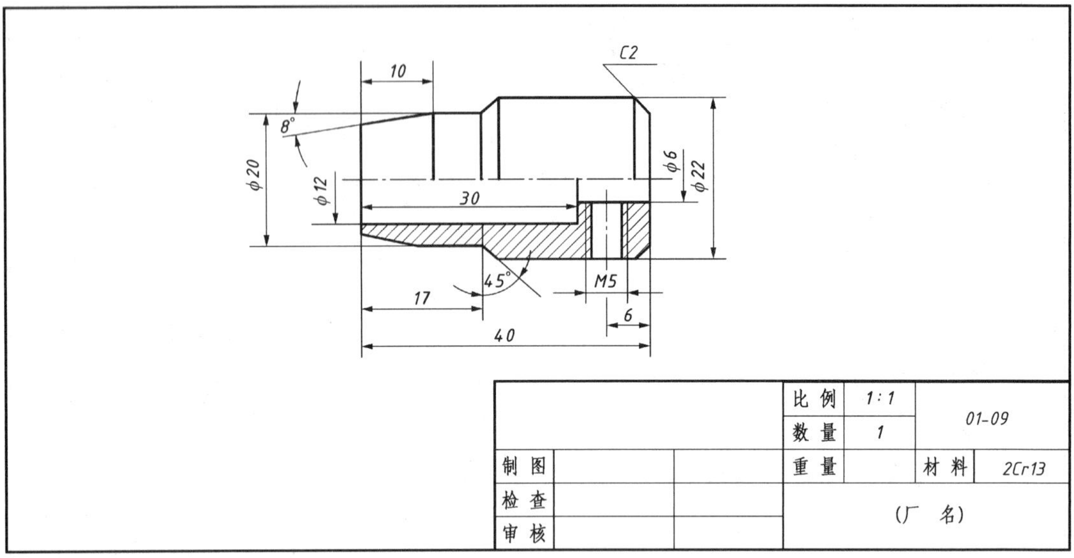

图 7.2　套类零件图

① 结构特点。各组成部分多数是由直径大小不等的同轴圆柱、圆锥体所组成。其轴向尺寸一般大于径向尺寸;根据设计和工艺要求,常带有圆角、倒角、键槽、退刀槽、越程槽、螺纹等结构。

② 视图选择。

a. 主视图。因为轴套类零件主要在车床、磨床上加工,为了使加工时看图方便,轴套类零件的主视图按加工位置将轴线水平放置,平键槽朝前,以垂直于轴线的方向作主视图的投影方向。这样既符合加工位置,同时又反映了轴类零件的主要结构特征和各组成部分的相对位置。

b. 其他视图。轴的一些局部结构,常采用剖视图、断面图、局部视图和局部放大图等表达方法。

套类零件通常是一种空心回转体零件,主视图一般采用轴线水平放置的全剖视图,或上下以轴线分界的半剖视表示,其他同轴类零件。

(2) 盘盖类零件　阀盖零件图如图 7.3 所示。

① 结构特点。盘盖类零件的主体一般为扁平的盘状,通常它的轴向尺寸比径向尺寸小,如手轮、端盖、齿轮等零件。这类零件常有轮辐、筋板、轴孔、键槽、螺孔和销孔等结构。

② 视图选择。

a. 主视图。按加工位置将轴线水平放置, 以非圆方向为投影方向,常用全剖视图表达内部结构。

b. 其他视图。左(或右)视图用于表示零件的外形轮廓和零件上孔、槽、筋等的分布情况。

(3) 叉架类零件　支架零件图如图 7.4 所示。

① 结构特点。这类零件的结构比较复杂,如拨叉、连杆、支架等。零件的毛坯多为铸造或锻造件,须经过多个工序加工才能得到最终成品。零件上常有凸台、凹坑和筋板等结构。

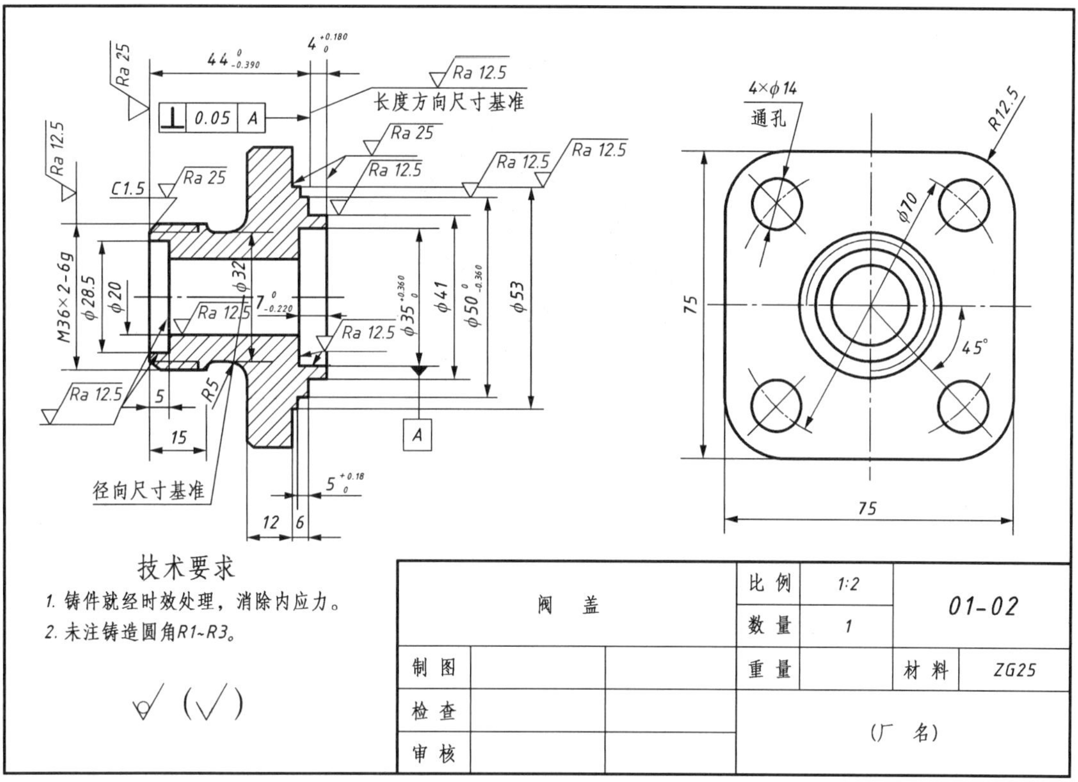

图 7.3　阀盖零件图

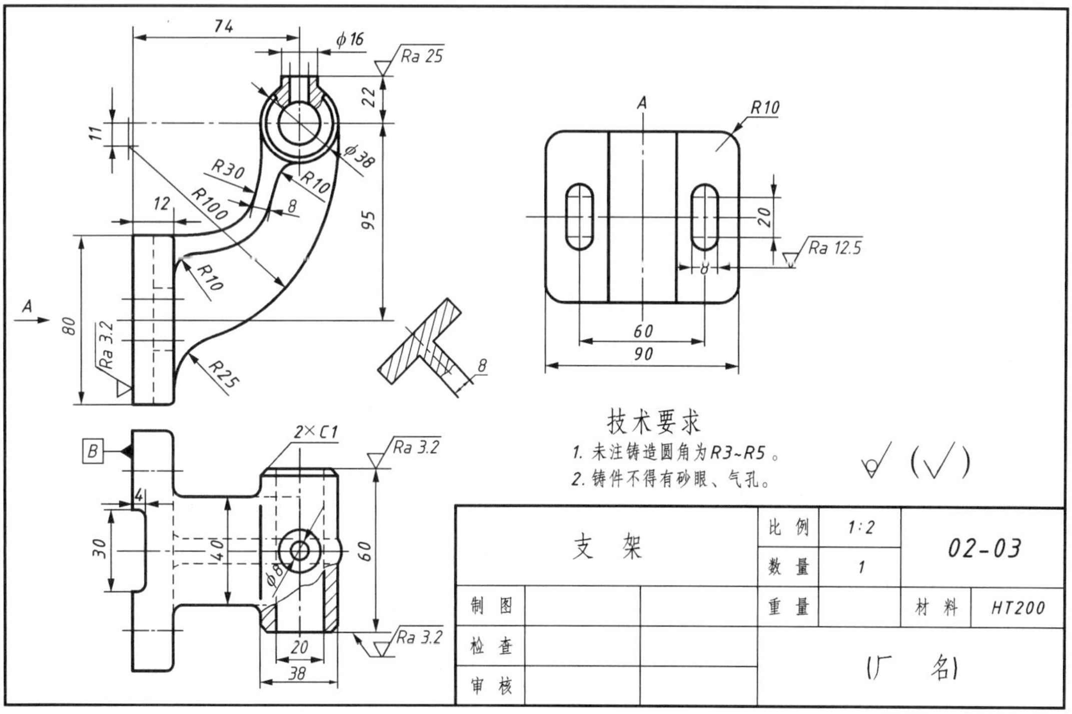

图 7.4　支架零件图

(a) 立体图

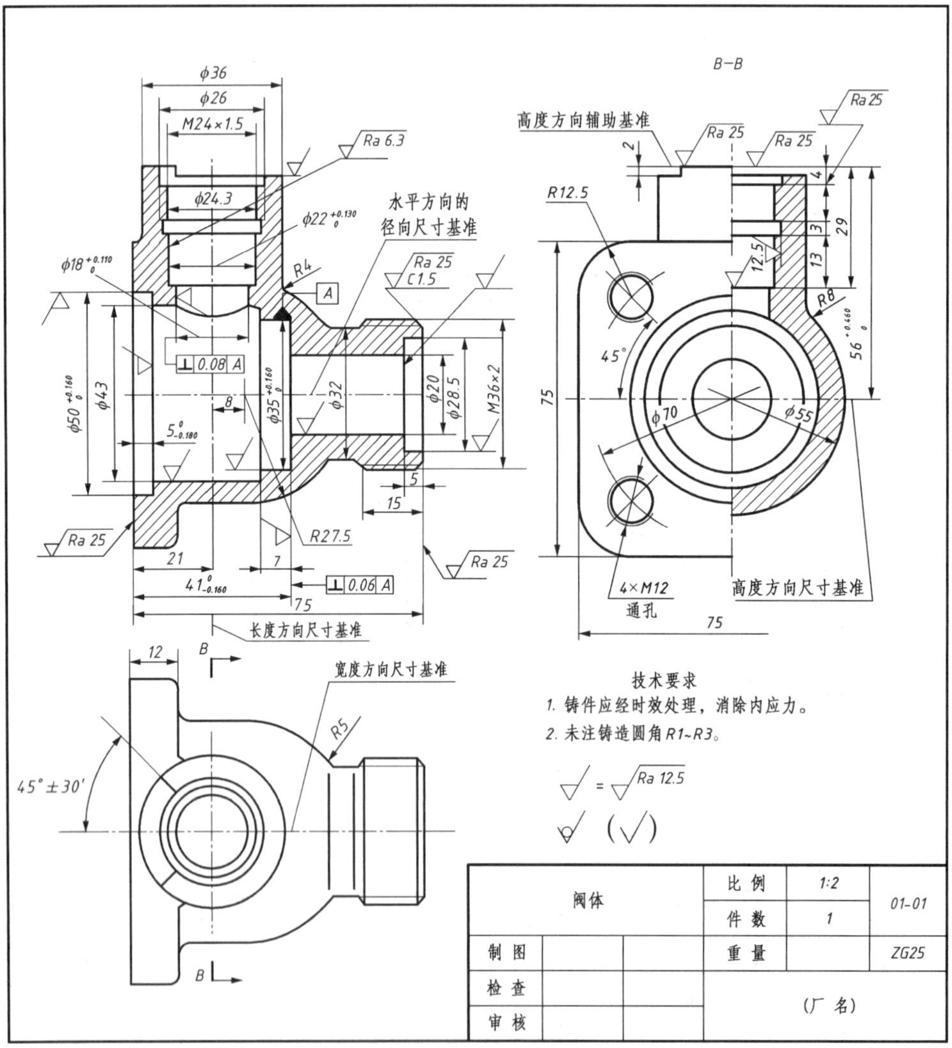

(b) 零件图

图 7.5 阀体的立体图和零件图

② 视图选择。

a. 主视图。主视图选择主要按形状特征、工作位置或自然安放位置原则进行选择。

b. 其他视图。根据零件的复杂程度确定，视图数量常需要两个或两个以上基本视图，并常用局部剖视图、局部视图和断面图等表达方法。

(4) 箱体类零件　阀体零件图如图 7.5 所示。箱体类零件是用来支承、包容、保护运动零件或其他零件的，如泵体、阀体和变速箱等零件。

① 结构特点。这类零件的形状、结构复杂。零件常具有内腔、壁、轴孔、肋以及固定用的法兰凸缘、安装底板、螺孔、安装孔等结构。由于大都是先铸造成毛坯，再经过必要的机械加工而成，因而还具有铸造圆角、拔模斜度、凸台、凹坑等结构。

② 视图选择。箱体类零件的形状比较复杂，既要有基本视图，并适当配以局部剖视图、断面图等表达方法，才能完整、清晰地表达它们的内外结构形状。

a. 主视图。为了便于了解零件的工作情况，箱体类零件的主视图常根据工作位置和形状特征画图。一般采用沿着零件的对称面或主要轴线剖开的剖视图表达内部结构。

b. 其他视图。因为箱体类零件结构比较复杂，其基本视图往往超过三个。当主视图确定后，可灵活运用各种表达方法，根据实际情况采用适当的剖视图、断面图、局部视图等多种辅助视图，以清晰地表达零件的内外结构。

7.1.2　零件图的尺寸标注

零件的加工和检验是按零件图中所标注的尺寸进行的，零件图中标注的尺寸不仅要正确、完整、清晰，还应做到合理。即所标注的尺寸一方面要满足零件的设计要求，另一方面又要符合工艺要求，便于加工、测量和检验。

7.1.2.1　尺寸基准

尺寸基准是指导零件装配到机器上或在加工制造过程中，用以确定其位置的一些点、线、面。正确地选择尺寸基准是合理标注尺寸的关键。根据基准的作用不同，一般将基准分为设计基准和工艺基准：

(1) 设计基准　根据机器的结构和设计要求，用以确定零件在机器中位置的一些面、线、点。如图 7.6(a)所示，依据轴线及右轴肩确定齿轮轴在机器中的位置(标注尺寸 A)，该轴线和右轴肩端面分别为齿轮轴的径向和轴向的设计基准。

(2) 工艺基准　根据零件加工制造、测量和检测等工艺要求所选定的一些面、线、点。如图 7.6(b)所示，齿轮轴在加工和测量时，是以轴线和左右端面分别作为径向和轴向的基

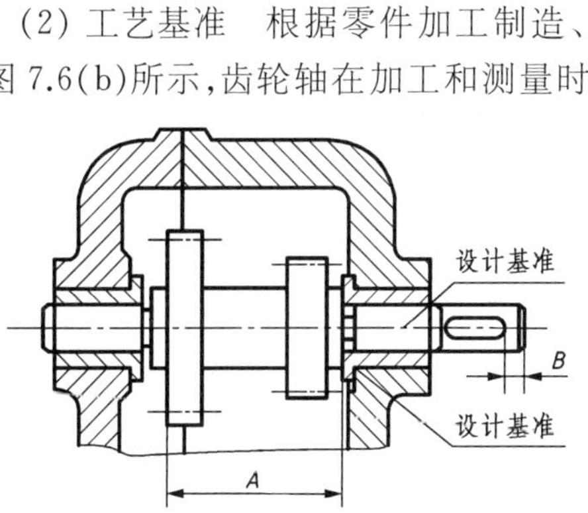

(a) 设计基准

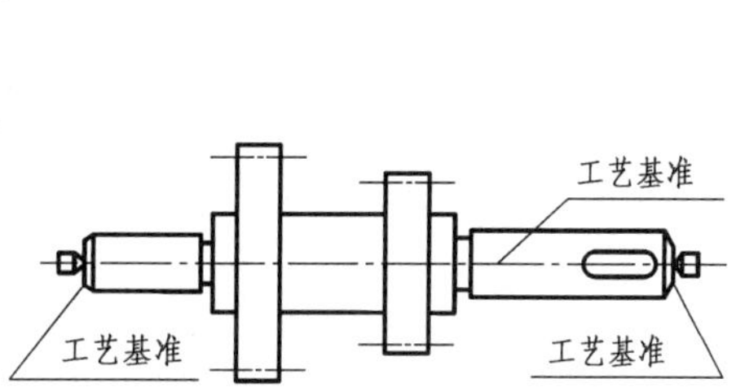

(b) 工艺基准

图 7.6　设计基准与工艺基准

准,该零件的轴线和左右端面为工艺基准。

每个零件都有长、宽、高三个测量方向的尺寸,而每个测量方向上都要有一个主要基准。有时为了加工、测量的需要,复杂零件同一方向上还可增加一个或几个辅助基准,主要基准与辅助基准之间应有尺寸直接相联。如图 7.7 所示,如果支座高度方向只有底面一个基准,那么,上部螺孔深度的尺寸就只能注成尺寸 D,这样不方便测量;如果将支座顶部凸台平面作辅助基准,标注尺寸 H(不标注 D 或加括号),就方便测量了。可见支座高度方向设置两个基准,底面是主要基准,主要尺寸 A 等高度方向的尺寸都以它为基准;顶部凸台面为辅助基准,方便测量螺孔深度尺寸。

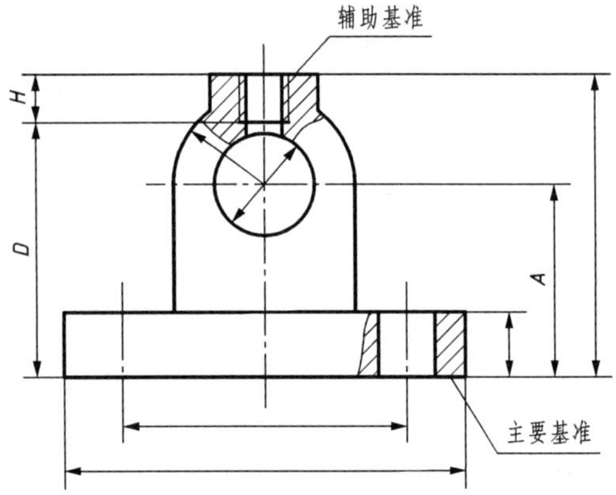

图 7.7　支座尺寸标注

7.1.2.2　尺寸基准的选择

选择尺寸基准是指在标注尺寸时,是从设计基准出发,还是从工艺基准出发。从设计基准出发标注尺寸,能反映设计要求,保证零件在机器中的工作性能;从工艺基准出发标注尺寸,能把尺寸标注与零件加工制造和检验检测联系起来,保证工艺要求,方便加工和测量。为了减少误差,保证所设计的零件在机器或部件中的工作性能,应尽可能使设计基准和工艺基准重合。如两者不能统一,一般将主要尺寸从设计基准出发标注,满足设计要求;将一般尺寸从工艺基准出发标注,方便加工与测量。

如图 7.8 所示,减速器的从动轴,ϕ32k6、ϕ30k6 和 ϕ30m6 这三个轴段分别装上齿轮和滚动轴承,右端 ϕ24k6 轴段与外部设备连接。这四个尺寸是从动轴的主要径向尺寸。为了

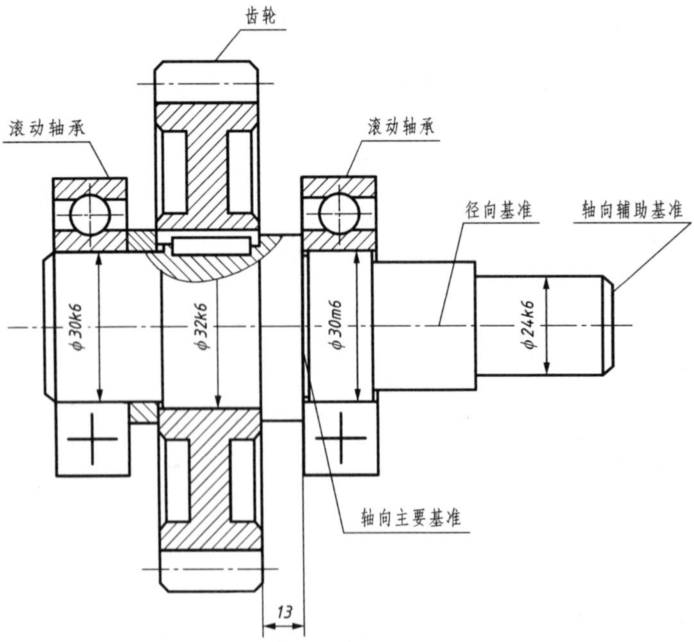

图 7.8　从动轴

使轴的传动平稳、齿轮啮合正确,要求这四个轴段同轴,轴线就是径向尺寸的设计基准;轴的两端设计有中心孔,加工时两端用顶尖支承,轴线也是径向的工艺基准,如果两种基准一致,加工后所得的尺寸就比较容易达到设计要求。轴在减速箱里的轴向位置由右边的滚动轴承控制,轴与右边轴承端面的接触面为轴向设计基准,为方便加工和测量,还可采用与齿轮端面接触的面和轴的右端面作为轴向工艺基准。

7.1.2.3　标注尺寸的原则

合理标注尺寸,不仅要正确选择尺寸基准,还必须掌握尺寸标注原则。

1) 零件图上的功能尺寸必须直接标注

影响产品性能、工作精度、装配精度及互换性等的重要尺寸称为零件的功能尺寸。如图 7.9 所示为支座孔中心高的标注方法。图 7.9(a)直接注出 A,加工者就会以底面为工艺基准,直接加工并测量出尺寸 A;图 7.9(b)注成尺寸 B 和 C,虽然理论上 $A=B+C$,但尺寸 B 和 C 在加工和测量时产生累积误差,很难保证尺寸 A。因此重要尺寸 A 应直接标注。

同理,为了安装时保证底板上两个安装孔能与机座上的两个孔准确对正,孔的中心距尺寸 L 一定要直接注出,而不能注成左右的两个尺寸 E。

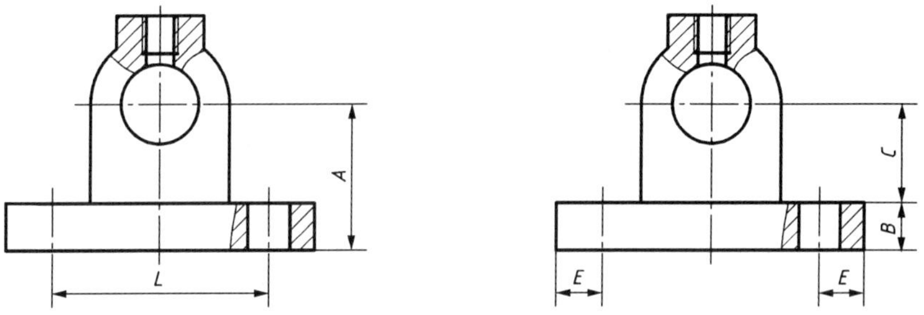

(a) 合理　　(b) 不合理

图 7.9　支座

2) 非功能尺寸的标注应考虑工艺要求,方便加工和测量

零件上对误差要求不高的一般结构尺寸称为非功能尺寸,通常为非配合尺寸。

(1) 根据加工顺序配置尺寸　为了方便按图加工,对零件上没有特殊要求的尺寸可按加工顺序标注,如图 7.10(a)~(e)所示,为了便于备料,注出了轴的总长 128;为了加工 $\phi35$ 的轴颈,直接注出了尺寸 23;调头加工 $\phi40$ 的轴颈,应直接注出尺寸 74;加工 $\phi35$ 的轴颈时,应保证功能尺寸 51。这样标注尺寸既能保证设计要求,又符合加工顺序。

(2) 按不同的加工方法集中标注尺寸　零件一般要经过几种加工方法才能制成,标注尺寸时,最好按不同的加工方法集中标注尺寸。如图 7.10(a)、(f)所示的键槽是在铣床上加工的,这部分尺寸集中在两处(3、45 和 12、35.5),方便看图。

(3) 同一方向加工面与非加工面间的尺寸标注　如图 7.11 所示,有矩形孔的圆形罩,只有凸缘底面是加工面,其余表面都是铸造面。图 7.11(a)中用尺寸 A 将加工面与非加工面联系起来,即加工凸缘底面时,保证尺寸 A;图 7.11(b)中加工面与非加工面间有 A、B、C 三个联系尺寸,在加工底面时,要同时保证 A、B、C 三个尺寸是不可能的。

3) 避免注成封闭尺寸链

标注的尺寸链首尾相接,形成一组封闭的尺寸链,称为尺寸链封闭,如图 7.12 所示。这

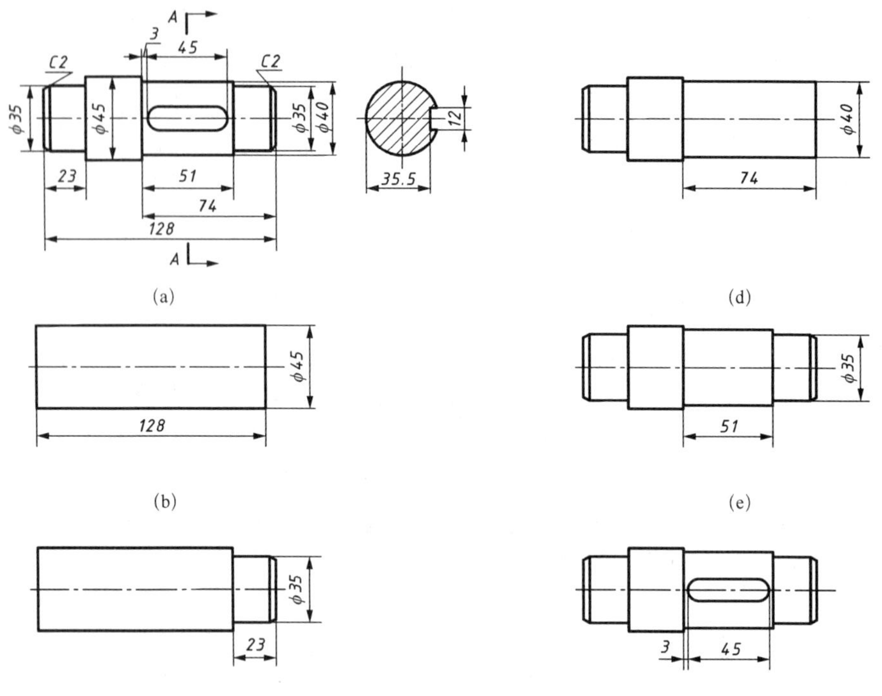

(a) (b) (c) (d) (e) (f)

图 7.10　按不同加工方法集中标注尺寸

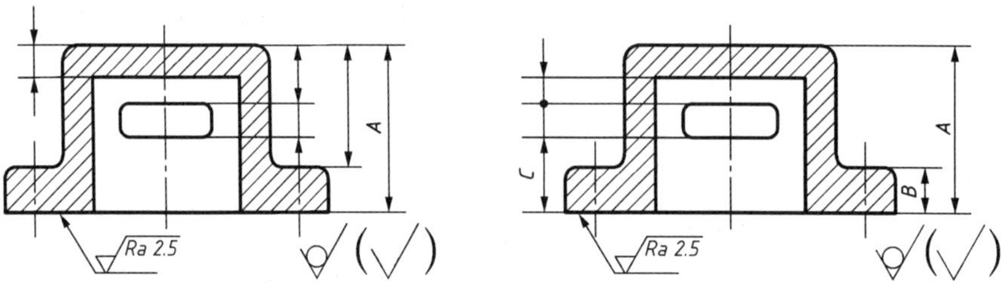

(a) 合理　(b) 不合理

图 7.11　加工面与非加工面间尺寸标注

样标注尺寸，加工时难以保证设计要求。因此实际标注尺寸时，常采用如图 7.13 所示的标注形式，在尺寸链中选一个不重要的地方不标注尺寸，称为开口环，开口环的尺寸误差是其他各环尺寸误差之和。

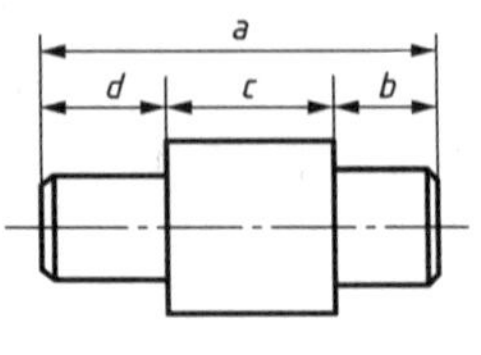

图 7.12　尺寸链封闭

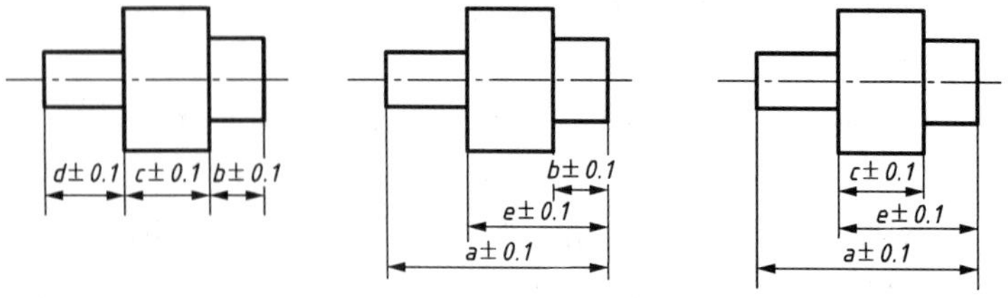

(a) 链式　(b) 坐标式　(c) 综合式

图 7.13　尺寸标注的三种形式

7.1.2.4　零件上常见孔的尺寸注法

零件图上经常有螺孔、沉孔、锪孔和光孔等结构，它们的尺寸注法分为普通注法和旁注法，见表 7.1。

表 7.1　常见孔的尺寸标注示例

类型		旁注法及简化注法	普通注法	说明
螺孔	通孔	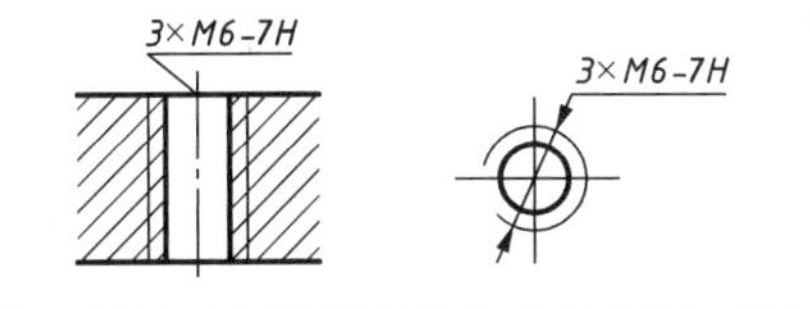	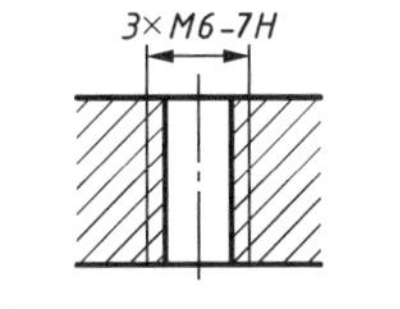	3×M6 为均匀分布、直径是 6 mm 的 3 个螺孔。3 种标法可任选一种
螺孔	不通孔	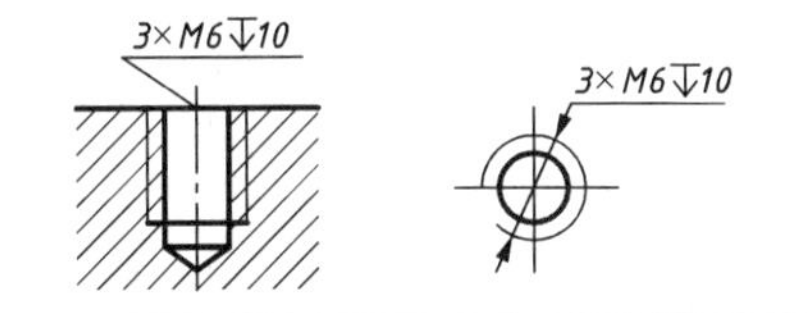	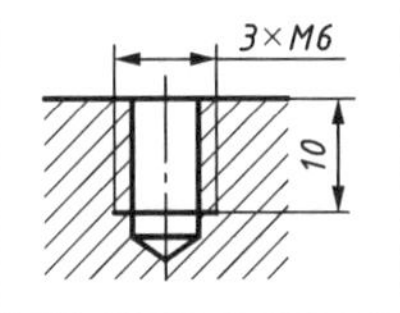	只注螺孔深度时，可以与螺孔直径连注
螺孔	不通孔	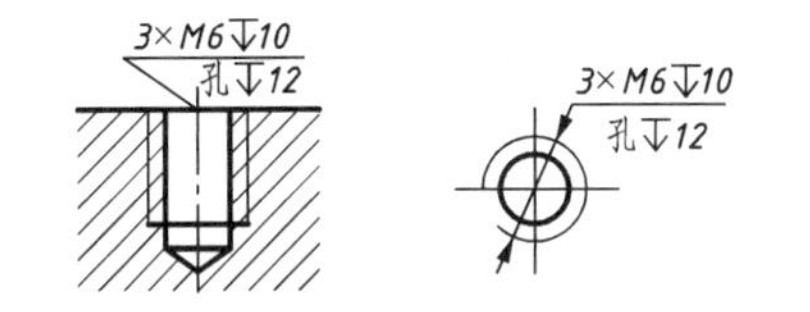	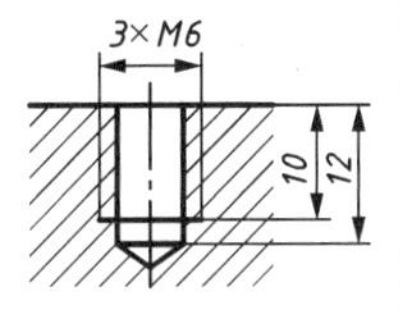	需要注出光孔深度时，应明确标注深度尺寸
沉孔	柱形沉孔	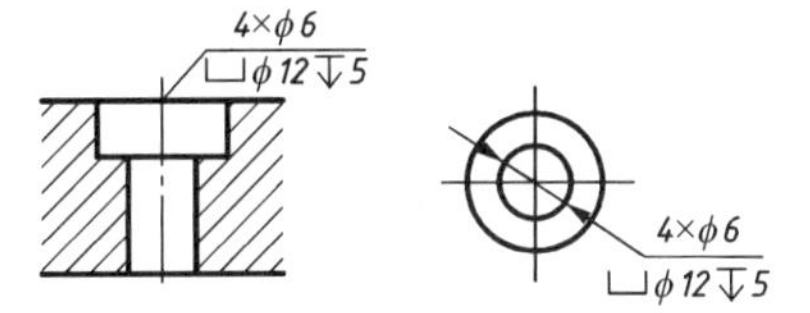	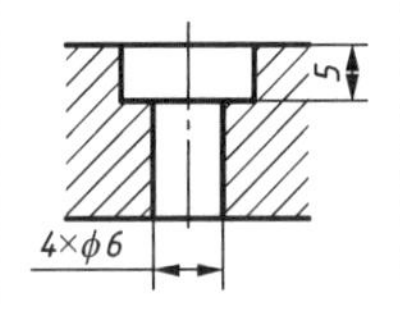	4×ϕ6 为小直径的柱孔尺寸，沉孔 ϕ12 mm、深 5 mm 为大直径的柱孔尺寸
沉孔	锥形沉孔	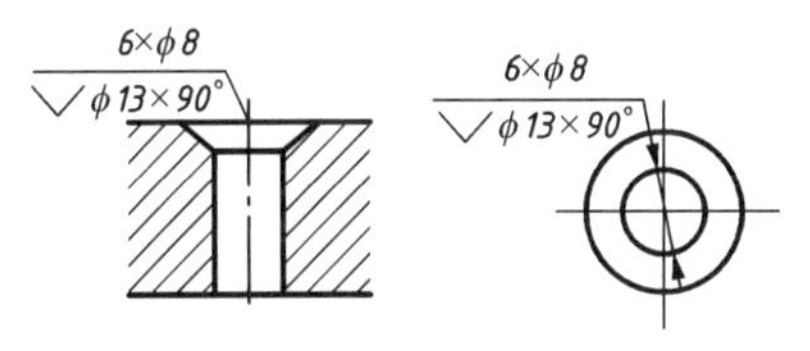	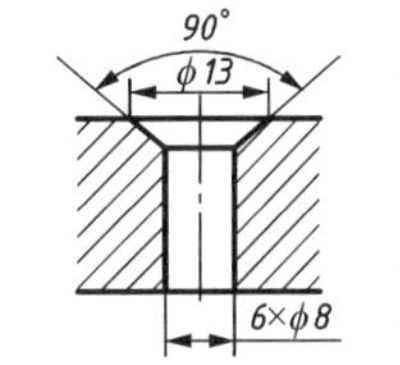	6×ϕ8 为均匀分布、直径 8 mm 的 6 个孔，沉孔尺寸为锥形部分的尺寸
沉孔	锪平孔	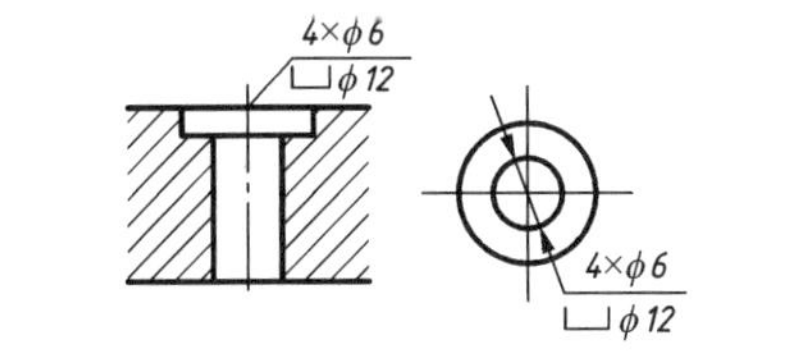	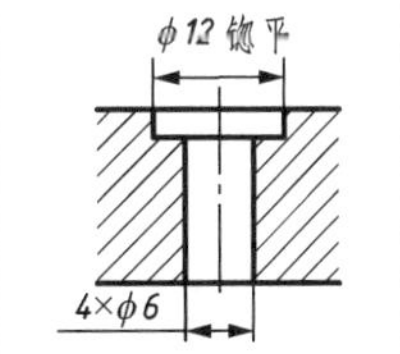	4×ϕ6 为小直径的柱孔尺寸。锪平部分的深度不注，一般锪平到不出现毛面为止
光孔	锥销孔	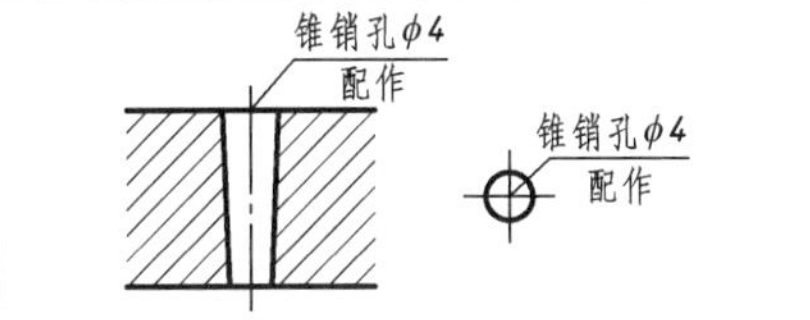	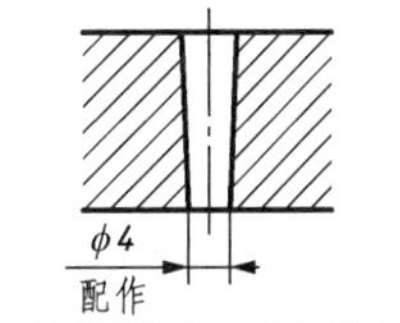	锥销孔小端直径为 ϕ4，并与其相连接的另一零件一起配铰
光孔	精加工孔	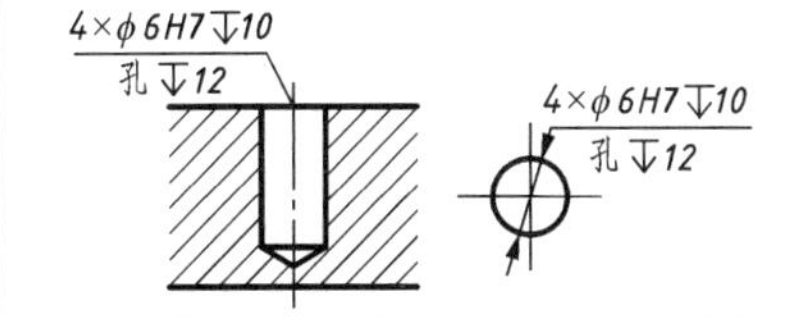	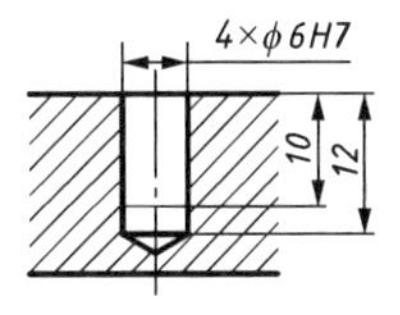	4×ϕ6 为均匀分布、直径 4 mm 的 4 个孔，精加工深度为 10 mm，光孔深12 mm

7.1.3 零件图的技术要求

零件图上除了用一组视图表示零件的结构形状,用完整的尺寸表示零件的大小外,还必须注有制造、检验或使用时应达到的各项技术指标,即技术要求。如表面粗糙度、极限与配合、形状和位置公差、热处理和表面处理等。技术要求一般用规定的代(符)号、数字、字母或另加文字注释等标注在视图上,当不能用代(符)号标注时,允许在“技术要求”的标题下,用简要的文字说明。

零件图上的技术要求涉及的专业知识面很广,本节仅介绍表面粗糙度、极限与配合以及形状和位置公差的基本知识。

7.1.3.1 零件表面粗糙度及其标注

1) 表面粗糙度的概念

零件经过机械加工后,表面因刀痕及切削时表面金属的塑性变形等影响,在显微镜下就会观察到较小间距或微小峰谷,把这种微观几何形状特征称为表面粗糙度,如图 7.14 所示。表面粗糙度是零件表面质量的重要指标之一,它对表面间摩擦与磨损、配合性质、密封性、抗腐蚀性、疲劳强度等都有影响。

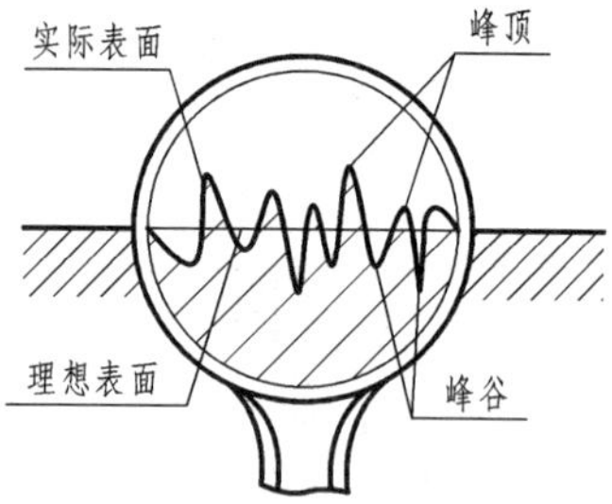

图 7.14 零件加工表面放大图

评定表面结构的参数主要有轮廓参数[包括 Ra 轮廓(粗糙度参数)、W 轮廓(波纹度参数)和 P 轮廓(原始轮廓参数)],另外还有图形参数(Ra、W)、支承率曲线参数(R、P)。本节仅介绍常用轮廓的高度参数(粗糙度参数):轮廓算术平均偏差(Ra)和轮廓最大高度(Rz)。

轮廓算术平均偏差 Ra 是在取样长度 lr 内,被测实际轮廓上各点至轮廓中线(基准线)距离绝对值的平均值,如图 7.15 所示,公式为

$$Ra = \frac{1}{lr}\int_0^b |Z(x)|\,dx \text{ 或近似表示为 } Ra = \frac{1}{n}\sum_{i=1}^{n} |Z_i|$$

其值见表 7.2。

表 7.2 轮廓算术平均偏差 Ra 的数值系列

第 1 系列	第 2 系列	第 1 系列	第 2 系列	第 1 系列	第 2 系列	第 1 系列	第 2 系列
	0.008						
	0.010						
0.012			0.125		1.25	12.5	
	0.016		0.160	1.60			16.0
	0.020	0.20			2.0		20
0.025			0.25		2.5	25	
	0.032 5		0.32	3.2			32
	0.040	0.40			4.0		40
0.050			0.50		5.0	50	
	0.063		0.63	6.3			63
	0.08	0.8			8.0		80
0.100			1.00		10.0	100	

轮廓最大高度 Rz 是在同一取样长度内,最大轮廓峰高与最大轮廓谷深之和的高度,如图 7.15 所示。

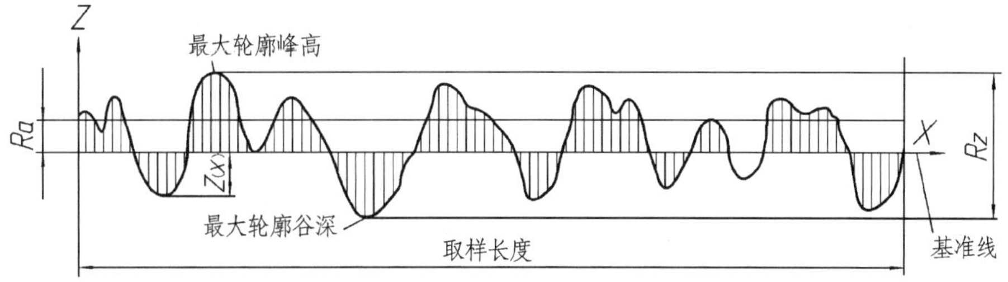

图 7.15　算术平均偏差 *Ra* 和轮廓的最大高度 *Rz*

零件表面质量要求越高,*Ra* 应越小,但加工成本亦越高。所以必须根据零件的工作情况和要求,经济合理地确定表面粗糙度。

2) 表面粗糙度符号、代号(GB/T 131—2006)

(1) 表面粗糙度符号　表面粗糙度的图形符号及其含义见表 7.3。

表 7.3　表面粗糙度的图形符号及含义

序号	分　类	图　形　符　号	含　义　说　明
1	基本图形符号		表示表面可用任何方法获得;当通过一个注释解释时可单独使用,没有补充说明时不能单独使用
2	扩展图形符号		表示表面是用去除材料方法获得,例如车、铣、刨、磨、钻等;仅当其含义是"被加工表面"时可单独使用
			表示表面是用不去除材料的方法获得,例如铸、锻、冲压、热轧、冷轧等,或者是用于保持原供应状况的表面
3	完整图形符号	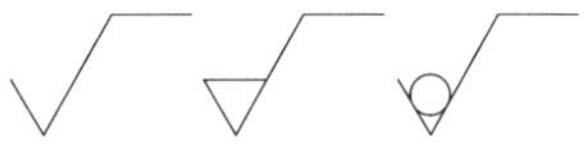	在三个符号的长边上加一横线,用于标注粗糙度的各种要求
4	工件轮廓表面图形符号	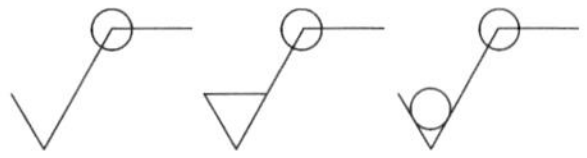	视图上封闭轮廓的各表面有相同的表面结构要求

(2) 表面粗糙度图形符号上的注写内容　为了明确表面粗糙度要求,除了标注表面粗糙度参数和数值外,必要时应标注补充要求,包括传输带、取样长度、加工工艺、表面纹理及方向、加工余量等。这些要求在图形符号中的注写位置和意义如图 7.16 所示。

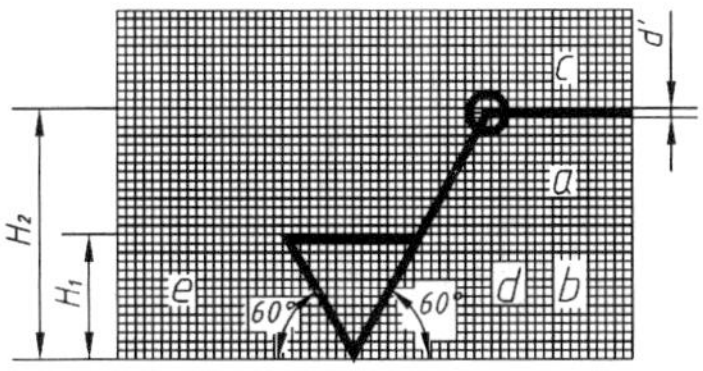

a——注写表面粗糙度的单一要求或注写第一个表面粗糙度要求;
b——注写第二个表面粗糙度要求;
c——注写加工方法,如"车""磨""铣"等;
d——注写表面纹理方向符号,如"=""×""M"等;
e——注写加工余量

图 7.16　表面粗糙度数值及其有关规定在符号中注写的位置

(3) 表面粗糙度代号　表面粗糙度代号就是在表面粗糙度符号中注写具体参数值或其他有关要求后的代号,表面粗糙度代号及其含义示例见表 7.4。

表 7.4 表面粗糙度代号及其含义示例

代号	含义
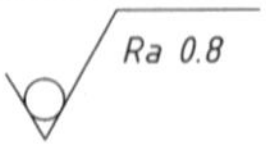	表示不允许去除材料,单向上限值,默认传输带,R 轮廓,算术平均偏差为 0.8 μm,评定长度为 5 个取样长度(默认),16%规则(默认)
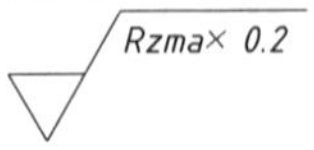	表示去除材料,单向上限值,默认传输带,R 轮廓,轮廓最大高度的最大值为 0.2 μm,评定长度为 5 个取样长度(默认),最大规则
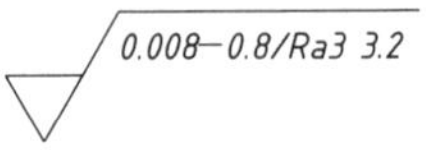	表示去除材料,单向上限值,传输带,取样长度 0.8 mm(λ_s 默认 0.002 5 mm),R 轮廓,算术平均偏差为3.2 μm,评定长度为 5 个取样长度(默认),16%规则(默认)
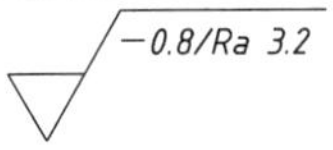	表示去除材料,单向上限值,传输带 0.025～0.8 mm,R 轮廓,算术平均偏差为3.2 μm,评定长度包含 3 个取样长度,16%规则(默认)
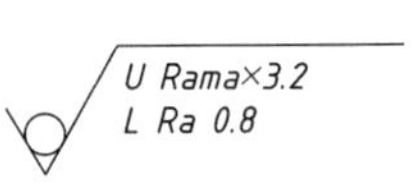	表示不允许去除材料,双向极限值,两极限值均使用默认传输带,R 轮廓。上限值:算术平均偏差为 3.2 μm,评定长度为 5 个取样长度(默认),最大规则;下限值:算术平均偏差为 0.8 μm,评定长度为 5 个取样长度(默认),16%规则(默认)。关于取样长度、评定长度和 16%规则、最大规则等见国家标准规定

3) 图样中表面粗糙度的标注方法

① 表面粗糙度要求对每一表面一般只注一次,并尽可能注在相应的尺寸及其公差的同一视图上。

② 表面粗糙度的注写和读取方向与尺寸的注写和读取方向一致。表面粗糙度要求可标注在轮廓线上,其符号应从材料外指向并接触表面,如图 7.17 所示。必要时,表面粗糙度也可用带箭头或黑点的指引线引出标注,如图 7.17 和图 7.18 所示。

③ 在不致引起误解时,表面粗糙度要求可以标注在给定的尺寸线上,如图 7.19 所示。

④ 表面粗糙度要求可标注在几何公差框格的上方,如图 7.20 所示。

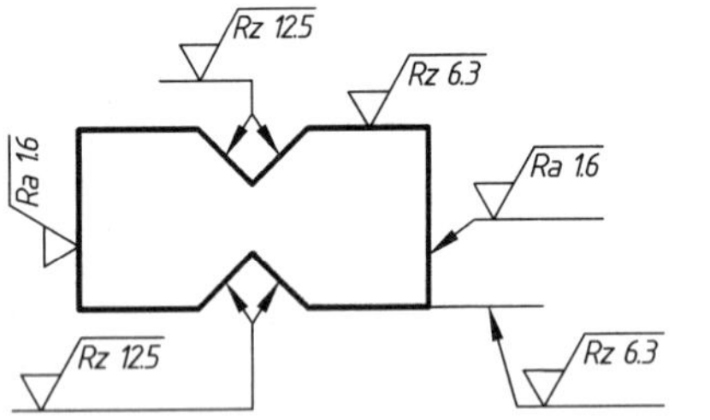

图 7.17 表面粗糙度要求在轮廓线上标注

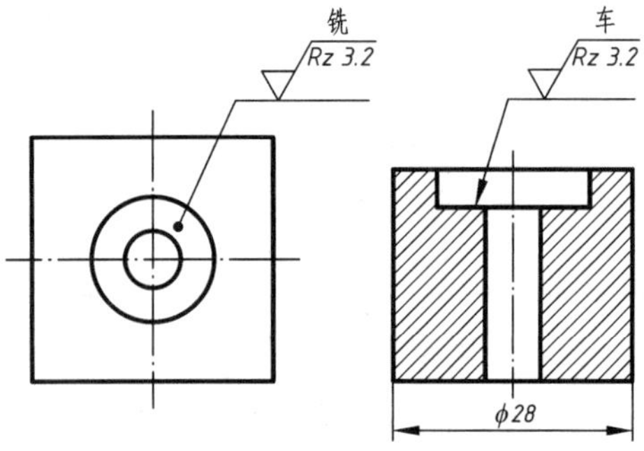

图 7.18 用指引线标注表面粗糙度

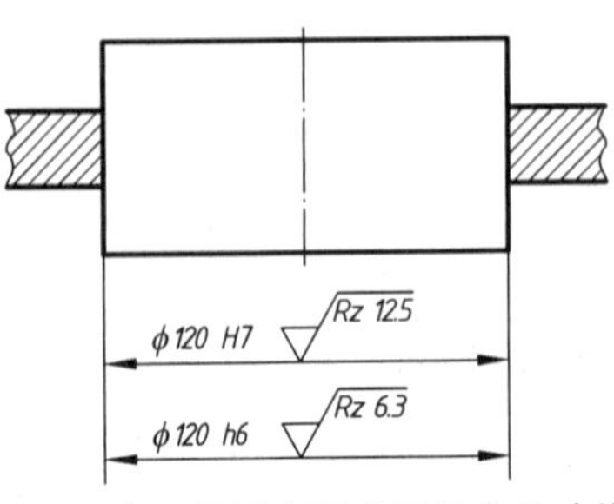

图 7.19 表面粗糙度要求标注在尺寸线上

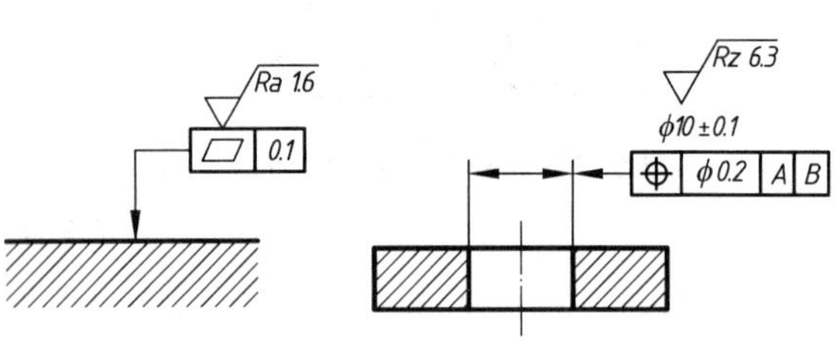

图 7.20 表面粗糙度要求标注在几何公差框格的上方

⑤ 圆柱和棱柱的表面粗糙度要求只标注一次，如图 7.21 所示。

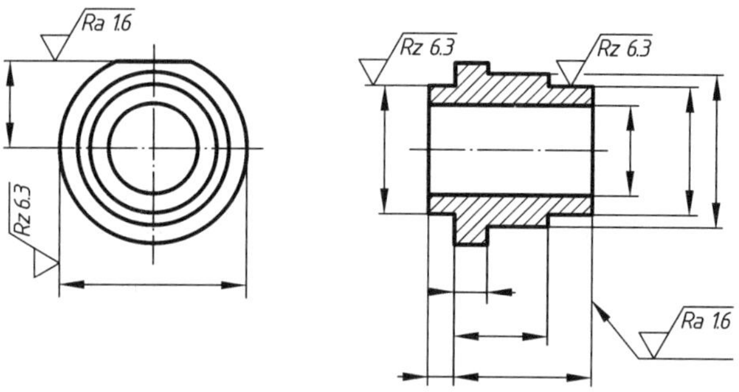

图 7.21　表面粗糙度要求标注在圆柱特征的延长线上

⑥ 有相同表面粗糙度要求的简化注法：如果在工件的多数(包括全部)表面有相同的表面粗糙度要求时，则其表面粗糙度要求可统一标注在图样的标题栏附近(不同的表面粗糙度要求应直接标注在图形中)。其注法有以下两种：

a. 在圆括号内给出无任何其他标注的基本符号，如图 7.22(a)所示；

b. 在圆括号内给出不同的表面粗糙度要求，如图 7.22(b)所示。

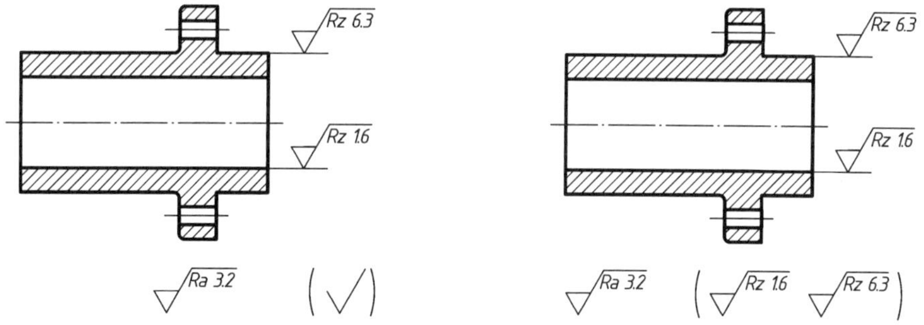

(a) 在圆括号内给出无任何其他标注的基本符号　(b) 在圆括号内给出不同的表面粗糙度要求

图 7.22　大多数表面有相同表面粗糙度要求的简化注法

⑦ 多个表面有共同要求的简化注法，如图 7.23 所示。

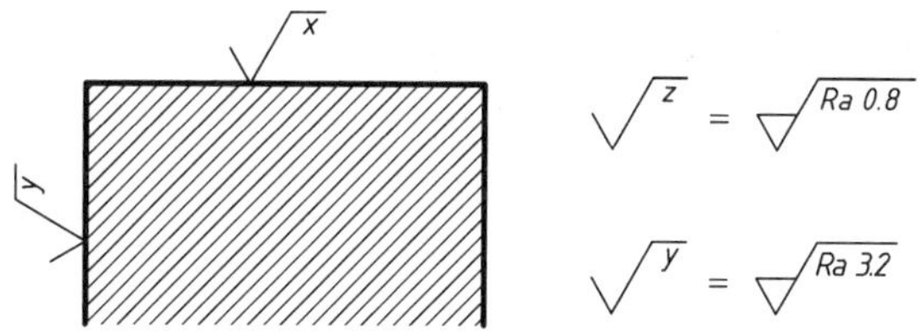

图 7.23　在图纸空间有限时的简化注法

⑧ 综合应用实例如图 7.1 所示。

7.1.3.2　**公差与配合**

极限与配合是零件图和装配图中一项重要的技术要求，也是检验产品质量的技术指标。要了解公差与配合的概念，必须先了解互换性的概念。

1) 互换性的概念

装配机器时,从一批规格相同的零件中任取一件,不经修配,就能装到机器上,并能达到设计、使用要求,零件具有的这种性质称为互换性。互换性是机器现代化高效生产的前提条件,它也给装配、维护和维修带来了极大的方便。

2) 尺寸与公差

在制造零件时,为了使零件具有互换性,必须控制零件的尺寸。但是,由于加工和测量等因素的影响,加工后的一批零件实际尺寸与理想尺寸总是存在一定的误差。因此,在满足工作要求的条件下,允许尺寸有一定的变动范围,这一变动范围就称为公差。下面简要介绍尺寸与公差的有关术语(图 7.24)。

(1) 公称尺寸　由设计规范确定的理想要素的尺寸。

(2) 极限尺寸　允许合格零件尺寸变化的两个极限值。孔和轴都有上极限尺寸和下极限尺寸。

(3) 尺寸偏差(简称偏差)　某一尺寸(实际尺寸、极限尺寸等)减去公称尺寸所得的代数差。偏差有上极限偏差、下极限偏差之分:

上极限偏差=上极限尺寸-公称尺寸,孔、轴的上极限偏差分别用 ES、es 表示;

下极限偏差=下极限尺寸-公称尺寸,孔、轴的下极限偏差分别用 EI、ei 表示。

上、下极限偏差统称为极限偏差。可以为正值、负值和零。

(4) 尺寸公差(简称公差)　允许的尺寸变动量:

公差的数值=上极限偏差-下极限偏差=上极限尺寸-下极限尺寸

由此可知,公差越小,实际尺寸的允许变动量就越小,尺寸的精度越高;反之,公差越大,尺寸的精度越低。

(5) 公差带和公差带图　表示公差大小和相对零线位置的区域。零线是表示基本尺寸的一条线,零线上方为正偏差,下方为负偏差。公差带图是表达基本尺寸,上、下偏差和公差之间关系的图形,如图 7.25 所示。

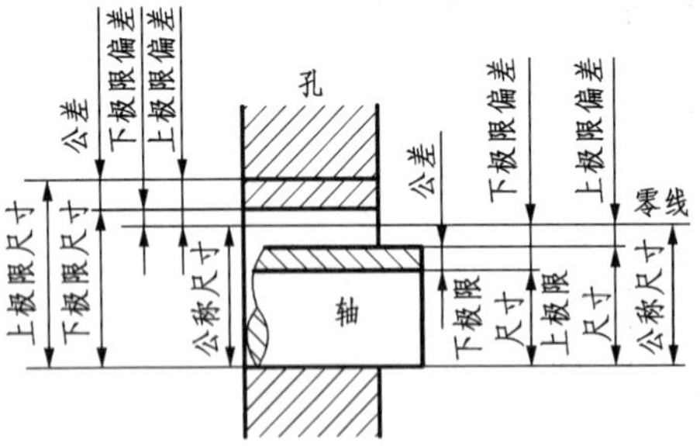

图 7.24　公差配合的基本概念

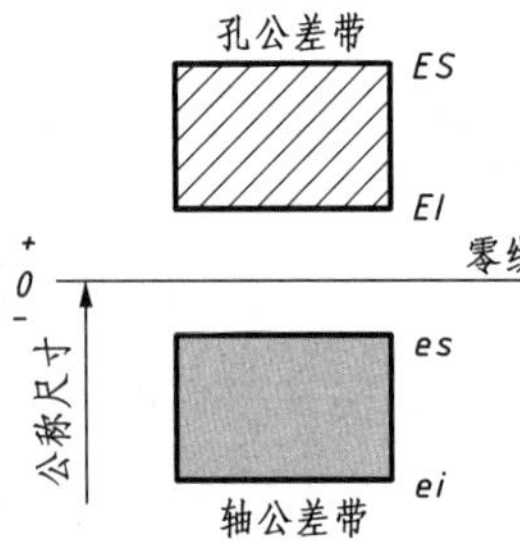

图 7.25　公差带图

3) 标准公差与基本偏差

(1) 标准公差(IT)　标准公差(IT)是由国家标准规定,用于确定公差带大小的任一公差。国家标准把公差等级分为 20 级,分别用 IT01、IT0、IT1～IT18 表示,各级标准公差见附录第五部分第 1 页。同一公差等级,基本尺寸由小到大,其公差值也由小到大;同一基本尺寸,IT01 级公差数值小,精度最高;IT18 级公差数值大,精度最低。在满足使用要求的前提下,尽可能选用较高的公差等级数。

(2) 基本偏差　如图 7.26 所示,国家标准规定了基本偏差系列,靠近零线的偏差称为基本偏差,它可能是上极限偏差或下极限偏差。孔的基本偏差用大写字母表示,轴的基本偏差用小写字母表示。从图中可以看出,当公差带位于零线上方时,基本偏差为下极限偏差;当公差带位于零线下方时,基本偏差为上极限偏差。基本偏差系列图只表示公差带的位置,不表示公差带的大小,因此公差带中画出的图形是开口的。公差带的另一端应由标准公差来限定:

标准公差=上极限偏差− 下极限偏差

IT=ES− EI (孔用)

IT=es− si　(轴用)

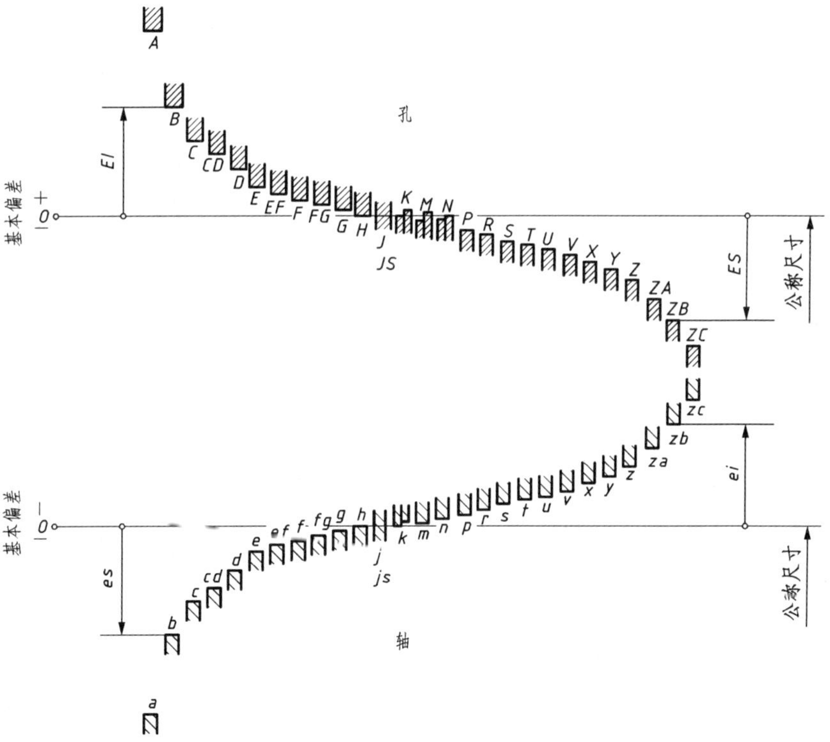

图 7.26　基本偏差系列

4) 尺寸公差标注含义和计算示例

(1) 尺寸公差标注含义　具体如下:

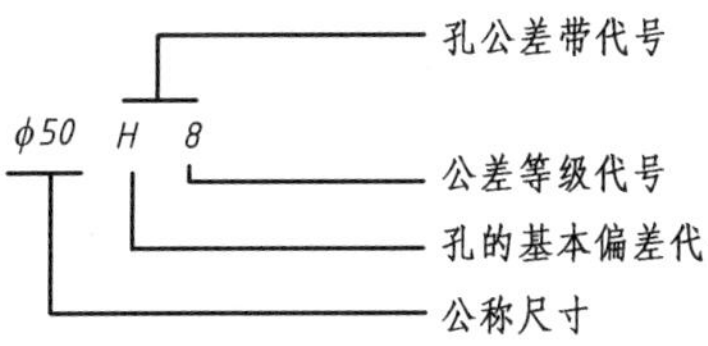

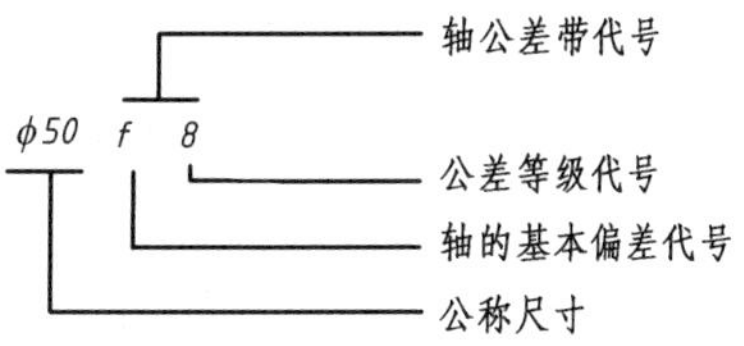

(2) 尺寸公差计算示例　见表 7.5。

表 7.5　尺寸公差的计算示例

名　称	示　　例	
	孔 $\phi30H7(^{+0.021}_{0})$	轴 $\phi30g6(^{-0.007}_{-0.026})$
公称尺寸 A	30	30
上极限尺寸 A_{max}	30.021	30 − 0.007 = 29.993
下极限尺寸 A_{min}	30	30 − 0.020 = 29.98
上极限偏差 ES(es)	ES = +0.021	es = −0.007
下极限偏差 EI(ei)	EI = 0	ei = −0.020
尺寸公差 T(简称公差)	T = 30.021 − 30 = 0.021 或 T = +0.021 − 0 = 0.021	T = 29.993 − 29.98 = 0.013 或 T = −0.007 − (−0.020) = 0.013
标准公差等级	7 级	6 级
基本偏差代号	H	g
公差带代号	H7	g6

5) 配合

配合是基本尺寸相同的、互相结合的孔和轴公差带之间的关系。

(1) 配合的种类(图 7.27)

① 间隙配合。孔与轴装配时具有间隙(包括最小间隙为零)的配合。此时,孔的公差带在轴的公差带之上。间隙配合常用在两零件有相对运动的场合。

② 过盈配合。孔与轴装配时具有过盈(包括最小过盈为零)的配合。此时,孔的公差带在轴的公差带之下。常用于孔与轴装配后,它们之间无相对运动的情况。

③ 过渡配合。可能有较小间隙或有较小过盈的配合。即配合后松紧程度介于间隙配合与过盈配合之间的配合。

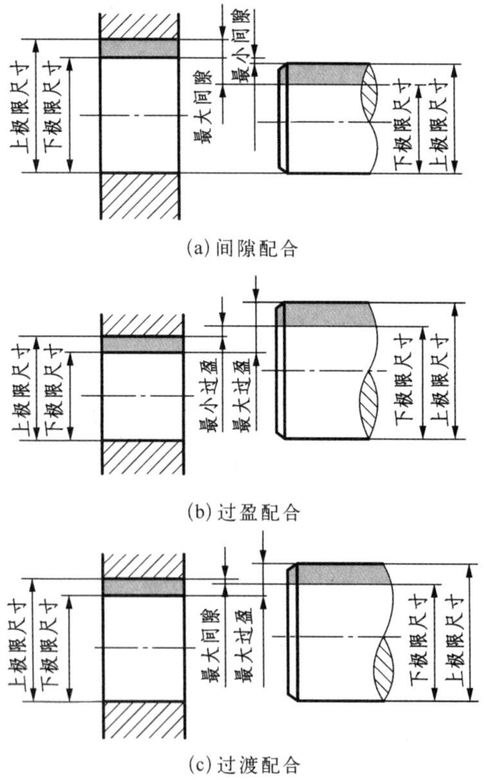

图 7.27　配合种类

(2) 配合制度　为了达到不同的配合使用要求,减少零件加工定值刀具和量具的规格数量,国家标准规定两种配合制度,即基孔制和基轴制。

① 基孔制。基本偏差为一定孔的公差带,与不同基本偏差的轴的公差带形成各种配合制度,代号为 H。基孔制的基准孔下偏差为零,固定不动。此时轴的基本偏差在a～h之间为间隙配合,在 j～n之间为过渡配合,在 p～zc 之间为过盈配合,如图 7.28 所示。

② 基轴制。基本偏差为一定轴的公差带,与不同基本偏差的孔的公差带形成各种配合

制度，代号为 h。基轴制的基准轴上偏差为零，固定不动。此时孔的基本偏差在 A～H 之间为间隙配合，在 J～N 之间为过渡配合，在 P～ZC 之间为过盈配合，如图 7.29 所示。

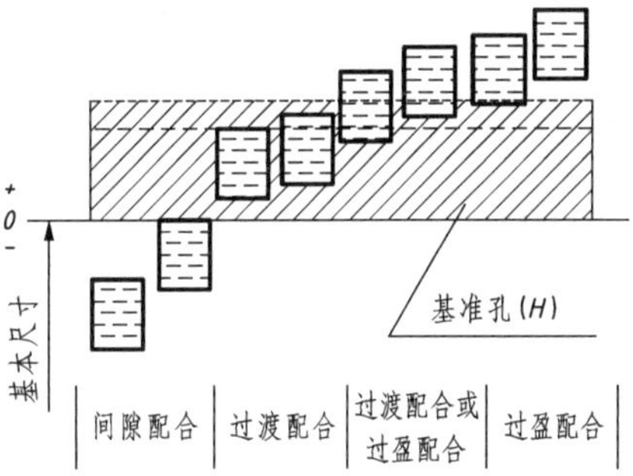

图 7.28　基孔制

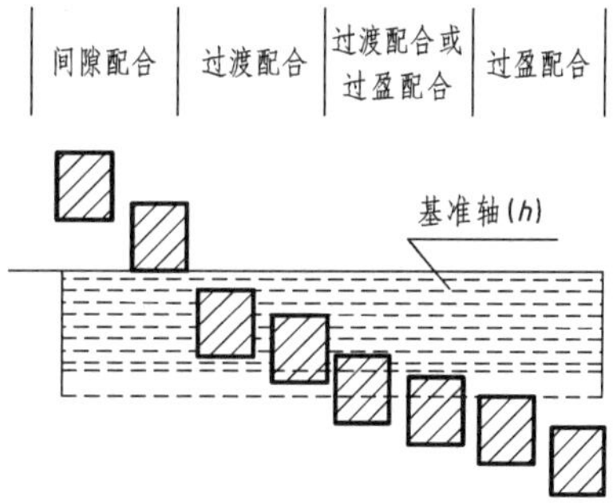

图 7.29　基轴制

(3) 优先和常用的公差配合　国家标准规定了孔、轴公差带的组合标准。有优先、常用和一般用途的孔和轴公差配合形式，首先选用优先配合，其次是常用配合，在不能满足要求时才选一般用途的孔、轴公差配合。

优先和常用的公差配合见表 7.6、表 7.7。表中注有涂黑符号“◤”的为优先配合；优先配合中轴的极限偏差和优先配合中孔的极限偏差请查阅相关手册。

表 7.6　基孔制的优先配合和常用配合

基准孔	轴																				
	a	b	c	d	e	f	g	h	js	k	m	n	p	r	s	t	u	v	x	y	z
	间隙配合								过渡配合			过盈配合									
H6						H6/f5	H6/g5	H6/h5	H6/js5	H6/k5	H6/m5	H6/n5	H6/p5	H6/r5	H6/s5	H6/t5					
H7						H7/f6	◤H7/g6	◤H7/h6	H7/js6	◤H7/k6	H7/m6	◤H7/n6	◤H7/p6	H7/r6	◤H7/s6	H7/t6	◤H7/u6	H7/v6	H7/x6	H7/y6	H7/z6
H8					H8/e7	◤H8/f7	H8/g7	◤H8/h7	H8/js7	H8/k7	H8/m7	H8/n7	H8/p7	H8/r7	H8/s7	H8/t7	H8/u7				
H8				H8/d8	H8/e8	H8/f8		H8/h8													
H9			H9/c9	◤H9/d9	H9/e9	H9/f9		◤H9/h9													
H10			H10/c10	H10/d10				H10/h10													
H11	H11/a11	H11/b11	◤H11/c11	H11/d11				◤H11/h11													
H12		H12/b12						H12/h12													

注：$\frac{H6}{p5}$、$\frac{H7}{p6}$在基本尺寸小于或等于 3 mm 和$\frac{H8}{r7}$小于或等于 100 mm 时，为过渡配合。

表 7.7 基轴制的优先配合和常用配合

基准轴	孔																				
	A	B	C	D	E	F	G	H	JS	K	M	N	P	R	S	T	U	V	X	Y	Z
	间隙配合								过渡配合			过盈配合									
h5						F6/h5	G6/h5	H6/h5	JS6/h5	K6/h5	M6/h5	N6/h5	P6/h5	R6/h5	S6/h5	T6/h5					
h6						F7/h6	◤G7/h6	◤H7/h6	JS7/h6	◤K7/h6	M7/h6	◤N7/h6	◤P7/h6	R7/h6	◤S7/h6	T7/h6	◤U7/h6				
h7					E8/h7	◤F8/h7		◤H8/h7	JS8/h7	K8/h7	M8/h7	N8/h7									
h8				D8/h8	E8/h8	F8/h8		H8/h8													
h9				◤D9/h9	E9/h9	F9/h9		◤H9/h9													
h10				D10/h10				H10/h10													
h11	A11/h11	B11/h11	◤C11/h11	D11/h11				◤H11/h11													
h12		B12/h12						H12/h12													

6) 零件图上公差的标注方法

在零件图上标注公差有三种形式,如图 7.30 所示。图 7.30(a)只标注公差带的代号;图 7.30(b)只标注极限偏差数值;图 7.30(c)既标注公差带代号,又标注极限偏差数值,但极限偏差数值要用括号括起来。

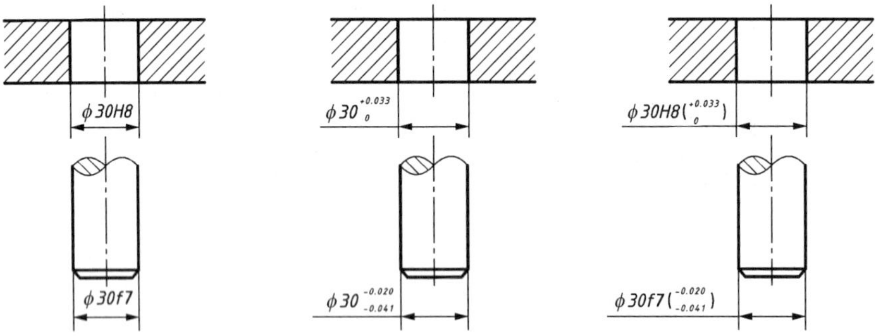

(a) (b) (c)

图 7.30 零件图中公差标注形式

7.1.3.3 几何公差简介

零件在加工过程中,不仅尺寸会产生误差,构成要素的几何形状和相对位置也会产生误差。几何公差是指被测提取要素对图样上给定的理想现状、理想方向和位置的允许变动量。为了满足使用要求,零件尺寸是由尺寸公差加以限制;而零件的表面形状和表面间的相对位置,则由几何公差加以限制。

1) 几何公差的项目和符号

GB/T 1182—2008 规定的几何公差的特征项目分为形状公差、方向公差、位置公差和跳动公差四大类，共有 19 个，它们的名称和符号见表 7.8。

表 7.8　几何公差的分类、特征项目及符号

公差类型	几何特征	符　号	有或无基准	公差类型	几何特征	符　号	有或无基准
形状公差	直线度	—	无	位置公差	位置度	⌖	有或无
	平面度	⏥			同心度（用于中心线）	◎	有
	圆度	○			同轴度（用于轴线）	◎	
	圆柱度	⌭			对称度	⌯	
	线轮廓度	⌒			线轮廓度	⌒	
	面轮廓度	⌓			面轮廓度	⌓	
方向公差	平行度	//	有	跳动公差	圆跳动	↗	
	垂直度	⊥			全跳动	⌰	
	倾斜度	∠					
	线轮廓度	⌒					
	面轮廓线	⌓					

2) 形位公差的标注

图样中的形位公差一般用规定代号来标注，无法用代号标注时可以用文字形式在技术要求中说明。

(1) 形位公差代号　形位公差代号包括有关项目的符号、形位公差框格和指引线、形位公差数值和基准代号等内容。用公差框格标注几何公差时，公差要求注写在划分成两格或多格的矩形框格内，各格自左至右顺序标注如图 7.31 所示内容。被测要素的基准用一个大写字母表示，字母标注在基准方格内，与一个涂黑的或空白的三角形(含义相同)相连以表示基准，基准符号及画法如图 7.32 所示。图中 h 为文字高度。

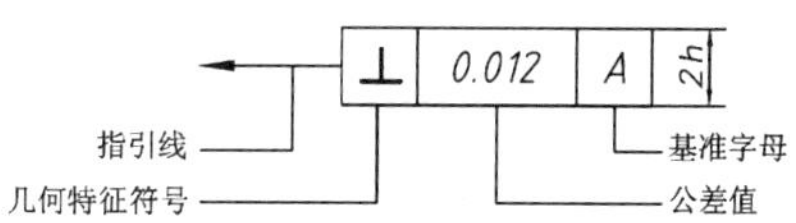

图 7.31　形位公差框格

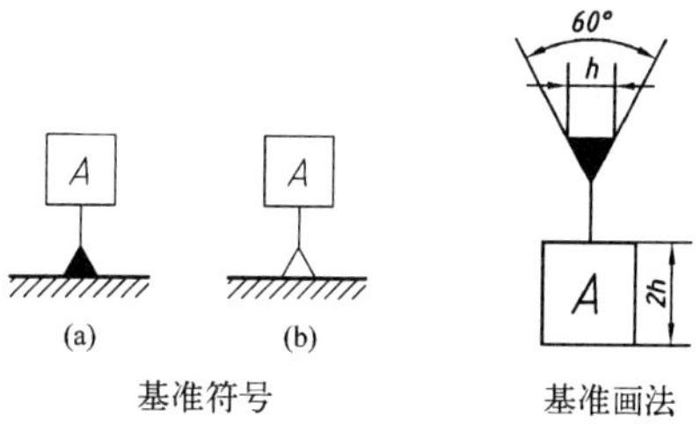

图 7.32　基准符号及画法

(2) 被测要素的标注　用带箭头的指引线将框格与被测要素相连。指引线箭头指向公差带的宽度方向或直径方向。指引线箭头所指部位可以有以下几种：

① 当被测要素为组成要素(轮廓要素)时，指引线的箭头应置于该要素的轮廓线上

[图 7.33(a)]或它的延长线上[图 7.33(b)],并且箭头指引线必须明显地与尺寸线错开[图 7.33(d)],还可以用带点的参考线把被测表面引出[图 7.33(c)]。

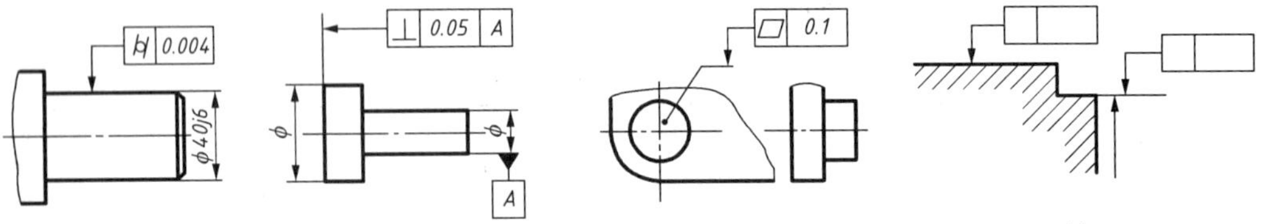

(a) (b) (c) (d)

图 7.33 被测组成要素的标注示例

② 当被测要素为导出要素(中心要素)时,指引线箭头应与该要素所对应尺寸要素的尺寸线对齐,而且指引线应与该要素的线性尺寸线的延长线重合,如图 7.34 所示。

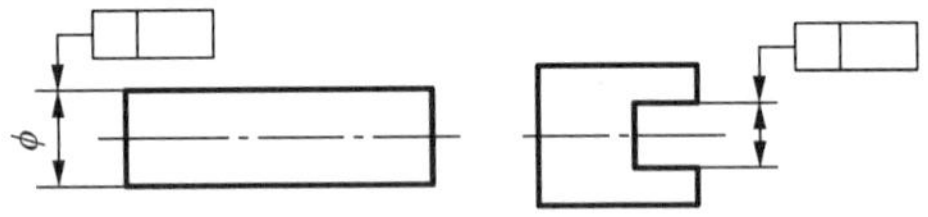

图 7.34 被测导出要素的标注示例

③ 对于由几个同类要素组成的公共被测要素,应采用一个公差框格标注。这时应在公差框格中公差值的后面加注符号“CZ”, 如图 7.35 所示。图(a)为公共被测轴线标注示例,图(b)为公共被测平面标注示例。

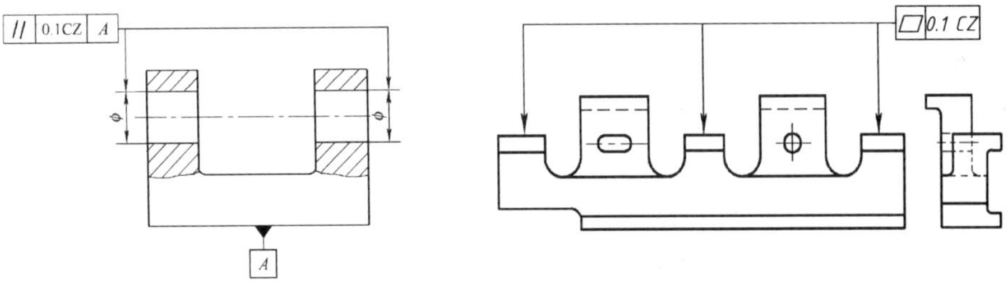

(a) (b)

图 7.35 公共被测要素的标注示例

(3) 基准要素的标注 表示基准要素的字母不仅要注在相应的公差框格内,还要标注在相应的被测要素上。

① 当基准要素是轮廓线或轮廓面时,基准三角形放置在要素的轮廓线或其延长线上(与尺寸线明显错开),如图 7.36(a)所示;基准三角形也可放置在该轮廓面引出线的水平线上,如图 7.36(b)所示。

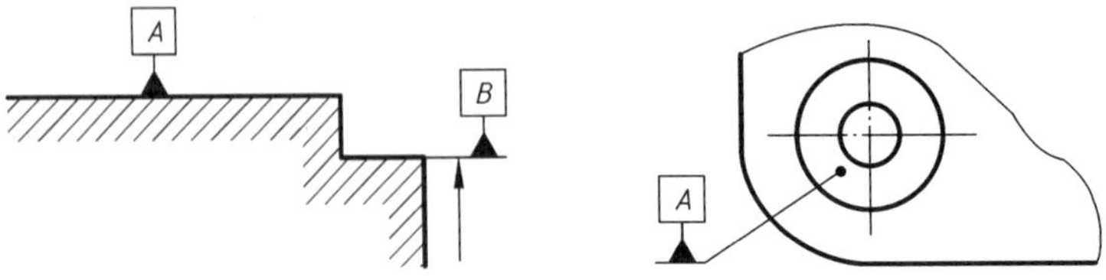

(a) (b)

图 7.36 基准要素的常用标注方法(一)

② 当基准是尺寸要素确定的轴线、中心平面或中心点时，基准三角形应放置在该尺寸的延长线上，如图 7.37(a)～(c)所示。如果没有足够的位置标注基准要素尺寸的两个尺寸箭头，则其中一个箭头可用基准三角形代替，如图 7.37(b)、(c)所示。

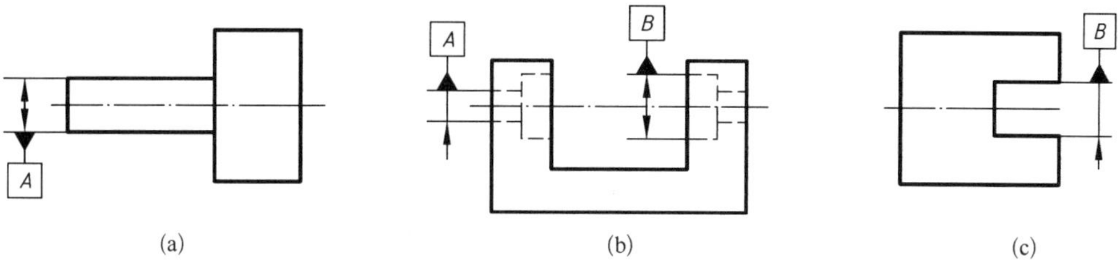

图 7.37　基准要素的常用标注方法(二)

③ 对于由两个同类要素构成而作为一个基准使用的公共基准轴线[图 7.38(a)]、公共基准中心平面[图 7.38(b)]等公共基准，应对这两个同类要素分别标注两个不同字母的基准符号，并且在被测要素公差框格中用短横线隔开这两个字母。如图 7.38 所示。

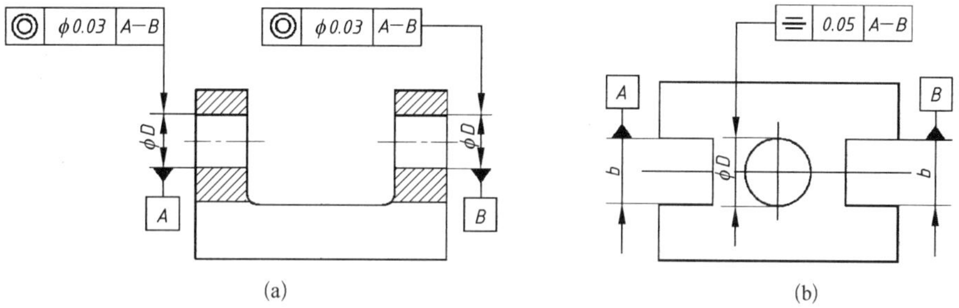

图 7.38　基准要素的常用标注方法(三)

3) 零件图上形位公差标注示例

形位公差标准示例如图 7.39 所示。

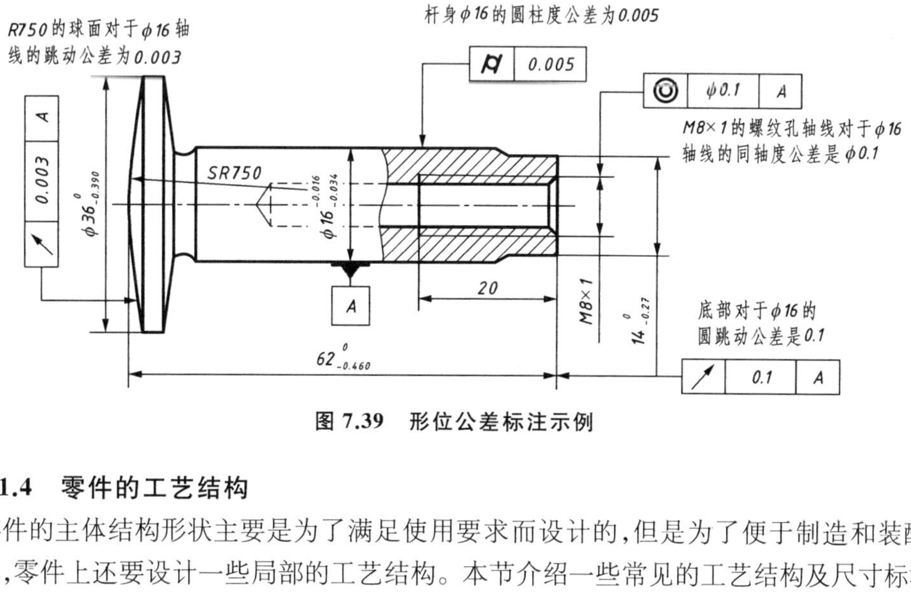

图 7.39　形位公差标注示例

7.1.4　零件的工艺结构

零件的主体结构形状主要是为了满足使用要求而设计的，但是为了便于制造和装配等工艺要求，零件上还要设计一些局部的工艺结构。本节介绍一些常见的工艺结构及尺寸标注。

7.1.4.1 机械加工工艺结构

(1) 倒角和倒圆 为了便于装配,要去除零件上的毛刺和锐边,在轴和孔的端部一般都加工出倒角;为了避免应力集中而产生裂纹,在轴肩处往往加工成过渡圆角,也称为倒圆,如图 7.40 所示。圆角和倒角的尺寸系列可查有关资料。其中倒角为 45°时,用代号 C 表示。

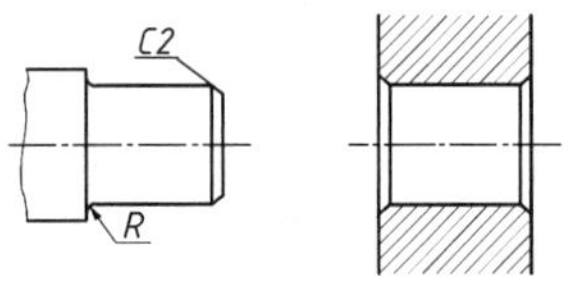

图 7.40 倒角与倒圆

(2) 退刀槽和越程槽 退刀槽和越程槽是在工件表面预先加工出的环形沟槽。车削螺纹时,为了加工完整螺纹,便于退出刀具,常在待加工面的末端先车出退刀槽;在磨削加工中,为便于砂轮可稍微越过加工面,一般在零件上要加工出越程槽,如图 7.41 所示。

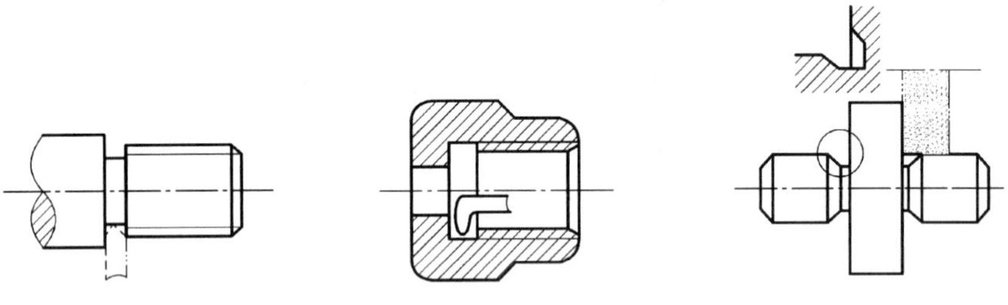

(a) 外螺纹退刀槽 (b) 内螺纹退刀槽 (c) 砂轮越程槽

图 7.41 退刀槽与砂轮越程槽

(3) 凸台和凹坑 为了减少零件表面机械加工面积,保证装配零件的表面之间有良好的接触,常在铸件上设计出凸台和凹坑,如图 7.42 所示。

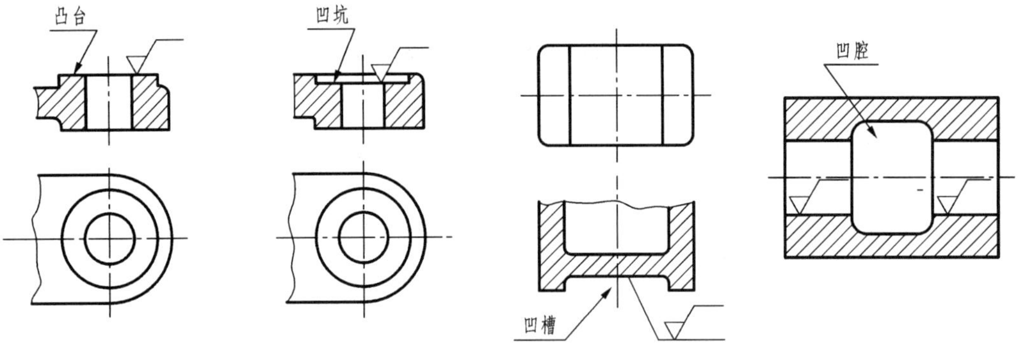

图 7.42 凸台与凹坑

(4) 钻孔 用钻头加工盲孔时,在底部有一个 120°的锥角,钻孔深度指的是圆柱部分的深度,不包括锥坑;在阶梯孔的过渡处,也存在锥角为 120°的圆台,如图 7.43(a)所示。

用钻头钻孔时,为了防止出现单边切削和单边受力,导致钻头折断,要求孔的端面为平面,且与钻头轴线垂直。因此,沿曲面或斜面钻孔,应增设凸台或凹坑,如图 7.43(b)所示。

7.1.4.2 铸造零件常见的工艺结构

(1) 拔模斜度 用铸造的方法制造零件毛坯时,为了便于在砂型中取出木模,一般沿木模拔模方向做成约 1∶20 的斜度,叫做拔模斜度。当拔模斜度较小时,图中可省略不画及不标注,必要时可以在技术要求中用文字说明,如图 7.44 所示。

(2) 铸造圆角 由于铸造砂型在尖角处容易落砂或产生裂纹等,在铸造件各表面的转

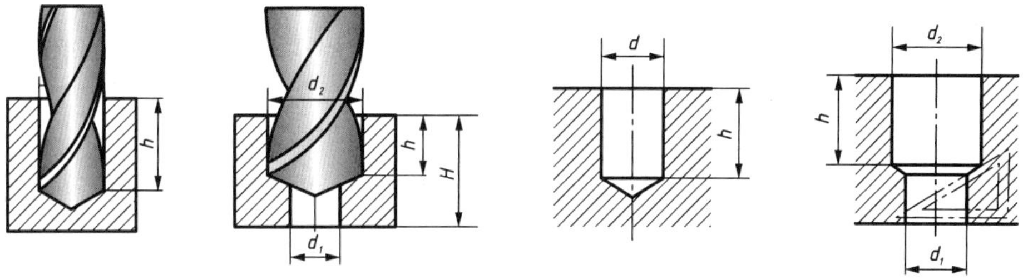

(a) 钻孔的结构

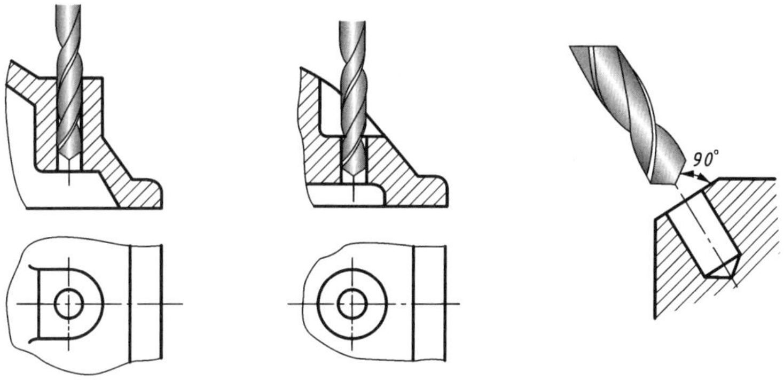

(b) 钻孔的端面与钻头垂直

图 7.43　钻孔结构

角处做成圆角，称为铸造圆角。铸造圆角在图上一般不标注，常集中注写在技术要求中，如图 7.45 所示。

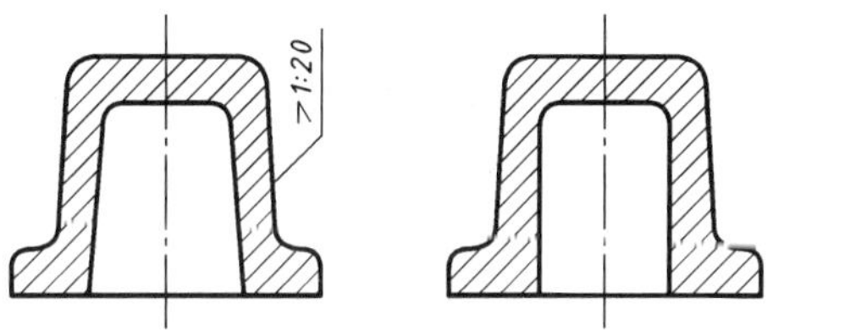

图 7.44　拔模斜度

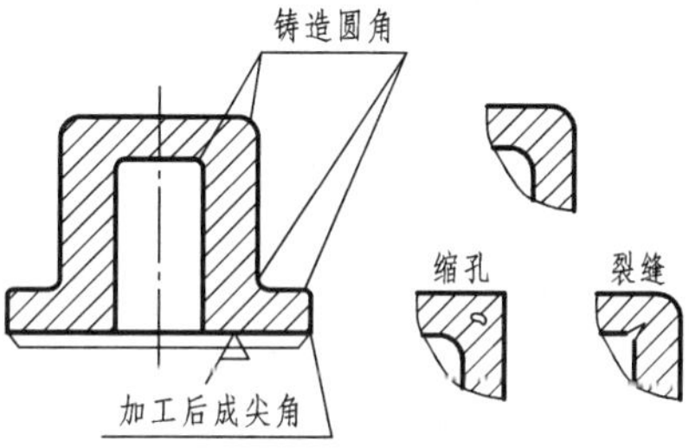

图 7.45　铸造圆角

(3) 铸造件壁厚　铸造件壁厚不均匀或壁厚突变，零件浇铸后冷却的速度就不一样，容易形成缩孔或产生裂缝，因此铸造件的壁厚应尽量保持均匀或逐渐过渡，如图 7.46 所示。

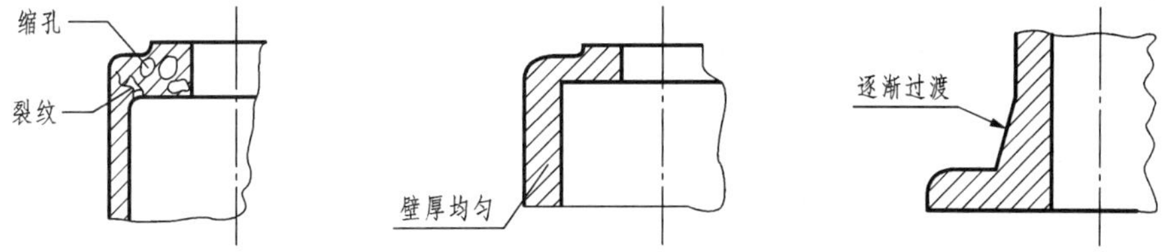

(a)　(b)　(c)

图 7.46　铸件壁厚

7.1.5　读零件图

读零件图的能力是工程技术人员必须具备的基本技能。读零件图就是根据已给的零件图，弄清零件图所表达零件的结构形状、尺寸和技术要求等，以便指导生产和解决有关的技术问题。

7.1.5.1　读零件图的方法和步骤

(1) 读标题栏　从标题栏内概括了解零件的名称、材料、重量、画图的比例等基本信息，从而对零件有一个初步的认识。对于较复杂的零件，还需要参考有关技术资料。

(2) 分析视图，构思形体　读懂零件的内、外形状和结构，是读懂零件图的关键。首先从主视图入手，确定与其他视图和辅助视图的投影关系，分析剖视、断面的表达目的和作用。采用形体分析法逐个弄清零件各部分的结构形状。对某些难于看懂的结构，可运用线面分析法进行投影分析，彻底弄清它们的结构形状和相互位置关系，最后想象出整个零件的结构形状。

一般读图顺序是：先看主要部分，后看次要部分；先看整体，后看细节；先看易懂部分，后看难懂部分。要兼顾零件的尺寸及其功用，以便帮助想象形状。

(3) 分析尺寸，找出尺寸基准　分析尺寸，应先分析长、宽、高三个方向的主要尺寸基准。分清楚哪些是主要尺寸，了解各部分的定位尺寸和定形尺寸。

(4) 分析技术要求　零件图的技术要求是制造零件的质量指标。分析尺寸公差、形位公差、表面粗糙度及其他技术方面的要求和说明。

(5) 综合分析，归纳总结　最后把图形、尺寸和技术要求等各种信息综合起来，并参阅相关资料，得出零件的整体结构、尺寸大小、技术要求及零件的作用等完整的概念。

必须指出，在看零件图的过程中，上述步骤不能机械地分开，往往是参差进行。

7.1.5.2　读零件图举例

读壳体零件图，如图 7.47 所示。

(1) 读标题栏　从标题栏可知，该零件名称是壳体，属箱体类零件，材料为 ZL102(铸铝)，数量是 1 件，属单件小批量生产。画图比例 1∶2(即实物大小是图的 2 倍)，是铸造件。

(2) 形体分析和视图分析

① 形体分析。壳体主要由上部的本体、下部的安装底板以及左面的凸块组成。顶面有 ϕ30H7 的通孔、ϕ12 的盲孔和 M6 的螺纹盲孔；ϕ48H7 的孔与 ϕ30H7 的通孔相接形成阶梯孔；底板上有四个带锪平 4×ϕ16 的安装孔 4×ϕ7，它的左侧带有凹槽，槽内左端有一个 ϕ12、ϕ8 的阶梯孔与顶面的 ϕ12 盲孔相通，槽内还有两个 M6 的螺纹孔；在俯视图前方的圆柱形凸缘(从外径 ϕ30 可以看出)上，有 ϕ20、ϕ12 的阶梯孔。

② 视图分析。壳体零件图共采用四个视图，其中三个基本视图及一个局部视图。主视图 $A-A$ 采用全剖视，主要表达内部结构形状；俯视图 $B-B$ 采用阶梯剖，表达壳体内部结构，反映出底板的形状及其上所带四个锪平光孔的分布情况；左视图主要表达外形，其上有一处局部剖，表达孔的结构；C 向局部视图，主要表达顶面形状及各种孔的相对位置。

(3) 尺寸分析

① 尺寸基准。长度、宽度方向的主要尺寸基准，分别是通过壳体轴线的侧平面和正平面，用以确定左侧凸块、顶部各孔及凸块前方凸缘等结构的位置；高度方向基准是底板的下底面。从这三个尺寸基准出发，再进一步看懂各部分的定位尺寸和定形尺寸，完全读懂这个壳体的形状和大小。

② 主要尺寸。本体内部的阶梯孔 ϕ30H7 和 ϕ48H7，顶部各孔的定位尺寸 12、28、22、

54，底板上四个孔的定位尺寸 $\phi76$，前方凸缘的定位尺寸 25、36、48 及左方凸块的定位尺寸 55、22、24 等。

③ 其他尺寸。总长 89，宽 68，高 80 等。

(4) 技术要求分析　壳体是铸件，由毛坯到成品须经车、钻、铣、刨、磨、镗、螺纹加工等工序。尺寸公差代号大都是 H7(数值读者可查表获得)；表面粗糙度除主要的圆柱孔 $\phi30$H7、$\phi48$H7 为 $\sqrt{Ra\ 6.3}$ 外，加工面大部分为 $\sqrt{Ra\ 12.5}$，少数是 $\sqrt{Ra\ 25}$；其余仍为铸件表面 $\sqrt{}$。由此可见，该零件对表面粗糙度要求不高。用文字叙述的技术要求有“时效处理、未注圆角”等。

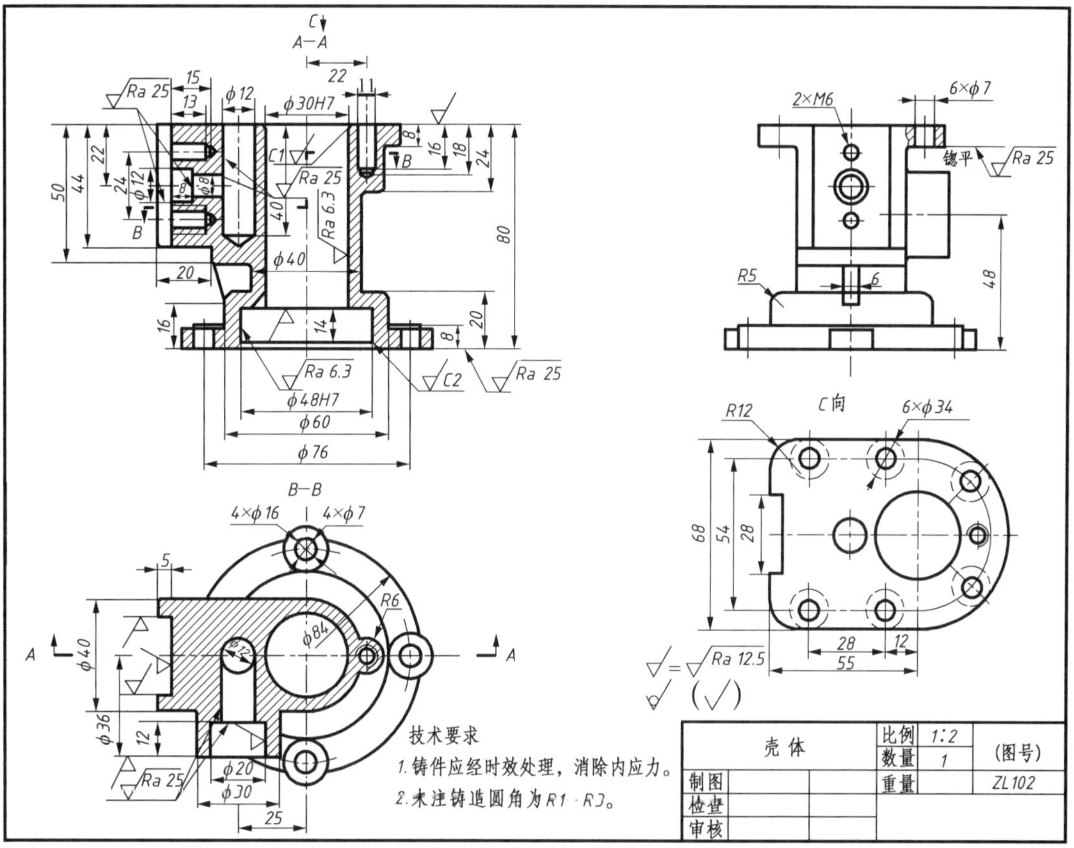

(a) 零件图

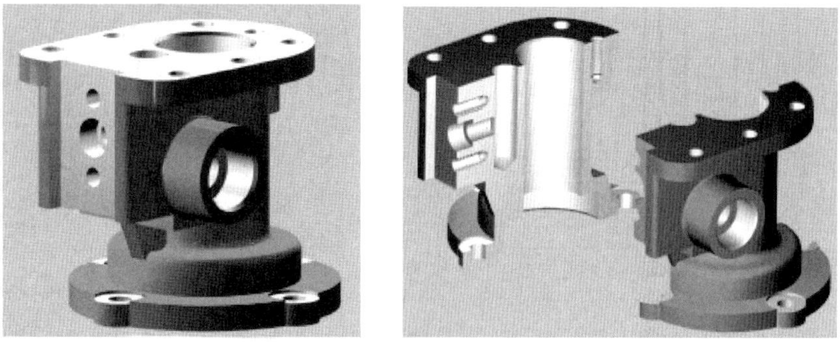

(b) 立体图

图 7.47　壳体的零件图和立体图

7.1.6 画零件图

7.1.6.1 画图前准备

① 了解零件的名称、用途、结构特点、材料及相应的加工方法。

② 分析零件的结构形状,弄清各部分的功用和要求。

③ 进行加工工艺分析,确定尺寸基准、视图形式及表达方案。

7.1.6.2 作图步骤

画端盖的零件图,如图 7.50 所示。

① 定图幅:根据视图数量和大小,选择适当的绘图比例(优选 1∶1),确定图幅大小。

② 选择投影方法:根据零件的结构特点,选择表达方案。主视图采用全剖,轴线水平放置,左视图表达外部形状。

③ 布置视图:根据各视图的轮廓尺寸,画出确定各视图位置的基线,如图 7.48 所示。

④ 画底稿:逐个画出各视图,并在视图之间留出标注尺寸的位置,如图 7.49 所示。

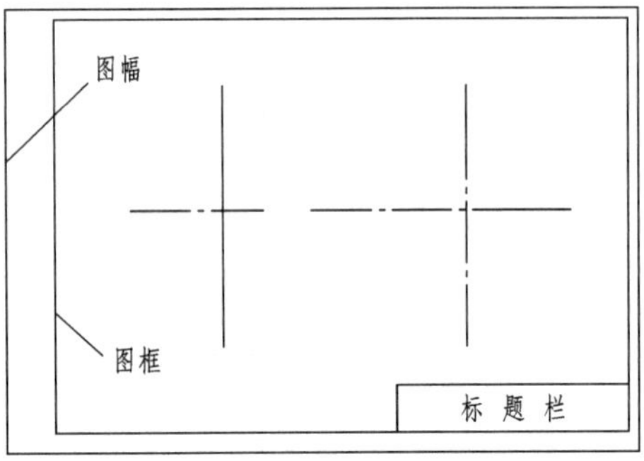

图 7.48 画定位线

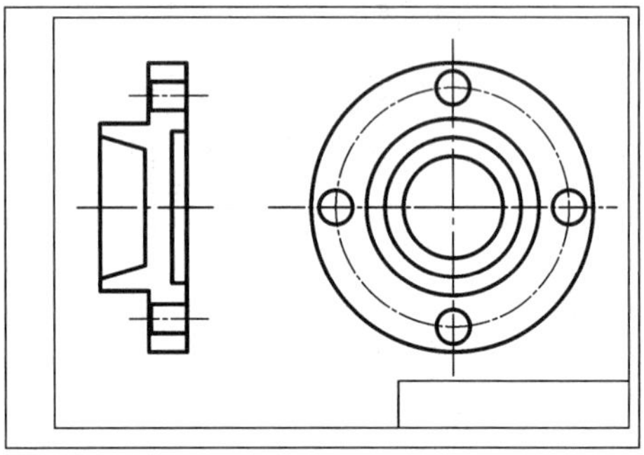

图 7.49 画出底稿

⑤ 校核检查无误后,描深并画剖面线。

⑥ 标注尺寸、表面粗糙度、尺寸公差等,填写技术要求和标题栏,完成零件图,如图 7.50 所示。

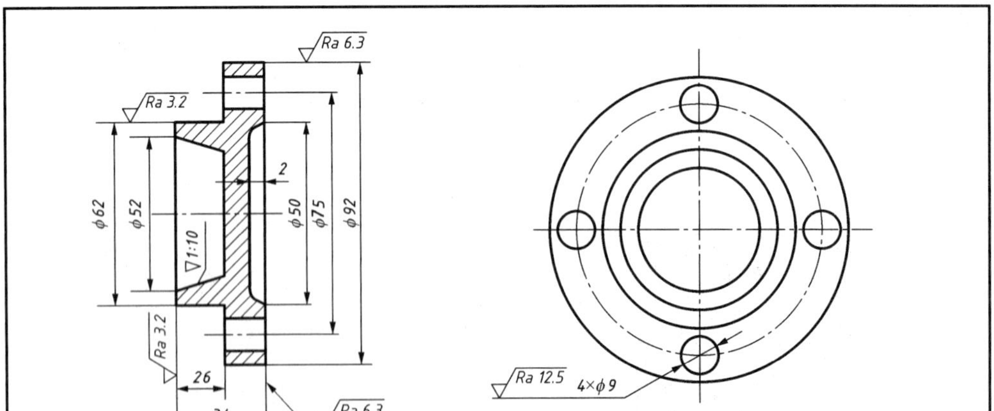

图 7.50 端盖零件图

总之,画图基本过程可以概括为：先定位置,后定形状;先画主要形体,后画次要形体;先画主要轮廓,后画细节。

7.2　装配图

用来表达机器或部件的图样称为装配图。它是进行设计、安装、检测、使用和维修等的重要技术文件。通过装配图可以了解机器或部件的结构形状、装配关系、工作原理和技术要求等。

7.2.1　装配图内容及表达方法

7.2.1.1　装配图内容

如图 7.51 所示为球阀的装配图。一张完整的装配图必须包括以下内容：

(1) 一组视图　用一组视图完整、清晰、准确地表达出机器的工作原理、各零件的相对

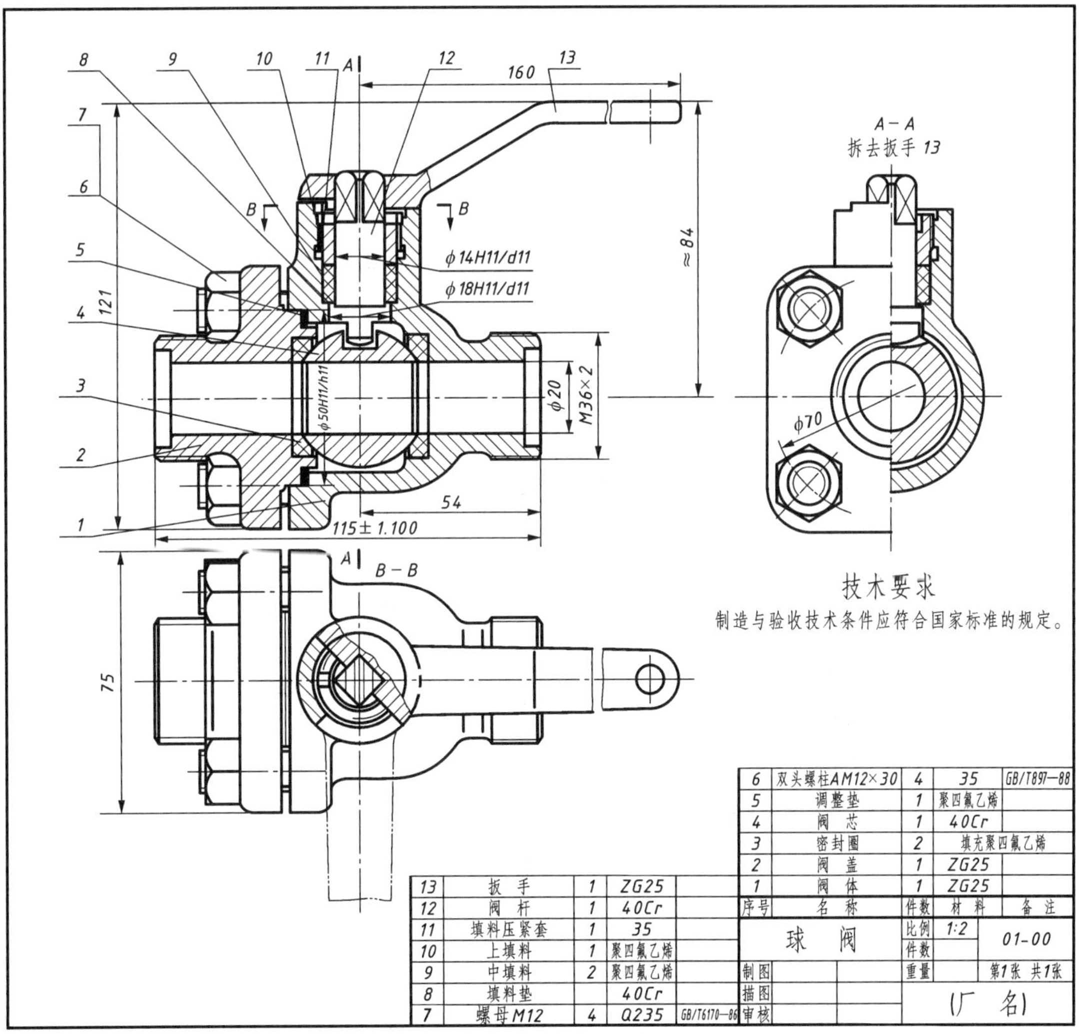

图 7.51　球阀

位置及装配关系、连接方式和重要零件的形状结构。

球阀的装配图采用了三个基本视图,主视图采用全剖视图;左视图半剖视;俯视图采用局部剖,比较清楚地表示了零件之间的装配关系和工作原理。

(2) 必要尺寸　装配图上要有表示机器或部件的规格、装配、检验和安装时所需要的尺寸。

球阀的装配图中,轴孔直径 $\phi20$ 为规格尺寸;M36 × 2 为安装尺寸,ϕ14H11/d11、ϕ50H11/h11 等为装配尺寸;115、75、121 为总体尺寸。

(3) 技术要求　说明机器或部件的性能、装配、调试和试验等所必须满足的技术条件。例如球阀的技术要求"制造与验收技术条件应符合国家标准的规定"。

(4) 零件的序号、明细栏和标题栏　用标题栏注明机器或部件的名称、规格、比例、图号以及设计人等。在装配图上对每种零件或组件必须进行编号;并编制明细栏依次注写出各种零件的序号、名称、规格、数量和材料等内容,以便于生产和图样管理。

7.2.1.2　**装配图的表达方法**

机器或部件的表达方法与零件的表达方法有共同之处,因此前面介绍的机件的各种表达方法,在装配图中仍然适用。但是零件图所表达的是单个零件,而装配图所表达的是多零件所组成的机器或部件,只要求把零件之间的装配关系、部件工作原理表达清楚,并不需要把每个零件的形状完全表达出来。两种图的要求不同,所表达的侧重点也不同。因此国家标准中又规定了装配图的规定画法和特殊表达方法。

1) 规定画法

(1) 接触面和装配面的画法

① 相邻零件的接触面或配合面,规定只画一条轮廓线,如图 7.52(a)所示。

② 但相邻零件之间的不接触面即使是间隙很小,也应画两条轮廓线,如图 7.52(c)所示。

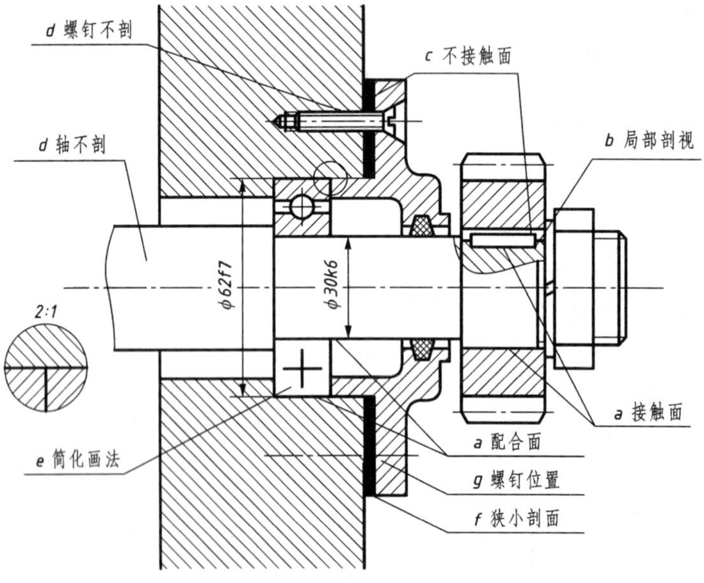

图 7.52　接触面和装配面画法

(2) 剖面线的画法

① 在同一装配图上,同一个零件在各个剖视图、剖面图中剖面线倾斜方向和间距要一致。

② 为了区分不同的零件，对于相邻零件的剖面线，其倾斜方向或间距不应画成一样。即采用倾斜方向相反或剖面线的间距不同以示区别，如图 7.52 所示的放大图。

③ 薄壁零件被剖，其厚度≤2 mm 时允许用涂黑表示被剖部分，如图 7.52(f)所示的垫片。

(3) 标准件和实心件的画法

① 装配图中，标准件(如螺纹紧固件、键、销)、实心零件(如轴、球、手柄、连杆之类)等，当剖切平面沿它们的轴线剖切时，均按不剖绘制，如图 7.52(d)所示的轴、螺母、垫圈等。

② 若实心轴上有需要表示的结构，如键槽、销孔等，可采用局部剖表示，如图 7.52(b)所示的键。

③ 轴类实心零件，若被垂直于轴线剖切时，则应画剖面符号，如移出断面图。

2) 特殊画法

(1) 拆卸画法　当某些零件遮住了所需表达的结构和装配关系时，可假想将这些零件拆卸后绘制其相应的视图，并标注“拆去××零件”，如图 7.53 所示。

(2) 沿结合面剖切画法　装配图中当需要表达某些内部结构时，可假想沿某两个零件结合面处剖切后投影。此时，零件的结合面不画剖面线，但被横向剖切的轴、螺栓、销等实心杆件要画出剖面线，如图 7.54 中“$A-A$”所示。

(3) 单独画出某零件视图的画法　装配图中为表示某零件的结构形状，可另外单独画出该零件的某一视图，采用这种画法，必须在所画视图上方注出该视图的名称，在相应视图附近用箭头指明投影方向，并注上同样的字母，如图 7.54 所示的“泵盖 B 向”。

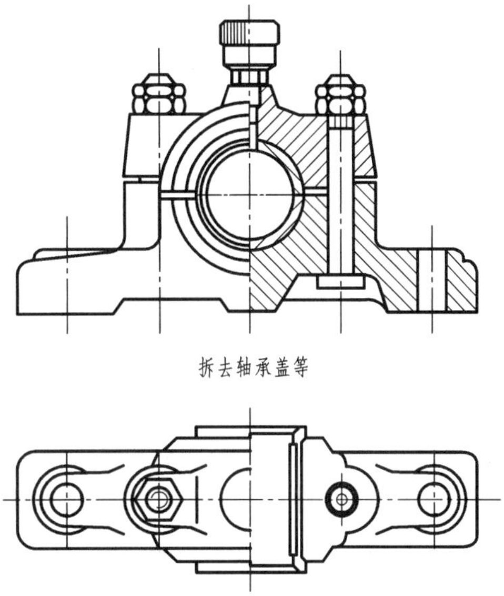

图 7.53　拆卸画法

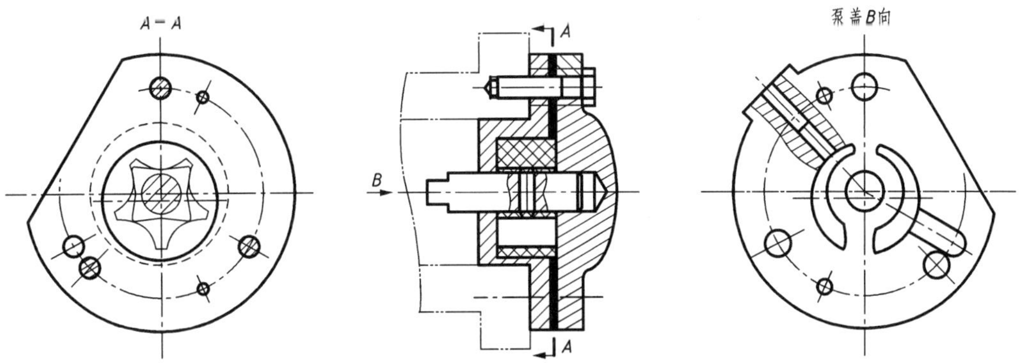

图 7.54　单独画出某零件视图的画法

(4) 假想画法

① 装配图中当需要表达运动件运动范围和极限位置时，可将运动件画在一个极限位置

上,另一极限位置(或两极限位置)用双点画线画出该运动件的外形轮廓,如图 7.55 所示。

② 装配图中当需要表示与本部件有装配或安装关系,但又不属于本部件的相邻零部件时,可假想用双点画线画出该相邻件的外形轮廓,如图 7.54 所示的双点画线。

(5) 夸大画法 装配图的薄片零件(如图 7.54 所示垫片)、细丝弹簧、较小的斜度和锥度、较小的间隙等,为了清楚表达允许不按原比例,适当夸大画出。

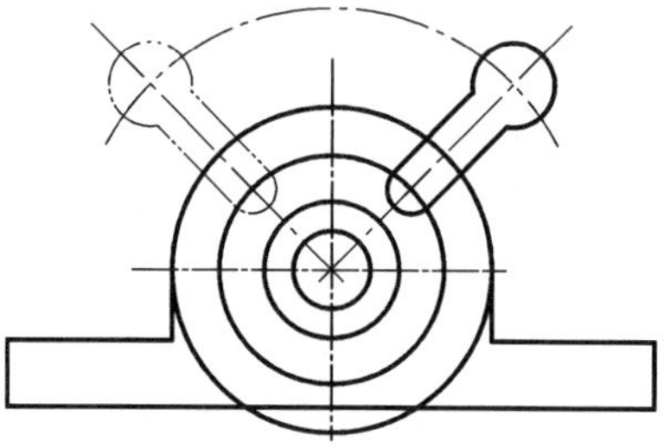

图 7.55 假想画法

3) 简化画法

① 为了作图方便,装配图中零件的一些细小的工艺结构,如小圆角、倒角、退刀槽等均可省略不画。螺纹紧固件倒角可不画;钻孔深度可不画出,但 120°锥角应画在钻孔直径上,如图 7.56 所示。

② 在装配图中,若干相同的零件组(如螺纹连接组件等)可仅详细地画出一处(或几处),其余各处以点画线表示其中心位置,如图 7.57 所示。

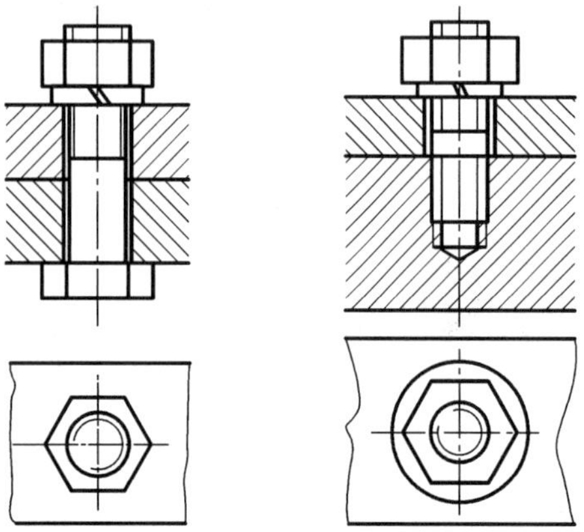

(a) (b)

图 7.56 细小的工艺结构简化画法

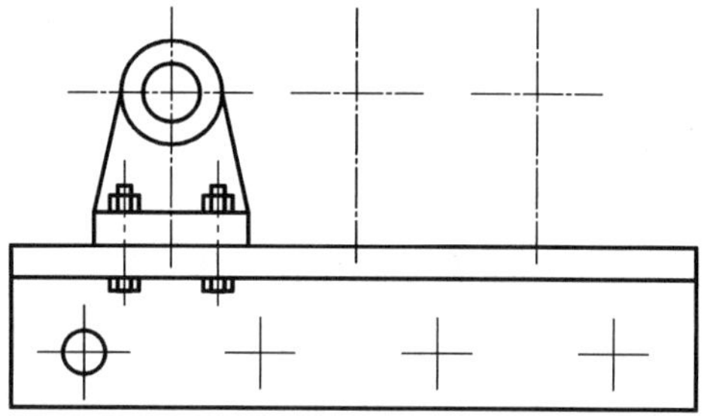

图 7.57 若干相同的零件组简化画法

7.2.2 零件序号、明细栏和标题栏

7.2.2.1 零件序号

为了便于看图和图纸的配套管理,以及生产组织工作的需要,国家标准规定,装配图中的零件和部件都必须编写序号,同时要编制相应的明细栏。

(1) 零部件序号一般规定

① 装配图中每一个零部件必须编注序号,同一装配图中相同的零部件只编注一个序号,且一般只标注一次,并与明细栏中的序号一致,不能产生差错。

② 标准化组件(如滚动轴承、电动机等)可看作一个整体编注一个序号。

(2) 序号的编排方式

① 序号的指引线用细实线画出,分布均匀,不要与轮廓线或剖面线等图线平行,指引线之间不允许相交,但指引线允许弯折一次;指引线的起点应该在所指零件的可见区域内,并

画出小圆点(如果零件为涂黑的薄片则用箭头指向轮廓),如图 7.58(d)所示。

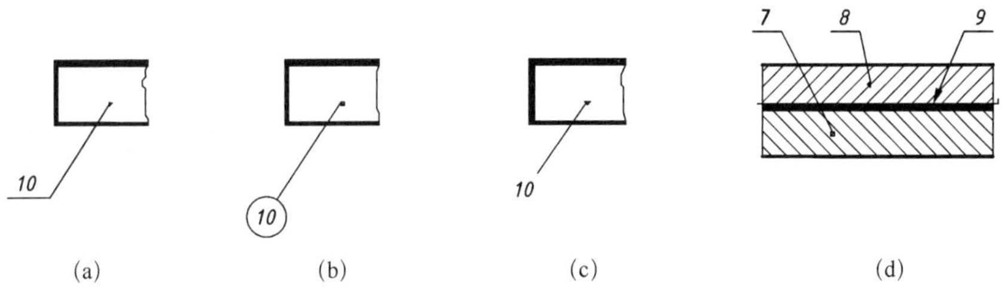

图 7.58　序号组成

② 一组紧固件或装配关系清楚的零件组,可采用公共指引线,如图 7.59 所示。

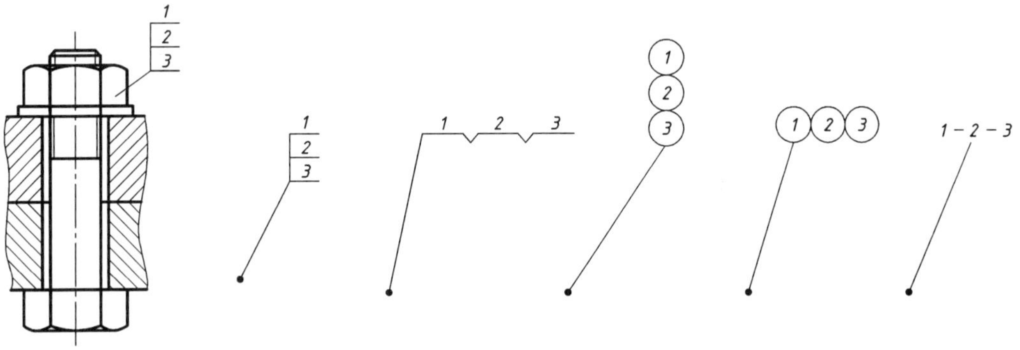

图 7.59　零件组标注

③ 零件的序号标在视图的轮廓外边,应按水平或竖直方向排列整齐,可按顺时针或逆时针方向顺次排列。在整个图上无法连续时,可只在每个水平或竖直方向顺次排列,如图 7.51 所示。

注意:为了避免编号出错,往往先画出需要编号零件的指引线和横线,检查无重复、无遗漏时,再统一填写序号。

7.2.2.2　明细栏和标题栏

明细栏一般画在标题栏的上方,是全部零部件的详细目录,表中填有零件的序号、名称、数量、材料、附注及标准,如图 7.60 所示。

明细栏和标题栏的画法和填写要求如下:

① 明细栏和标题栏的分界线是粗实线,明细栏的外框竖线是粗实线,而横线和内部竖线为细实线;

② 序号应自下而上顺序填写,如向上延伸位置不够,可以在标题栏紧靠左边自下而上延续;

③ 标准件的国标代号可写入备注栏或代号栏。

7.2.3　装配图尺寸标注及技术要求

7.2.3.1　装配图尺寸标注

1) 尺寸类型

装配图的尺寸标注要求与零件图的尺寸标注要求不同,它不需要标注每个零件的全部尺寸,只须标注一些必要尺寸,如图 7.51 所示。

(1) 性能(规格)尺寸　表示装配体性能(规格)的尺寸,它是设计和选用机器或部件的

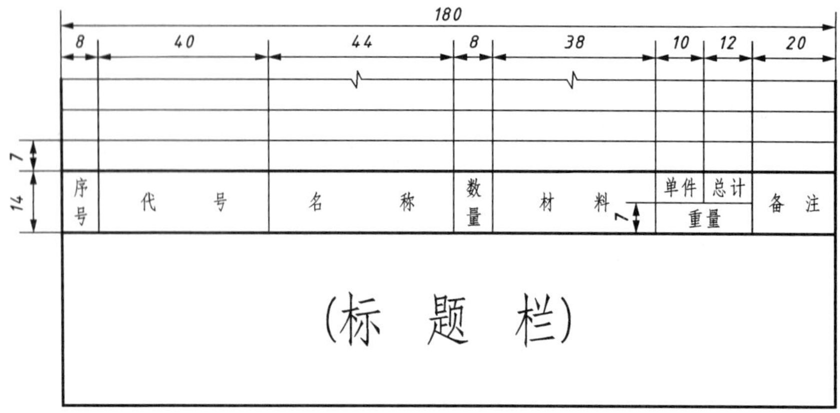

图 7.60 明细栏和标题栏

主要依据。球阀中的进出口直径 ϕ20 mm 是设计时给定的尺寸,表明此阀通孔流量的大小,决定该机器的单位流量。

(2) 装配尺寸 表示装配体中各零件之间相互配合关系的尺寸,是保证装配性能和质量的尺寸,如阀盖和阀体的配合尺寸 ϕ50H11/h11 等。

(3) 安装尺寸 机器或部件安装时所需的尺寸,球阀装配图中与安装有关的尺寸 84、54、M36×2 等。

(4) 外形尺寸 表示机器或部件外形轮廓的大小,即总长、总宽和总高。它为包装、运输和安装过程中所占空间的大小提供依据,如球阀的总长、总宽和总高分别为 115±1.1、75 和 121.5。

(5) 其他重要尺寸 它们是在设计中确定,又不属于上述几类尺寸的一些重要尺寸,如主要零件的重要尺寸等。

上述五类尺寸之间并不是孤立无关的。实际上有的尺寸往往同时具有多种作用,例如球阀中的尺寸 115±1.1,它既是外形尺寸,又与安装有关。一张装配图中有时也并不全部具备上述五类尺寸,因此对装配图中的尺寸需要具体分析后进行标注。

2) 公差与配合的标注

① 国家标准规定,装配图上标注公差与配合一般用相结合的孔与轴的公差带代号组合表示。即在基本尺寸的右边以分数的形式注出,分子为孔的公差带代号,分母为轴的公差带代号,如图 7.61 所示。

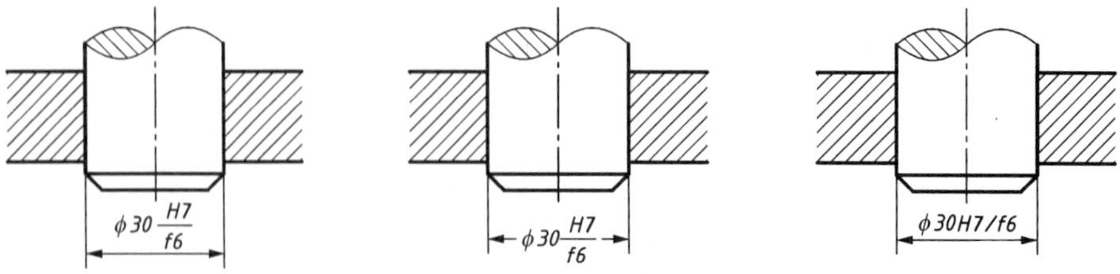

图 7.61 孔轴配合的标注

② 装配图中标注相配零件的极限偏差时,一般按图 7.62(a)的形式标注: 孔的基本尺寸和极限偏差注写在尺寸线的上方;轴的基本尺寸和极限偏差注写在尺寸线的下方,也允许按图 7.62(b)的形式标注,若需要明确指出装配件的代号时,可按图 7.62(c)的形式标注。

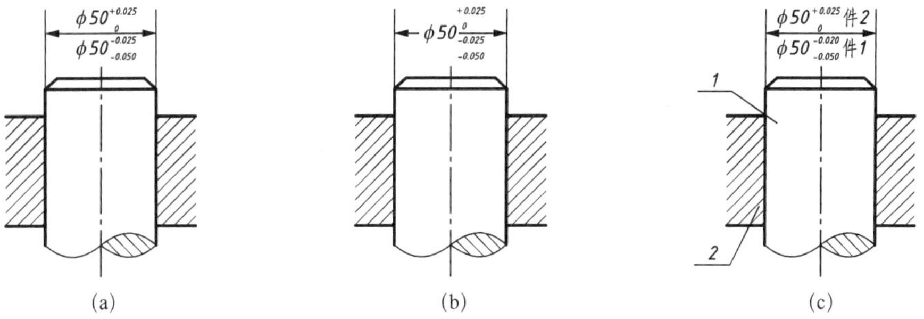

图 7.62　相配零件极限偏差的注法

③ 标注标准件、外购件与零件(轴或孔)的配合代号时,可以仅标注相配零件的公差带代号,如图 7.63 所示。

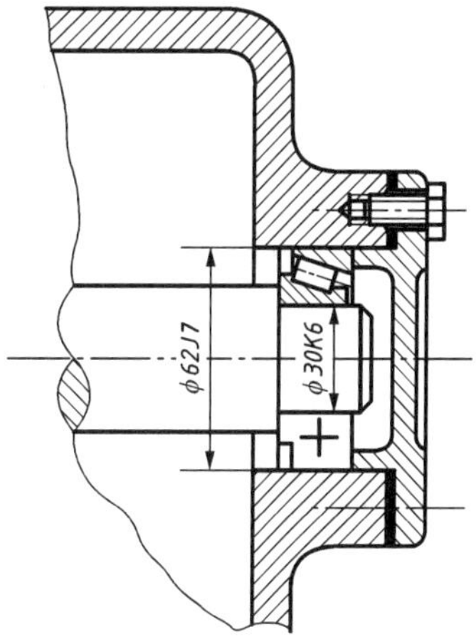

图 7.63　标准件有配合要求时的标注

7.2.3.2　技术要求

装配图中有些信息不便以数字、代号和符号的形式直接注在视图中,需要用文字在技术要求中说明:

(1) 装配要求　机器装配过程中的注意事项及装配后应达到的指标等,如装配方法和顺序等。

(2) 检验要求　装配后对机器或部件进行验收时所要求的检验方法和条件,如球阀的水压试验等。

(3) 使用要求　对机器使用、保养、维修时提出的要求,如限速要求、限温要求、绝缘要求等。

(4) 其他要求　机器或部件的涂饰、包装、运输等方面的要求等。

7.2.4　装配工艺结构

为了保证机器或部件的装配质量,便于零件的装、拆,应确定合理的装配结构。

7.2.4.1　接触面及配合面结构的合理性

① 孔与轴配合时,为保证有良好的接触精度,应在孔的接触端面倒角或在轴肩根部切槽,如图 7.64 所示。

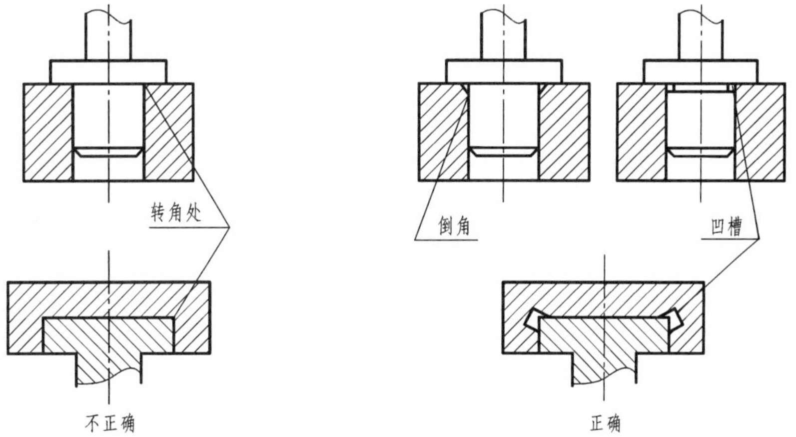

图 7.64　孔轴配合结构的合理性

② 两个零件在同一个方向上,只能有一个接触面或配合面,如图 7.65 所示。

(a) 不合理　　(b) 合理

图 7.65　同一方向上只能有一个接触面

7.2.4.2　防松结构的合理性

机器或部件在工作时,由于受到冲击或震动,如螺纹连接件可能发生松脱,甚至产生严重事故,因此在某些结构中需要采用防松结构,如图 7.66 所示。

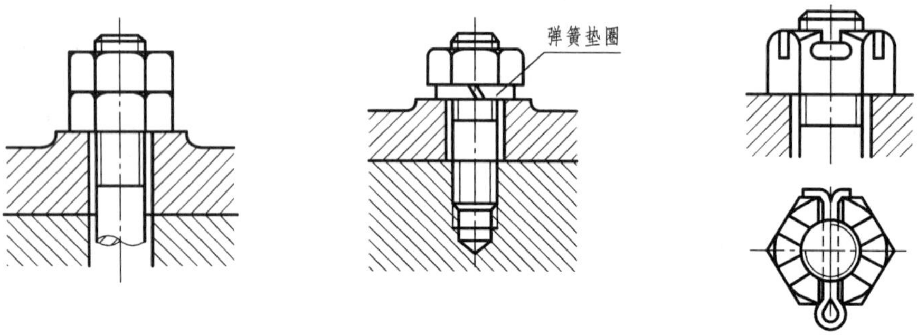

(a) 双螺母　　(b) 弹簧垫圈　　(c) 开口销

图 7.66　螺纹连接件防松

7.2.4.3　便于装拆的合理结构

① 采用销钉连接装拆方便,但要尽可能将销孔加工成通孔,如图 7.67 所示。

② 螺纹连接件装拆的合理结构,如图7.68 所示。

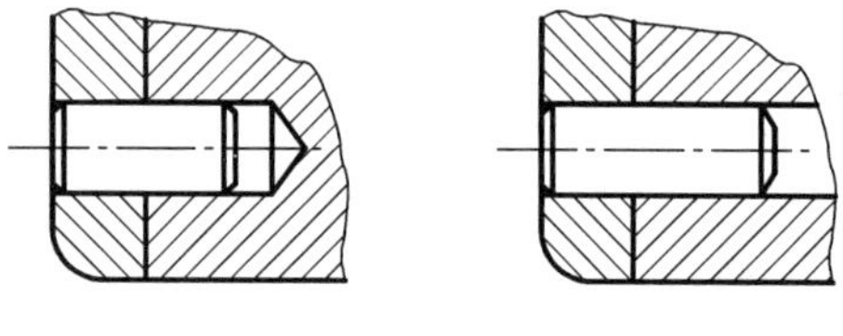

不合理　　合理

图 7.67　销连接合理性结构

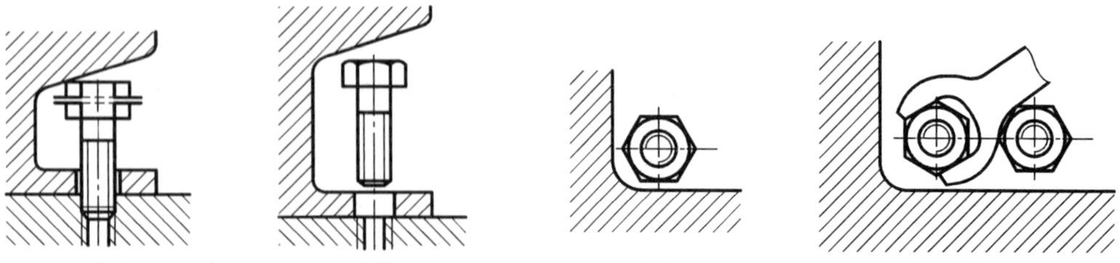

不合理　　合理　　不合理　　合理

(a)　　(b)

图 7.68　螺纹连接件装拆的合理结构

③ 螺栓头部全封箱体内，无法安装，在箱体上开一手孔或改用双头螺柱结构，如图 7.69 所示。

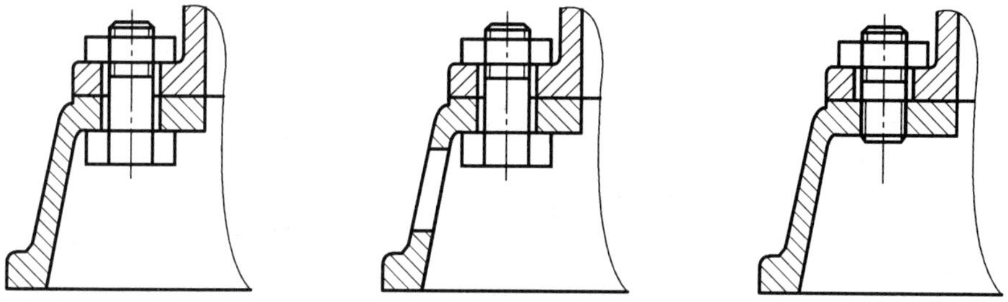
(a) 不正确　(b) 正确　(c) 正确

图 7.69　箱体上螺纹连接结构

④ 滚动轴承的内、外圈在进行轴向定位设计时，必须要考虑到拆卸的方便，如图 7.70 所示。

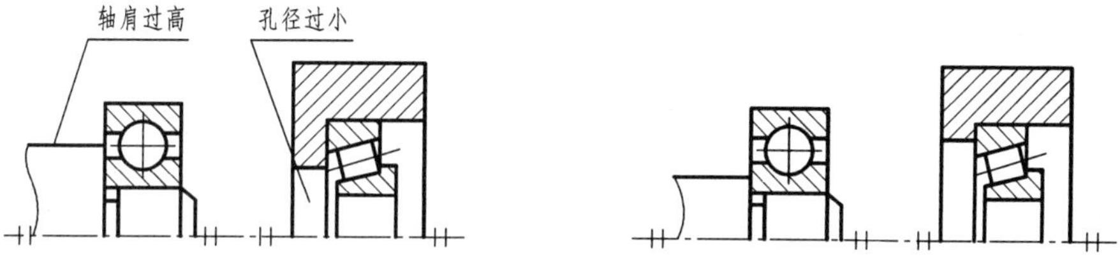

不正确　正确

图 7.70　滚动轴承端面接触的结构

7.2.5　读装配图和拆画零件图

在机器的设计、制造、装配、检验、使用、维修以及技术交流等生产活动中，都要用到装配图。因此工程技术人员必须具备熟练看懂装配图的能力，不仅能分析和读懂其中主要零件及其他有关零件的结构形状，而且还要具备据此拆画零件图的能力。

7.2.5.1　读装配图的步骤和方法

读齿轮泵装配图，如图 7.71 所示。具体步骤如下。

(1) 概括了解　读标题栏、明细栏及有关的说明书，了解机器或部件的名称、用途和工作原理。从零件明细栏对照图上的零件序号，了解零件和标准件名称、数量和所在位置。

齿轮泵是机器中用来输送润滑油的一个部件，由泵体，左、右端盖，运动零件(传动齿轮、齿轮轴等)，密封零件以及标准件等组成。对照零件序号以及明细栏可以看出，齿轮泵共有 17 种零件，其中标准件 6 种，常用件和非标准件 11 种。

(2) 视图分析　对视图进行分析。根据装配图上视图的表达内容，找出各个视图、剖视图、断面图等配置的位置及投射方向，从而搞清楚各视图的表达重点。

齿轮泵采用两个视图表达，主视图采用全剖视图，反映组成齿轮泵各个零件间的装配关系；左视图是采用沿左端盖 1 与泵体 6 接合面剖切后移去了垫片 5 的半剖视图 $B-B$，清楚地反映了吸、压油的情况和泵的外形。

(3) 了解工作原理和装配关系　在概括了解的基础上，从反映工作原理、装配关系较明显的视图入手，抓主要装配干线或传动路线，分析有关零件的运动状况和装配关系；然后沿次要的装配干线，继续分析工作原理、装配关系、零件的连接、定位以及配合的松紧度等。此

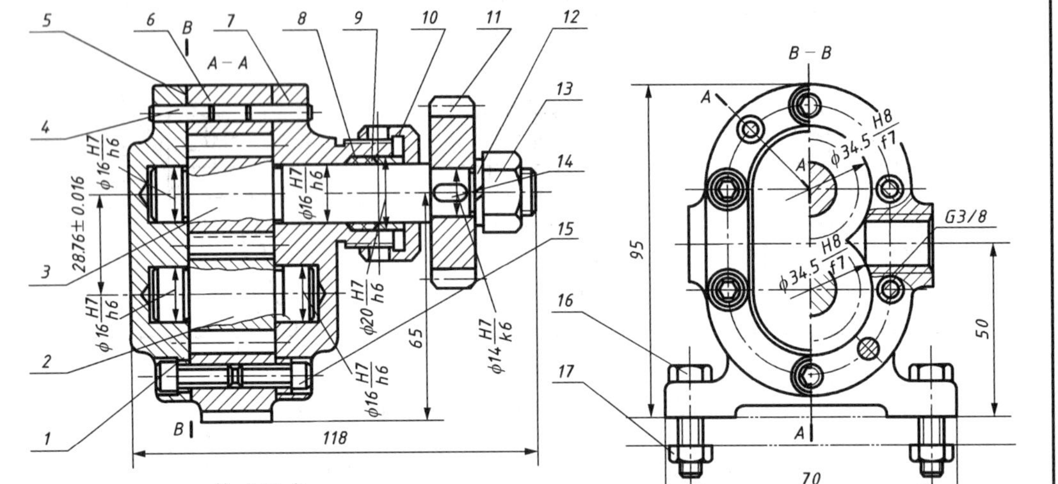

技术要求

1. 齿轮安装后，用手转动传动齿轮时，应灵活旋转。
2. 两齿轮轮齿的啮合面占齿长的3/4以上。

					10	压紧螺母	1	35		2	齿轮轴	1	45	m=3,z=9
17	螺母M6	2	Q235	GB6170—86	9	轴套	1	ZCuSn5PbZn5		1	左端盖	1	HT200	
16	螺栓M6×30	2	Q235	GB5782—86	8	密封圈	1	橡胶		序号	名　称	件数	材　料	备　注
15	螺钉M6×16	12	35	GB70—85	7	右端盖	1	HT200		齿轮油泵		比例		04-00
14	键　5×10	1	45	GB1096—79	6	泵体	1	HT200				件数		
13	螺母M12×1.5	1	35	GB6171—86	5	垫片	2	纸	δ=1	制图		重量		共1张第1张
12	垫圈12	1	65Mn	GB859—87	4	销A5×18	4	45	GB119—86	描图		(厂　名)		
11	传动齿轮	1	45	m=2.5,z=20	3	传动齿轮轴	1	45	m=3,z=9	审核				

图 7.71　齿轮泵装配图

外，也应分析运动件的润滑、密封方式等内容。

齿轮泵的泵体 6 是齿轮泵的主要零件之一，它的内腔容纳一对啮合的齿轮。将齿轮轴 2、传动齿轮轴 3 装入泵体后，两侧有左端盖 1、右端盖 7 支承齿轮轴的旋转运动。由销 4 将左、右端盖与泵体定位后，再用螺钉 15 将左、右端盖与泵体连接成整体。为了防止泵体与端盖结合面处以及传动齿轮轴 3 伸出端漏油，分别用垫片 5 及密封圈 8、轴套 9、压紧螺母 10 密封。

齿轮泵的工作原理：齿轮轴 2、传动齿轮轴 3、传动齿轮 11 是油泵中的运动零件。当传动齿轮 11 按逆时针方向(从左视图观察)转动时，通过键 14，将扭矩传递给传动齿轮轴 3，经过齿轮啮合带动齿轮轴 2，从而使后者作顺时针方向转动。当一对齿轮在泵体内作啮合传动时，啮合区内右边空间压力降低而产生局部真空，油池内的油在大气压力作用下进入油泵低压区内的吸油口，随着齿轮的转动，齿槽中的油不断被带至左边的压油口把油压出，送至机器中需要润滑的部分。

(4) 分析尺寸及其配合　分析各零件的连接、配合关系，必须分清哪些是非配合面、哪些是配合面。若是配合面，应清楚其配合基准制、配合种类和公差等级，一般可根据图中所注的配合代号来判断其配合的松紧程度，进而了解配合件的相对运动情况。

根据零件在部件中的作用和要求，传动齿轮 11 靠键传递扭矩，带动传动齿轮轴 3 一起转动，配合尺寸是 ϕ14H7/k6，它属于基孔制的优先过渡配合。

齿轮与端盖在支承处的配合尺寸是 ϕ16H7/h6；轴套与右端盖的配合尺寸是 ϕ20H7/

h6；齿轮轴的齿顶圆与泵体内腔的配合尺寸是 ϕ34.5H8/f7，尺寸 28.76±0.016 是一对啮合齿轮的中心距，这个尺寸准确与否将会直接影响齿轮啮合传动。尺寸 65 是传动齿轮轴线离泵体安装面高度尺寸。28.76±0.016 和 65 分别是设计和安装所要求的尺寸。此外标注吸、压油口的尺寸 G3/8 是输油管接头的大小。

(5) 分析各零件的结构形状和作用　分析零件的结构形状是看装配图的难点。看图时一般先从主要零件入手，按照与其邻接及装配关系依次逐步扩大到其他零件。

分析零件必须先分离出零件，根据零件的编号和各视图的对应关系，找出该零件的各有关部分，同时根据同一零件在各个剖视图上剖面线方向、间隔都相同的特点，找出零件的对应投影关系，并想象出零件的形状。对在装配图中未表达清楚的部分，则可通过其相邻零件的关系再结合零件的功用，判断该零件的结构形状。

(6) 归纳小结　最后把对部件的所有分析进行归纳，获得对部件整体的认识。

7.2.5.2　**由装配图拆画零件图**

在设计部件时，需要根据装配图拆画零件图，一般只是拆画非标准零件，不画标准件。拆图时应对所拆零件的作用进行分析，然后把该零件从与其组装的其他零件中分离出来，结合分析补齐所缺的轮廓线。有时还需要根据零件图视图表达的要求，重新选定投影方向、安排视图和画视图，再按零件图的要求，注写尺寸及技术要求。

1) 拆画零件图的注意事项

(1) 完善结构形状　装配图一般只表达了零件的主要结构形状，对尚未表达清楚的结构形状应根据其作用和装配关系补充完整。装配图中被省略的工艺结构，如倒角、退刀槽等，在零件图中应该画出。

(2) 尺寸标注　装配图中只标注与装配和检验有关系的尺寸，但零件图要求尺寸标注完整，便于制造。因此标注时须注意：

① 装配图上已标注的尺寸，包括明细栏给出的尺寸，应直接移植到零件图上，对配合尺寸要查表，改写成极限偏差。

② 标准结构(如螺孔、键槽、销孔、倒角、退刀槽等)尺寸应查表画出；齿轮之类常用件的分度圆、齿顶圆直径等尺寸应该计算。

③ 其余尺寸从装配图中直接量取，按比例换算，并按优先数取标准数值。

④ 应注意相邻零件接触面有关尺寸协调一致。

2) 拆画零件图示例

如图 7.72 所示齿轮泵装配图，拆画右端盖(序号 7)零件图。

由主视图可见右端盖上部有传动齿轮轴 3 穿过，下部有齿轮轴 2 轴颈的支承孔，在右侧凸缘的外圆柱面上有外螺纹，用压紧螺母 10 通过轴套 9 将密封圈 8 压紧在轴的周围；由左视图可见右端盖的外形为长圆形，沿周围分布六个螺钉沉孔和两个圆柱销孔。

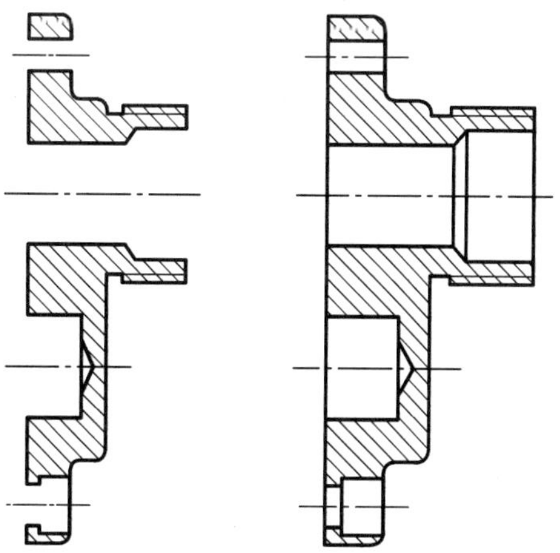

(a) 分离出右端盖的主视图　(b) 补全图线的主视图

图 7.72　由齿轮泵装配图拆画右端盖零件图

首先从主视图分离出右端盖的视图轮廓，由于在装配图的主视图上，右端盖的一部分可见投影被其他零件所遮，因而它是一幅不完整的图形，如图 7.72(a)所示；其次根据此零件的作用及装配关系，补全所缺的轮廓线，如图 7.72(b)所示。

最后按零件图要求注全尺寸和技术要求，尺寸公差要按装配图已表达的要求注写，如图 7.73 所示。

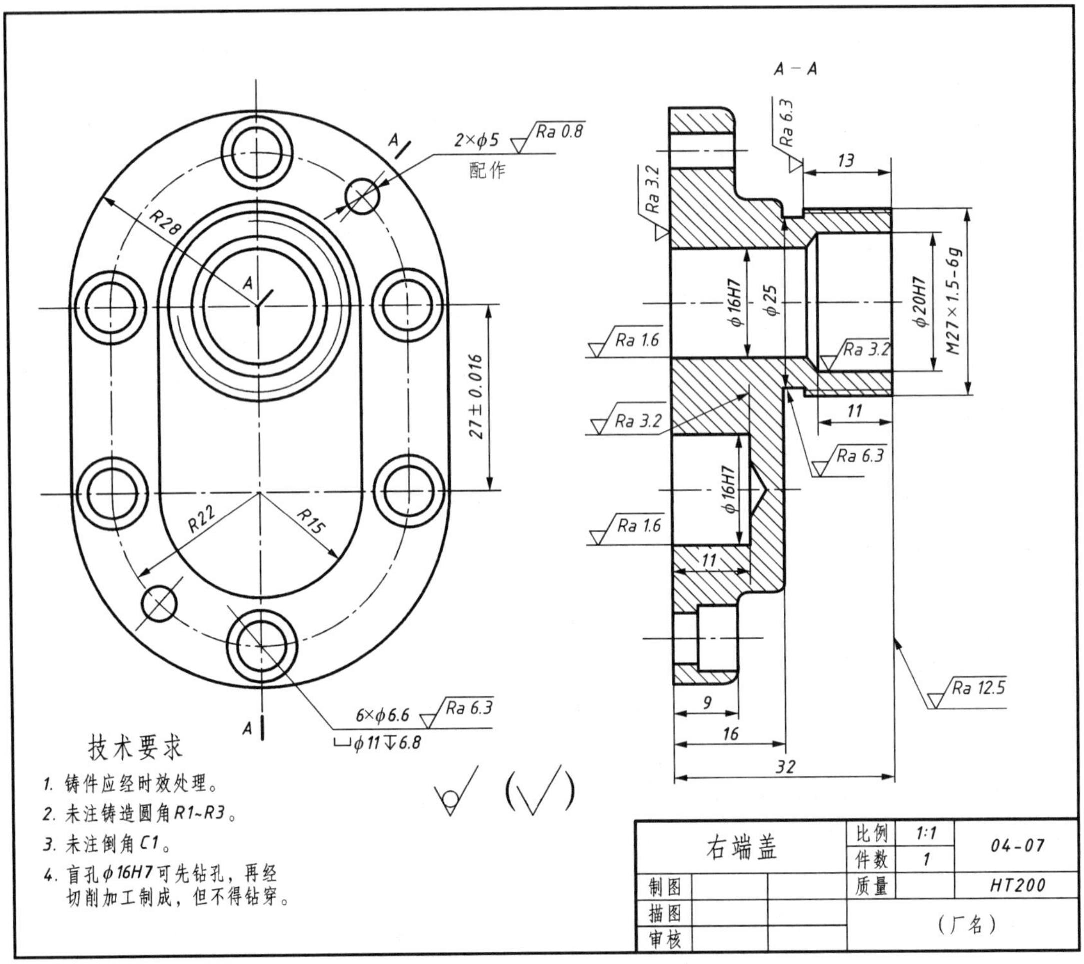

图 7.73　齿轮泵右端盖零件图

7.3　焊接图

焊接是在金属之间，利用局部加热或加压等手段，借助于金属内部原子的结合力，使金属连接成整体的一种加工方法。由于这种加工方法施工简单、连接可靠，所以在工业生产中应用广泛。常见的焊接方法有电弧焊、气焊、电渣焊和钎焊等，常见的焊缝型式如图 7.74 所示。

7.3.1　焊缝的图示符号和符号标注

焊接图是指导焊接加工用的一种工程图样，它除了把焊接件的结构表达清楚外，还必须

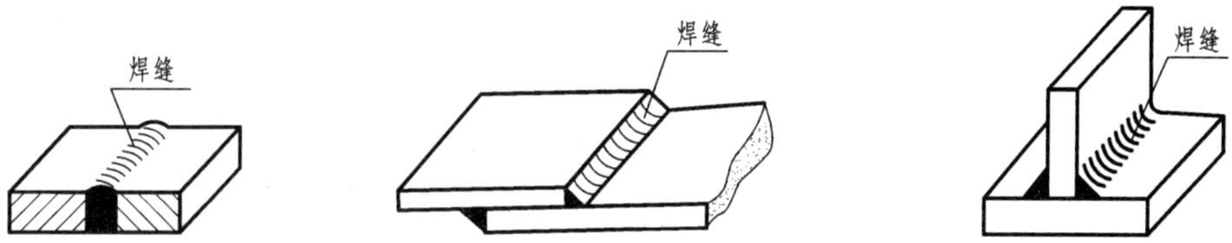

(a) 对接焊缝　(b) 搭接焊缝　(c) 角接焊缝

图 7.74　焊缝型式

把被连接件连接处的焊缝型式也要表示清楚。

7.3.1.1　焊缝符号

焊缝符号一般由基本符号和指引线组成，必要时还可以加上辅助符号、补充符号和焊缝尺寸符号。

(1) 基本符号　表示焊缝剖面形状的符号，它采用近似于焊缝横剖向形状的符号表示。常见的焊缝基本符号见表 7.9。

表 7.9　焊缝基本符号(GB/T 324—2008)

焊缝名称	焊缝型式	符号	焊缝名称	焊缝型式	符号
I 形			U 形	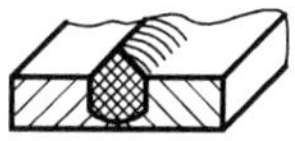	
V 形	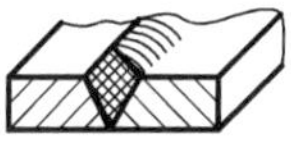		单边 U 形	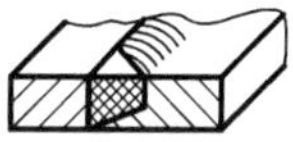	
钝边 V 形			封底焊	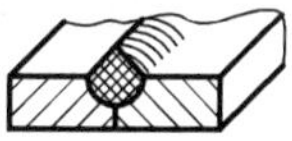	
单边 V 形	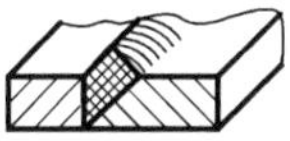		点焊	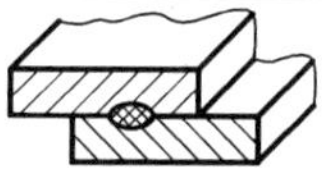	
钝边单边 V 形			角焊	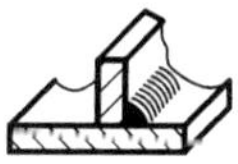	

(2) 辅助符号　辅助符号表示焊缝表面形状特征的符号，标注要配置在基本符号固定位置，见表 7.10。当不需要确切地说明焊缝的表面形状时，可以不加注辅助符号。

表 7.10　焊缝辅助符号

序号	名称	示意图	符号	说明
1	平面符号		—	焊缝表面平齐(一般通过加工)
2	凹面符号	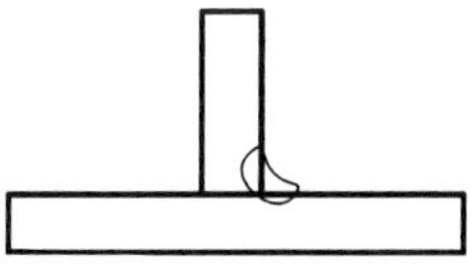		焊缝表面凹陷
3	凸面符号	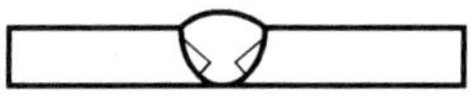		焊缝表面凸起

(3) 补充符号　补充符号用来补充说明有关焊缝或接头的某些特征,诸如表面形状、衬垫、焊缝分布、施焊地点等,见表 7.11。

表 7.11　焊缝补充符号

名　称	示 意 图	符　号	说　明
带垫板符号			表示焊缝底部有垫板
三面焊缝符号	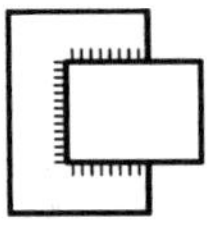		表示三面带有焊缝
周围焊缝符号	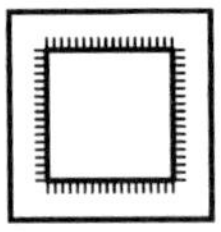		表示环绕工件周围焊缝
现场符号	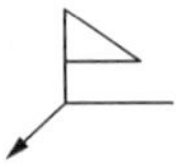		表示在现场或工地上进行焊接
尾部符号			参照 GB/T 5185 标注工艺内容

(4) 焊缝尺寸符号　焊缝尺寸指的是工件的厚度、坡口的角度、根部的间隙等数据的大小,焊缝尺寸一般不标注,如设计或生产需要注明时才标注,常用的焊缝尺寸符号见表 7.12。

表 7.12　焊缝尺寸符号

符号	名　称	示 意 图	符号	名　称	示 意 图
δ	工件厚度	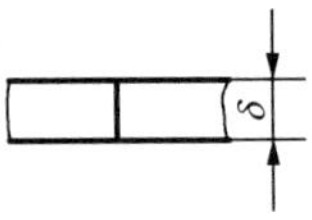	R	根部半径	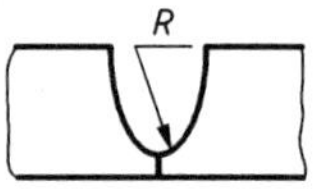
α	坡口角度	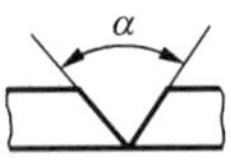	l	焊缝长度	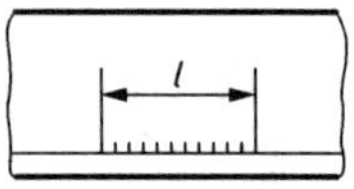
b	根部间隙	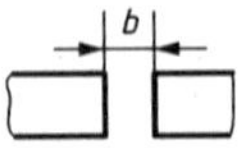	n	焊缝段数	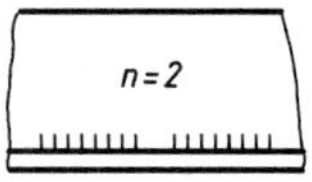
p	钝边	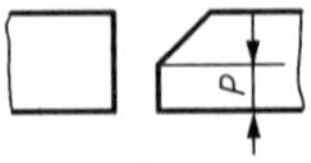	e	焊缝间距	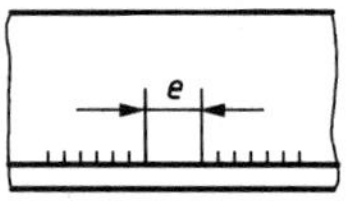
c	焊缝宽度	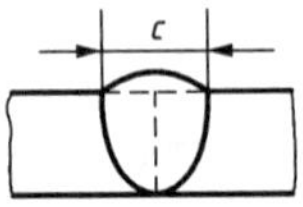	K	焊角尺寸	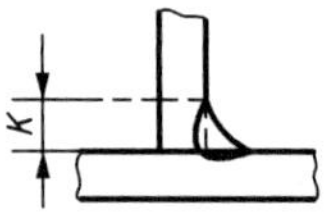

（续表）

符号	名　　称	示　意　图	符号	名　　称	示　意　图
d	熔核直径	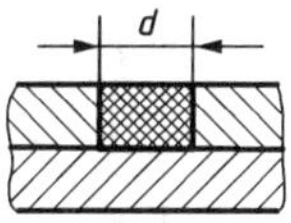	H	坡口深度	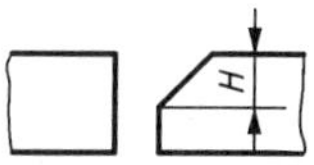
S	焊缝有效厚度	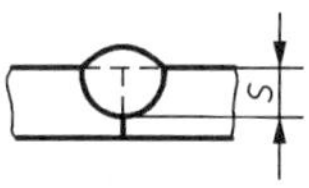	h	余高	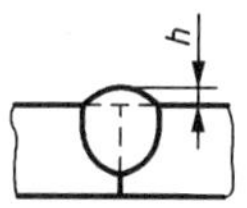
N	相同焊缝数量符号	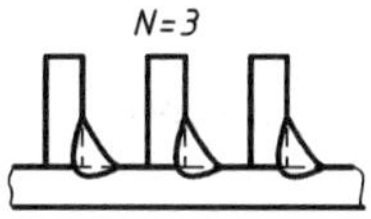	β	坡口面角度	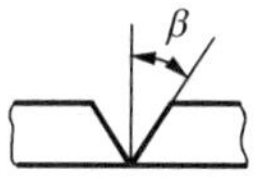

7.3.1.2　焊缝的指引线及其在图样上的位置

在焊接符号中，基本符号和指引线为基本要素。焊缝的准确位置通常由基本符号和指引线之间的相对位置决定，具体包括指引线的位置、基准线的位置和基本符号的位置。

(1) 指引线组成　引出线一般由箭头、指引线和横线组成。指引线应指向有焊缝处，横线一般应与主标题栏平行，焊缝符号标注在横线上面、下面或中间处，如图 7.75(a)所示。必要时可在横线末端加一尾部(90°夹角的细实线)，作为其他说明之用(如焊接方法、焊缝数量等)，必要时允许箭头线弯折一次，如图 7.75(b)所示。

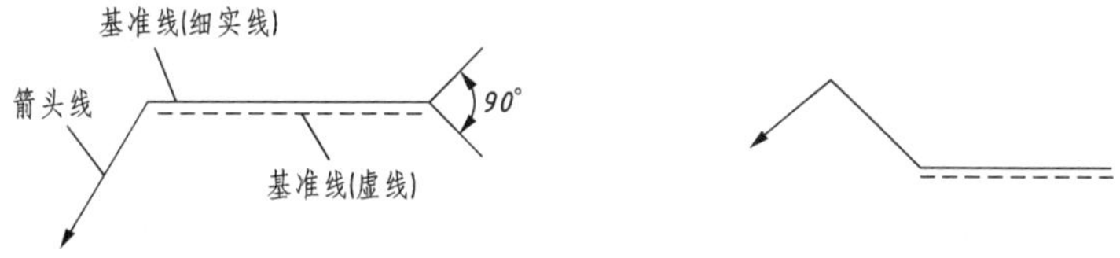

(a)　(b)

图 7.75　指引线

(2) 焊缝符号相对于基准线的位置　在标注基本符号时，它相对于基准线的位置严格规定如下：

① 基本符号在实线侧时，表示焊缝在接头的箭头侧，如图 7.76(a)所示；

② 基本符号在虚线侧时，表示焊缝在接头的非箭头侧，如图 7.76(b)所示；

③ 对称焊缝允许省略虚线，如图 7.76(c)所示；

④ 在明确焊缝分布位置的情况下，有些双面焊缝可以省略虚线，如图 7.76(d)所示。

7.3.1.3　焊缝尺寸符号的标注和简化标注

(1) 焊缝尺寸符号的标注　焊缝尺寸符号及数据的标注位置，如图 7.77 所示。

焊缝尺寸的标注规定如下：

① 焊缝横截面上的尺寸标注在基本符号的左侧；

② 焊缝长度尺寸标注在基本符号的右侧；

③ 坡口角度、坡口面角度、根部间隙的尺寸标注在基本符号的上方或下方；

④ 相同焊缝的数量(N)标注在尾部；

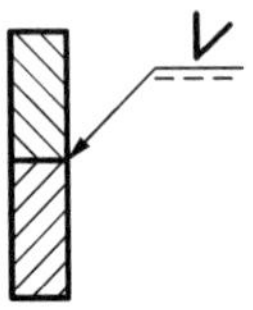

(a) 箭头指向施焊面

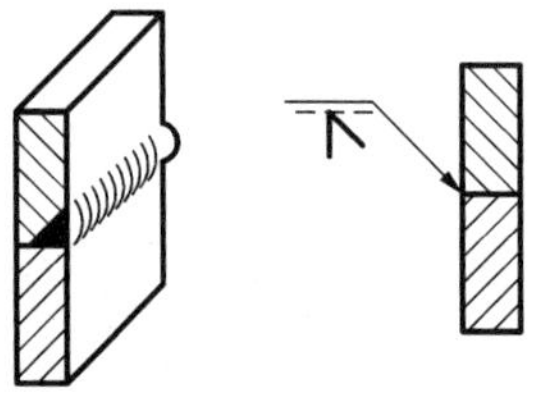

(b) 箭头指向施焊背面

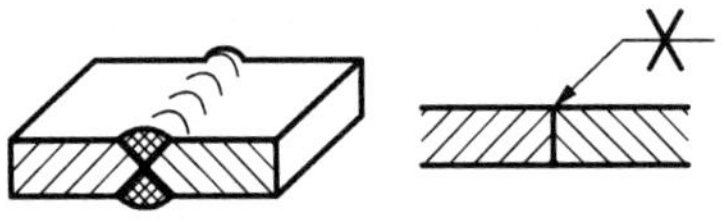

(c) 对称焊缝

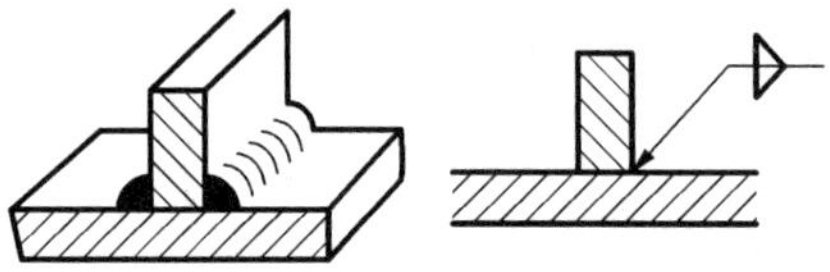

(d) 双面焊缝

图 7.76　焊接符号在基准线上的位置

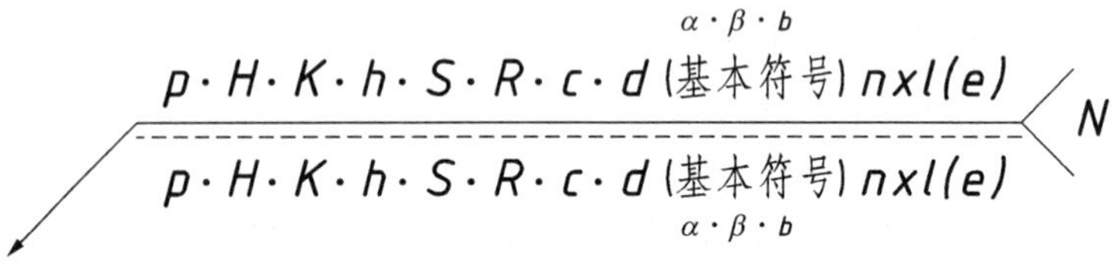

图 7.77　焊缝尺寸符号的标注位置

⑤ 当尺寸较多不易分辨时,可在尺寸数据前增加相应的尺寸符号。

(2) 焊缝的常用简化标注

① 当同一图样上全部焊缝所采用的焊接方法完全相同时,焊缝符号尾部表示焊接方法的代号可省略不注,但必须在技术要求或其他技术文件中注明“全部焊缝均采用……焊”等字样;当大部分焊接方法相同时,也可在技术要求或其他技术文件中注明“除图样中注明的焊接方法外,其余焊缝均采用……焊”等字样。

② 在焊缝符号中标注交错对称焊缝尺寸时,允许在基准线上只标注一次,如图 7.78 所示。

③ 当断续焊缝、对称断续焊缝和交错断续焊缝的段数无严格要求时,允许省略焊缝段数,如图 7.79 所示。

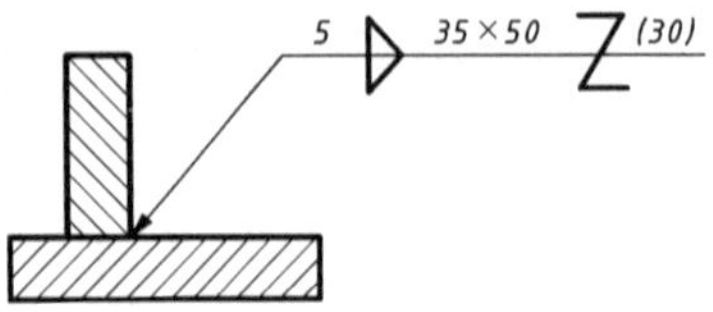

图 7.78　焊缝的简化标注(一)

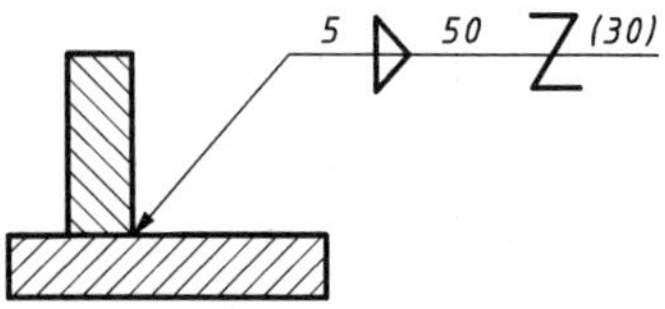

图 7.79　焊缝的简化标注(二)

④ 在同一图样中,当若干条焊缝的坡口尺寸和焊缝符号均相同时,可采用集中标注,如图 7.80 所示;当这些焊缝同时在接头中的位置均相同时,可在焊缝符号的尾部加注相同焊缝数量,但其他型式的焊缝,仍须分别标注,如图 7.81 所示。焊接标注示例见表 7.13。

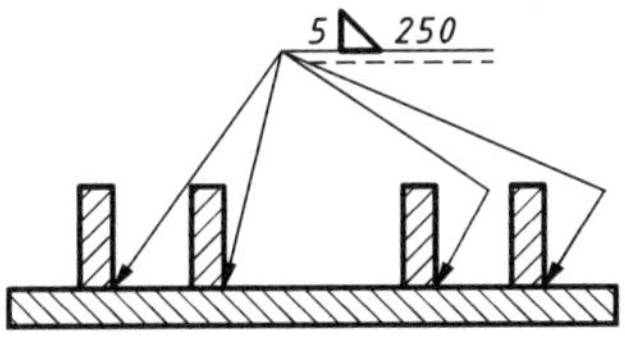

图 7.80　焊缝的简化标注(三)

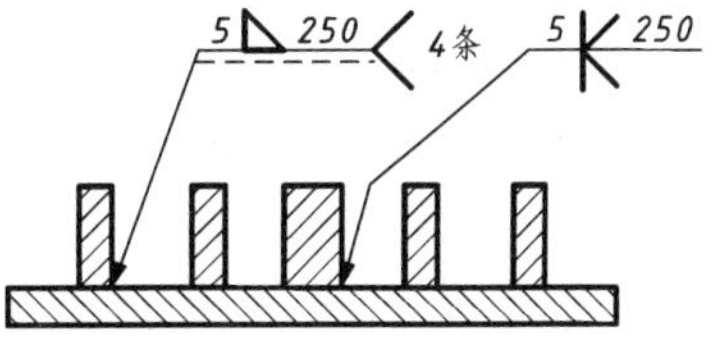

图 7.81　焊缝的简化标注(四)

表 7.13　焊接的标注示例

接头型式	焊缝型式	标注示例	说　　明
对接接头	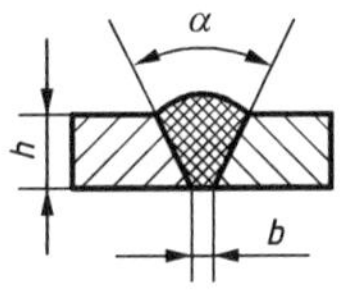	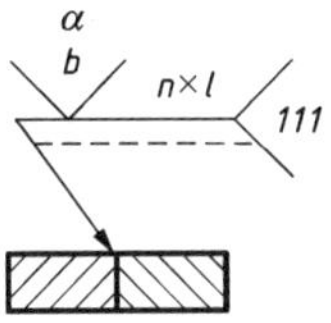	111 表示用手工电弧焊，V 形焊缝，坡口角度为 α，对接间隙为 b，有 n 条焊缝，焊缝长为 l
角接接头	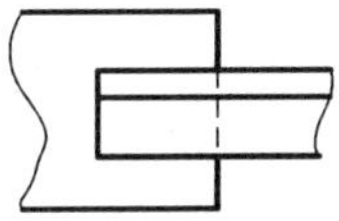	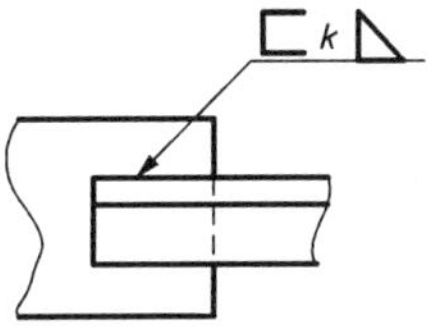	表示三面焊接；表示单面角焊缝
	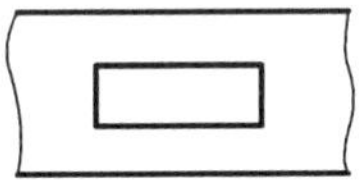	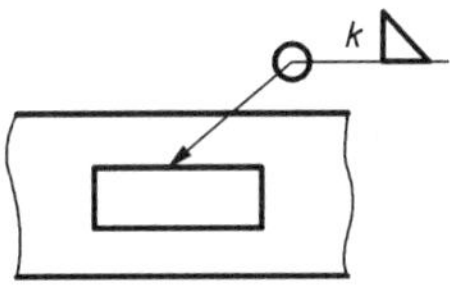	
T 形接头	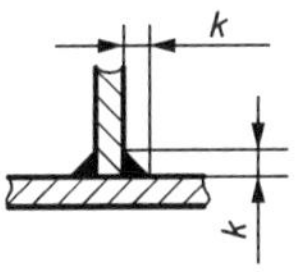	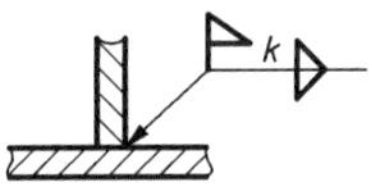	表示在现场装配时进行焊接；表示双面角焊缝，焊角高度 K
	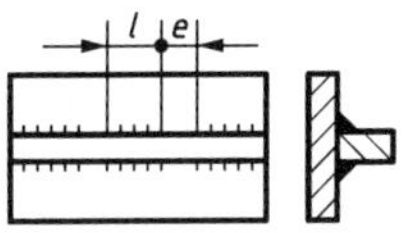	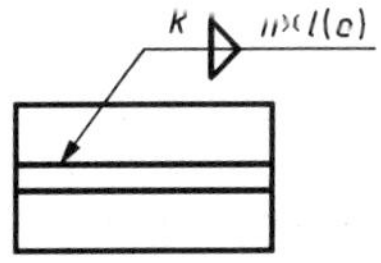	n×l(e) 表示有 n 条对称断续角焊缝，l 表示焊缝的长度，e 表示断续焊接的间距
	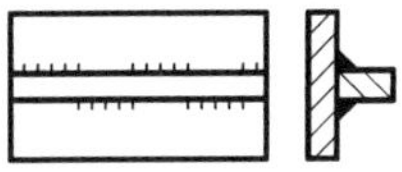	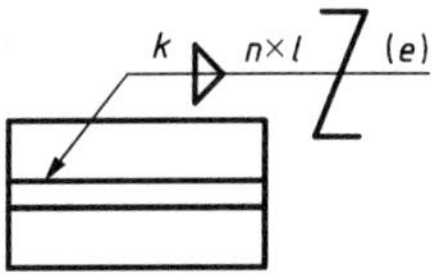	表示交错断续角焊缝

7.3.2　焊接图例

如图 7.82 所示为一焊接组合件，该焊接件由六种零件采用手工电弧焊焊成，焊缝要求均在视图中注明。现对照视图，将各处焊缝符号的意义简述如下：

(1) 剖视图中的焊接符号说明　竖板(件 2)与底板(件 1)之间，采用焊缝尺寸为 10 mm 的对称角焊缝焊接，这样的焊缝共有两处(竖板有左、右两件，各有两条焊缝)。焊缝基本符号的右侧无任何标注,且又无其他说明,意味着焊缝在竖板(件 2)的全长上是连续的。

(2) 左视图中的焊接符号说明　扁钢(件 3)与支架左侧竖板也采用焊接,此处焊接在现场装配时进行,选用焊角尺寸为 6 mm 的单面角焊缝,三面角焊缝。三面焊缝符号的开口方向与焊缝的实际方向一致,表明扁钢(件 3)与销轴(件 6)之间没有焊缝。

(3) 技术要求中的说明　技术要求中的第一条,指明上述几处焊缝的焊接方法均采用手工电弧焊。

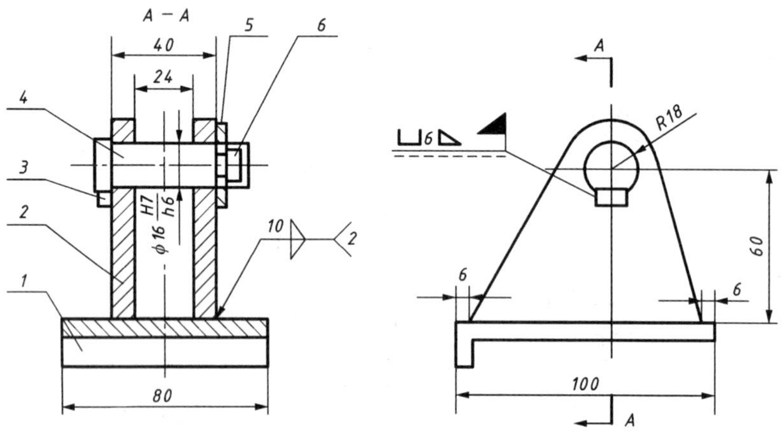

技术要求

1. 全部焊缝采用手工电弧焊。

2. 所有焊缝不得有熔蚀等缺陷。

3. 序号 3、4、5、6 可在总装时进行焊接装配。

6	GB 91—86	销	1	45	
5	GB 97.1—85	垫圈 16	1		
4	ZJ-04	销轴	1	25	
3	ZJ-03	扁钢	1	Q235	
2	ZJ-02	竖板	2	Q235	
1	ZJ-01	底板	1	Q235	
序号	代　号	名　称	数 量	材　料	备　注

标题栏

图 7.82　支架

第 8 章　房屋建筑图

房屋建筑图与机械图一样，也是采用正投影法，按国家标准有关规定绘制的。有时为了研究建筑物的外形，讨论设计方案，设计时还常用中心投影法绘制直观性强的透视图。但由于建筑物的形状、大小、结构和建筑材料等与机械存在着很大的差别，所以在表达方法上也有所不同。

本章将简要地介绍房屋建筑图的图示特点和基本表达方法，以及房屋建筑制图国家标准的有关规定。

8.1　房屋建筑图概述

8.1.1　房屋建筑组成

根据房屋建筑使用性质的不同，分为生产性建筑（如工业厂房）和非生产性建筑（如民用建筑）。不论哪种建筑，虽然它们的使用要求、空间组合、外形处理等各不相同，但都是由主要构件[如基础、墙（或柱）、楼板、地面等]、配件（如台阶、阳台、雨水管等）和装修构件等组成。

如图 8.1 所示，一幢三层楼的职工宿舍，该楼房的组成有基础、内外墙、楼板、门、窗和楼梯；屋顶设有屋面板。此外，还设有阳台、雨篷、保护墙身的勒脚和明沟等。

8.1.2　房屋建筑图分类

房屋的设计一般分为初步设计和施工图设计两个阶段进行。初步设计阶段提出设计方案，画出初步设计图，内容简略。施工图设计阶段，要画出施工图，它是直接用来指导施工建造的图样，要求表达详尽、尺寸齐全。

一套房屋建筑图纸，根据其内容和作用的不同，一般分为：

(1) 首页　包括图纸目录和设计总说明。

(2) 建筑施工图　包括施工总说明、总平面图、平面图、立面图、剖面图和构造详图。

(3) 结构施工图　包括结构布置平面图（基础平面图、楼层结构平面图、屋顶结构平面图等）和各构件的结构详图（基础、梁、板、柱、楼梯、屋面等的结构详图）。

(4) 设备施工图　包括给水排水、采暖通风、电气等设备的平面布置图、系统图和施工详图及其说明书等。

8.1.3　房屋建筑图的视图表达形式

房屋建筑图通常采用的视图有平面图、剖面图、立面图和详图等，从总体上表达房屋建筑的内外形状和结构，如图 8.2 所示。

(1) 平面图　假想用经过门、窗洞沿水平面将房屋剖开，移去上部，由上向下投射得到的水平剖面图称为平面图。平面图又分为底层平面图，标准层平面图，顶层平面图等，如图

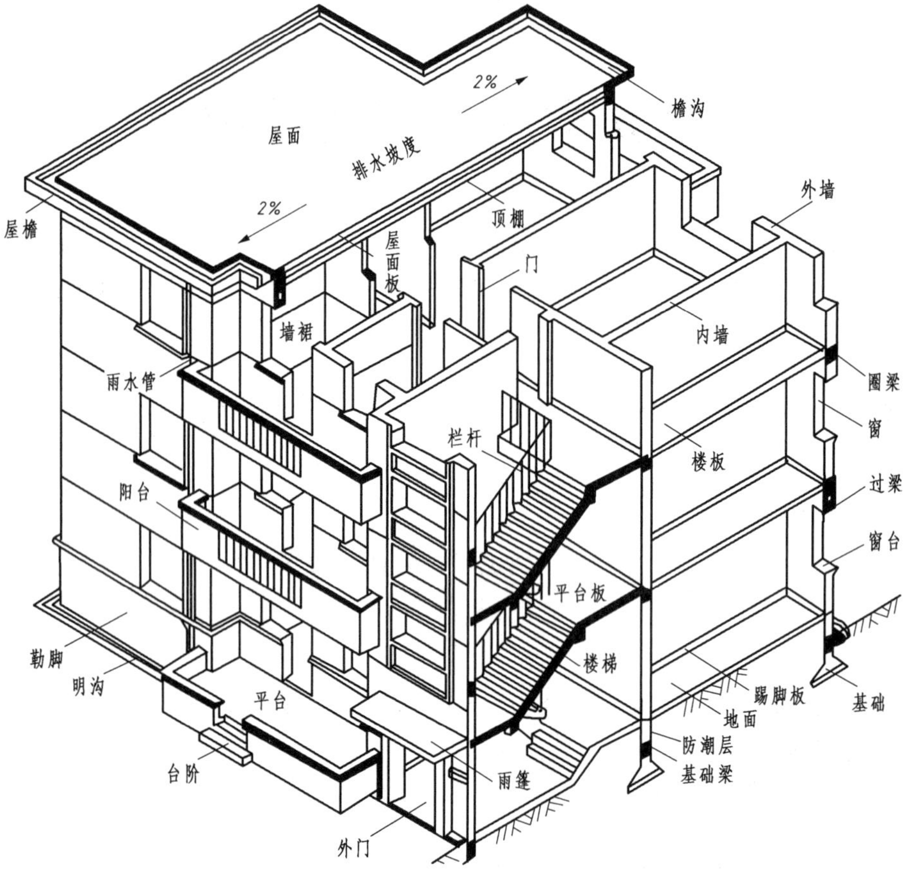

图 8.1　房屋建筑的组成

8.2 所示。

平面图反映房屋的平面形状、大小和房间布置、墙(柱)的位置、厚度、门窗的位置以及开启方向等情况,它是施工图中基本的图样之一。

(2) 剖面图　假想用侧平面或正平面将房屋剖开,移去处于观察者和剖切面之间的部分,把余下部分向投影面投射所得到的投影称为剖面图。图内应包括剖切平面和剖切方向可见的建筑构造、构配件以及必要的尺寸、标高等,如图 8.2 中 1－1 剖面图。

剖面图用以表示房屋内部结构、构造形式、分层情况和各部位的联系及其高度等,是与平面图、立面图互相配合的不可缺少的重要图样之一。

(3) 立面图　从建筑物的正面、侧面和背面投影而得到的外形图称为立面图。有定位轴线的建筑物,根据两端定位轴线号编注立面图的名称,如图 8.2 所示的①-③立面图。

立面图用来表示房屋的外貌,反映房屋的高度,门窗的形式、大小和位置,墙面装饰的做法及必要的尺寸和标高等。

(4) 详图　对房屋的局部结构、配件,用较大的比例(如 1∶1、1∶2 等)将其详细地表示出来,这种图样称为建筑详图,如墙身剖面详图、楼梯详图、门窗详图等。

8.1.4　房屋建筑图的有关标准简介

为了保证房屋建筑图的画法、内容及格式等能够统一,房屋建筑图应根据 GB/T 50001—

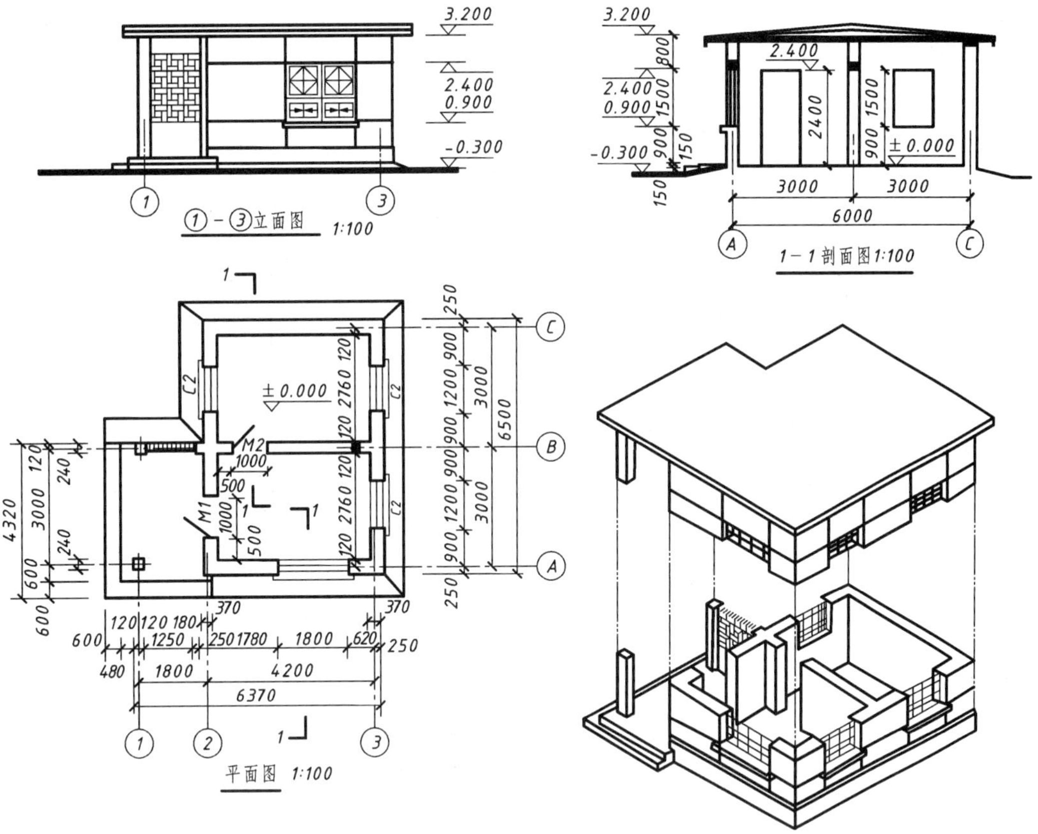

图 8.2　房屋的平、立、剖面图

2010《房屋建筑制图统一标准》、GB/ T 50103—2010《总图制图标准》、GB/ T 50104—2010《建筑制图标准》、GB/ T 50105—2010《建筑结构制图标准》等规定绘制。

图样内的符号包括索引符号、详图符号、连接符号、剖切符号等。

(1) 图样名称与配置　建筑图的每一个图样都应标注图名,图名标注在图样的下方或一侧并在图名下方绘一粗实线,其长度应以图名所占长度为准。若使用详图符号作为图名时,符号下不画线。字高比图名小一号或二号,如图 8.2 所示。

(2) 比例　根据建筑制图标准的规定,建筑图常用比例见表 8.1,比例注写在图名的右侧,字的底线应与名称下的线取平,字高比图名字高小一号或二号,如“平面图 1∶100”。

表 8.1　房屋建筑图常用比例

图　　名	常　　用　　比　　例
总平面图	1∶500　1∶1 000　1∶2 000
平面、立面、剖面图	1∶50　1∶100　1∶200
局部放大图、构造详图	1∶1　1∶2　1∶5　1∶10　1∶20　1∶50

(3) 建筑材料　常用建筑材料见表 8.2。注意的是建筑图中的砖墙和金属材料的图例,与机械图中砖墙和金属材料的剖面符号恰恰相反(表 5.1)。

表 8.2 常用建筑材料图例

名　称	图　例	名　称	图　例
自然土壤		砂、灰土	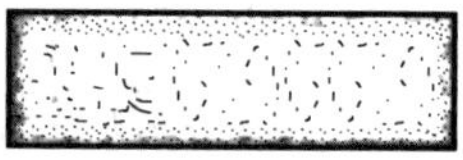
夯实土壤		毛　石	
普通砖	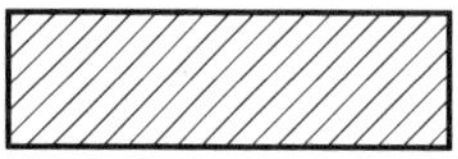	金　属	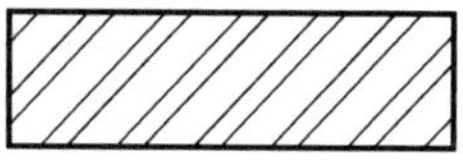
混凝土	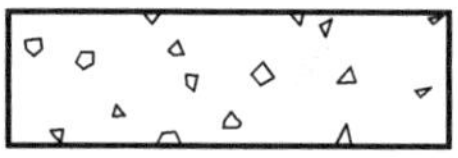	木　材	
钢筋混凝土	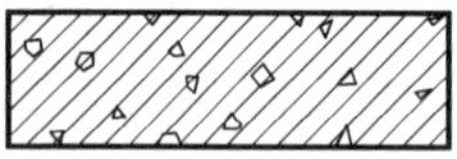	玻　璃	
饰面砖	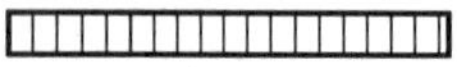	粉　刷	

(4) 图线　建筑图所采用的线型、线宽及其用途等见表 8.3。

表 8.3 房屋建筑图图线

线型名称	线　型	线　宽	用　途
粗实线		b	平面图、剖视图及详图中被剖切的主要轮廓线；立面图中的外轮廓线及构配件详图中的可见轮廓线；剖切线
中实线		$0.5b$	平面图、立面图、剖视图中建筑物构配件的轮廓线；平面图、剖视图中被剖切到的次要建筑构造(包括构配件)的轮廓线；构配件详图中的一般轮廓线
细实线		$0.35b$	尺寸线、尺寸界线、索引符号、标高符号、门窗分格线、图例线、粉刷线等
中虚线		$0.5b$	不可见轮廓线、拟扩建的建筑物轮廓线
粗点画线		b	起重机(吊车)轨道线
细点画线		$0.35b$	中心线、对称线、定位轴线
细双点画线		$0.35b$	假想轮廓线，成型前原始轮廓线
折断线		$0.35b$	断开界线
波浪线		$0.35b$	断开界线、构造层次的断开界线

注：地坪线的线宽，可用 $1.4b$。

(5) 构配件图例　建筑图中各种建筑构配件等常用图例的形式表示，常用建筑构配件如图 8.3 所示。

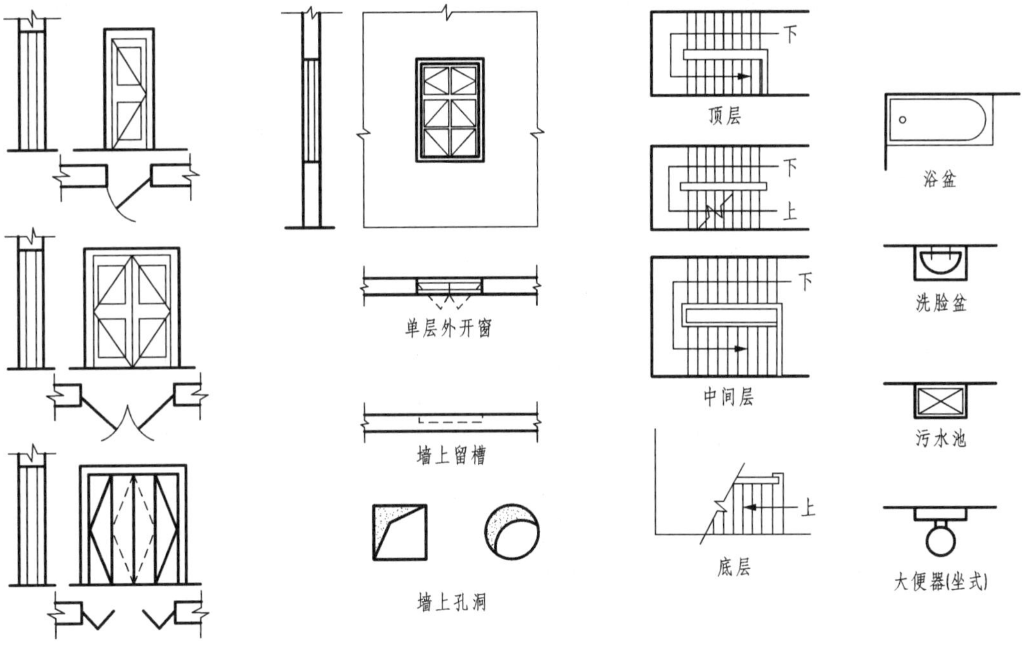

(a) 门图例　(b) 墙上开窗、留槽图例　(c) 楼梯平面图例　(d) 卫生设备图例

图 8.3　房屋建筑图中常见图例

说明：门窗的立面形式应按实际情况绘制，平面图上的开启弧线及立面图上的开启方向线，在一般设计图内无须表示。

(6) 定位轴线及编号　为了便于施工时定位放线，以及查阅图纸中相关的内容，建筑图样上通常将墙、柱等承重构件的中心线作为定位轴线，对于非承重次要构件，则可用主轴线以外的附加中心线予以确定，如图 8.4(a)所示。

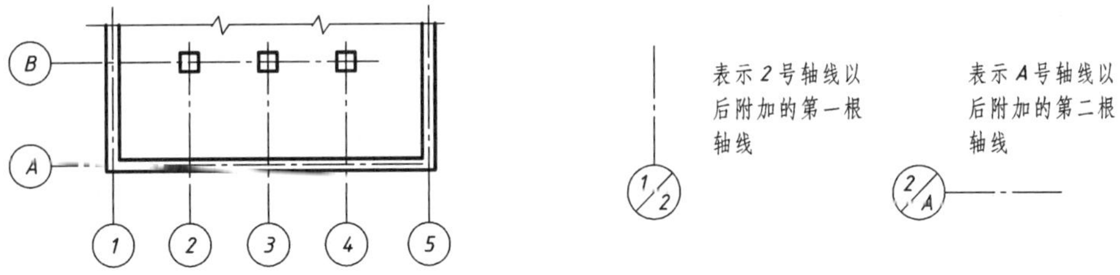

(a)　(b)

图 8.4　定位轴线的画法及编号

定位轴线用细点画线绘制，并予以编号，编号写在轴线端部细实线圆内(直径为 8～10 mm)。定位轴线的编号标注在图样的下方与左侧，水平方向的编号用阿拉伯数字由左向右依次注写，竖向编号用大写拉丁字母 A、B、C 等(I、O、Z 除外，以免与 1、0、2 混淆)由下至上顺序注写。两根轴线之间的附加轴线，分母表示前一根轴线的编号，分子表示附加轴线的编号，如 1/2 表示 2 号轴线后附加的第 1 根轴线，2/A 表示 A 号轴线后附加的第 2 根轴线，如图 8.4(b)所示。

(7) 标高　表示建筑物某一部位相对于基准面的竖向高度。如图 8.5 所示，标高符号用细实线绘制的直角等腰三角形，总平面图室外地坪标高符号用涂黑的三角形。标高数字保留小数点后三位(总平面图上可保留到小数点后两位)，一般以底层室内地面定为相对标高的零点,零点标高应注写成 0.00,正数标高不注“+”,负数标高须注“-”。总平面图中用以海平面为零点的绝对标高。

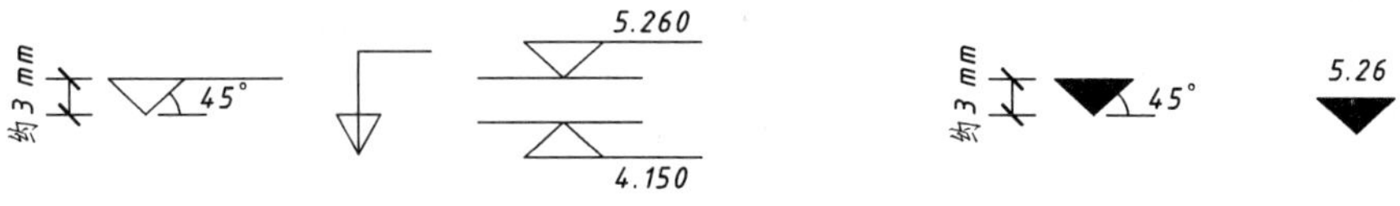

(a) 建筑标高符号　　(b) 总平面标高符号

图 8.5　标高符号及标注方法

(8) 详图索引符号与详图符号　建筑图中对某些局部或构件,常需要另见详图,并用索引符号索引;而在所画的详图上编上详图符号。详图索引符号与详图符号两者必须对应一致,便于查找有关的图纸。详图索引符号与详图符号的规定和编号方法见表 8.4。

表 8.4　详图索引符号与详图符号

详图索引符号

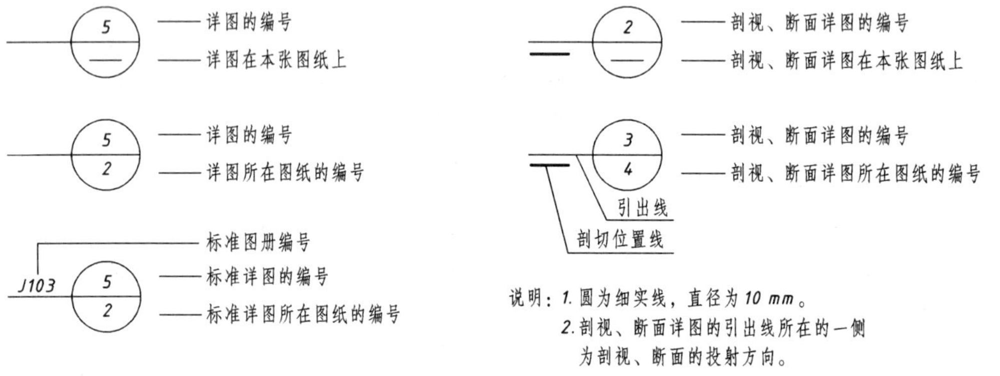

详　图　符　号

说明:圆为粗实线,直径为14 mm。

(9) 尺寸标注

① 线性尺寸:房屋建筑图中尺寸的起止符号一般用 45°的中粗短线绘制,长度宜为2～3 mm;尺寸界线与图样轮廓线的距离应不小于 2 mm;尺寸单位除标高及总平面图以“米”为单位外,其余均以“毫米”为单位,并且建筑图中尺寸链可以封闭,如图 8.6 所示。

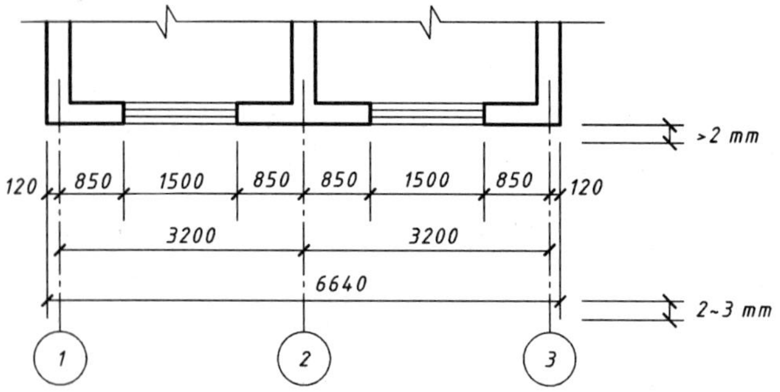

图 8.6　建筑图的尺寸标注

② 标注坡度：斜面的倾斜度称为坡度，立面图上用“⟵”，为单面箭头；平面图时用全箭头，如图 8.7(a)所示，在坡度数字下加注坡度符号箭头指向下坡方向，如图 8.7(b)所示；坡度也可用直角三角形形式标注，如图 8.7(c)所示。

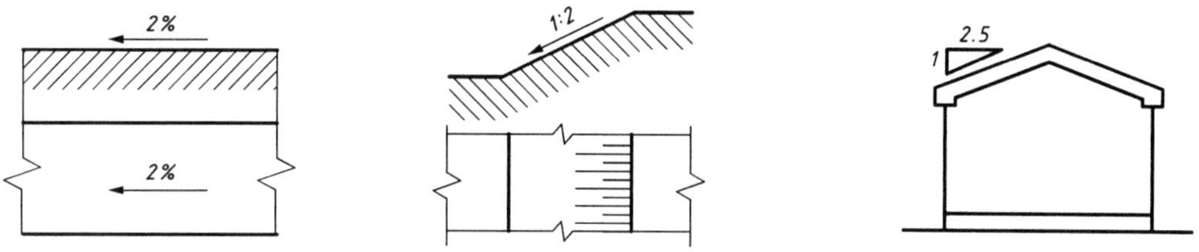

(a)　(b)　(c)

图 8.7　坡度标注方法

③ 桁架结构、钢筋及管线的单线图，长度尺寸沿着杆件线路注写，如图 8.8 所示。

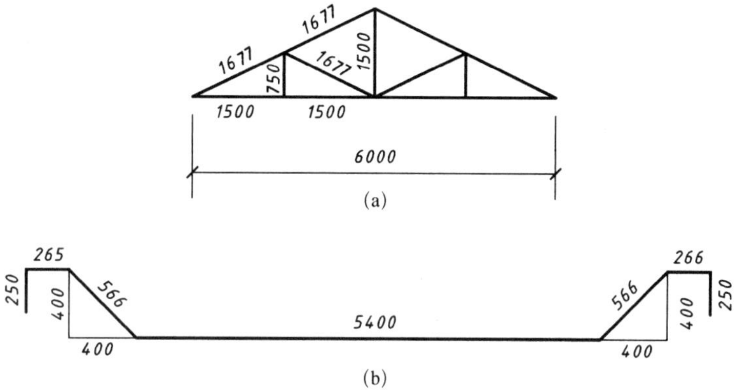

(a)　(b)

图 8.8　桁架式结构单线图的尺寸标注法

④ 外形为非圆曲线的构件，可用坐标法标注尺寸，如图 8.9 所示。

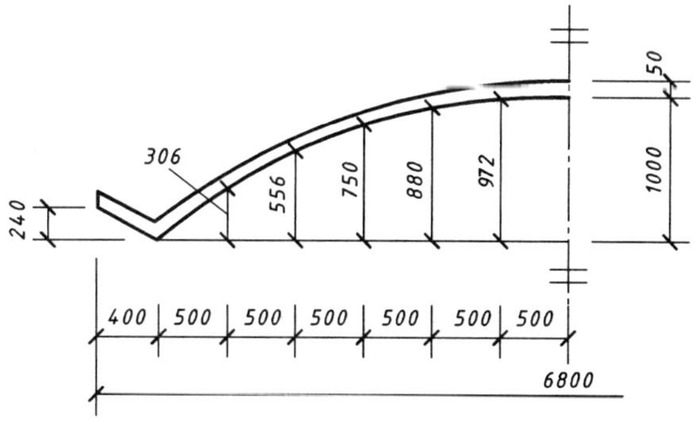

图 8.9　坐标法标注尺寸

(10) 指北针与风向频率玫瑰图　表明建筑物或建筑群的朝向与风向的关系。指北针画成直径为 24 mm 的细实线圆，指针尖为北向，尾端宽度约为 3 mm，如图 8.10 所示；风向频率玫瑰图同样指示正北方向，并表示常年(图中实线)和夏季(图中虚线)的风向频率，图形中显示的常年最高频率风向称为“主导风向”，如图 8.11 所示。

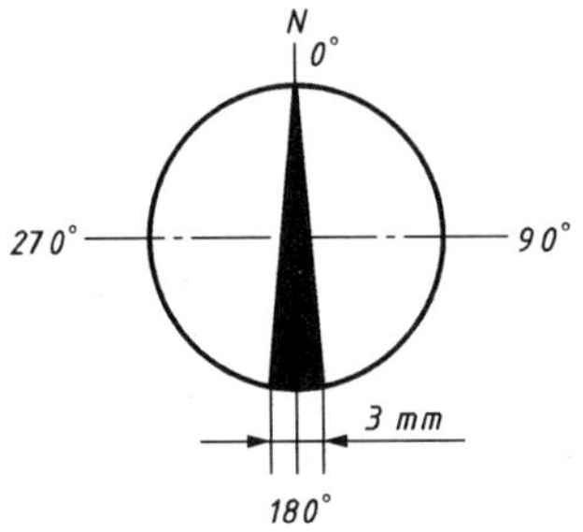

图 8.10 指北针

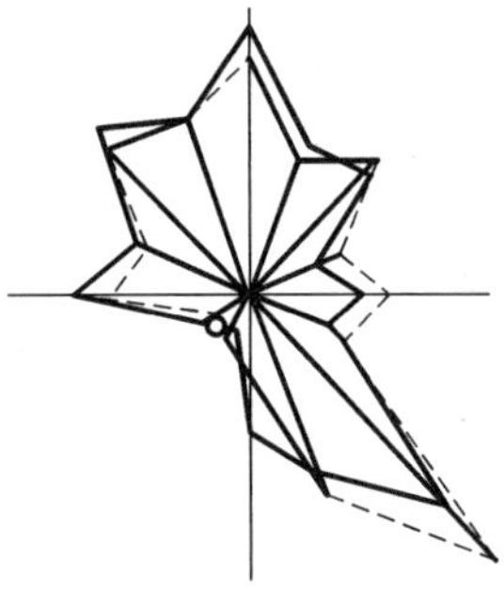

图 8.11 风向频率玫瑰图

8.2 房屋建筑施工图

房屋建筑施工图的识读通常按图纸分类进行阅读,即建筑总平面图、平面图、立面图、剖面图和详图。

8.2.1 读建筑总平面图

建筑总平面图是表达建设工程总体布局的水平投影图,它反映原有与新建房屋的平面形状、所在位置、朝向、标高、占地面积和邻界情况等内容,其中的尺寸以米为单位。

如图 8.12 所示为某学校的总平面图,该校拟建两幢结构相同的学生宿舍。

① 总平面图绘图比例 1∶500,图中的图例符号用文字说明。从图中风向玫瑰图和等高线所注写的数值,可知该地域常年主导风向为西北风,宿舍的地势是自西北向东南倾斜。宿舍长 29.04 m、宽 13.2 m;西侧距离道中心 5 m,北侧距离浴室 8 m,两栋楼间距 10 m。

② 图中用粗实线画出新建的两栋相同的学生宿舍,宿舍图上有三个黑点,表明该楼是三层建筑;用中实线画出原有的综合楼、食堂、锅炉房和浴室等;虚线表示拟扩建用地。新建筑的东向有一池塘,池塘的西边有一挡土墙;南向有护坡,护坡下有一排水沟,箭头表示坡度和方向,护坡中间有台阶;东南角有一待拆的房屋;西北向有两个篮球场;东北角有一围墙,周围还有写上名称的原有和拟建房屋等。

③ 从图中所注写的室内(底层)地面标高(46.20 m)和等高线的标高,可知该地的地势高低、雨水排放方向。

8.2.2 读房屋建筑平面图

多层建筑物原则上每层都要画出平面图,但是对于平面布局相同的楼层,可以共用一个平面图表达,这样的平面图称为标准层平面图。

如图 8.13 所示为某建筑的底层平面图。

① 底层平面图绘图比例为 1∶100,图名左侧绘制了指北针,说明整个建筑朝向。在该平面图上有两个剖切符号,1-1(楼梯处)、2-2(房间处)。

② 反映底层的平面布置情况,即各房间的分隔和组合、房间名称、出入口、厅、厕所、漱洗间、楼梯的布置和相互关系,表明了厕所和漱洗间的固定设施的布置。

③ 图中横向定位轴线为 1-9,竖向轴线 A-E。其中(1/A)为 A 轴线后的第一条附加轴线。

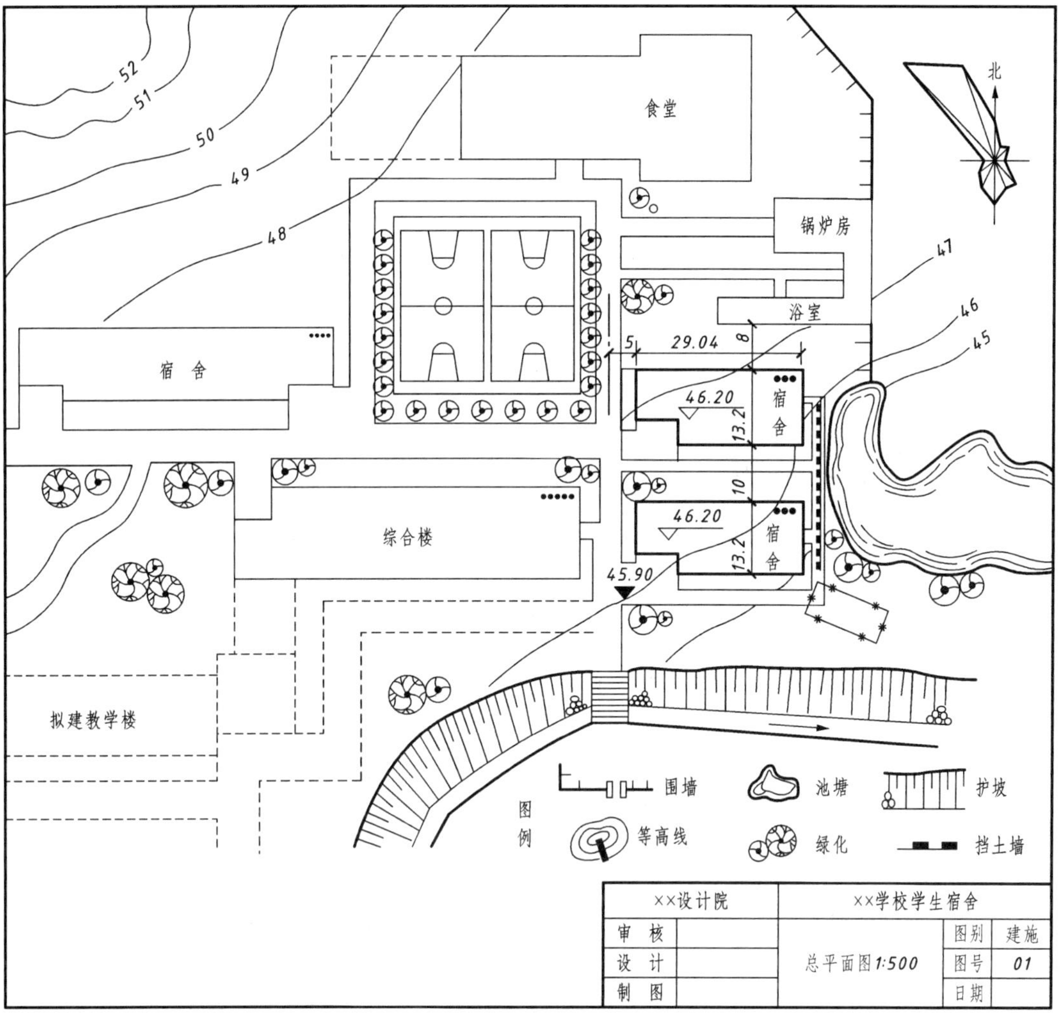

总平面图 1:500

图 8.12　总平面图

④ 尺寸标注：第 1 道尺寸表示建筑物的总长和总宽(29 040 mm×13 200 mm)；第 2 道尺寸标注各定位轴线间的尺寸(横向轴间距离 3 600 mm)，用以说明房间的开间及进深的尺寸(北向 4 500 mm，南向 5 400 mm)；第 3 道尺寸表示建筑物细部的尺寸，如楼道、窗尺寸等。

⑤ 其他尺寸标注：建筑物内部的尺寸，如房间的净空大小和室内的门窗、孔洞、墙厚和固定设备等的尺寸和各处的标高。

⑥ 从图中可以看到门窗的图例及其编号，可了解到门窗的类型、数量及其位置。

8.2.3　读房屋建筑立面图

如图 8.14 所示为学校宿舍的南立面图。

① 从图名或轴线的编号可知，该图是表示房屋南向的立面图。绘图比例 1∶100。

② 从房屋的整个外貌形状也可了解该房屋的屋顶、门窗、雨篷、阳台、台阶及勒脚等细部的形式和位置。如正门上方有一花格窗；东端底层因有台阶，故知必有一出入口，二、三层有阳台，屋顶女儿墙处有许多孔洞，表示屋面的通风口兼作出水口。

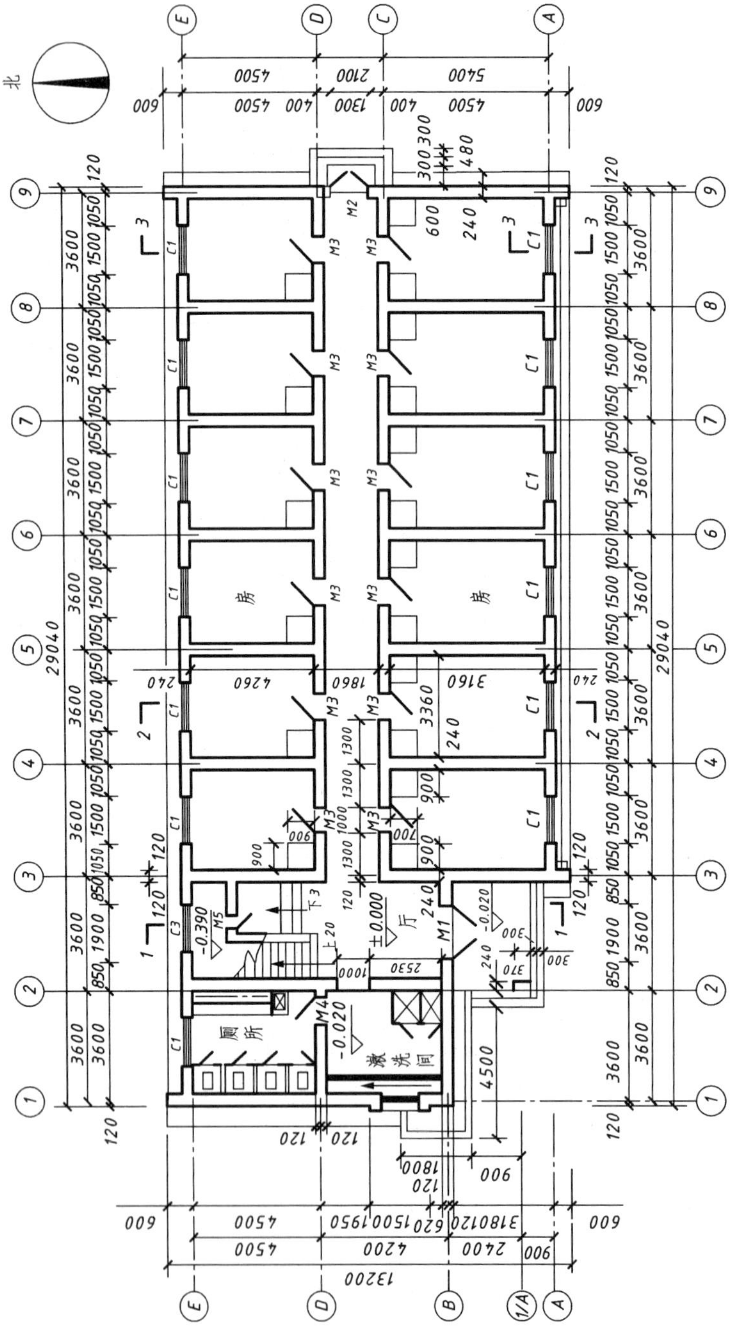

图 8.13 底层平面图

③ 从图中所标注的标高可知房屋最低(室外地面)处比室内±0.000 低 450 mm,最高(女儿墙顶面)处为 10.2 m,所以房屋的外墙总高度为 10.65 m。

④ 从图中的文字说明可见房屋外墙面装修的做法。如西端外墙为 1∶1∶4 水泥白灰砂浆粉面及分格。勒脚、门廊柱、窗间墙及女儿墙为水刷石粉面。窗台、窗顶等为白水泥粉刷石粉面等;图中 9 号轴线左边及其对称位置分别有一雨水管。

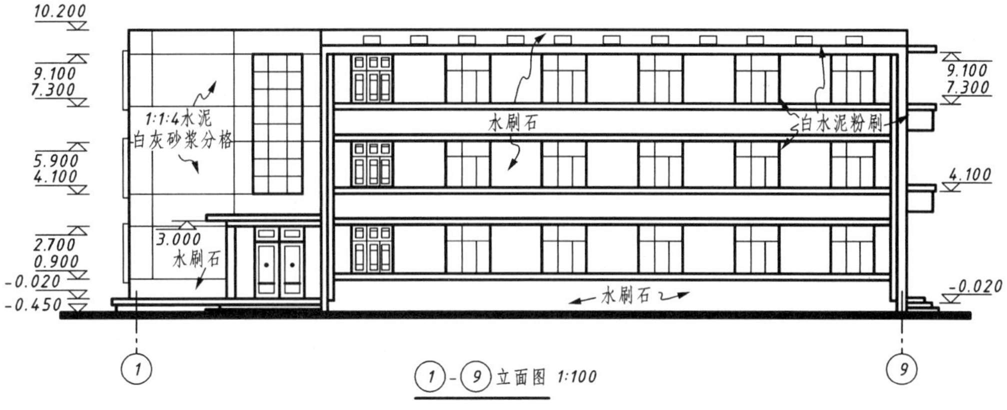

图 8.14　楼房南立面图

8.2.4　读房屋建筑剖面图

如图 8.15 所示为学校宿舍的 1-1 剖面图。表明房屋在 1-1 部位的结构、构造、高度、分层以及竖直方向的空间组合情况。

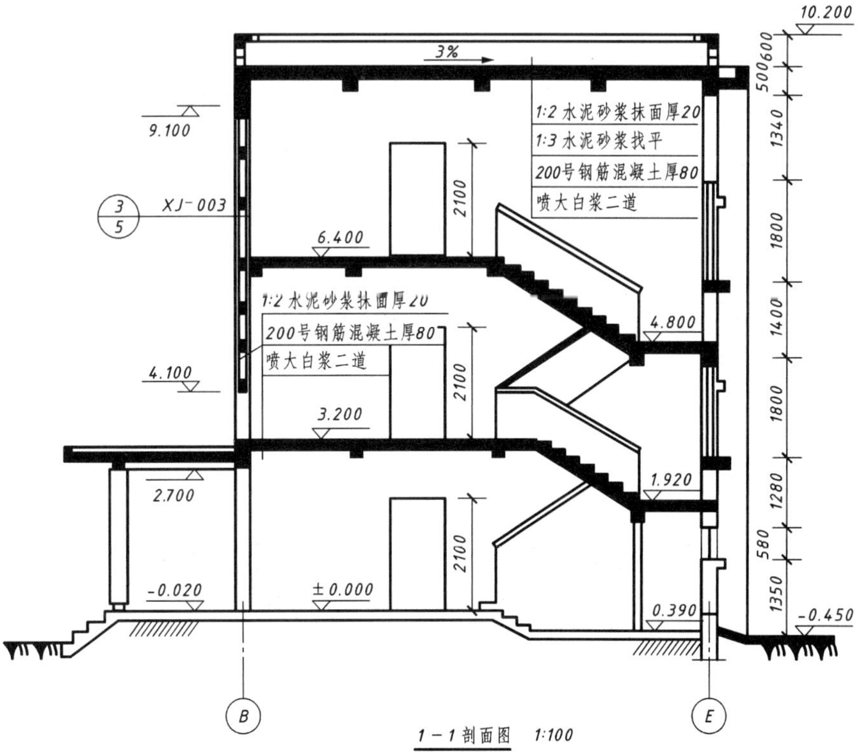

图 8.15　1-1 剖面图

① 从图名和轴线编号与平面图上的剖切位置和轴线编号对照,可知 1－1 剖面图是剖切平面通过楼梯间剖切,向左投影后得到的。

② 图中画出房屋地面至屋顶的结构形式和构造内容,各层楼面都铺设楼板,屋面设置屋面板,房屋的垂直方向承重构件(墙和柱)用砖砌成,而水平方向承重构件(梁和板)是用钢筋混凝土构成,它们搁置在砖墙或楼(屋)面梁上。屋面板铺成一定坡度以便排水,天沟板可导流屋面上的雨水排入雨水管。

在墙身的门、窗洞顶、屋面板下和每层楼板下的涂黑矩形断面,为该房屋的钢筋混凝土门、窗过梁和圈梁。外墙顶部的涂黑梯形断面是女儿墙顶部的现浇钢筋混凝土压顶。

③ 图中也画出未剖到的可见部分(如门厅的装饰、走廊中的窗口、可见的楼梯梯段和栏杆的扶手、可见的内外墙轮廓线、可见的踢脚和勒脚等)。

④ 图中 B 轴线的上方为一花格窗,其详细结构可以根据索引符号的标注,查阅 XJ－003 标准图集。

8.2.5　读房屋建筑详图

由于一套施工图中详图数量较多,有的还要引自标准图集,为避免混淆,GB/T 50001《房屋建筑制图统一标准》对此做了详细规定。详图的特点是比例大,尺寸标注齐全,文字说明详尽。

如图 8.16 所示为木门详图。该详图由一个立面图和七个局部断面图组成,表达出不同

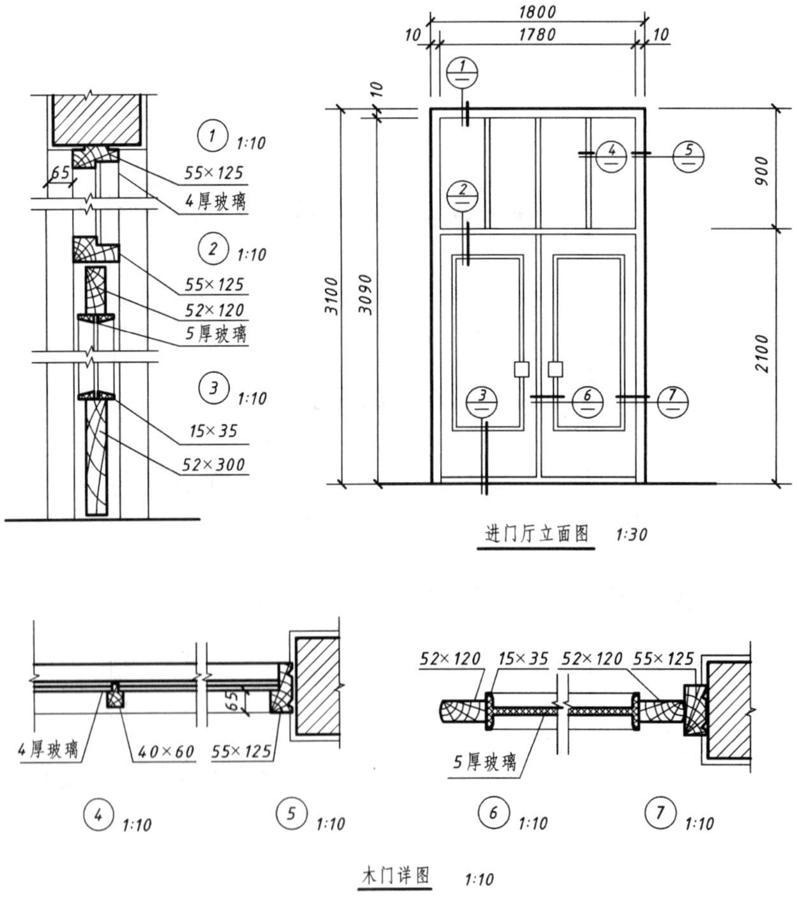

图 8.16　木门详图

部位的材料、形状、尺寸和一些五金配件及其相互间的构造关系。

详图索引符号中的粗实线表示剖切位置,细的引出线表示剖视方向。引出线在粗线左方,表示向左观看;引出线在粗线下方,表示向下观看。

8.3 房屋结构施工图

结构施工图是表示房屋的结构形式、承重构件的布置(如基础、梁、板、柱、楼梯及其他构件)与结构构造及其相互关系的图样。

8.3.1 常用的构件代号及图例

(1) 常用构件代号　房屋结构的构件类型很多,如板、梁、柱、基础等。为了图示简明扼要,在结构图上常用代号表示(通常用构件汉字字头的第一个拼音字母),常用构件代号见表 8.5。

表 8.5　常用构件代号

名　　称	代　　号	名　　称	代　　号
板	B	屋架	WJ
屋面板	WB	柱	Z
空心板	KB	基础	J
墙板	QB	设备基础	SJ
梁	L	柱间支撑	ZC
吊车梁	DL	梯	T
圈梁	QL	雨篷	YP
基础梁	JL	预埋件	M

(2) 常用的钢筋代号　见表 8.6。

表 8.6　钢筋代号

钢　筋　种　类	代　　号
Ⅰ级钢筋(即 3 号光圆钢筋)	Φ
Ⅱ级钢筋(如 20 锰硅螺纹钢筋)	Φ̲
Ⅲ级钢筋(如 25 锰硅螺纹钢筋)	Φ̳
Ⅳ级钢筋(45 硅 2 锰钛、40 硅 2 锰钒)	Φ̄

(3) 常用的钢筋图例　见表 8.7。

表 8.7　钢筋图例

名　　称	图　　例
钢筋横断面	●
无弯钩的钢筋端部	
无弯钩的钢筋搭接	
带半圆形弯钩的钢筋端部	
带半圆形弯钩的钢筋搭接	

(4) 钢筋的尺寸注法　钢筋直径、根数或相邻钢筋中心距一般采用引出线方式标注。

① 标注钢筋的根数、等级和直径,如:

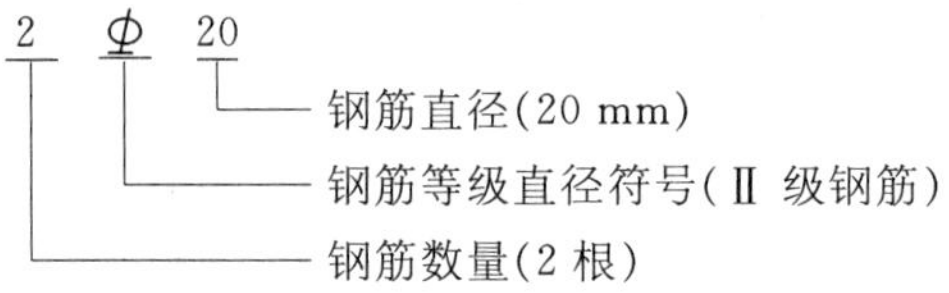

② 标注钢筋的等级、直径和相邻钢筋中心距,如:

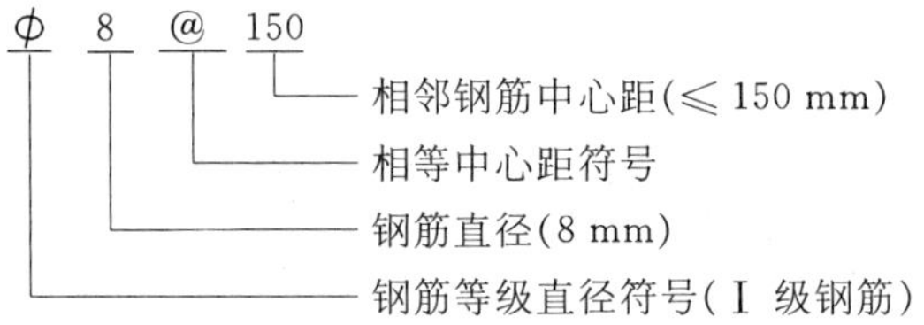

8.3.2　基础结构图

基础结构施工图是反映相对标高±0.000 以下结构的图纸,包括基础平面图和基础详图及文字说明。它是进行施工放线、开挖基坑、砌筑基础及编制施工图预算的依据。

8.3.2.1　基础平面图

基础平面图是假想用一个水平面沿房屋的地面与基础之间把整幢房屋剖切后,移去上层的房屋和泥土后所得的水平投影图。

如图 8.17 所示,绘图比例 1∶100,轴线位置和编号应与建筑图一致。剖到的基础墙可不画砖墙图例,钢筋混凝土柱涂成黑色。用粗实线绘制剖到的基础墙身线;用中实线绘制可见的独立基础的底面外形线;用粗点画线表示基础梁或基础圈梁的中心线位置。最后注明基础的大小和定位尺寸,这些尺寸可直接在平面图上,也可用文字加以说明。

8.3.2.2　基础详图

基础平面图只表明了基础的平面布置,而基础各部分断面形状、大小、材料、构造以及基础的埋入深度等,要画出各部分的基础详图,如图 8.18 所示。

图 8.18 为承重墙的基础(包括基础梁)详图。该承重墙基础是钢筋混凝土条形基础,由于各条形基础的断面形状和配筋形式基本相同,故只画一个通用断面图,再配上附表中列出的基础宽度、基础梁长度和受力筋,即可表达清楚各条形基础的形状、大小、构造和配筋情况。

钢筋混凝土条形基础底面铺设 70 mm 厚的混凝土垫层,垫层可使基础与地基有良好的接触,均匀传布压力,并使基础底面处的钢筋不与泥土直接接触,以防止钢筋锈蚀。条形基础内横向布置受力筋,受力筋上均匀分布的黑圆点是纵向分布筋。为防止地下水渗透,在室内地面下方 30 mm 处设有 60 mm 厚的防潮层。

8.3.3　楼层结构平面图

楼层结构平面图是假想用水平面沿着楼板面将房屋剖开后作水平投影,用以表达每层的梁、板、柱、墙等承重构件的平面布置,以及现浇楼板的构造与配筋。

如图 8.19 所示为楼层结构平面图,绘图比例 1∶100。

① 楼面构件布置相同的房间用甲、乙代号表示。

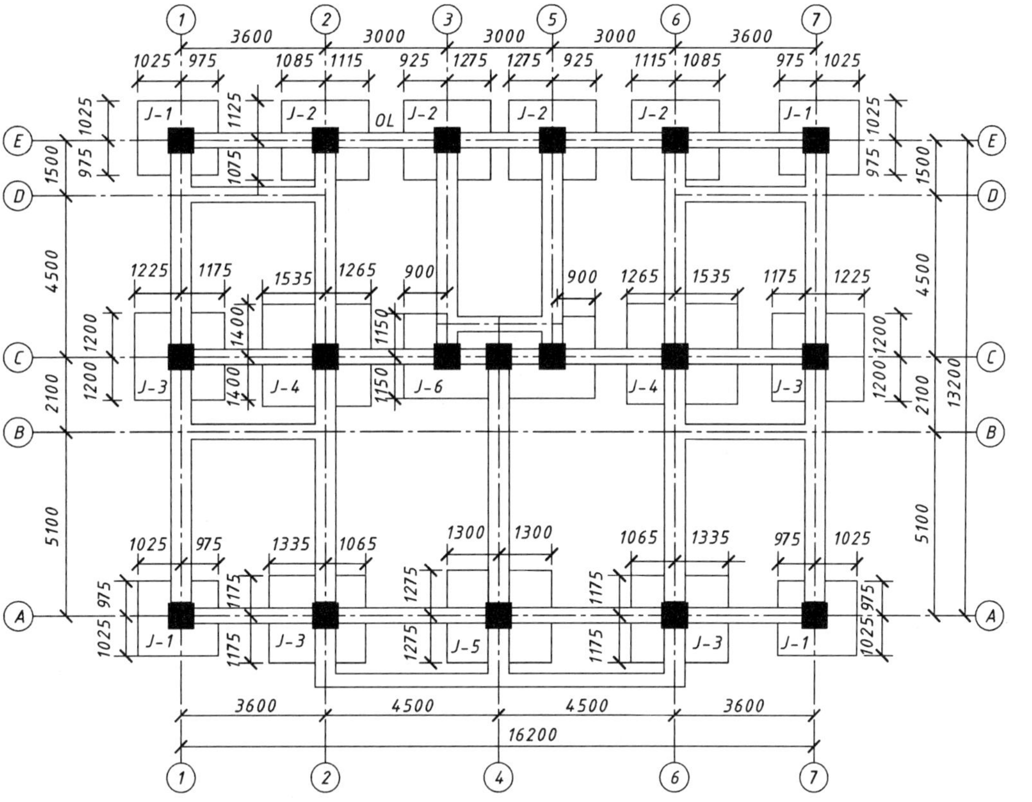

图 8.17　基础平面图

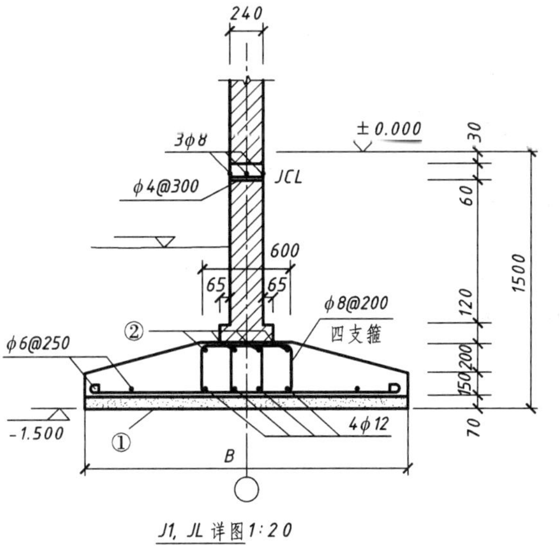

基础与基础聚表

J		
基础	通长B	受力筋①
J1	800	素混凝土
J2	1000	φ8@200
J3	1300	φ8@150
J4	1400	φ10@200
J5	1500	φ10@170
J6	1600	φ12@200
J7	1800	φ12@180
J8	2200	φ12@150
J9	2300	φ14@180
J10	2400	φ14@170
J11	2800	φ16@180
JL		
基础梁	通长L	受力筋②
JL1	2800	4φ18
JL2	3300	4φ22
JL3	2040	4φ14
JL4	8240	4φ25

图 8.18　基础、基础梁详图

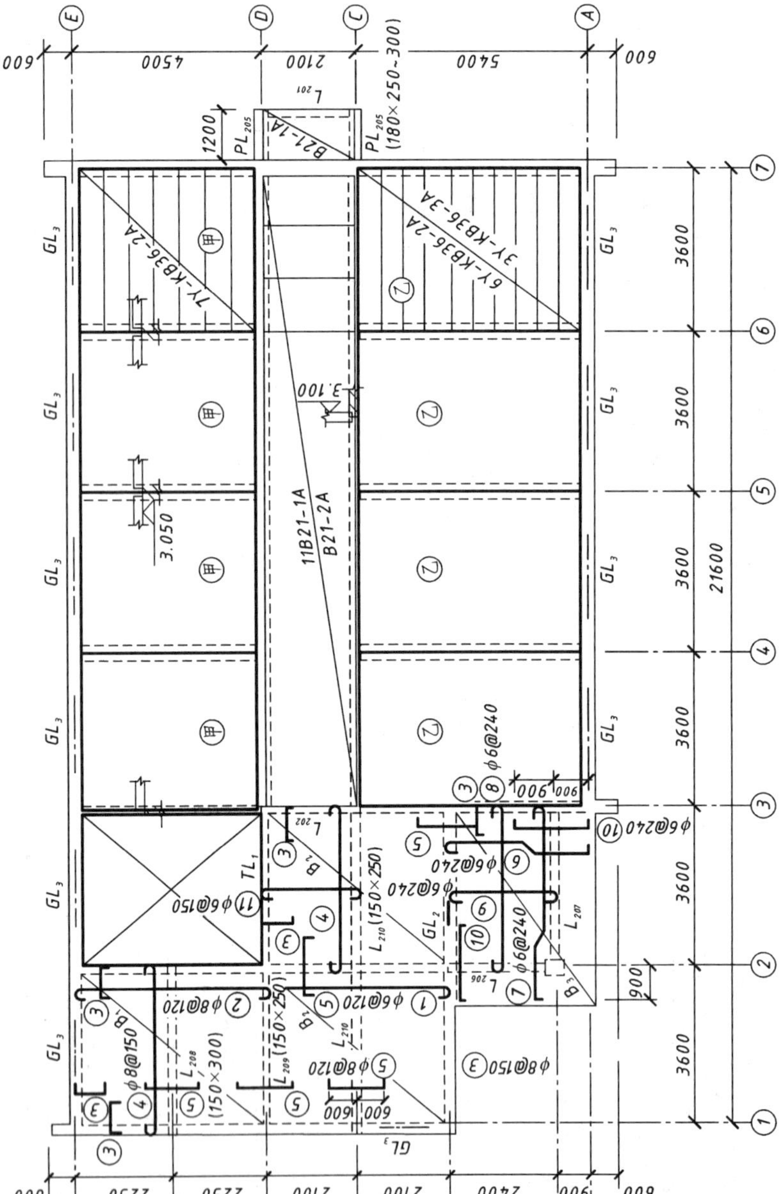

说明：
砌体用75号砖，
25号水泥砂浆砌筑。

楼面结构平面布置图 1:100

图 8.19 楼层结构平面图

② 楼板下被挡住的 1－7 轴线、A－E 轴线的内外墙用中虚线画出；可见的墙身、柱轮廓线用中实线表示。

③ 预制板用一对角线（细实线）表示布置范围，在对角线上注明跨度方向、代号、型号或编号、数量等，如 7Y－KB36－82，其中 7 表示板的数量；Y－KB 表示预应力空心板，36 表示板跨（长）为 3 600 mm，82 表示板宽为 800 mm、荷载等级为 2 级（也可用细实线将预制板全部或部分分块画出，显示铺设方向）；现浇板要注明钢筋的配置，一般每种钢筋只画出一根，表示放置的方向，以及放在板的顶层还是底层，并注明钢筋的规格和间距。

④ 梁（GL1、GL2 等）用粗点画线表示它们的中心位置。楼层上各种梁、板、构件都用标准规定的代号和编号标记，查看这些代号、编号和定位轴线就可以了解各构件的位置和数量。预制楼板要注明跨度方向、代号、型号或编号、数量等。

⑤ 图中能用文字表示清楚可用文字表示，并注明各自的名称、代号和规格。

⑥ 楼梯间的结构较复杂，在楼层结构平面图中难以表明，可以较大的比例（如 1∶50）单独画出楼梯结构平面图。

第 9 章　电气工程图

电气工程图是表达电气设备的设计原理、电气元件之间连接关系的图样，分为两种类型：一种是由图形符号与连接线组成的简图，用以表达设计原理（如系统图、框图、电路图等）；另一种是用于指导电气设备装配的图样（如印制板图和线扎图）。

9.1　电气工程图制图基础

电气工程图中的图幅及格式、字体、标题栏、图形符号、文字符号、图线、比例等内容除必须遵守国家《技术制图》系列标准外，还要遵守《电气技术用文件的编制》系列标准（GB 6988.1～GB 6988.7）和《电气简图用图形符号》系列标准（GB/T 4728.1～GB/T 4728.13）等。

9.1.1　电气工程图的内容和特点

电气工程图一般由电路原理图、技术说明、主要电气设备（或元件）明细表和标题栏四部分组成，与机械图及其他专业图相比，具有以下特点：

① 元器件和连接线是电气图的主要表达内容；

② 简图是电气原理图的主要表达形式；

③ 图形符号、文字符号或项目代号是电气原理图的主要要素；

④ 电气图中的元件都是按正常状态绘制的；

⑤ 对能量流、信息流、逻辑流、功能流的不同描述，构成了电气图的多样性。

9.1.2　电气制图一般规则

电气工程图涉及的制图规范及规定很多也很复杂，这里简单介绍电气工程图中的图线、箭头、指引线和围框的一般规定画法。

9.1.2.1　**图线**

电气制图常用的图线有 9 种，见表 9.1。

表 9.1　电气制图常用的图线

图线名称	图线形式	电气工程图中
粗实线	————	电气线路（主回路、干线、母线等）
细实线	————	一般线路、控制线
虚　线	- - - - - - - - - - - -	屏蔽线、机械连线、电气暗敷线、事故照明线
点画线	——·——·——	控制线、信号线、图框线（边界线）
双点画线	—··——··——	辅助围框线、36 V 以下线路

（续表）

图线名称	图 线 形 式	电 气 工 程 图 中
加粗实线		汇流线
较细实线		建筑物轮廓线（土建条件）用细实线表示时的尺寸线、尺寸界线
波浪线		断裂处的边界线、视图与剖视的分界线
双折线		断裂处的边界线

9.1.2.2　**箭头、指引线和连接线**

(1) 箭头　如图 9.1 所示，开口箭头用于信号线或连接线，表示信号及能量流向；实心箭头用于表示力、运动、可变性方向及指引线、尺寸线。

(2) 指引线　如图 9.2 所示，用细实线，并指向被注释对象。末端应加注标志，指向轮廓线内加黑点；指向轮廓线外时加实心箭头，指向电路线时加短斜线。

(a) 开口箭头　(b) 实心箭头

图 9.1　箭头

(a) 指向轮廓线内　(b) 指向轮廓线　(c) 指向电路线

图 9.2　指引线

(3) 连接线　用来表示电气连接关系的图线，常用实线绘制。在同一图中连接线应等宽，若有特殊情况，例如强调主信号通路，应该用粗实线绘制主信号通路，如图 9.3 所示；若需要反映信号、通路的流向时，可在连接线上加开口箭头，如图 9.4 所示。

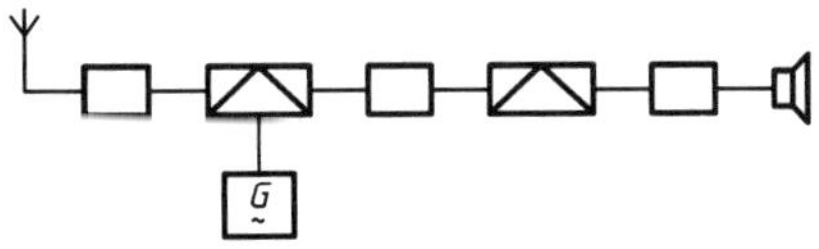

图 9.3　连接线不等宽的画法

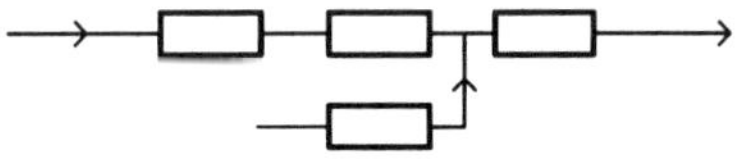

图 9.4　表示信号、通路流向的画法

为了能准确识图，标准规定任何导线或连接线不得在交叉处改变方向，也不能通过其他线之间的连接点，如图 9.5 所示。

连接线的标记应标注在靠近连接线的上方或在连接线的中断处，如图 9.6 所示。

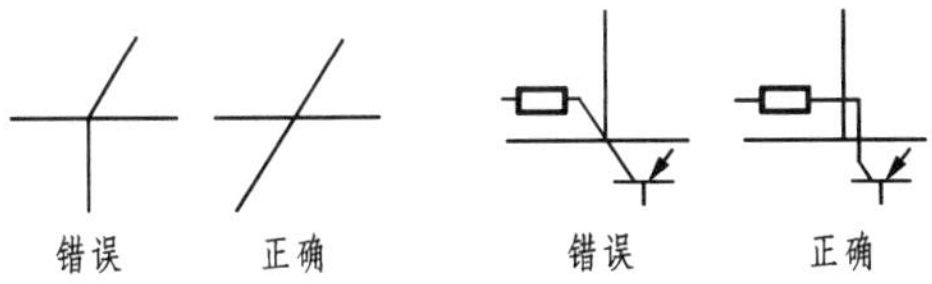

(a)　(b)

图 9.5　连接线交叉的画法

图 9.6　连接线标记标注法

有多根平行线时,可采用一根连线表示,称为线束,如图 9.7 所示。

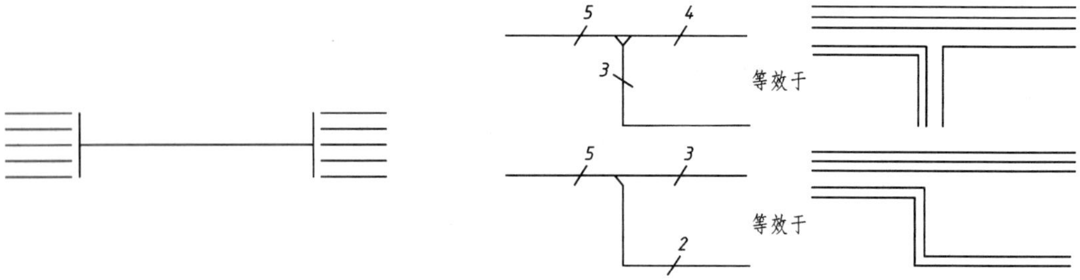

(a)用线束表示多根线 (b)标有连接线的单线表示

图 9.7 连接线

9.1.2.3 围框

通常用点画线框表示图中某部分的功能单元、结构单元或项目组等,围框一般为长方形或正方形,不应与任何元件相交,如图 9.8 所示。

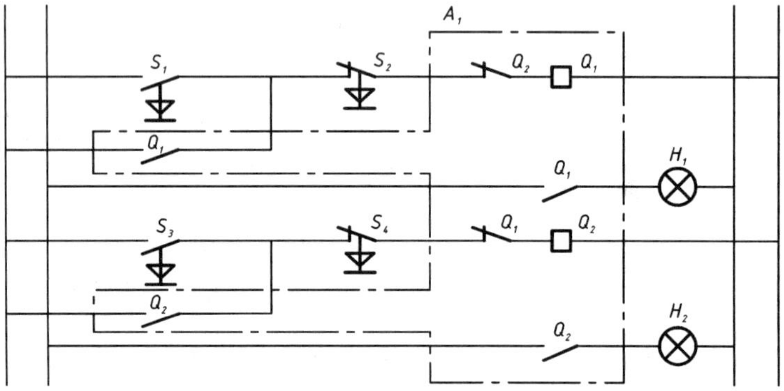

图 9.8 围框

9.1.3 电气制图图形符号

图形符号是构成电气图的基本元素,尽管图形符号种类繁多,构成却是有规律的,使用也是有规则的,绘图中使用的电气图形符号应执行 GB/T 4728《电气简图用图形符号》标准,常用图形符号见表 9.2。

表 9.2 常用电气图形符号

元件名称	图 形 符 号	文字符号	元件名称	图 形 符 号	文字符号
电容器	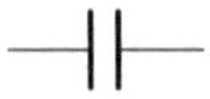	C	扬声器	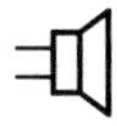	Y
电阻器	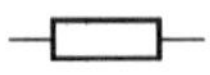	R	发光二极管	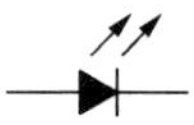	LED
电 感		L	运算放大器		A
晶体管		V	电 池	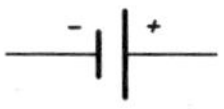	GB

（续表）

元件名称	图 形 符 号	文字符号	元件名称	图 形 符 号	文字符号
开　关		S	扩音器		MIC
指示灯		H	变压线圈		B
二极管		D	插　座		XS

9.1.3.1　**图形符号的组成**

图形符号通常由一般符号、符号要素和限定符号组成。一般符号和限定符号最为常用。

(1) 一般符号　表示一类产品或此类产品特征的简单符号，如图 9.9 所示。

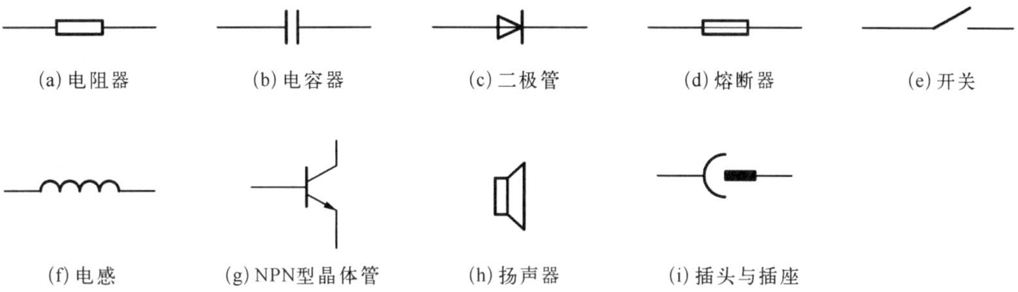

图 9.9　电气元件的一般符号

(2) 符号要素　具有确定意义的简单图形，必须同其他图形组合构成一个设备或概念的完整符号。如图 9.10(a)所示，构成电子管的四个符号要素——管壳、阴极、阳极和栅极，它们虽有确定的含义，但是不能单独使用，通过不同形式组合后构成了多种不同的图形符号，如图 9.10(b)、(c)、(d)所示。

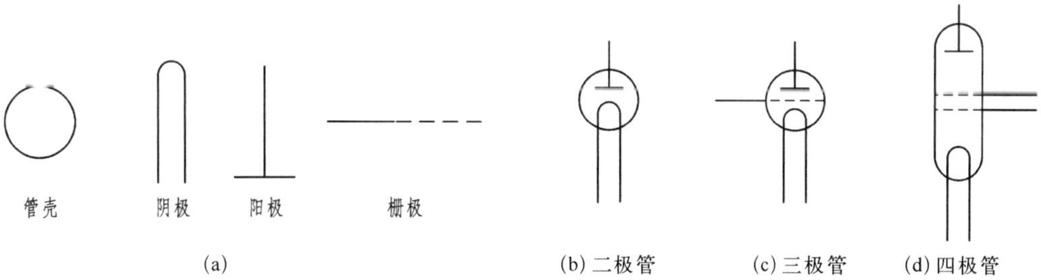

图 9.10　符号要素

(3) 限定符号　提供附加信息的加在其他符号上的符号。一般也不能单独使用，与一般符号、方框符号进行组合，派生若干具有附加功能的元器件图形符号，如图 9.11 所示。

9.1.3.2　**常用图形符号使用说明**

① 所有的图形符号，均按无电压、无外力作用的正常状态示出。可以按比例放大或缩小，也可以旋转或镜像放置，但文字标注和指示方向不可以倒置，如图 9.12 所示。

② 在图形符号中，某些设备元件有多个图形符号，有优选形、其他形等。尽可能采用优

(a) 电阻器一般符号　(b) 滑动电阻器　(c) 压敏电阻器　(d) 可调电阻器

(e) 电感器　(f) 发光二极管　(g) 可变衰减器　(h) 可调放大器

图 9.11　限定符号

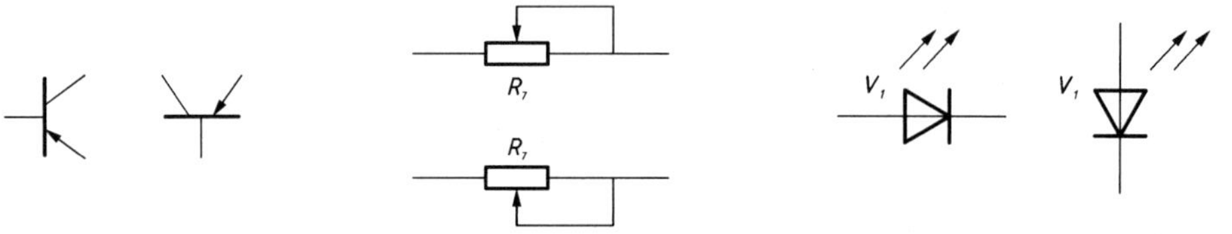

(a) 旋转　(b) 镜像　(c) 指示方向和文字方向不变

图 9.12　图形符号方位的变动

选形;在满足需要的前提下,尽量采用最简单的形式;在同一图号的图中使用同一种形式。

③ 符号的大小和图线的宽度一般不影响符号的含义,在有些情况下,为了强调某些方面或者为了便于补充信息,或者为了区别不同的用途,允许采用不同大小的符号和不同宽度的图线。

④ 元器件图形符号端点加上"◦"不影响符号原来意义,如图 9.13(a)、(b)所示。但在逻辑元件中,加上"◦"则表示非门电路,如图 9.13(c)所示。

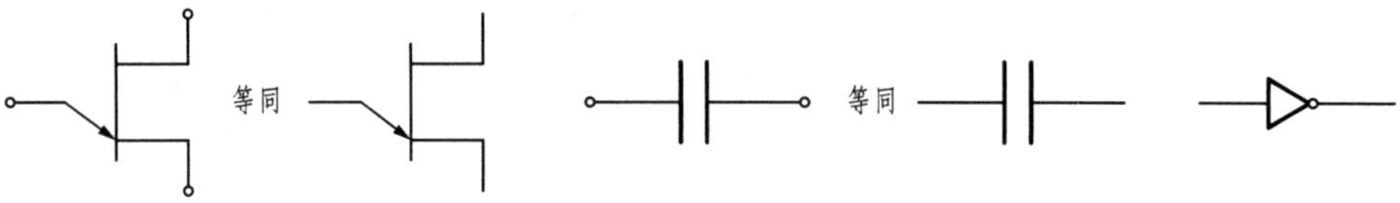

(a)　(b)　(c)

图 9.13　符号端点加上"◦"图例

⑤ 要注意不同专业的习惯画法,如图 9.14 所示,双绕组变压器,电子技术专业习惯采用图 9.14(a)的画法;电力技术专业习惯采用图 9.14(b)的画法。

⑥ 在 GB/T 4728 中比较完整地列出了符号要素、限定符号和一般符号,但组合符号是有限的。若某些特定装置或概念的图形符号在标准中未列出,允许通过已规定的一般符号、限定符号和符号要素适当组合,派生出新的符号,如图 9.15 所示。

(a) 电子行业用　(b) 电力行业用

图 9.14　双绕组变压器图形符号

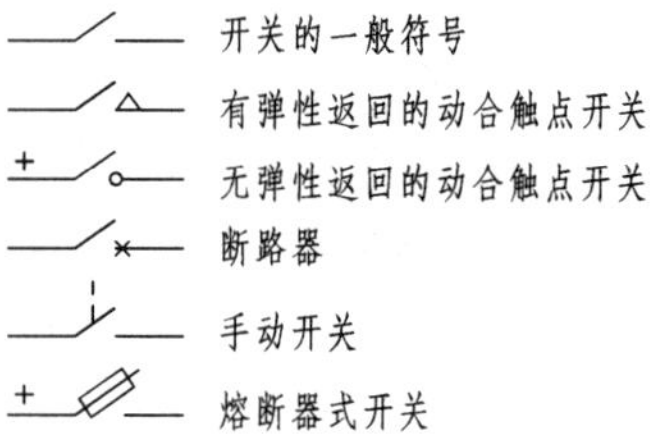

图 9.15　不同功能开关符号

⑦ 图形符号一般画有引线，在不改变符号含义时，引线可取不同方向，如图 9.16(a)所示；当引线方向改变、符号含义也变化时，则必须按规定绘制，如图 9.16(b)、(c)所示的电阻器与继电器线圈。

(a) 含义相同　(b) 电阻器　(c) 继电器

图 9.16　图形符号引线画法

9.1.4　文字符号

图形符号只提供了一类元件或设备的共同符号。为了更加明确地区分不同设备和元件，还应该在图形符号的上边或近旁标注相应的文字符号，用以标明电气设备、装置和元器件的名称、功能、状态和特征。文字符号及其使用方法见 GB/ T 7159《电气技术中的文字符号制订通则》。

文字符号一般由基本文字符号、辅助文字符号和数字符号组成，常见电气元件的文字符号见表 9.2。

1) 基本文字符号

用于表示电气设备、装置和元器件种类，分为单字母符号和双字母符号两种。

(1) 单字母符号　按拉丁字母将电气设备、装置和元器件划分为 23 个大类(其中 I、O、J 不用)，每一大类用一个专用单字母符号表示，单字母符号应优先采用。如 M 表示电动机，R 表示电阻等。

(2) 双字母符号　由表示种类的单字母符号与表示功能的字母组成。按表示种类的单字母符号在前，表示功能的字母在后的次序列出。例如，KT 表示时间继电器，K 表示继电器类，T 表示时间。

一般应优先采用单字母符号，只是单字母符号不能满足要求，须进一步划分时，方采用双字母符号表示，以示区别。

2) 辅助文字符号

辅助文字符号用以表示电气设备、装置和元器件以及线路的功能、状态和特征。一般是放在基本文字符号后边，合成新的文字符号，如“KA”表示电流继电器；也可以单独使用，如“N”表示中性线，“ON”表示闭合。

9.1.5　项目代号和端子代号

项目代号是用以识别图、表格中和设备上的项目种类，并提供项目的层次关系、实际位置等信息的一种特定代码。参见 GB 5094《电气技术中的项目代号》。

项目代号是由拉丁字母、阿拉伯数字、特定的前缀符号，按照一定规则组合而成的代码。一个完整的项目代号含有四个代号段：

高层代号段，其前缀符号为“＝”；

位置代号段，其前缀符号为“＋”；

种类代号段，前缀符号为“-”；

端子代号段,其前缀符号为“:”。

(1) 高层代号　指系统或设备中任何较高层次(对给予代号的项目而言)项目的代号。如热电厂中包括泵、电动机、启动器和控制设备的泵装置,高层代号的字母代码,国家没有统一规定,可选用任意字符,如“=R”。

(2) 位置代号　指项目在组件、设备、系统或建筑物中的实际位置的代码。如电动机M3在某位置2上,则可表示为“+2-M3”。

(3) 种类代号　用以识别项目种类,是项目代号的核心部分。其表示方法如下。

① 由字母代码和数字组成:

-K2　前缀符号 + 种类的字母代码 + 同一项目种类的序号

-K2M　前缀符号 + 种类的字母代码 + 同一项目种类的序号+项目的功能字母代码

② 用顺序数字(1、2、3、…)表示图中的各个项目,同时将这些顺序数字和其所代表的项目排列于图中或另外的说明中,如-1、-2、-3、…。

③ 对不同种类的项目采用不同组别的数字编号。如电流继电器用11、12、13、…。

(4) 端子代号　指项目上用作与外电路进行电气连接的电器导电件的代号,按GB/T 4026《电器设备接线端子和特定导线线端的识别及应用字母数字系统的通则》表示,如继电器K3的C号端子,可标注为“-K3:C”,一般端子代号只与种类代号组合。

项目代号应靠近图形符号标注,当图形符号的连接线是水平布置时,项目代号一般标注在图形符号上方;当图形符号的连接线垂直布置时,项目代号应标注在图形符号左边,如图9.17(a)所示。必要时在项目代号旁边加注该项目的主要性能参数、型号等,如电阻值、电容量、电感量、耐压值和半导体管型号等,如图9.17(b)所示。

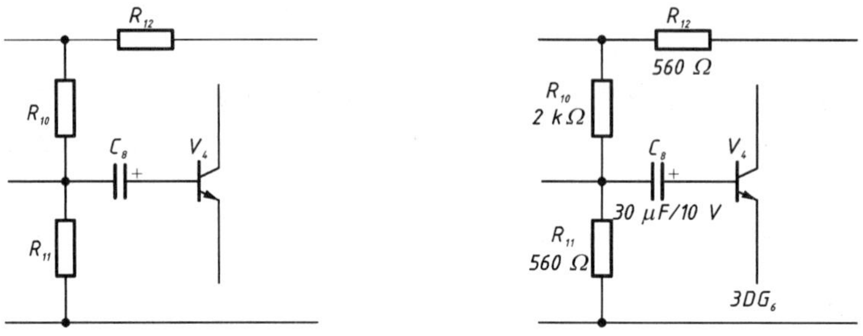

(a)　　(b)

图 9.17　项目代号应用

注意:电阻值在兆欧以上,标注单位M,如1兆欧标注1 M;电阻值在1千欧到100千欧之间,标注单位k,如5.1千欧标注5.1 k;电阻值在100千欧到1兆欧之间,可以标注单位k,也可以标注单位M,如360千欧可以标注360 k,也可标注0.36 M。电阻值在1千欧以下,可以标注单位Ω,也可以不标注,如5.1欧可以标注5.1 Ω或者5.1。

在图样文件中,同一份电气文件给出的项目代号以及连接点端子的代号应是唯一的。

9.2　系统图或框图

系统图或框图是用符号或带注释的矩形框概略地表示系统、成套设备等的基本组成、主要特征、功能和相互关系的简图。它概略地表示系统、设备的总体关系和主要工作流程，为进一步编制详细的技术文件提供依据，作为安装、操作、维修时的参考文件。

系统图和框图原则上没有区别。在实际使用时，系统图通常用于系统或成套装置；框图则用于分系统或设备。

系统图或框图的绘制方法如下：

① 应遵循绘制电路工作原理图的规则。

② 同一图上，方框的大小应视该图的具体情况而定，但要求图面布局匀称，框内可使用符号、文字或符号与文字等形式作必要的注释，如图 9.18 所示。

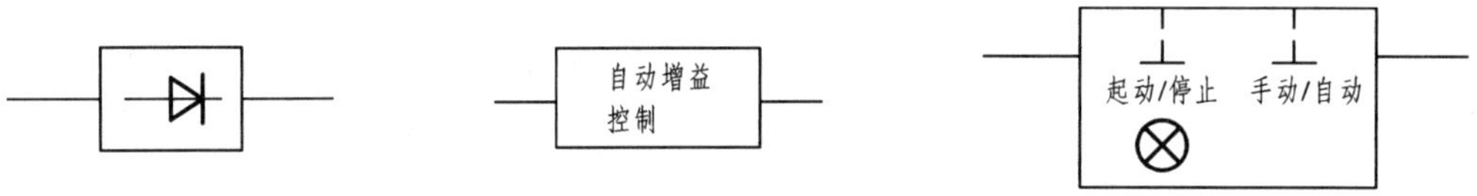

(a) 符号　(b) 文字　(c) 符号与文字

图 9.18　系统图或框图的注释方法

③ 图面布局应合理、清晰、均衡。根据绘制对象各组成部分的作用及相互联系的先后顺序，主电路从左到右，水平布置，辅助电路在主电路的下方；主干作用部分应位于图的中心位置，起辅助作用部分则位于主干部分的两侧；布局时有利于识别过程和信息流向。

④ 各组成部分（如方框）之间的连接用实线连接，根据需要可加注释与说明，必要时用开口箭头表示过程或信息的流向，如图 9.19 所示。

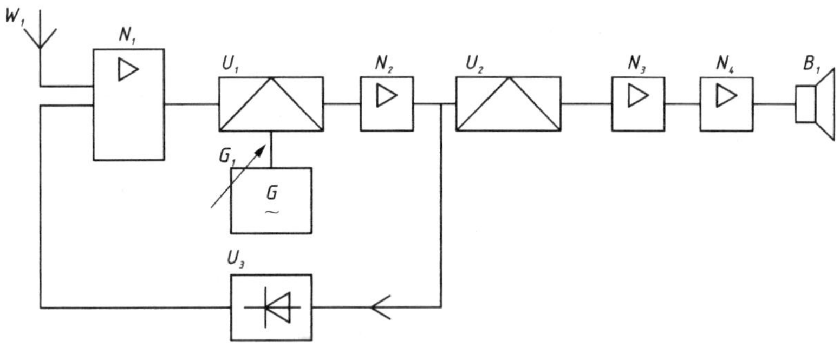

图 9.19　无线电接收机框图示例

⑤ 系统图与框图中还常出现框的嵌套形式，直接地反映项目的层次划分和体系结构，如图 9.20 所示。这种形式的框图中，用实线画“线框”；用点画线画“围框”。

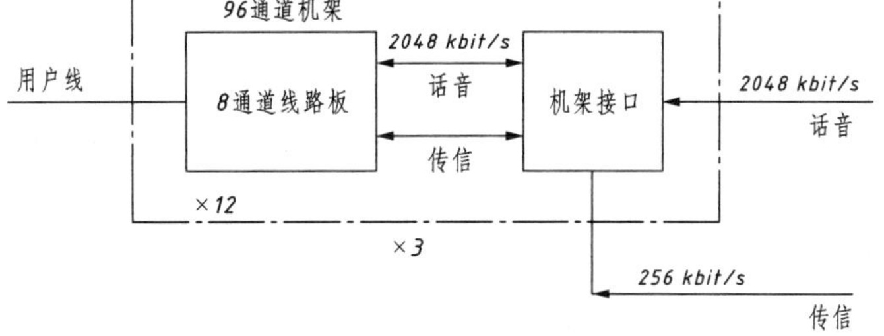

图 9.20　框的嵌套

9.3 电路原理图

电路原理图,是采用图形符号,按工作顺序排列,详细地表达电路的工作原理、各基本组成部分和连接关系的一种简图。它为测试和查寻故障提供信息,并为编制接线图、印刷电路板图及其他功能图提供依据。

9.3.1 电路原理图的绘图规则

9.3.1.1 电路原理图中元器件的表示方法

电路原理图中元件、器件和设备应采用 GB/ T 4728《电气简图用图形符号》规定的各类符号和组合方法来表示,必要时可采用简化外形表示。在符号旁边应标注项目代号,需要时还可以标注主要参数或将参数列表示出,此时表格通常列出项目代号、名称、型号、规格、数量和对特殊要求的注释等内容。如图 9.21 所示为卡拉 OK 无线话筒的电路图。

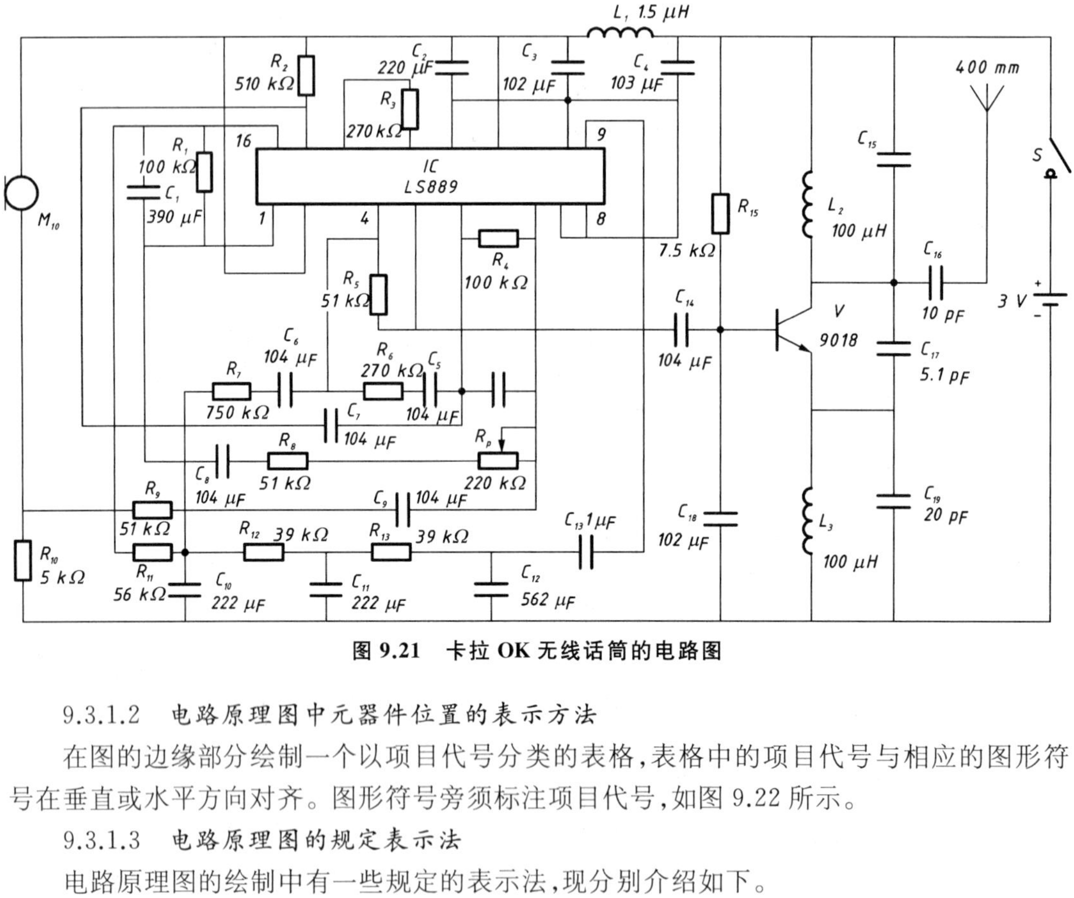

图 9.21 卡拉 OK 无线话筒的电路图

9.3.1.2 电路原理图中元器件位置的表示方法

在图的边缘部分绘制一个以项目代号分类的表格,表格中的项目代号与相应的图形符号在垂直或水平方向对齐。图形符号旁须标注项目代号,如图 9.22 所示。

9.3.1.3 电路原理图的规定表示法

电路原理图的绘制中有一些规定的表示法,现分别介绍如下。

(1) 电源表示法

① 用图形符号表示电源,如图 9.23(a)所示。

② 用线条表示电源,如图 9.23(b)所示。

③ 用电压值表示电源,如图 9.23(c)所示。

电 容 器	C_8			
电阻器	$R_9 \sim R_{11}$	R_{12}　R_{13}	$R_{14} \sim R_{16}$	R_{17}　R_{18}
半导体管	V_{16}	V_5	V_{18}	V_6

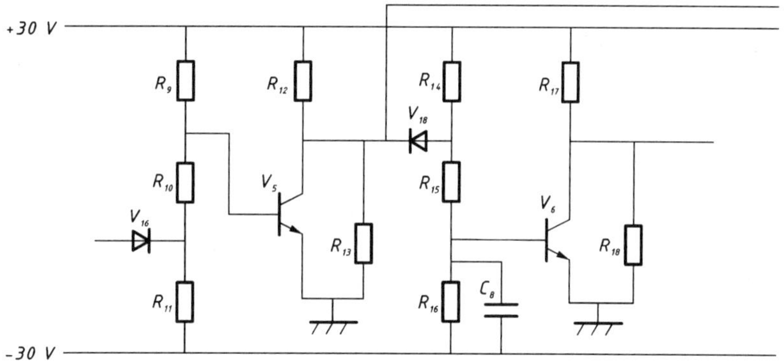

图 9.22　表格表示法

④ 用符号表示电源。在单线表达时,直流符号为"－",交流符号为"～";在多线表达时,直流正、负极分别用"＋""－" 表示;三相交流相序用符号"L_1""L_2""L_3"和中性符号"N"表示,如图 9.23(d)所示。

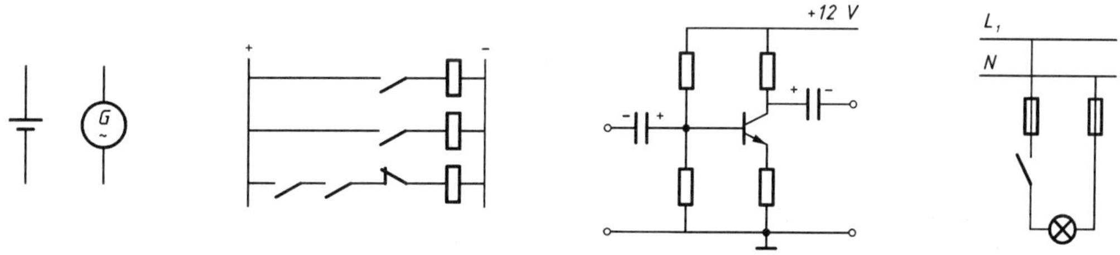

(a)　(b)　(c)　(d)

图 9.23　电源表示法

(2) 导线连接表示法　导线连接有"T"形连接和"十"形连接两种形式。表示两导线相交时必须加实心圆点,表示交叉而不连接时则不应加圆点。对于"T"形连接点,既可以加实心圆点,也可以不加实心圆点,如图 9.24(a)所示。对于"十"形连接点,如图 9.24(b)所示加实心圆点,表示交叉且相连;对于交叉不相连的则不能加实心圆点,如图 9.24(c)所示。

(a)"T"形连接　(b)交叉并连接　(c)交叉不连接

图 9.24　导线连接表示法

(3) 元器件和设备的可动部分表示法　通常应表示在非激励或不工作的状态或位置。

(4) 简化电路表示法

① 并联电路的简化画法,如图 9.25 所示。

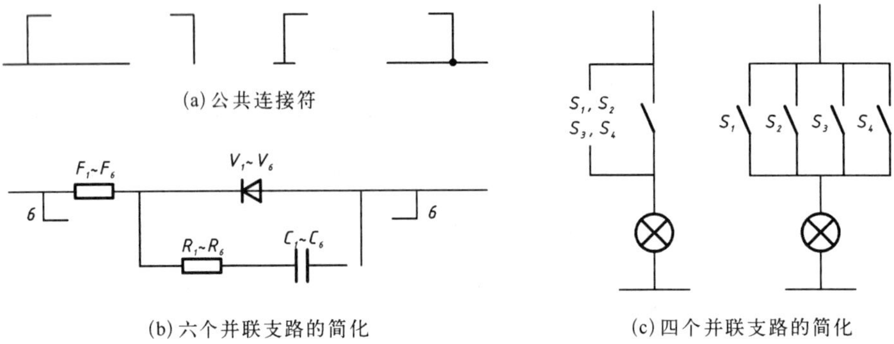

图 9.25　并联电路的简化画法

② 相同电路的简化画法,如图 9.26 所示。

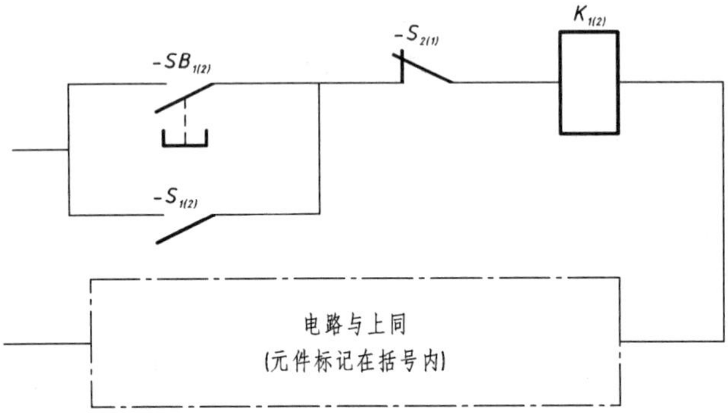

图 9.26　相同电路的简化画法

9.3.2　电路原理图的布图

电路原理图的布局直接影响设计思想的表达。为了清楚地表明电气系统或设备各组成部分之间、各元器件之间的连接关系,要求电路图布局合理、排列均匀、图面清晰、易于识读。

电路原理图布图形式,如图 9.27 所示。

(1) 水平布置　设备或元件按行布置,连接线一般呈水平布置,如图 9.27(a)所示。

(2) 垂直布置　设备或元件按列排列,连接线一般呈垂直布置,如图 9.27(b)所示。

(3) 交叉布置　将相应的元件连接成对称的布局,如图 9.27(c)所示。

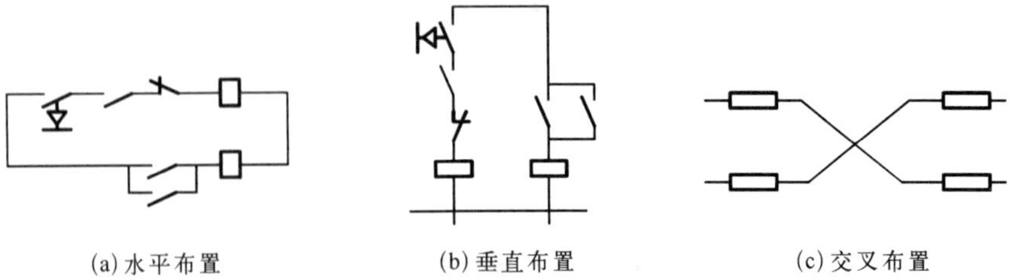

图 9.27　电路原理图布局形式

电路原理图的布局要求重点突出信息流及各级之间的功能关系,所以图线的布置应有利于识别各种过程及信息流向。对于因果关系清楚的电气图,其布局顺序应使信息的基本流向为自左至右或从上到下,电子线路图中,输入在左边,输出在右边。如不符合这一规定且流向不明显,应在信息线上加箭头。

9.3.3　电路原理图的绘图步骤

绘制电路原理图不但要遵守《电气制图》的一般规定,而且还要遵守电路原理图的规定画法。如图 9.28(a)所示,绘制低频两级放大的电路原理图。

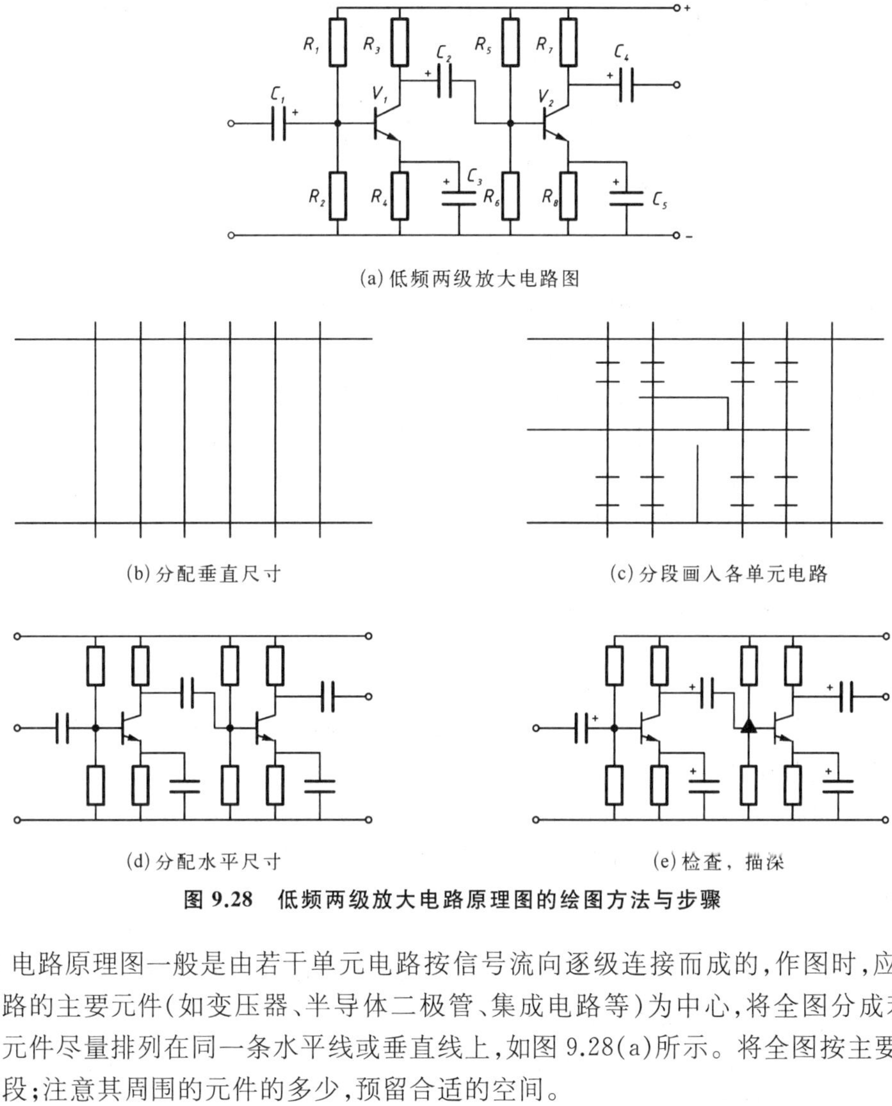

(a) 低频两级放大电路图

(b) 分配垂直尺寸　(c) 分段画入各单元电路

(d) 分配水平尺寸　(e) 检查，描深

图 9.28　低频两级放大电路原理图的绘图方法与步骤

① 电路原理图一般是由若干单元电路按信号流向逐级连接而成的,作图时,应先以各单元电路的主要元件(如变压器、半导体二极管、集成电路等)为中心,将全图分成若干段。各主要元件尽量排列在同一条水平线或垂直线上,如图 9.28(a)所示。将全图按主要元件分成若干段;注意其周围的元件的多少,预留合适的空间。

② 分别画出各级电路之间的连接及有关器件。作图时,排列主要元件的图形符号,并注意将各主要元件尽量位于图形中心水平线上;应使同类元器件尽量横向或纵向上对齐,使全图布置均匀、清晰,并注意前后上下的疏密和衔接。

③ 画全其他附加电路及元器件,标注项目代号、端子代号及有关注释。

④ 标注各元件的位置符号及有关备注(文字、字母、波形说明)。

⑤ 检查全图的连接是否有误、布局是否合理,最后描深,如图 9.28(b)～(e)所示。

9.3.4 电路原理图的识读方法

读电路原理图的方法和步骤与识读零件图、装配图相似,但是又有其自身的行业特点。现以图9.29所示的低频放大电路为例,介绍识读电路图的一般方法。

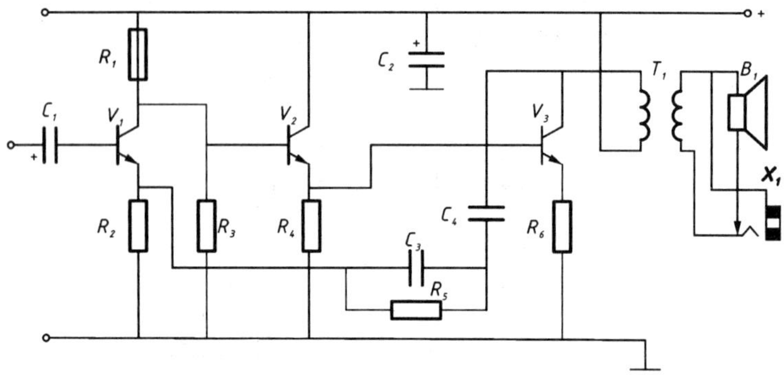

图9.29 低频放大电路原理图

(1) 看图纸说明　图纸说明包括图纸目录、技术说明、元器件明细表和施工说明等。通过读图纸说明,搞清设计的内容和要求。

(2) 看主标题栏　了解电路图的名称及其他有关内容(图中省略标题栏)。结合有关的电路知识对该电气图的类型、性质、作用等有初步的认识,同时大致了解电气图的内容。

(3) 看元件表　通过元件表(图中省略元件表)了解电路图中所用的元器件的名称、型号和数量等。初步分清电路中所使用的半导体管、电感线圈、电容、变压器等主要功能元件,以便对电路的性质、功能原理及所用元器件有初步了解。

(4) 看电路原理图　看懂电路原理图需要具备有关的电路专业知识,对基础电路和常用的典型电路模式应熟悉、了解。具体要做到:

① 概括了解电路原理图的布局、图形符号的配置及图线的连接等。如图9.29所示的低频放大电路图,其信号流向从左至右布局。图中各类元器件如V_1、V_2、V_3及R_2、R_3及R_4、R_6等在横向上对齐,功能上相关的项目如R_5和C_3靠近绘制,关系清晰。

② 结合专业知识及常见的典型电路、基础电路的结构,按布局顺序从左至右、自上而下地逐级分析。弄清各级本身的结构,各级之间的连接关系及耦合方式。如图9.29所示,放大电路中有三级基本放大电路,即V_1、V_2、V_3单管放大电路,各级电路之间均为直接耦合方式。

③ 分析整个电路的工作过程、功能关系。在图9.29中,外加信号接到低频放大电路的输入端C_1上,并经过耦合到V_1的基极上,然后通过V_1、V_2和V_3的逐级放大最后加到变压器T_1的初级上。变压器在这里主要起耦合交流信号、进行电流匹配的作用,它将初级经过放大的信号耦合到扬声器上。

④ 结合元件表对照各元器件在图中的项目代号及所处位置,进一步了解其在电路中的作用及主要参数,以便为下一步的装配工作做好准备。

由以上可知,只有熟悉和掌握绘制电路图的基本知识,具备一定的专业知识,并且在学习和实践中多看、多分析,才能逐步提高看图能力和看图速度。

第 10 章　化工工程图

10.1　化工设备图

10.1.1　化工设备图的特点

化工设备具有其自身行业的一些独特结构，如图 10.1 所示的容器。化工设备的结构特点如下：

(1) 焊接结构多　设备的主体一般由钢板焊成，因此采用焊接工艺多。

(2) 回转体为主　主体及体内外的零部件结构，多数以回转体为主。

(3) 各部分结构尺寸相差悬殊　设备的直径、高度(或长度)、壁厚及某些零部件结构之间，尺寸大小往往相差很大，而且薄壁结构较多。

(4) 开孔及接管口多　设备上接管口较多。

(5) 标准件多　常用的零部件，已由相关行业的有关部门予以标准化和系列化。

(6) 特殊材料和特殊处理多　化工设备的材料除强度、刚度要求外，还要考虑腐蚀、温度和压力等的影响。

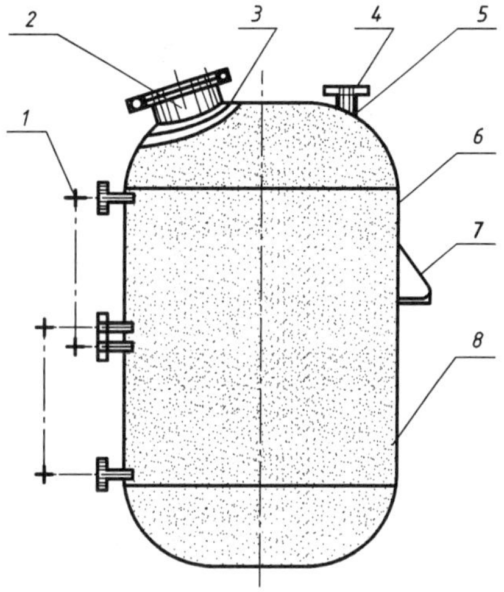

1—液面计；2—人孔；3—补强圈；4—管法兰；5—接管，6—筒体；7—支座；8—封头

图 10.1　容器

10.1.2　常用零部件的结构与标记

化工设备常用的零部件已经标准化、系列化，在各种化工设备上通用。下面介绍几种常用零部件。

10.1.2.1　筒体与封头

(1) 筒体　筒体(GB/T 9019)是设备的主体部分，一般由钢板卷焊而成(其公称直径指内径)，直径较小的(<500 mm)或高压设备筒体一般采用无缝钢管(其公称直径指外径)。筒体较长时，可由多个筒节焊接组成，也可用设备法兰连接组装。筒体的主要尺寸是公称直径(其公称直径是指内径)、高度(或长度)和壁厚。壁厚由强度计算决定，公称直径和高度(或长度)应考虑满足工艺要求确定，而且公称直径应符合 GB/T 9019—2015《压力容器公称直径》中所规定的尺寸系列。

标记示例：公称直径 1 200 mm、壁厚 10 mm、高 2 000 mm 的立式筒体，其标记为：

筒体 DN1200×10　$H=2000$　GB/T 9019—2015

(2) 封头　封头(GB/T 25198)是压力容器上的端盖。封头和筒体可以直接焊接，也可以用法兰连接。封头是设备的重要组成部分,它与筒体一起构成设备的壳体,封头与筒体可以直接焊接,形成不可拆卸的连接;也可以分别焊上压力容器法兰,用螺栓、螺母锁紧,构成可拆卸的连接。常见的封头有球形、椭圆形、碟形、锥形及平板形等,如图 10.2 所示。这些封头多数已经标准化,其规格和尺寸按 GB/T 25198—2010《压力容器封头》。

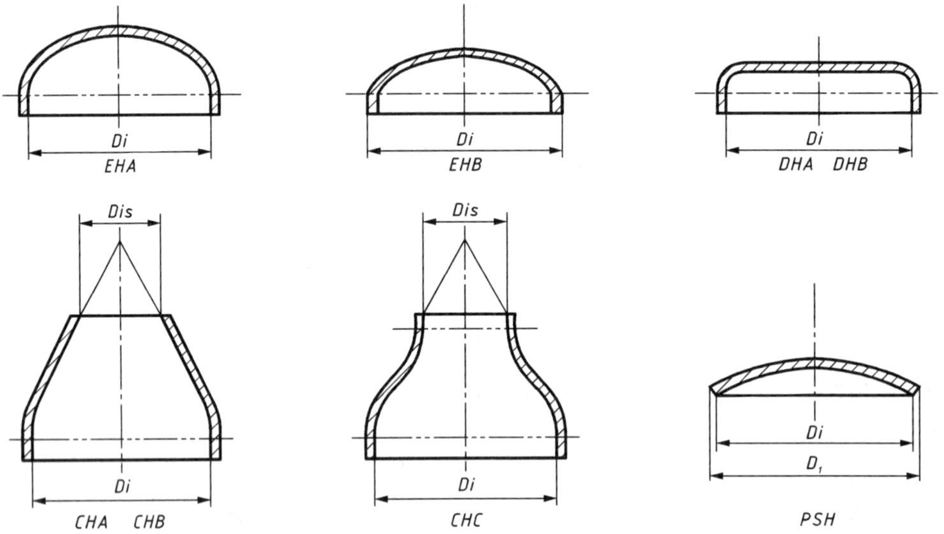

图 10.2　封头型式

标记示例:公称直径 1 600 mm、名义厚度 18 mm、材质 Q235-C 的椭圆形封头,其标记为:

EHA DN1600×18-Q235-C　GB/T 25198—2010

10.1.2.2　**法兰**

法兰是法兰连接中的一种主要零件,主要参数是公称直径和公称压力。化工设备常用的标准法兰有管法兰和压力容器法兰。

(1) 管法兰　管法兰(HG/T 20592～20635)用于管道间以及设备上的接管与管道的连接,公称直径与所连接的管子直径一致。常用标准管法兰的类型与代号如图 10.3 所示;密封面型式如图 10.4 所示。常用标准为 HG/T 20592～20635—2009《钢制管法兰、垫片、紧固件》。

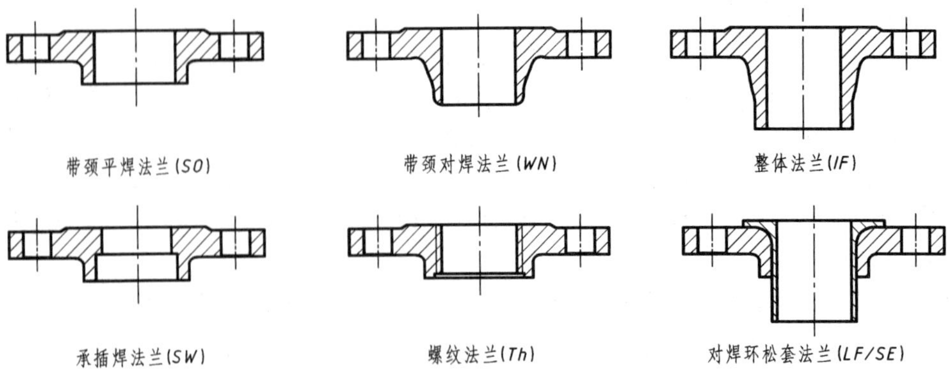

图 10.3　管法兰类型与代号

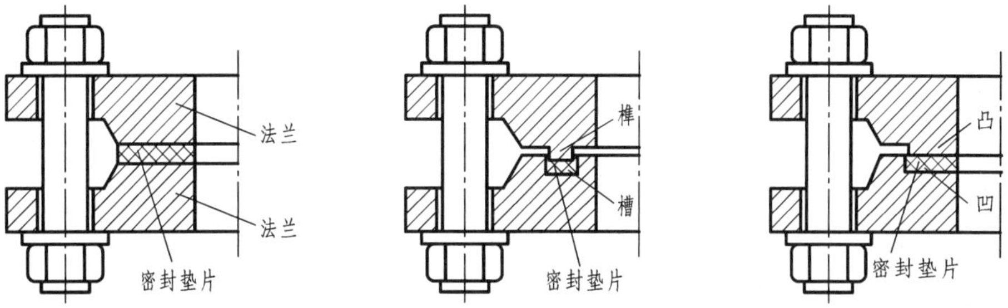

(a) 平面密封　　(b) 榫槽面密封　　(c) 凹凸面密封

图 10.4　管法兰密封面型式

标记示例：公称直径 300 mm，公称压力 2.5 MPa，配用英制管的凸面带颈平焊钢制管法兰，材料为 20 钢，其标记为：

HG/T 20592—2009　法兰 SO300 - 2.5　M20

(2) 压力容器法兰　压力容器法兰(JB/T 4700～4707)用于设备筒体(或封头)的连接。要求公称直径与连接筒体(或封头)的公称直径(通常是指内径)相一致，结构类型如图 10.5 所示；密封型式有平面密封面(RF)、榫(T)槽(G)密封面、凹(FM)凸(M)密封面等。其标准为 JB/T 4700～4707《压力容器法兰》。

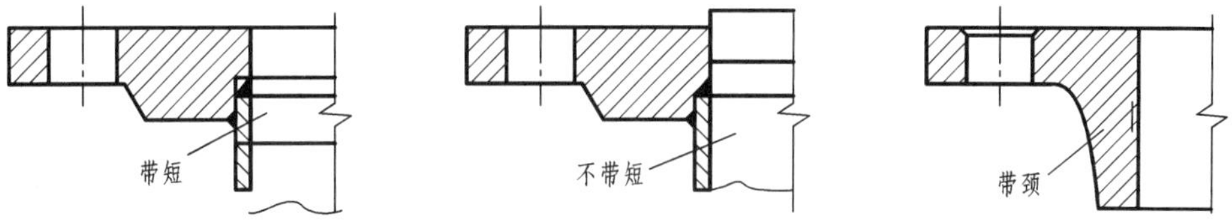

(a) 甲型平焊法兰　　(b) 乙型平焊法兰　　(c) 长颈对焊法兰

图 10.5　压力容器法兰的结构类型

标记示例：公称直径 600 mm，公称压力 1.6 MPa，采用 PI 型平面密封的标准甲型平焊法兰，其标记为：

法兰- PI　RF800 - 1.6　JB/T 4701　2002

10.1.2.3　人孔、手孔和检查孔(HG/T 21515)

为了便于安装、检修或清洗设备内部，需要在设备上开设人孔(图 10.6)、手孔(图 10.7)和检查孔。当孔盖需要经常开闭时，宜选用快开式结构，如图 10.8 所示。

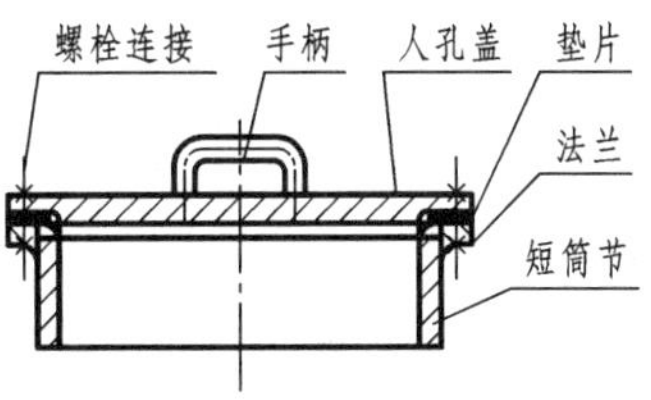

图 10.6　人孔结构

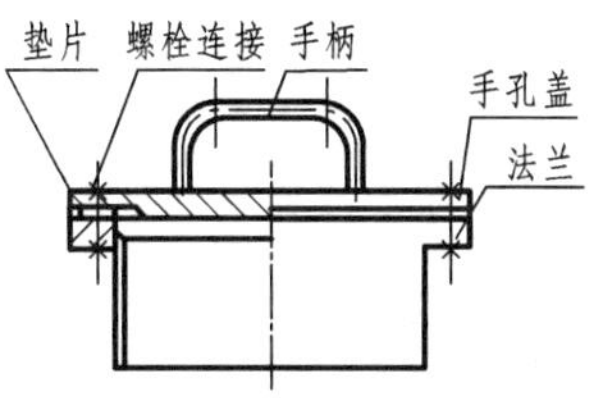

图 10.7　手孔结构

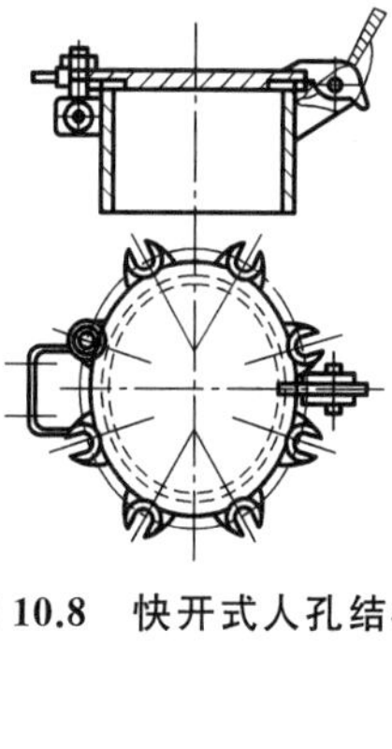

图 10.8　快开式人孔结构

标记示例：公称直径 450 mm，采用 2707 耐酸、碱橡胶板垫片的常压人孔，其标记为：

人孔 (R·A-2707) 450 HG/T 21515—2014

标记示例：工作压力 1.0 MPa，公称直径 250 mm、手孔高度 $H_1=190$ mm，RF 型密封面，采用Ⅲ类材料，其中垫片采用石棉橡胶板的带颈平焊法兰手孔，其标记为：

手孔 RFⅢ(A·G) 250-1.0 HG/T 21530—2014

10.1.2.4 **视镜**(HG/T 21619～21620)

视镜是用于观察设备内物料及其反应情况的装置，有两种类型，如图 10.9 所示。图(a)将接缘直接焊在封头或筒体上；图(b)通过短管焊在设备上。视镜的材料代号有Ⅰ(碳素钢)、Ⅱ(不锈钢)两种。

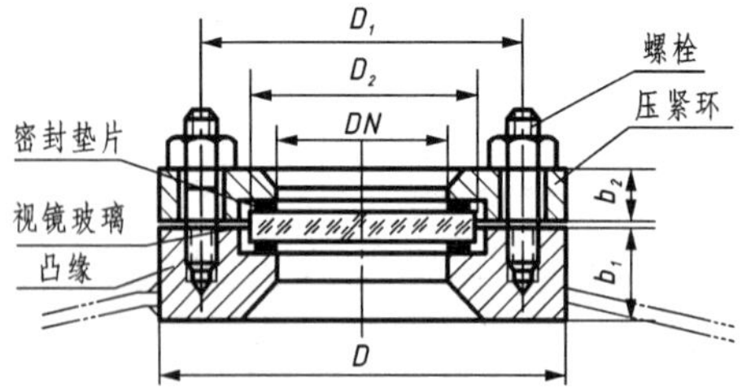

(a) 不带颈视镜

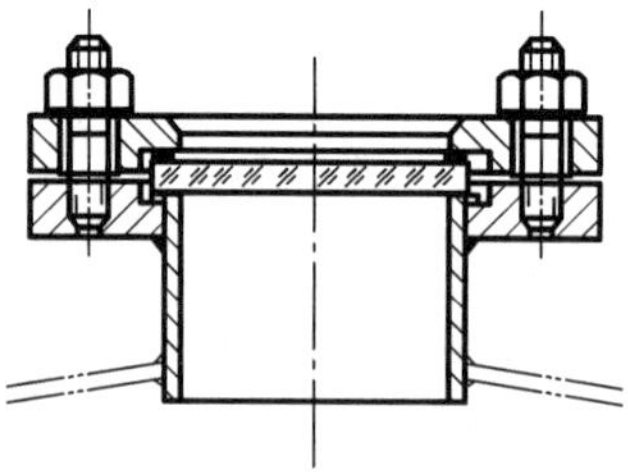

(b) 带颈视镜

图 10.9 视镜的结构与安装

标记示例：公称压力 1.6 MPa，公称直径 100 mm，视镜高度 $h=100$ mm，材料为碳素钢的带颈视镜，其标记为：

带颈视镜Ⅰ PN1.6，DN100，h=100 HG/T 21619—1986

10.1.2.5 **液面计**(HG 21588～21592)

液面计是用来观察设备内部液面位置的装置。常用类型有玻璃管(G 型)液面计、透光式(T 型)玻璃板液面计、反射式(R 型)玻璃板液面计，如图 10.10 所示。

标记示例：工作压力 2.5 MPa，公称长度 1 400 mm，碳钢(I)，保温型(W)，排污口配阀门(V)，突面法兰(A)连接的透光式(T)玻璃面板液面计，其标记为：

液面计 AT2.5-IW-1400V HG 21589.1—1995

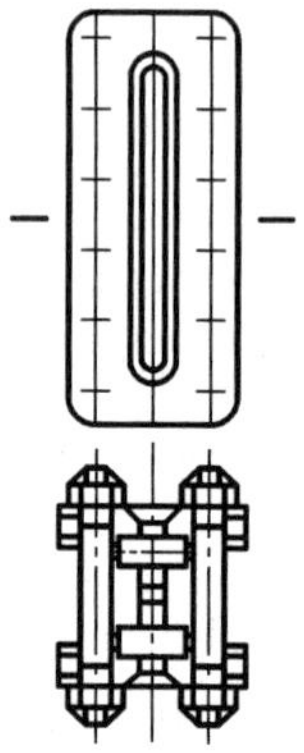

图 10.10 液面计

10.1.2.6 **补强圈**(HG 21506)

补强圈主要用来弥补设备壳体因开孔过大而造成的强度损失，如图 10.11 所示。

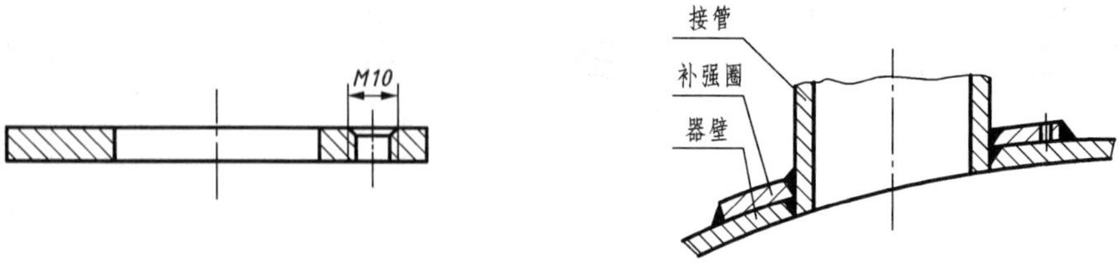

图 10.11 补强圈

标记示例：接管公称直径 DN100，厚度 8 mm，坡口型式为 B 型的补强圈，其标记为：

补强圈　DN100×8－B　HG 21506—1992

10.1.2.7　**支座**

支座是用来支承设备重量，并将设备固定在楼板或基础上的部件，通常用钢板焊制，常用的有耳式支座和鞍式支座两种类型，适用于立式设备和卧式设备。

(1) 耳式支座　耳式支座(JB/T 4712.3)广泛用于立式设备，其结构如图 10.12 所示。耳式支座有 A 型、AN 型(不带垫板)、B 型、BN 型(不带垫板)四种类型。

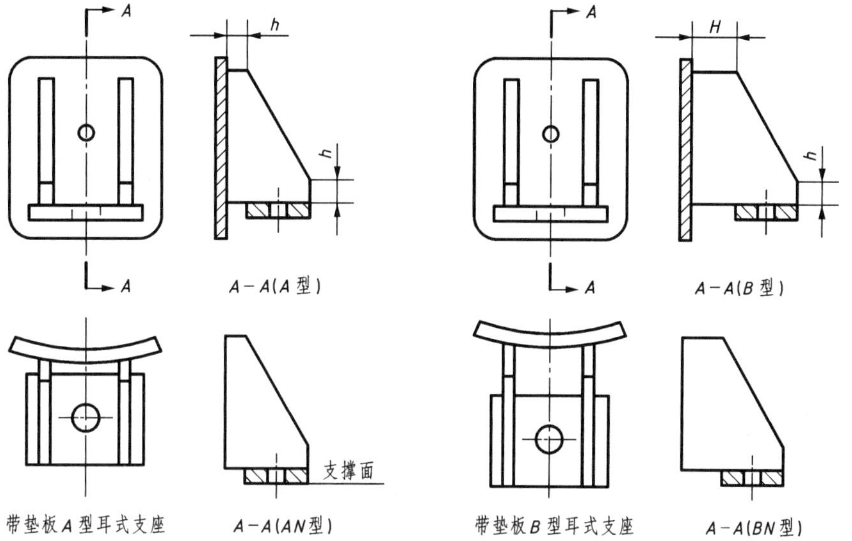

图 10.12　耳式支座

标记示例：A 型、带垫板，3 号耳式支座，支座材料为 Q235A，其标记为：

JB/T 4712.3—2007　耳式支座 A3－Ⅰ

(2) 鞍式支座　鞍式支座(JB/T 4712.1)广泛用于卧式设备，其结构如图 10.13 所示。鞍式支座有轻型(A)、重型(B)之分。每种类型的鞍座又有 F 型(固定型)和 S 型(滑动型)。

标记示例：公称直径 DN1200，轻型(A 型)，滑动式(S 型)鞍式支座，其标记为：

JB/T 4712.1—2007　鞍座　A1200－S

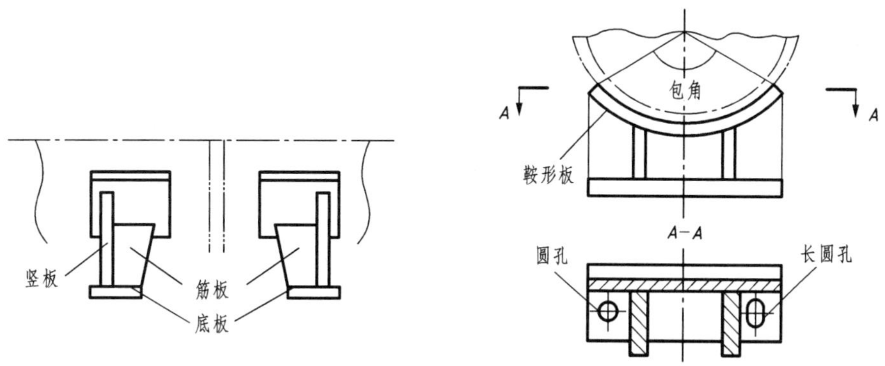

图 10.13　鞍式支座结构

10.1.3 化工设备图的表达法

10.1.3.1 化工设备图的基本内容

化工设备图不仅与机械图一样,有一组图形、必要的尺寸、零部件序号、技术要求、明细表及标题栏等内容,遵守《机械制图》有关国标规定外,还要根据化工设备的特点包含以下内容:

(1) 接管口序号和管口表 设备上所有的接管口均用英文字母顺序编号,并用管口表列出各管口的有关数据及用途等内容。

(2) 设备技术特性表 用表格形式列出设备的设计压力、设计温度、物料名称、设备容积等设计参数,用以表达设备的主要工艺特性。

10.1.3.2 化工设备图示方法

化工设备图中,除采用国家《机械制图》和《技术制图》标准规定的画法外,还要遵守行业标准规定的相关画法。

1) 视图的配置

化工设备主体的图形具有狭长的特点,一般都采用两个基本视图表达设备的主体结构。立式设备用主视图和俯视图两个基本视图表示;卧式设备则用主视图、左视图两个基本视图表示。其他视图配置与机械制图的视图配置方法相同。

2) 多次旋转视图(或旋转剖)

由于化工设备的器壁上,分布着各种接管口和零部件,为了在主视图上清楚地表达其形状和确定位置,可以采用多次旋转的表达方法:即按旋转视图方法,将分布在设备周向方位的管口或零部件结构,分别在主视图上画出投影,反映出真实形状和位置。

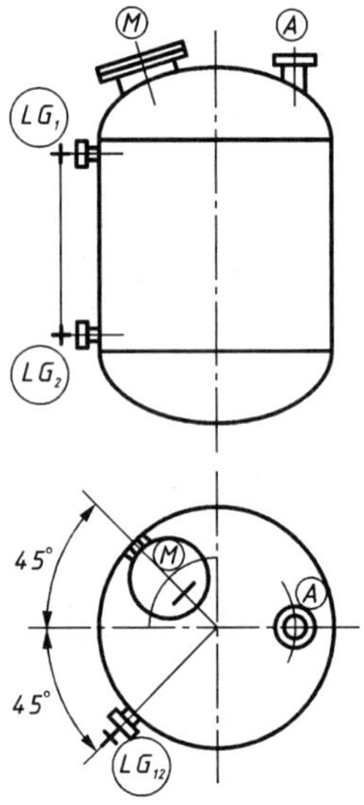

图 10.14 多次旋转的表达方法

如图 10.14 所示,容器主视图上人孔 M 按逆时针方向(从俯视图看)旋转 45°后投影;液面计 LG 按顺时针方向旋转 45°投影在主视图上。

注意:在化工设备图中采用多次旋转画法时,允许不作任何标注,但是这些结构的周向方位必须按图上的说明,以管口方位图(或俯视图)为准。

3) 管口方位图

化工设备的器壁上,往往分布着各种接管口和附件,为避免混乱,必须在图样中清晰表达其位置。设备管口的轴向位置可多次旋转后在主视图上表达,而设备管口的周向方位必须用俯(左)视图表达。如图 10.15 所示,用单线在图中标出设备管口中心线,标注方位角度,同一接管用相同的字母注写管口符号。通常管口方位图由工艺设计人员单独画出,在设备图上只须注明:“管口方位见管口方位图,图号×××-×××。”设备图中的管口方位不一定是管口的真实方位,故不能注写角度(方位)尺寸,但应确定方位的基准。

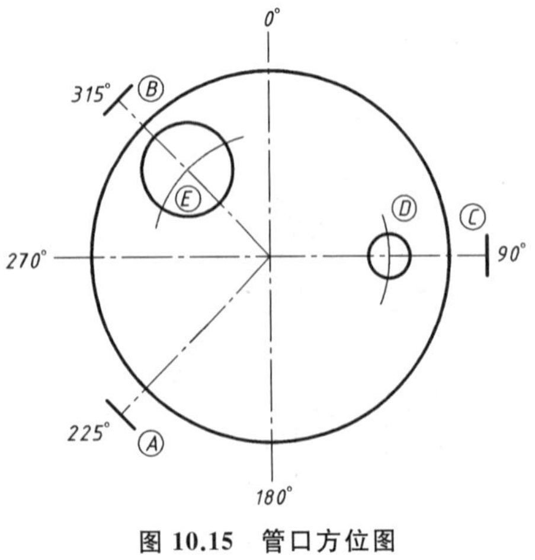

图 10.15 管口方位图

当结构表达清楚时，可用方位图代替俯(左)视图，并在技术要求中注明“管口方位以俯(左)视图为准”字样。管口方位图中必须表达出管口方位与设备安装的定位要素间关系和指北针。

4) 选择辅助视图及其他表达方法

在化工设备图中，常采用机械制图的机件表达法，如局部放大图、向视图、夸大画法等，这些与机械制图标准要求一样，需要注意的是断开画法和分段画法。

设备的总体尺寸很大，而又沿其轴线方向有相当部分的形状和结构相同，或按一定规律变化时，可采用断开画法，如图 10.16 所示；对于较高的塔设备，在不适于采用断开画法或图幅不够时，可采用整体分段表示，有利于图面布置和比例选择，如图 10.17 所示。但是，为了表达设备的总体形状、各部分结构(包括被省略的部分)的相对位置和有关的尺寸，必须另画一个设备整体的单线图，一般采用较大的缩小比例绘制，如图 10.18 所示。

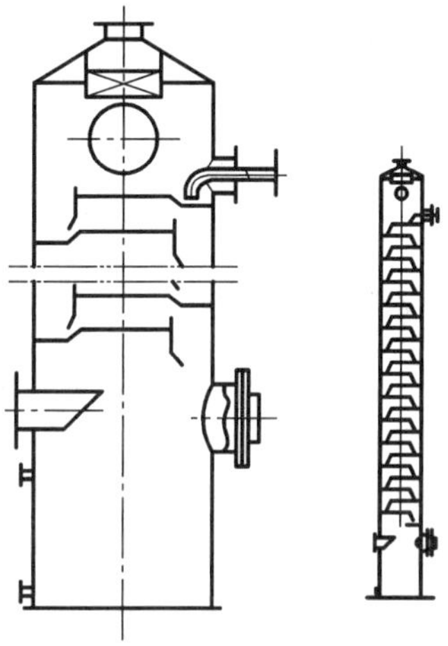

图 10.16　浮阀塔的断开画法

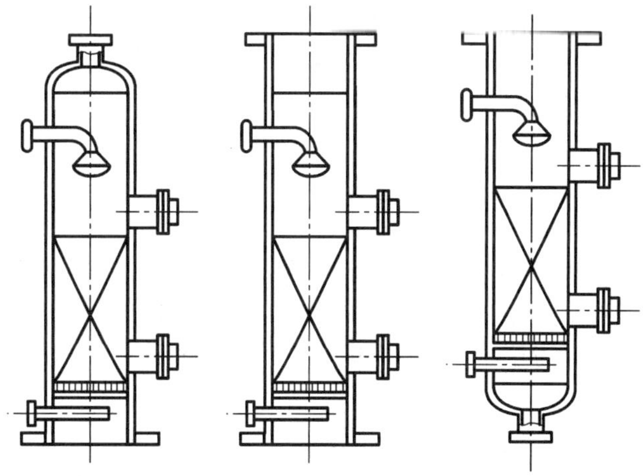

图 10.17　塔体的分段画法

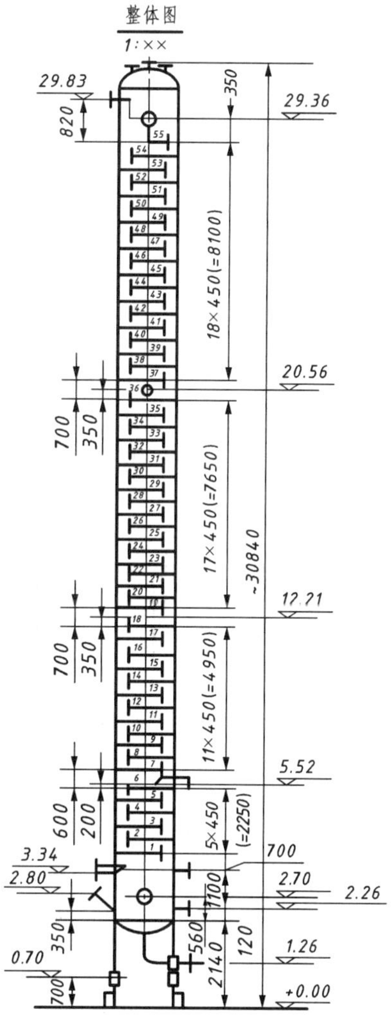

图 10.18　整体省略画法

5) 简化画法

(1) 设备涂层、衬里画法

① 涂层画法。薄涂层仅在需镀涂层表面绘制与其平行、间距 1～2 mm 的粗点画线,标注所镀涂层内容,不编件号,详细要求写入技术要求;厚涂层绘制与其平行、间距为涂层厚度的粗实线,其间填画剖面符号,涂层应编件号,在明细栏中注明材料和涂层厚度,必要时用局部放大图详细表达细部,如图 10.19(a)、(b)所示。

② 衬层画法。薄衬层在所需衬板表面绘制与其平行、间距 1～2 mm 细实线;厚衬层在所需衬板表面绘制与其平行、间距为涂层厚度的粗实线,其间填画涂层材料的剖面符号,如图 10.19(c)、(d)所示。

涂层和衬里也可以用局部放大图详细表达细部,如图 10.19(e)所示。

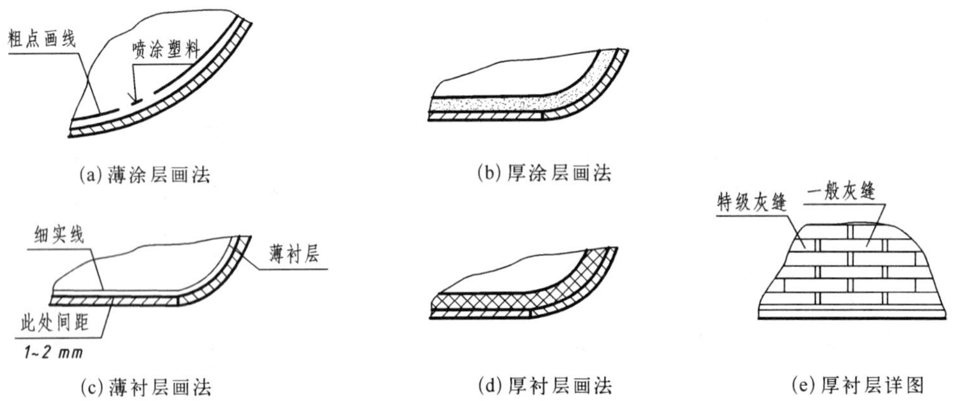

图 10.19 涂层和衬里的画法

(2) 法兰的简化画法 化工设备图中法兰盘的简化画法,如图 10.20(a)所示。如带有薄衬层的接管法兰,可用局部剖视图表示,衬层可涂黑,如图 10.20(b)所示。

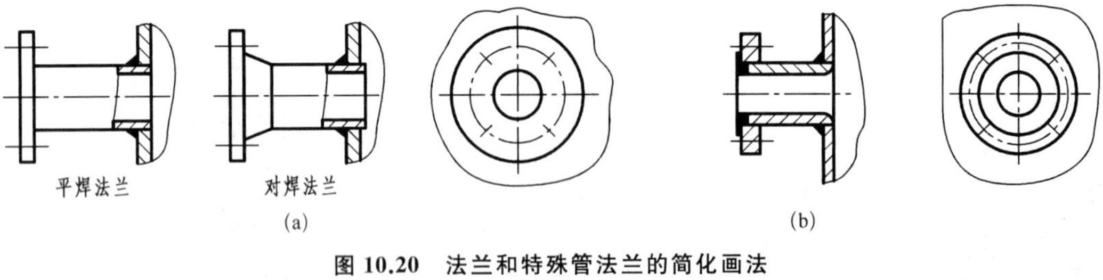

图 10.20 法兰和特殊管法兰的简化画法

(3) 液面计的画法 装配图中带有两个接管的液面计的画法,如图 10.21(a)所示;带有两组或两组以上液面计的画法,如图 10.21(b)所示,“+”符号的线条应为粗实线。

(4) 设备结构的单线画法 设备某些结构如已由其他视图表达清楚,可采用单线画法,如图 10.22 所示。

6) 简单设备以及视图较多的画法

零部件少的简单设备,零部件图允许与设备图画在同一张图纸上,注明件号××的零件图;如果视图较多时,用幅面线将设备图和零部件图分栏,并作出标题栏。

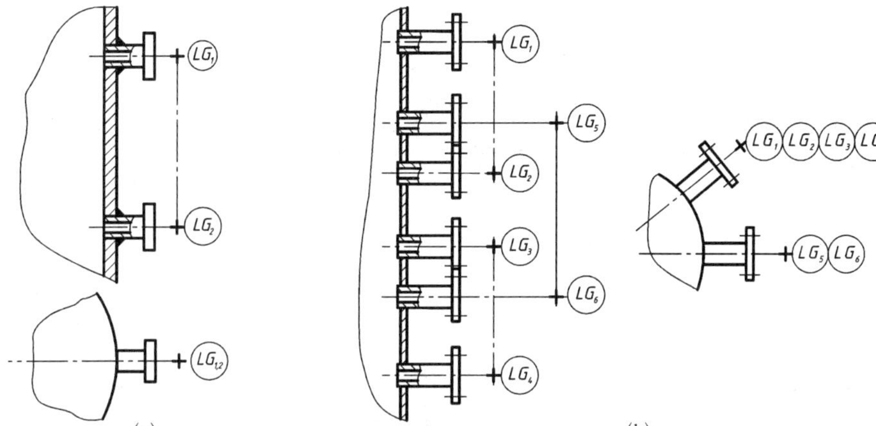

图 10.21　接管液面计的简化画法

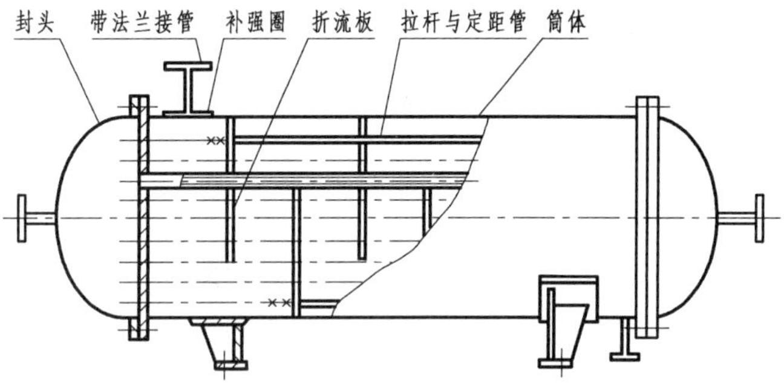

图 10.22　单线画法

10.1.4　化工设备图尺寸标注及其他内容

化工设备图的尺寸标注要做到尺寸完整、清晰、合理，满足化工设备制造、检验、安装的要求。

10.1.4.1　尺寸种类

化工设备图只标注与零部件的性能、装配、安装、运输等有关的尺寸。

① 规格性能尺寸。表示设备的性能、规格、特征及生产能力的尺寸，是了解设备工作原理和工作能力的重要依据。如图 10.23 所示，图中容器内径 ϕ2 600、筒体长度 4 800。

② 装配尺寸。反映零部件间相对位置和装配关系的尺寸。如图 10.23 所示，接管的定位尺寸、罐体与支座的定位尺寸等。

③ 外形(总体)尺寸。外形尺寸是设备总长、总高、总宽的尺寸。对于设备的包装、运输、安装及厂房设计是十分必要的。如图 10.23 中容器的总长 6 416 和总高 3 300。

④ 安装尺寸。化工设备安装在基础上或与其他设备及部件相连接时所需的尺寸。如图 10.23 中裙座地脚螺栓的孔间距 3 500、2 080、160。

⑤ 其他尺寸。

10.1.4.2　尺寸基准

如图 10.24 所示，一般化工设备图的尺寸基准为：设备筒体和封头的轴线或封头的切线；设备法兰的连接面；设备支座、裙座的底面等。

10.1.4.3　设备图的其他内容

为清晰表达开孔和管口位置、规格、用途等，化工设备图上应编写管口符号和管口表、技

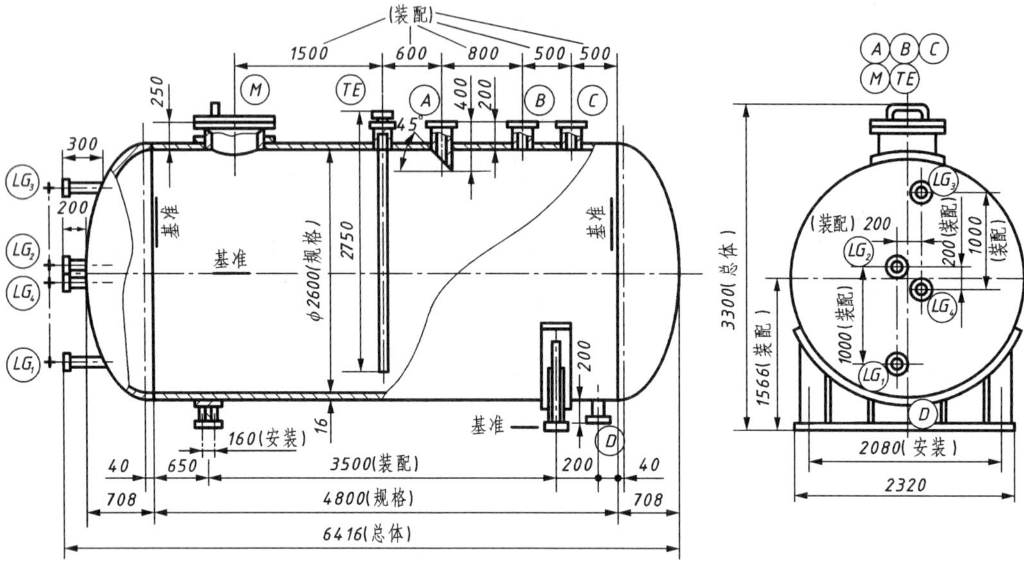

图 10.23 化工设备图的尺寸标注

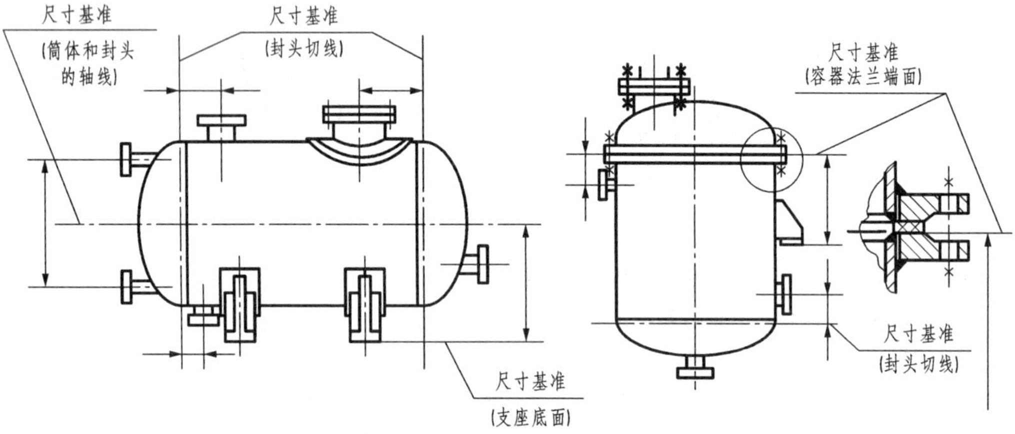

图 10.24 化工设备常用的尺寸基准

术特性表。

(1) 管口符号 如图 10.25 所示,管口符号注在管口投影旁的尺寸线外侧,并依次用大写或小写拉丁字母(A、B、C、…或 a、b、c、…)编写;规格、用途及密封面形式不同的管口,须单独编号;否则编写同一符号,但在右下角加阿拉伯数字注脚如 b_1、b_2。

管口符号一般从主视图左下方开始,顺时针依次编写,其他视图(或管口方位图)上管口符号,按主视图中对应符号注写,如图 10.25 所示。

(2) 管口表 管口表是说明设备上所有管口用途、规格、连接面形式等的表格,供备料、制造、检验、使用时参阅。一般画在明细栏的上方,如图 10.26 所示。其中符号项应和视图中的符号相同,自上而下顺序填写;公称尺寸项按管口的公称直径填写。

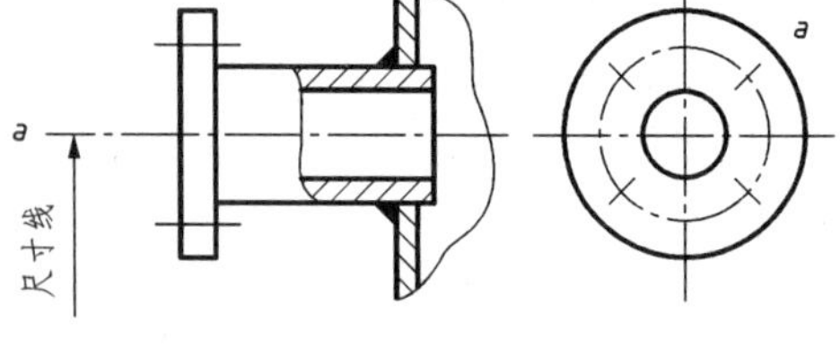

图 10.25 管口符号编写

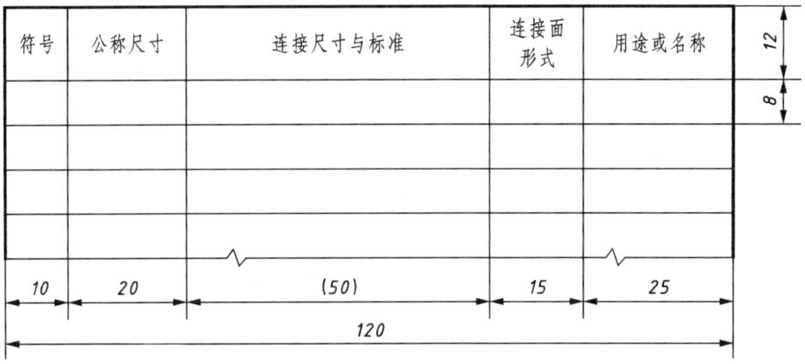

图 10.26　管口表的格式和尺寸

(3) 技术特性表　技术特性表是表明该设备重要技术特性指标和设计依据的一览表，一般放在管口表的上方。如图 10.27 所示，(a)用于一般设备，(b)用于带换热管的设备。

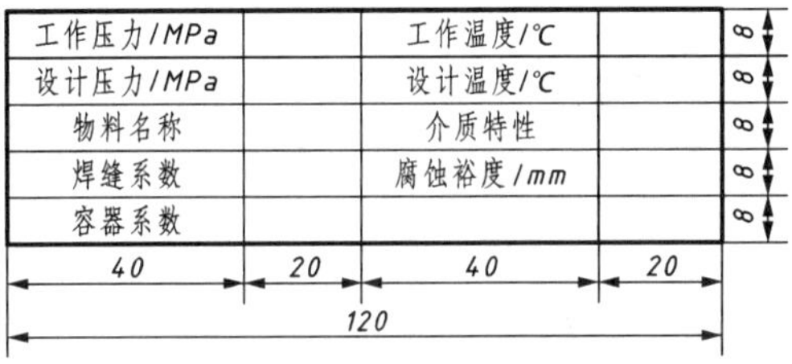

(a)

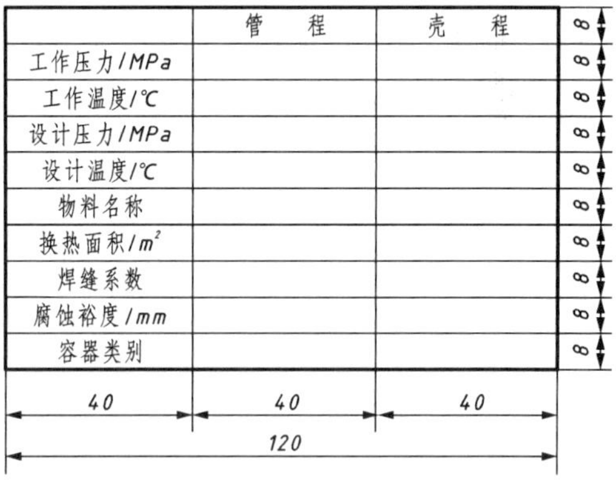

(b)

图 10.27　技术特性表的格式和尺寸

10.1.5　绘制化工设备图

10.1.5.1　视图选择

(1) 选择主视图　化工设备的主视图应按工作位置选择，使其充分表达设备的工作原理、主要装配关系及主要零部件的形状结构。主视图一般采用全剖视图，以表达设备上各零部件的内外结构和装配关系。如图 10.28 所示，储罐的主视图主体轴线水平放置，采用全剖视，表达筒体与封头、设备主体与各接管的内在装配关系及设备壁厚等内容。

(2) 其他基本视图　主视图确定后，应根据设备的结构特点，选定其他基本视图。如储罐除主视图外，选用了左视图，表达设备上各接管的方位、支座的安装及支座的左视外部形状结构。

(3) 辅助视图和其他表达方法　采用局部放大图、局部视图、剖视及剖面等表达方法，表达各部分细节。如储罐采用三个局部放大图表达焊缝结构，一个局部放大图和一个向视图(C 向)表达接管拉筋结构，采用两个向视图表达支座安装孔的形状和位置。

10.1.5.2　绘制步骤

化工设备图的画法与步骤基本与绘制机械装配图一样。

(1) 确定绘图比例，选择图幅　遵循国家标准规定确定绘图比例，选择图幅。

(2) 布置视图　化工设备图的视图布置除中部留有视图位置外，一般是从右下角标题栏开始，依次为明细栏、管口表、技术特性表和技术要求。立式设备的图幅多采用纵向放置，

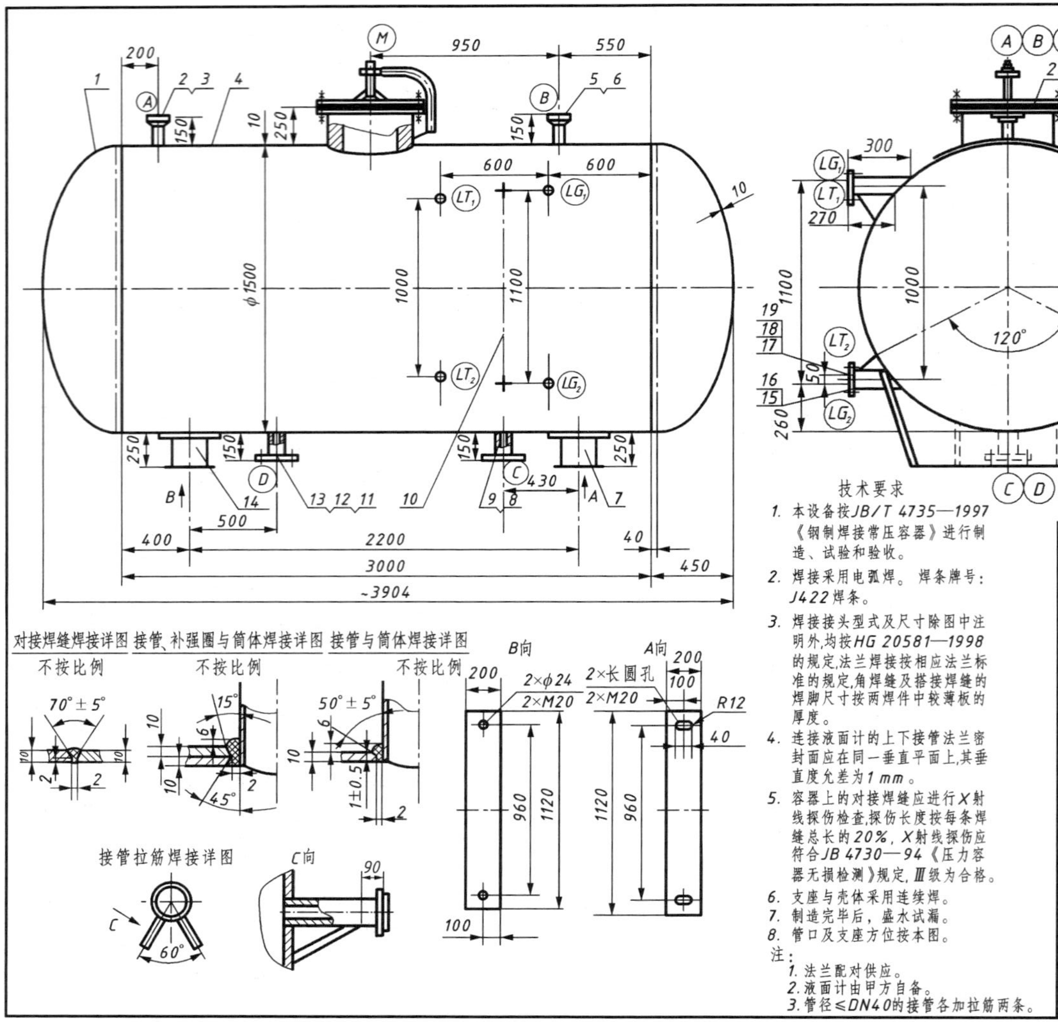

技术特性表

工作压力/MPa	常压
设计压力/MPa	常压
工作温度/℃	60
设计温度/℃	65
物料名称	丙酮
容积/m^3	7.3
焊缝系数	0.85
腐蚀裕度/mm	2

管口表

符号	公称尺寸	连接尺寸与标准	连接面形式	用途或名称
A	DN40	PN1.6,DN40,HG20592—97	凸面	进料口
B	DN20	PN1.6,DN20,HG20592—97	凸面	放空口
C	DN80	PN1.6,DN80,HG20592—97	凸面	出料口
D	DN100	PN1.6,DN100,HG20592—97	凸面	放净口
LG_{12}	DN20	PN1.6,DN20,HG20592—97	凸面	液位计口
LT_{12}	DN40	PN1.6,DN40,HG20592—97	凸面	自动液位计口
M	DN450			人孔

设备净重：3146 kg

件号	图号或标准号	名称	数量	材料	单重 kg	总重 kg	备注
21	JB/T4736—95	补强圈DN450×10—E	1	Q235—A		21.2	
20	HG21522—95	人孔Ⅱ(A,G)450—0.6	1	组合件		115	
19		拉筋 40×6	12	Q235—A	0.53	6.36	
18	HG20592—97	法兰 S040—1.6RF	2	20	1.77	3.54	
17		接管φ45×3.5L=290	2	20	1.04	2.08	
16	HG20592—97	法兰 S020—1.6RF	2	Q235—A	0.88	1.76	
15		接管φ25×3L=325	2	20	0.53	1.06	
14	JB/T4712—92	左支座 B1 1600—F	1	组合件		146	
13	JB/T4736—95	补强圈DN100×10—E	1	Q235—A		1.69	
12	HG20592—97	法兰 S0100—1.6RF	1	Q235—A		4.6	
11		接管φ108×5L=160	1	20		2.03	
10		液面计	1	组合件			
9	HG20592—97	法兰 S080—1.6RF	1	Q235—A		3.74	
8		接管φ89×5L=160	1	20		1.7	
7	JB/T4712—92	右支座 B1 1600—S	1	组合件		146	
6		接管φ25×3L=160	1	20		0.262	
5	HG20592—97	法兰 S020—1.6RF	1	Q235—A		0.93	
4		筒体 DN1600×10L=3000	1	Q235—A		2226	
3		接管φ45×3.5L=160	1	20		0.57	
2	HG20592—97	法兰 S040—1.6RF	1	Q235—A		1.77	
1	JB/T4737—95	封头 DN1600×10	2	Q235—A	229.7	459.4	

×××化工设备设计研究所			
设计 / 制图 / 校核 / 审核 / 审定	355-F储罐 V=7.3 m^3 装配图	设计项目	
		设计阶段	施工图
		10-0015	
2000·北京	比例 1:10	第1张	共1张

技术要求

1. 本设备按JB/T 4735—1997《钢制焊接常压容器》进行制造、试验和验收。
2. 焊接采用电弧焊。焊条牌号：J422焊条。
3. 焊接接头型式及尺寸除图中注明外，均按HG 20581—1998的规定，法兰焊接按相应法兰标准的规定，角焊缝及搭接焊缝的焊脚尺寸按两焊件中较薄板的厚度。
4. 连接液面计的上下接管法兰密封面应在同一垂直平面上，其垂直度允差为1 mm。
5. 容器上的对接焊缝应进行X射线探伤检查，探伤长度按每条焊缝总长的20%，X射线探伤应符合JB 4730—94《压力容器无损检测》规定，Ⅲ级为合格。
6. 支座与壳体采用连续焊。
7. 制造完毕后，盛水试漏。
8. 管口及支座方位按本图。

注：
1. 法兰配对供应。
2. 液面计由甲方自备。
3. 管径≤DN40的接管各加拉筋两条。

图 10.28 储罐设备图

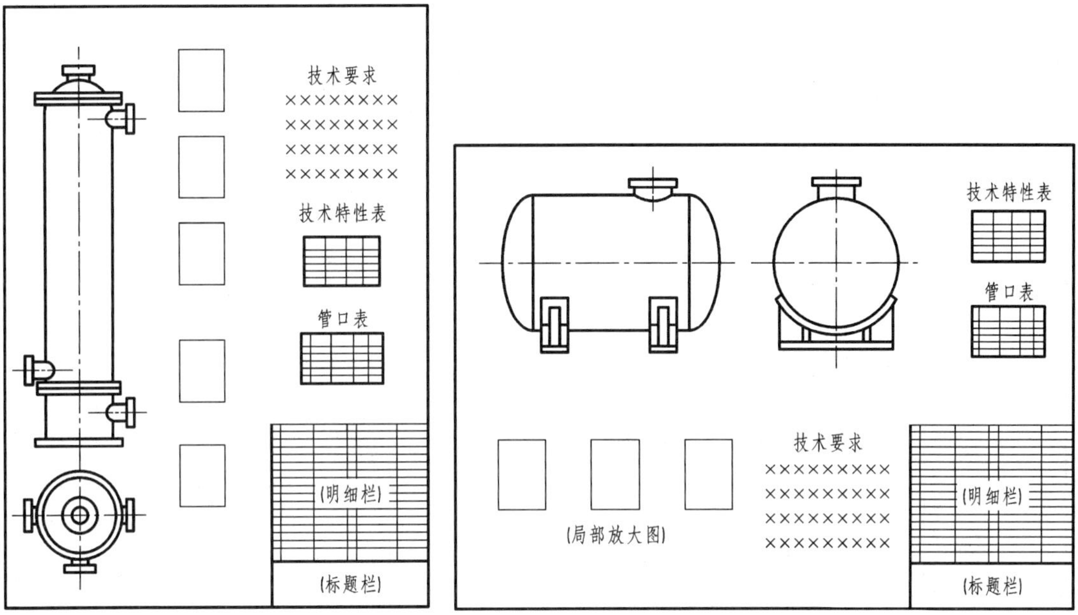

(a) 立式设备的图面布置　　(b) 卧式设备的图面布置

图 10.29　化工设备图的图面布置

卧式设备的图幅多采用横向放置，如图 10.29 所示。

(3) 绘图　依据选定的视图表达方案，先画出主要基准线。如图 10.28 中要先画出主视图中筒体与封头的中心线及左(俯)视图的中心线。一般沿着装配干线，按照先定位，后画形；先画主体零件，后画其他零部件；先画外件，后画内件的规律。基本视图完成后，再画辅助视图。如图 10.28 所示，先画筒体(件 4)，接着按椭圆形封头(件 1)、支座(件 7、件 14)、人孔及接管的顺序，将各零部件在两基本视图上画好；然后，绘制四个局部放大图和三个向视图；再在有关视图上画好剖面符号、焊缝符号等。

(4) 标注尺寸和技术要求　标注尺寸和焊缝代号；编零部件及管口序号，注写明细栏和标题栏；填写管口表和技术特性表；编写技术要求等。

10.1.6　读化工设备图

读化工设备图的方法步骤与读机械装配图基本相同，但必须注意化工设备图样各种表达特点、简化和习惯画法、管口方位图和技术要求等。下面读图 10.30 水解反应罐设备图。

(1) 概括了解　通过标题栏了解设备名称、规格、材料、重量、绘图比例等内容，该设备名称“水解反应罐”，设备容积为 1 m^3，绘图比例为 1 ∶ 20。在标题栏的上方有明细栏、管口表、技术特性表和技术要求。对照零部件序号和管口符号在设备图上查找到其所在位置；了解设备在设计、制造、运输、安装、施工和检验等方面的技术要求。了解设备的零部件数目，判断哪些是非标零部件，哪些是标准件或外购件等。

(2) 分析视图　从主视图入手，结合其他基本视图，详细了解设备的装配关系、内外结构、各接管及零部件方位，结合辅助视图了解各局部结构的形状细节。

根据反应罐的结构特点，采用了主、俯两个基本视图，主视图基本上采用了全剖视(管口采用了多次旋转剖)，以表达水解反应罐的主要结构及各管口和零部件在轴线方向的位置和装配情况。俯视图表示了各管口及支座的方位。

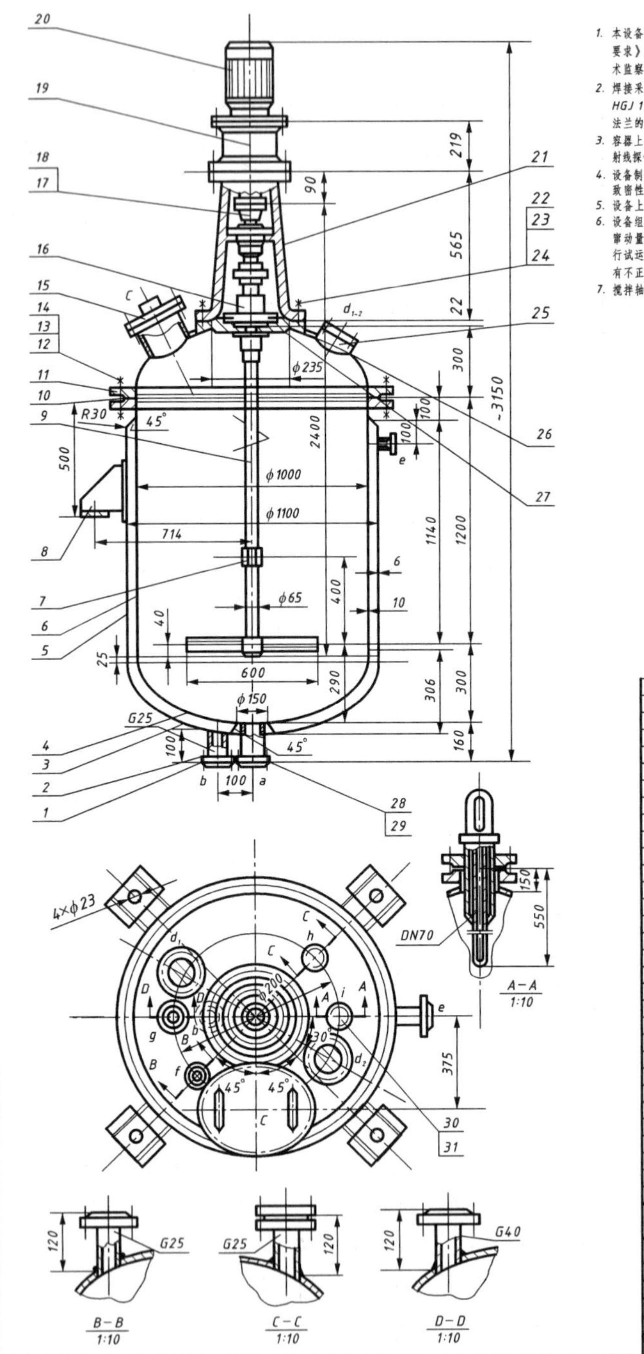

技术要求

1. 本设备按GB 150－1998《钢制压力容器》和 HGJ 18—89《钢制压力容器制造技术要求》进行制造、试验和验收,并接受国家质量技术监督局颁发《压力容器安全技术监察规程》的监督。
2. 焊接采用电弧焊,焊条牌号T422(E4303),焊接接头型式及尺寸除图中注明外,按HGJ 17－89《钢制压力容器结构设计规定》,角焊缝的焊角尺寸按较薄板的厚度;法兰的焊接按相应法兰标准中的规定。
3. 容器上的A类和B类焊缝应进行无损探伤检查,探伤长度大于20%,且不小于250 mm,射线探伤或超声波探伤应符合JB 4730—94《压力容器无损检测》规定中的Ⅲ级为合格。
4. 设备制造完毕后,以0.425 MPa进行液压试验,合格后再以0.413 MPa的压缩气体进行致密性试验。
5. 设备上减速机支架凸缘应在组焊后一起加工,设备管口及支座方位见本图。
6. 设备组装后,在搅拌轴上端密封处测定轴的径向摆动量不得大于0.5 mm;搅拌轴轴向窜动量不得大于±0.2 mm;搅拌轴下端摆动量不大于10 mm。组装完毕后,以水代料进行试运转,严禁空运转,并使设备内达到工作压力;时间不少于4 h,在试转过程中,不得有不正常的噪声[≤85 dB(A)]和振动等不良现象。
7. 搅拌轴旋转方向应和图示相符,不得反转。

技术特性表

	罐内	夹套内
设计压力	真空度 86.6 kPa	0.3 MPa
设计温度	80℃	10℃
物料名称	料液	冷却水
罐体容积	$0.8\ m^3$	
加热面积	$4.8\ m^2$	
设计转速	63 r/min	
电动机功率	4 kW	

管口表

代号	公称尺寸	连接尺寸标准	连接面形式	用途或名称
a	40	PN0.6, DN40, HGJ49 —91	RF	出料口
b	25	PN0.6, DN25, HGJ49 —91	FF	冷却水进口
c	椭400×300	—	TG	人孔
d_{1-2}	125	—	—	视镜
e	25	PN0.6, DN25, HGJ49 —91	FF	冷却水出口
f	25	PN0.6, DN25, HGJ49 —91	RF	备用口
g	40	PN0.6, DN40, HGJ49 —91	RF	进料口
h	25	PN0.6, DN25, HGJ49 —91	RF	备用口
i	25	PN0.6, DN25, HGJ49 —91	RF	温度计插口

序号	图号和标准号	名称	数量	材料	单件	总计	备注
31	JB/T 4701—2000	法兰—R, DN80	2				
30	50—012－05	温度计插管	1				
29		垫片	1	石棉橡胶板			
28	HG 20592—1997	法兰—RF, 40−0.6	2	Q235−A			
27		垫片	1	石棉橡胶板			
26	HG 5－1413－81	填料函座	1				组合件
25	HG/T21619−1986	视镜J, PN0.6, DN125	2	Q235−A			
24	GB/T 95—1985	垫圈16−100 HV	16	35			
23	GB/T 41—2000	螺母M16	16	35			
22	GB/T 5782—2000	六角螺栓 M16×50	16	35			
21	HG 5－743－78	机座 J−B−65	1	HT200			组合件
20		电动机 J 02 41−4	1				
19		减速器 BI.D4−3−17	1				组合件
18	50－012－04	平键 18×68	1	45			
17	HG 21570—95	联轴器C65−35	1	35			
16	HG 5－1413—81	填料函	1				组合件
15	HG 21515—95	人孔(RA−2707)400×300	1	Q235−A·F			
14	GB/T 95—1985	垫圈 20−100 HV	72	35			
13	GB/T 41—2000	螺母 M20	36	35			
12	GB/T 5782—2000	六角头螺栓M20×60	36	35			
11	JB/T 4701—2000	法兰 TG 100−0.6	2	Q235−A			
10	JB/T 4700—2000	垫片 1004×1044	1	石棉橡胶板			
9	50−012−03	搅拌轴	1	45			
8	JB/T 4725—92	耳座, BN2	4	Q235−A·F			
7	50−012−02	桨式搅拌器, 600−50	2				组合件
6		筒体 DN1000	1	Q235−A			
5		筒体 DN1100	1	Q235−A·F			
4	JB/T 4737—95	封头 DN1000×10	2	16MnR			
3	JB/T 4737—95	封头 DN1100×6	1	16MnR			
2		接管 DN25×120	1	10			
1	HG 20592—1997	法兰 RF DN25−0.6	5	10			

(设计单位名称)				(工程名称)	
项目	签名	日期	水解反应罐 $V=1\ m^3$ 装配图	项目名称	聚合工段
设计				设计阶段	施工图
制图				50−012−01	
审核					
校核			比例 1:20	第 张	共 张

图 10.30　水解反应罐设备图

另外有 4 个局部剖视图,“$A-A$”剖视表示了测温管的详细结构;“$B-B$”“$C-C$”和“$D-D$”剖视表示了备用管和出料管 f、h、g 的伸出长度和结构形状。

(3) 其他分析　对照零部件序号和明细栏,将零部件逐一从视图中找出,了解其主要结构、形状、尺寸、与主体或其他零部件的装配关系等。

该设备共编了 31 个零部件件号。从明细栏的图号或标准号项内，可知该设备除设备图外尚有 4 张非标零部件图(图号为 50－012－02～50－012－05)；从管口表知道该设备有 a、b、…、i 共 10 个管口符号，俯视图上表示管口的真实方位；从技术特性表可了解该设备的操作压力、操作温度、操作物料等技术特性数据。

(4) 零部件结构　筒体(件号 6)和顶、底两个椭圆形封头(件号 4)，组成了设备的整个罐体。上封头与筒体采用可拆连接方式，以便于搅拌器的安装与检修；下封头与筒体采用焊接连接；在筒体外焊有夹套用于换热，水作为冷却介质，由管 b 加入，管 e 引出；在周围焊有四个支座(件号 8)，支座的螺栓孔中心距为“714”，这是安装该设备需要预埋地脚螺栓所必需的安装尺寸；在上封头连接有搅拌器的传动装置，采用填料密封形式。

搅拌轴(件号 9)直径为 65 mm，材料为 45 钢，用 4 kW 的电动机(件号 20)，经涡轮减速器(件号 19)带动搅拌轴运转，其转速为 63 r/min。搅拌轴与减速器输出轴之间用联轴器连接。传动装置安装在机座(件号 21)上，机座用双头螺栓和螺母等固定在顶封头和填料箱底座(件号 26)上。搅拌轴下端装有两组桨式搅拌器(件号 7)，每组间距为 400 mm。桨叶为斜桨，长 600 mm。搅拌轴与筒体之间采用填料箱(件号 16)密封；设备的人孔(件号 15)采用椭圆形回转盖式。

(5) 技术特性表与技术要求　技术特性表提供了该设备的技术特性数据；技术要求表明设备制造、试验、验收的技术标准、焊接技术要求和试验标准等。如设备的设计压力和设计温度分别为：设备内 86.6 kPa、80℃；夹套内 0.3 MPa、10℃。操作物料：设备内为反应物料，夹套内为冷却水等。

通过对视图、零部件结构的详细分析，对设备总体结构的全面了解，并结合有关技术资料，将各部分内容加以综合归纳，从而得出设备完整的结构形象。

10.2　化工工艺图

化工工艺图是表达化工生产工艺过程的图样，包括工艺流程图、设备布置图和管路布置图，图样绘制必须遵循 HG 20519—1992《化工工艺设计施工图内容和深度统一规定》标准。

10.2.1　工艺流程图

工艺流程图是用图示的方法，表示化工生产工艺流程和所需的全部设备、管道及附件和仪表。根据所处的阶段不同，工艺流程图有初步设计阶段的方案流程图、物料流程图等，也有施工设计阶段使用的带控制点工艺流程图、工艺管道及仪表流程图等。

10.2.1.1　方案流程图

方案流程图是初步设计阶段提供的图样，按设备和管路的工艺流程次序，将设备和工艺流程线自左至右展开，画出一系列设备的图形和相对位置的示意图，用以表达整个工厂、车间或工序的生产概况。方案流程图画法如图 10.31 所示。

① 方案流程图的图幅一般不做规定，图框和标题栏可省略；初步设计可不加控制点，也不必按图例绘制，用细实线按流程顺序依次画出设备示意图，并注写设备名称与位号，设备之间留出绘制流程线的距离，相同的设备可只画一套。

② 用粗实线绘出主要工艺物料流程线，中粗实线画出其他辅助物料的流程线，箭头表

明物料流向,流程线一般画成水平或垂直,尽量避免流程线过多地往复交叉。当流程线发生交叉时,一般将后一流程线断开或绕弯通过。

③ 常采用图形与表格结合的形式,并配以物料流程线,同时在流程线上标注出各物料的名称、流量以及设备特性数据等。

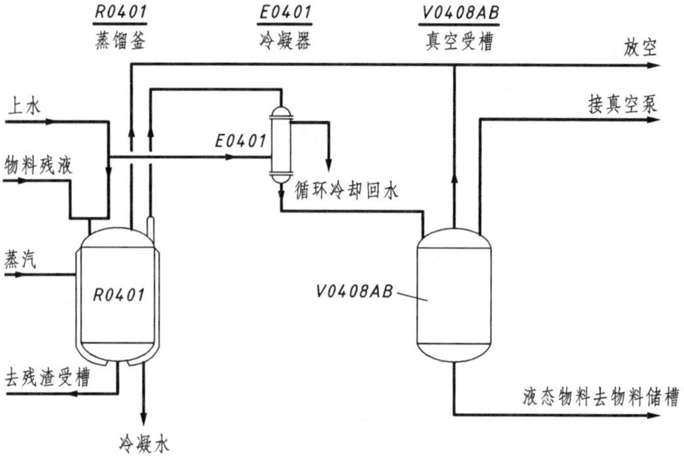

图 10.31 工艺方案流程图

10.2.1.2 物料流程图

物料流程图是以图形与表格相结合的方式,反映物料与能量衡算的结果的图样。描述界区内主要工艺物料种类、流向、流量以及主要设备特性数据等。物料流程图只是在方案流程图的基础上增加一些技术参数,如图 10.32 所示。

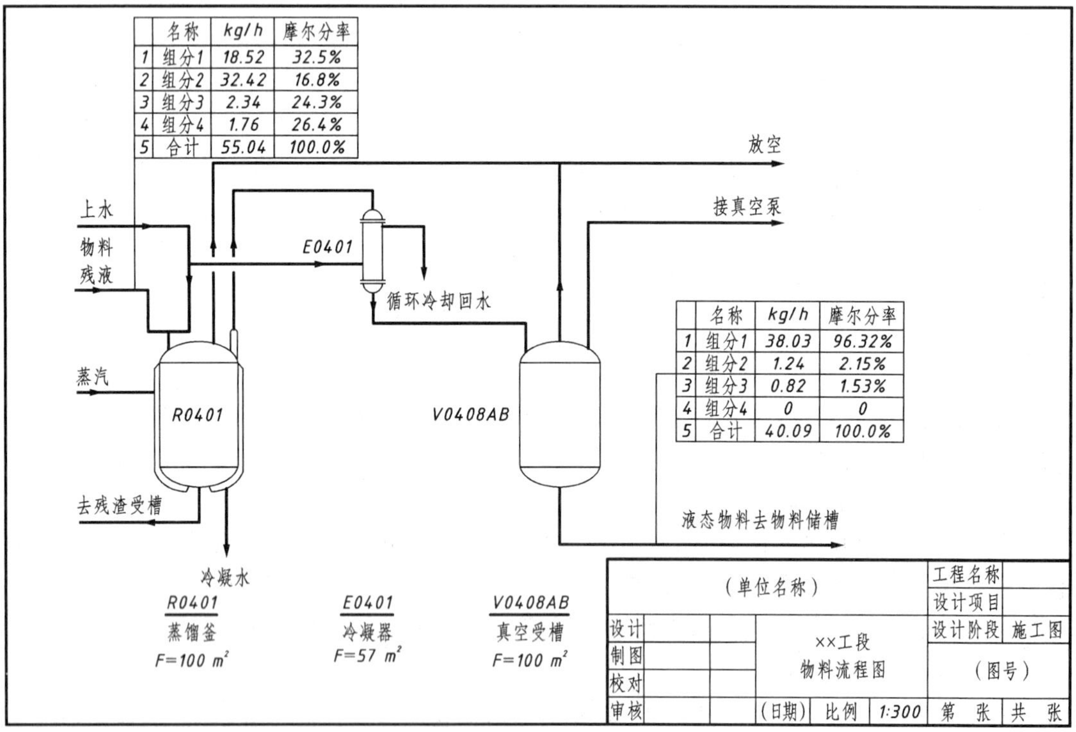

图 10.32 物料流程图

10.2.1.3 带控制点的工艺流程图

带控制点工艺流程图也称为施工流程图,是在方案流程图的基础上绘制的内容较为详细的工艺流程图。该图包括了所有设备、全部管道及附件和各种仪表控制点等内容,如图 10.33 所示。该图是设备布置图和管道布置图的设计依据。

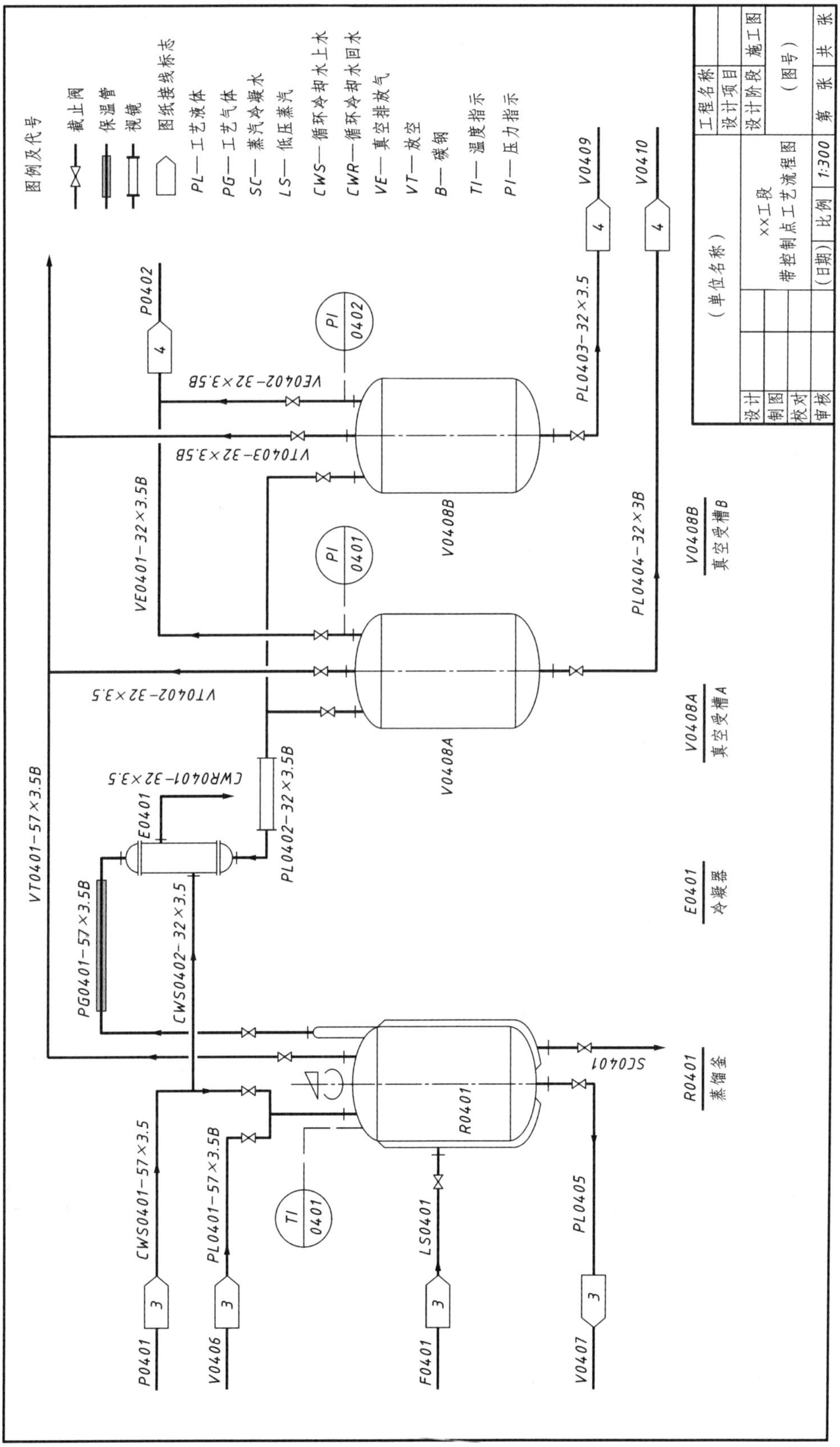

图 10.33　带控制点工艺流程图

1) 带控制点工艺流程图的内容

(1) 图形　应画出全部设备的示意图和各种物料的流程线,以及阀门、管道管件、仪表控制点的符号等。

(2) 标注　详细标注设备的位号及名称、管段编号、控制点及必要的说明等。

(3) 图例　给出图中代号、符号及其他标注的说明,有时还有设备位号的索引等。

(4) 标题栏　注写图名、图号及签字等。

2) 带控制点工艺流程图的画法

(1) 设备的画法与标注

① 设备的画法。

a. 按照主要物料的流程,采用示意性的展开画法,从左至右用细实线和规定图例,按大致比例画出,常用设备、机器图例见表 10.1。

表 10.1　常用的设备、机器图例(摘自 HG 20519.31—1992)

类别	名称	图例	内件			类别	名称	图例	名称	图例
塔(T)	填料塔	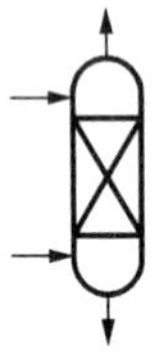	喷淋器分配器 	升气管 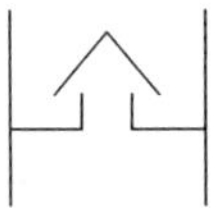	格栅板 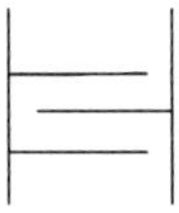	反应器(R)	固定床反应器		列管式反应器	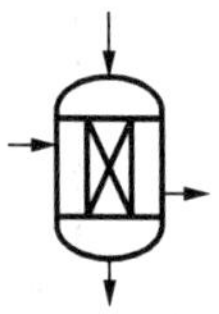
	板式塔	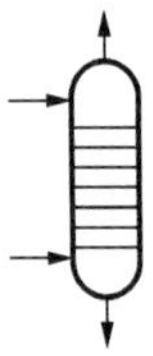	浮阀板 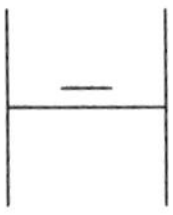	泡罩板 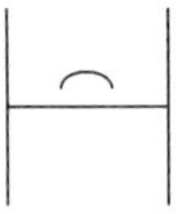	筛板 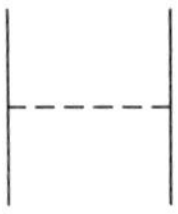		反应釜		流化床反应器	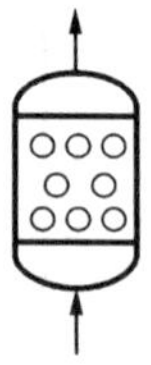
	喷淋塔		湍球 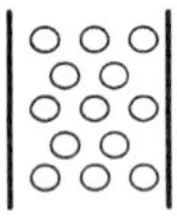	丝网除沫器 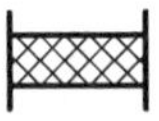	填料除沫器 	容器(V)	锥顶罐		平顶罐	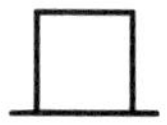
							立式		卧式	

类别								
换热器(E)	名称	固定管板	浮头式	U 形管式	套管式	釜氏	螺旋板式	蛇管式
	图例	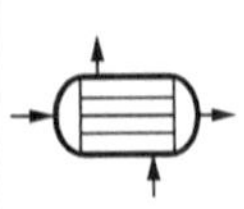	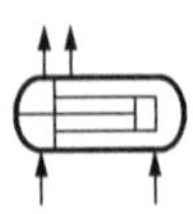	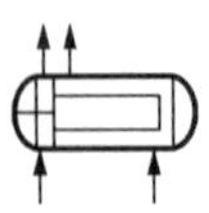	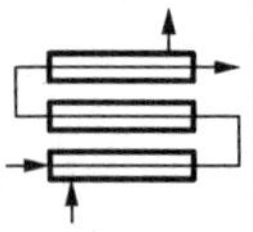	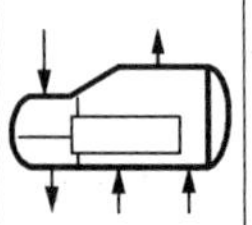	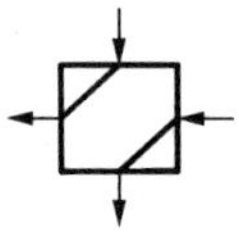	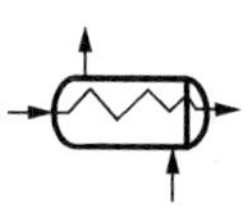
泵(P)	名称	离心泵	往复泵	齿轮泵	喷射泵	水环真空泵	液下泵	旋涡泵
	图例		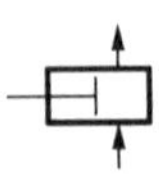	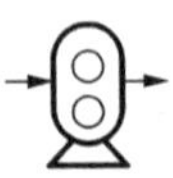	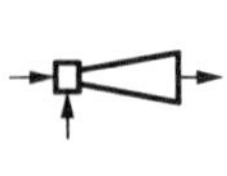		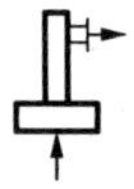	

（续表）

常用机械（M）	名称	压滤机	转鼓过滤机	壳体离心机	带运输机	透平机	混合机	挤压机
	图例	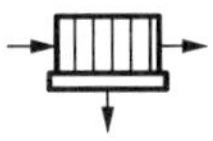	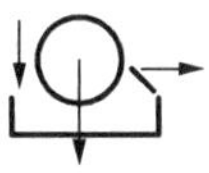	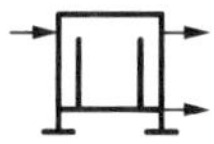	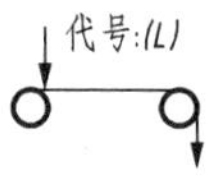		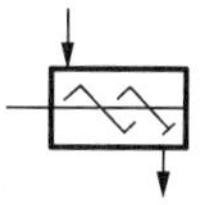	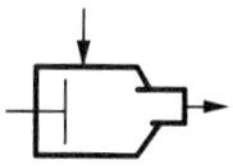
压缩机（C）	名称	电动机	内燃机	汽轮机	旋转压缩机	往复压缩机	鼓风机	离心压缩机
	图例				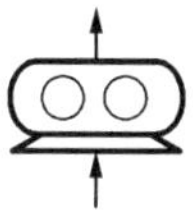			

b. 各设备之间要留有适当距离布置连接管路。当包括两个或两个以上相同的系统，或有备用设备时，只画一套，其余以细双点画线方框表示，框内注明系统名称及编号；当流程比较复杂时，可以绘制单独的局部系统流程图，在总流程图中用细双点画线方框表示局部系统。

② 设备的标注。

a. 工艺流程图中每个设备都应编写设备位号，与方案流程图中的设备位号应保持一致。位号一般包括设备分类代号、车间或工段号、设备序号等，如图 10.34 所示。设备分类代号见表 10.2。相同设备以尾号区别，编号用细线引出，注在设备图形外，排列要整齐。

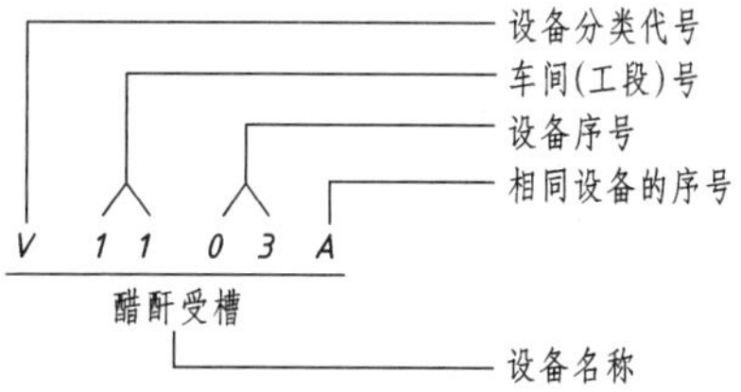

图 10.34　设备位号及名称的注写

表 10.2　设备类别代号（摘自 HG 20519.35—92）

序号	类　别	范　　围	代　号
1	泵	各种类型泵	P
2	反应器和转化器	固定床、流化床、反应釜、反应罐（塔）、转化器、氧化炉	R
3	换热器	列管、套管、螺旋板、蛇管、蒸发器等各种换热设备	E
4	压缩机、鼓风机	各类压缩机、鼓风机	C
5	工业炉	裂解炉、加热炉、锅炉、转化炉、电石炉等	F
6	火炬与烟囱	各种工业火炬与烟囱	S
7	容器	各种类型的储槽、储罐、气柜、气液分离器、旋风分离器除尘器、床层过滤器等	V
8	起重运输机械	各种起重机械、葫芦、提升机、输送机和运输车	L
9	塔设备	各种填料塔、板式塔、喷淋塔、湍球塔和萃取塔	T
10	称量机械	各种定量给料秤、地磅、电子秤等	W

（续表）

序号	类　别	范　　　围	代　号
11	动力机械	电动机(S)、内燃机(E)、汽轮机、离心透平机(S)、活塞式膨胀机等其他动力机(D)	M,E,S,D
12	其他机械	各种压滤机、过滤机、离心机、挤压机、柔和机、混合机	M

b. 通常图上附有设备一览表,列出设备编号名称、规格、数量等,以便图表对照。

(2) 管道的画法与标注

① 管道的画法。

a. 带控制点的工艺流程图中应画出所有工艺物料管道和辅助物料(如蒸汽、冷却水等)的管道。主要物料的流程线画粗实线,其他画中实线表示,常用管道符号图例见表10.3。

表 10.3　常用管道符号图例(摘自 HG 20519.28—1992)

管道符号	标记示意	管道符号	标记示意	管道符号	标记示意
带箭头粗实线	主要工艺物流	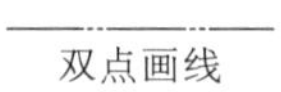 双点画线	原有管道	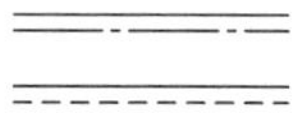	电伴热管 蒸汽伴热管
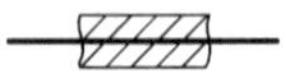	隔热管	 i =××	安装坡度	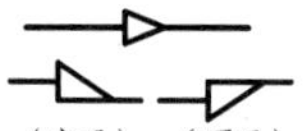 （底平）　（顶平）	同心异径管 不同心异径管
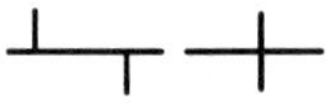	管道相连		管道交叉 不相连	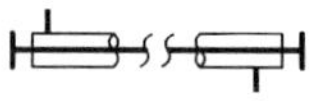	夹套管
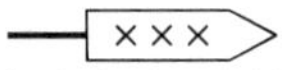 框内为图纸序号	去往其他图纸	 框内为图纸序号	来自其他图纸		放空管
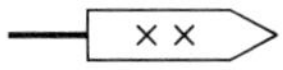 框内为装置图号	去往其他装置	 框内为装置图号	来自其他装置		软管、波纹管

b. 管道流程线要用水平和垂直线表示,管道转弯处一般画成直角。应避免穿过设备或交叉,在不可避免时,将其中一管道断开一段,一般同一物料线交错,按流程顺序“先不断、后断”;不同物料线交错,按“主不断、辅断”绘制。

② 管道的标注。

a. 管线的起讫处应注明“来自……”“去……”,如“来自碳化工段”等。

b. 图中的每条管道都要标注管道代号。横向管道代号注写在管道线的上方;竖向管道注写在管道线左侧,字头朝左。管道代号一般包括物料代号、车间或工段号、管段序号、管径等内容,如图10.35所示。物料名称及代号以大写英文词头表示,见表10.4。

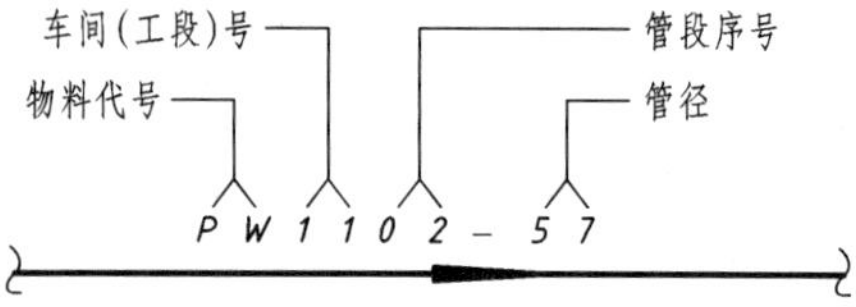

图 10.35　管道代号的注写

表 10.4 物料名称及代号(摘自 HG 20519.36—1992)

代号	物料名称	代号	物料名称	代号	物料名称	代号	物料名称
AG	气氨	FL	液体燃料	LS	低压蒸汽	PW	工艺水
AL	液氨	FG	燃料气	LUS	低压过热蒸汽	SC	蒸汽冷凝水
AR	空气	FRG	氟利昂气体	MS	中压蒸汽	SG	合成气
AW	氨水	FRL	氟利昂液体	MUS	中压过热蒸汽	SL	泥浆
BW	锅炉给水	FS	固体燃料	N	氮	SW	软水
CA	压缩空气	FSL	熔盐	NG	天然气	TG	尾气
CG	转化气	FV	火炬排放气	PA	工艺空气	TS	伴热蒸汽
CSW	化学污水	FW	消防水	PG	工艺气体	RW	原水、新鲜水
CWR	循环冷却水回水	H	氢	PGL	气液两相流工艺物料	RWR	冷冻盐水回水
CWS	循环冷却水上水	HS	高压蒸汽	PGS	气固两相流工艺物料	RWS	冷冻盐水上水
DNW	脱盐水	HUS	高压过热蒸汽	PL	工艺液体	VE	真空排放气
DR	排液、导淋	HWR	热水回水	PLS	液固两相流工艺物料	VT	放空
DW	饮用水、生活用水	HWS	热水上水	PRG	气体丙烯或丙烷	WW	生产废水
ERG	气体乙烯或乙烷	IA	仪表空气	PRL	液体丙烯或丙烷		
ERL	液体乙烯或乙烷	IG	惰性气	PS	工艺固体		

(3) 阀门、管道管件的画法与标注　阀门是控制管道的开、关及流体流量的部件。管道图上,阀门、管道管件的图形符号,全部用细实线绘制,见表 10.5。阀门、管道管件的标注如图 10.36 所示。异径管标注为"大端公称通径×小端公称通径";同管道号不同管径要标注出管径;阀门两端管道等级不同,应标注管道等级的分界线和管道等级,阀门等级应满足高等级管的要求。

表 10.5 阀门、管件、管道附件图例(摘自 HG 20519.4—1992)

名　称	闸门阀	截止阀	节流阀	球　阀	减压阀	疏水阀	阻火器
图形符号					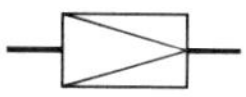	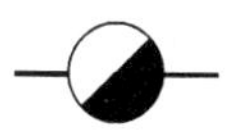	
名　称	同心异径管接头	管端法兰盖	管　帽	放空帽(管)	弯　头	三　通	四　通
图形符号	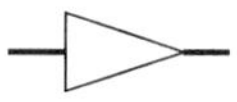		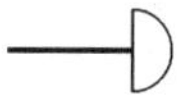			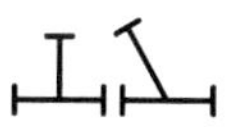	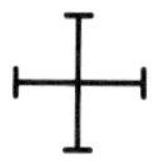

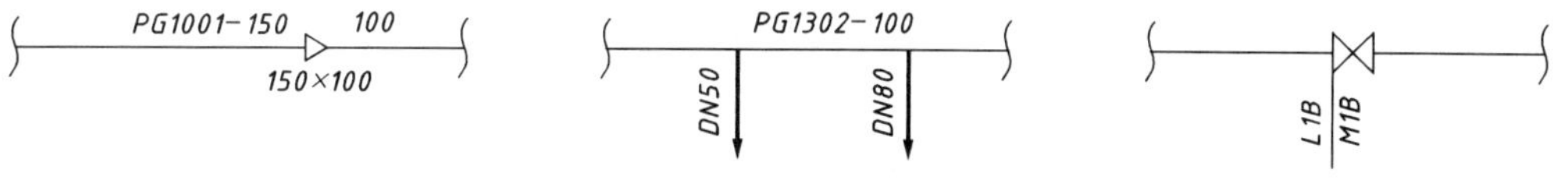

(a) 同轴异径管标注　(b) 同管道号不同管径标注　(c) 同管道号不同等级标注

图 10.36 管道上阀门和管件的标注

(4) 仪表控制点的画法与标注 在图上用图形符号和仪表位号表示仪表、调节控制系统口取样点和取样阀控制点。

图上全部与工艺有关的检测仪表、调节控制系统口取样点和取样阀(组)等,要从安装位置引出,用细实线在相应的管道上用图形符号和仪表位号画出。图形符号用细实线的圆(直径约 10 mm)表示,并用细实线引向设备或管路上的测量点,如图 10.37 所示;仪表位号由字母与阿拉伯数字组成。第一位字母表示被测变量,后继字母表示仪表的功能,一般用三位或四位数字表示工段号和仪表序号,如图 10.38 所示。仪表一般由小圆圈、指引线和文字说明三部分组成,如图 10.39 所示。

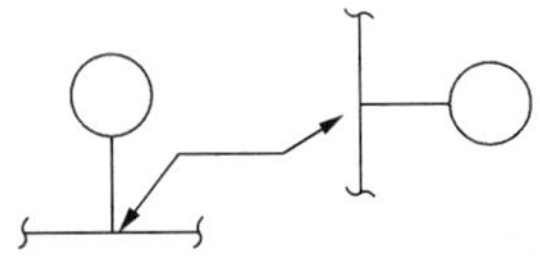

图 10.37 仪表的图形符号

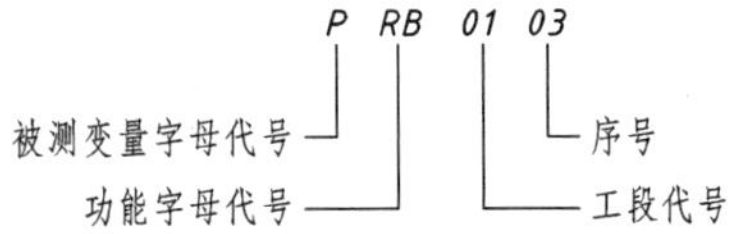

图 10.38 仪表的位号

图 10.39 仪表的标注方法

3) 工艺流程图的阅读

以图 10.33 为例,阅读某物料残液蒸馏处理系统的带控制点工艺流程图。

(1) 看标题栏和图例中的说明 了解图样名称、各种图形符号、代号的意义及管道的标注等。

(2) 掌握系统中设备的数量、名称及位号 从图中可知,该系统共有 4 台设备。一台蒸馏釜 R0401,一台冷凝器 E0401,两台真空受槽 V0408A、V0408B。

(3) 了解主要物料的工艺施工流程线 从图中可知,物料残液从储残槽 V0406 沿 PL0401 管段进入蒸馏釜 R0401,通过夹套内的蒸汽加热,使物料蒸发成为蒸气。釜上装有控制温度的指示仪表 TI0401。为了提高效率,蒸发器内装有搅拌装置;为了釜中产生的气态物料沿 PG0401 - 57×3.5B 管进入冷凝器 E0401 冷凝为液体,液态物料沿管 PL0402 - 32×3.5B 进入真空受槽 V0408B 中,然后通过管 PL0403 - 32×3.5 进入到物料储槽 V0409 中。本系统为间断操作,蒸馏釜中蒸馏后留下的物料残渣加水(水由 CWS0401 - 57×3.5 进入)稀释后,进入蒸馏釜 R0401,再加热生成蒸气,进入冷凝器 E0401,冷凝后的物料经真空受槽 V0408A,进入物料储槽 V0410。

(4) 了解其他物料的工艺施工流程线 从图中可知,蒸馏釜 R0401 夹套内的加热蒸汽由蒸汽总管 LS0401 流入夹套内,把热量传递给物料后变成冷凝水从 SC0401 管流走。蒸馏釜 R0401,真空受槽 V0408A、V0408B 上分别装了放空气的管子 VT0401 - 57×3.5B、VT0402 - 32×3.5、VT0403 - 32×3.5B。真空受槽 V0408A、V0408B 的抽真空由用 VE0401 - 32×3.5B、VE0402 - 32×3.5B 连接的真空泵 P0402 完成。为控制真空排放,在真空排放气管 VE0401 - 32×3.5B、VE0402 - 32×3.5B 上装有压力指示仪表 PI0401、PI0402。

在实际生产中,为了便于操作,常将各种管线按规定涂成不同颜色。因此,在生产车间实地了解工艺流程或进行操作时,应注意颜色的区别。

10.2.2 设备布置图

设备布置图是表达厂房建筑内外的设备之间、设备与建筑物之间的相对位置的图样(建筑图基本知识参考第 8 章)。用以指导设备的安装、布置,并作为厂房建筑、管道布置设计的重要依据,如图 10.40 所示。

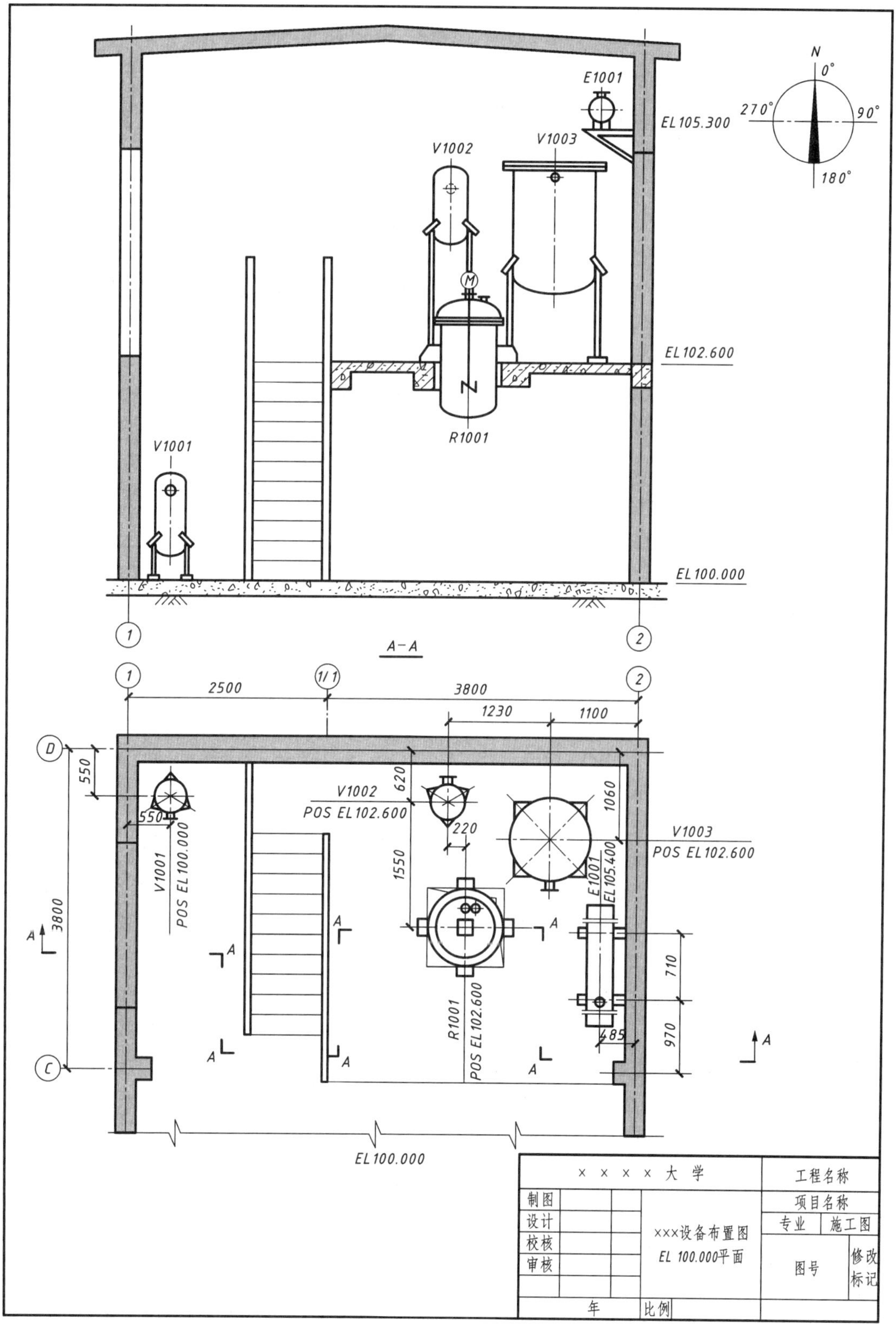
E1001
EL105.300
V1002
V1003
N
0°
270°
90°
180°
EL102.600
R1001
V1001
EL100.000
1
2
A－A
1
1/1
2
2500
3800
1230
1100
D
550
550
620
V1002
POS EL102.600
1060
V1003
POS EL102.600
220
1550
V1001
POS EL100.000
3800
E1001
EL105.400
R1001
POS EL102.600
710
970
485
C
A
EL100.000
× × × × 大 学
工程名称
项目名称
制图
设计
校核
审核
×××设备布置图
EL 100.000平面
专业
施工图
图号
修改标记
年
比例

图 10.40　设备布置图

10.2.2.1 **设备布置图的内容**

根据设备布置图的作用,它必须包括以下内容,如图 10.40 所示:

(1) 一组视图 表示设备在厂房内外布置情况的平面图和剖面图等。

(2) 尺寸 设备布置图中要标注与设备定位有关的建筑物定位轴线的编号、设备支承点(POS)标高和设备管口的标高、设备的名称与位号等。图中尺寸的单位除标高及总平面图以米为单位外,其他尺寸均以毫米为单位。地面设计标高为 EL100.00。

(3) 指北针 图纸右上角表示安装方位的图标,如图 8.10 所示。

(4) 标题栏 注写单位名称、图名、图号、比例及签字、日期等。

(5) 附注说明 说明与设备安装有关的特殊要求,比如设备一览表、设备规格等。

10.2.2.2 **设备布置图的画法**

1) 视图表示方法(图 10.40)

(1) 比例与图幅 常根据设备的多少、大小等来确定比例,一般 1∶100、1∶200 或 1∶50。图幅一般都采用 A1,不宜加长、加宽。

(2) 分区 一般当装置界区范围较大,其中需要布置的设备较多时,设备布置图可分区绘制,分区线用粗双点画线表示,各区的相对位置在装置总图中表明。

(3) 视图配置

① 平面图。可以按楼层逐层绘制平面图,并由下至上或由左至右按层顺序排列,图形的下方要注明相应的标高,如 EL100.000 平面、EL105.000 平面等。

② 剖视图。表达设备沿高度方向的布置情况,也反映楼层分隔、楼板厚度及开孔等情况。剖切位置画法同《机械制图》规定,在平面图上加以标注,剖面图上要标注定位轴线尺寸和标高。

2) 设备表示方法

(1) 定型设备和非定型设备的表示方法 定型设备图例应符合 HG 20519.34 的规定,用粗实线按比例(或按标准图例)画出外形轮廓,被遮盖的设备轮廓不予画出;非定型设备(或无标准图例)可采用简化画法画出外形,并标注名称及位号(与工艺流程图一致)。无管口方位图的设备,应画出其特征管口(如人孔、手孔等),注明方位角,如图 10.41 所示。

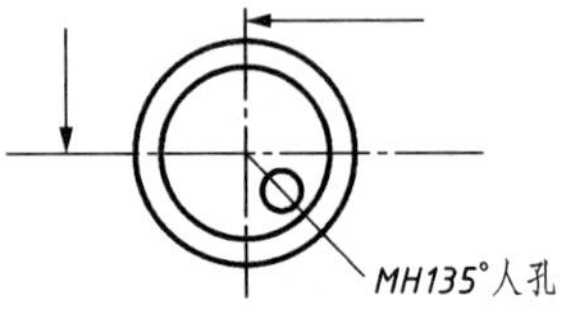

图 10.41 特征管口的方位角

(2) 一些设备的表示方法 同一位号的多台设备,在图上可画出一台设备的外形,其他的可以只画出基础或用双点画线的方框表示;预留位置或第二期工程安装的设备,图中用细双点画线绘制;当某一平面图上还有局部平面或操作维修平台时,一般平面图上只表示上层设备的外形轮廓,其余用虚线表示或单独绘制局部的平面图;一台设备穿越多层建(构)筑物时,在每层平面图上均要画出设备的平面位置。

(3) 设备一览表 设备图中可将设备位号、名称、规格及设备图号(标准号)等在图纸上列表注明。

10.2.2.3 **设备布置图的阅读**

如图 10.42 所示为某物料残液蒸馏系统设备布置图。图样中有平面图和Ⅰ-Ⅰ剖面图。平面图表达了各个设备的平面布置情况:蒸馏釜 R0401 和真空受槽 V0408A、V0408B 布置在距Ⓑ轴 1 500 mm,距①轴分别为 2 000、4 400、6 200 mm 的位置上;冷凝器 E0401 位置距

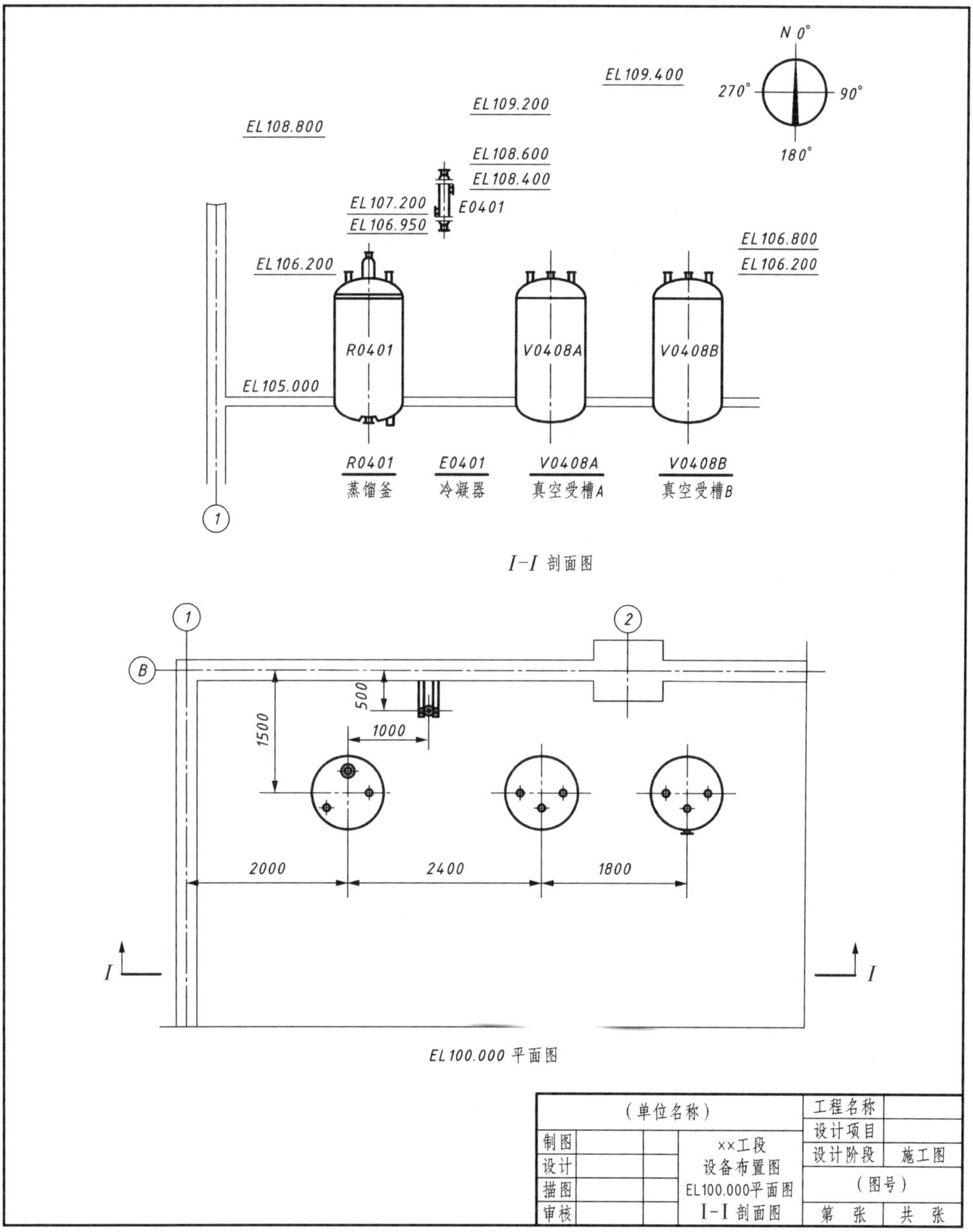

图 10.42　设备布置图

Ⓑ轴 500 mm，距蒸馏釜 1 000 mm。

按工艺要求，冷凝器 E0401 架空，其物料出口的管口高于真空受槽 V0408A 和 V0408B 的进料口，物料可以自流到 V0408A 和 V0408B 中，为便于 E0401 的支承和避免遮挡窗户，将其靠墙并靠近建筑轴线②附件布置。为满足操作维修要求，各设备之间留有必要的间距。

剖面图表达了室内设备在立面上的位置关系,剖面图的剖切位置在平面图上Ⅰ-Ⅰ处,蒸馏釜和真空受槽A、B布置在标高为5 m的楼面上,冷凝器布置在标高为6.95 m处。

10.2.3 管道布置图

管道布置图又称配管图,表达管道及附件在厂房建筑物内外的空间位置、尺寸规格,以及与有关机器、设备的连接关系,是管道安装施工的重要技术文件。

10.2.3.1 管道布置图的图示

(1) 一组视图　用平面图、剖视图等表示整个车间(装置)的设备、建筑物的简单轮廓以及管道管件、阀门、仪表控制点等的布置安装情况。

(2) 尺寸　标注管道管件、阀门、控制点等的平面位置尺寸和标高以及建筑物轴线编号、设备位号及说明等。

(3) 指北针　表示管道安装的方位基准。

(4) 标题栏　注写图名、图号、比例、修改、签字等。

(5) 管口表　在图纸右上角,列出与所有设备管口有关内容的管口表。

10.2.3.2 管道的图示方法

管道布置图应按HG 20519.33—1992《管道布置图和轴测图上管子、管件、阀门及管道特殊件图例》规定的图例和比例画出管道管件等,还应符合有关机械制图的国家标准。

1) 管道视图的配置与画法

(1) 管道视图的配置　平面图按建筑标高平面分层绘制,各层平面图是将楼板以下的全部管路及有关的建筑物和设备画出。当某层管路重叠过多,可再分层绘制。

剖视图用于补充平面图上难以表达的部位,应尽量与所剖切的平面图在一张图纸上。若把剖视图单独画在一张图纸上时,应在平面图上注明剖切位置符号和投影方向。

(2) 管道视图的画法　管路布置图的视图由建(构)筑物、各种设备、管路管件、阀门、仪表控制点、管架等规定的图形组成。

① 设备的画法。管道布置图上,用细实线绘制设备、全部接管口以及基础、支架、操作平台等简单外形轮廓;用双点画线按比例画需要预留安装、检修区域的设备;对简单的定型设备可简化其外形,对复杂的定型设备,可按需要画出设备的全部或与配管有关的局部外形。

② 管道的画法。

a. 管道基本画法。公称通径(DN)≥400 mm(或16 in),用双线(中实线)表示;≤350 mm(或14 in),用单线(粗实线)表示,如图10.43所示。

b. 管道连接画法。管道的连接形式不同,画法也不同,如图10.44所示。

c. 管道用三通画法。管道用三通连接的表示法,如图10.45所示。

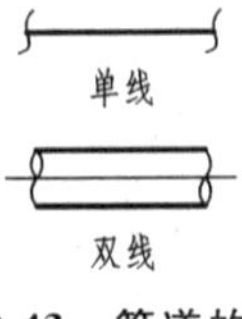

图10.43　管道的画法

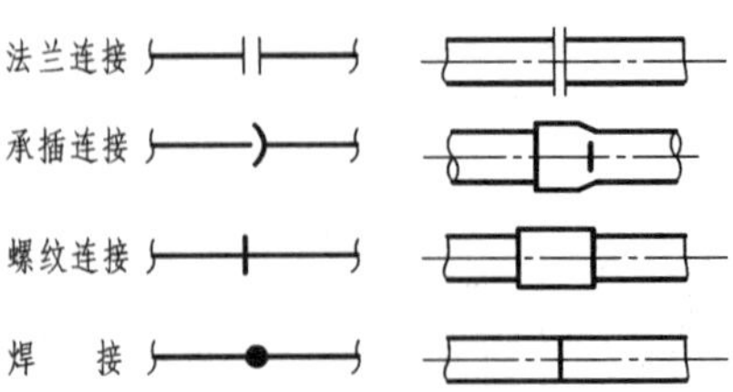

图10.44　管道的连接画法

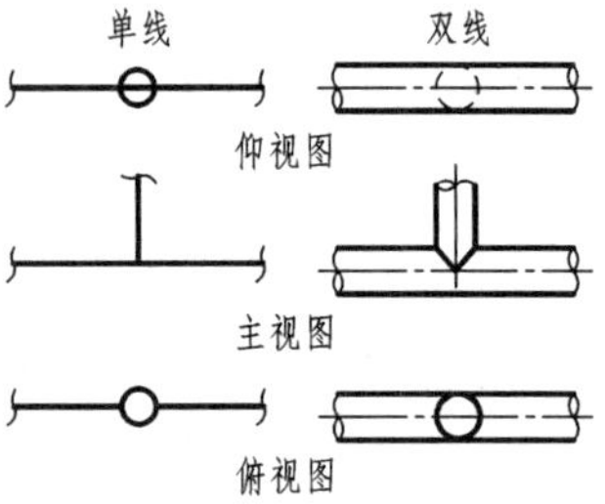

图10.45　管道用三通的表示法

d. 其他管道的规定画法,见表10.6。

表10.6　各种管道的画法

名称	单线图		双线图	
	90°角	大于90°角	90°角	大于90°角
管道弯折	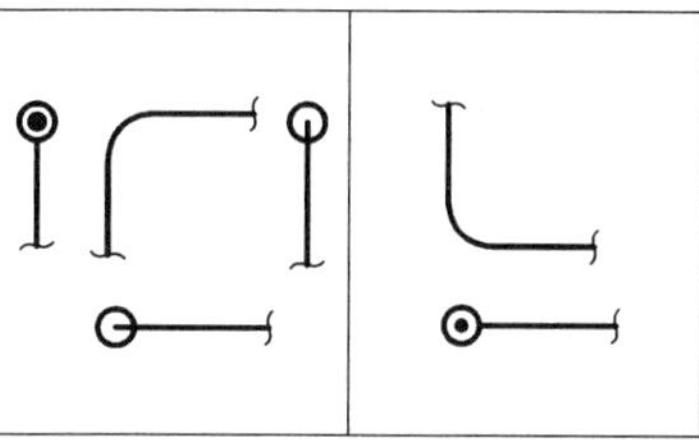	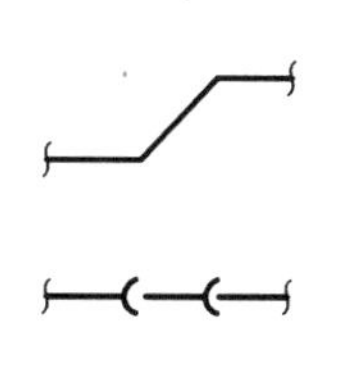	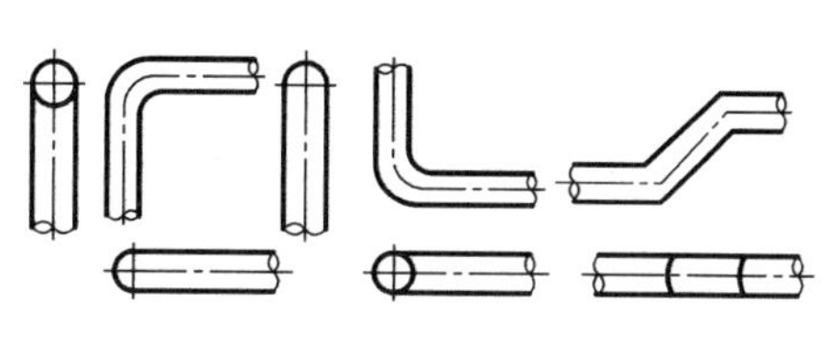	
	管子在图中只须画出一段时,在中断处画出断裂符号			
管道交叉	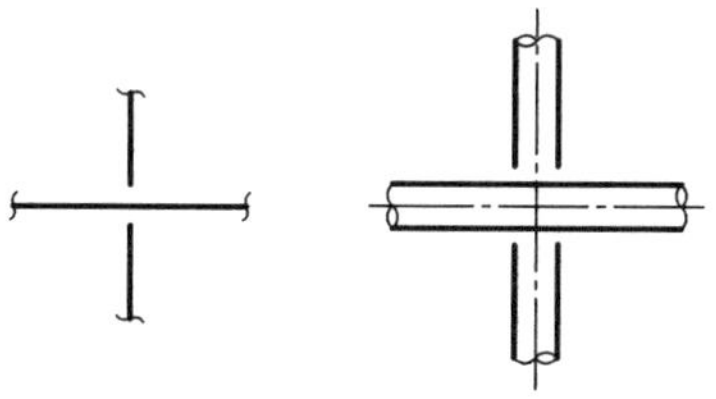		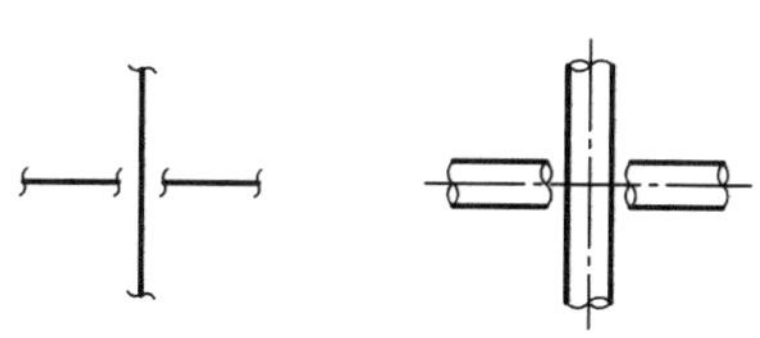	
	表示下方或后方一根管道断开		若被遮管道为主要管道时,也可将上面的管道断开,但必须画断裂符号	
管道重叠	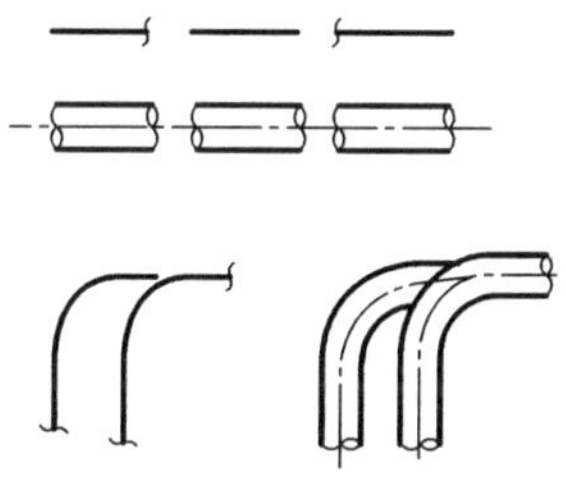		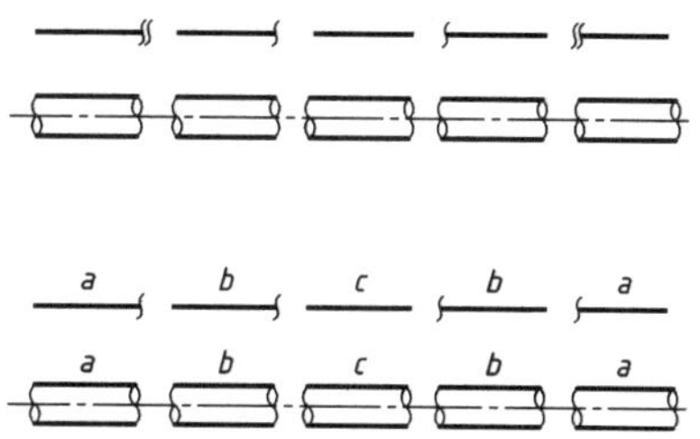	
	表示上面(前面)管道的投影断开,画出断裂符号		多根管道投影重叠时,将上面管道画双重断裂符号,也可在投影处标注管段编号	

注:管道直径≤500 mm(2 in)的弯头一律用直角表示。

③ 管道附件的画法。

a. 阀门和控制点。阀门和控制点一般用细实线画出,画法与工艺流程图中图形符号一致。阀门与管道连接方式如图10.46(a)所示;阀门控制手柄安装方位在图上应表示出,如图10.46(b)所示,并在阀门符号上标注出控制方式及安装方位,如图10.46(c)所示。

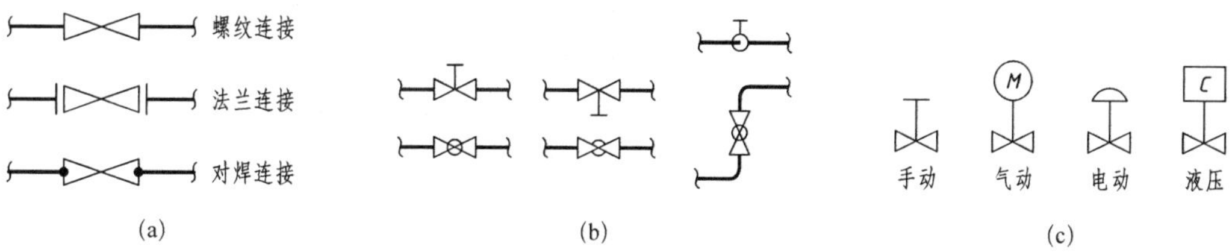

图10.46　阀门和控制点的画法

b. 管件。管道一般用弯头、三通、四通等管件连接,常用图形符号如图 10.47 所示。

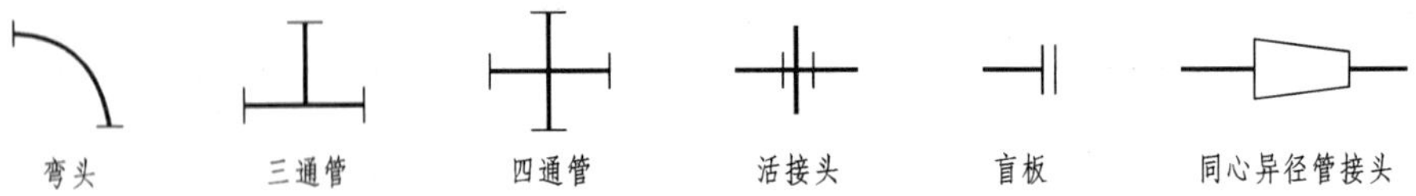

图 10.47 管件的画法

c. 管架。管架用来支承和固定管道,其位置图形符号如图 10.48 所示。管架有固定架(A)、导向架(G)、滑动架(R)等几种。

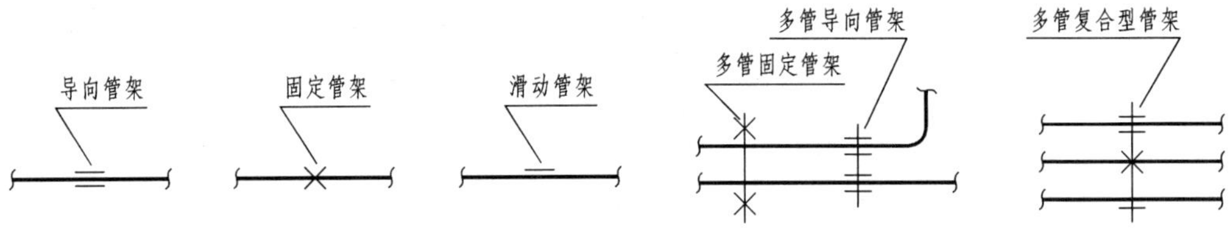

图 10.48 管架的画法

d. 示例。如图 10.49(a)所示管道(装有阀门)轴测图,试画出其平面图和立面图。

该段管道有两部分,主管道的走向为自下向上—向后—向左—向上—向后;支管向左。管道上有四个截止阀,上部两个阀的手轮朝上(阀门与管道为法兰连接),中间一个阀的手轮朝右(阀门与管道为螺纹连接),下部一个阀的手轮朝前(阀门与管道为法兰连接)。根据轴测图画出的平面图和立面图,如图 10.49(b)所示。

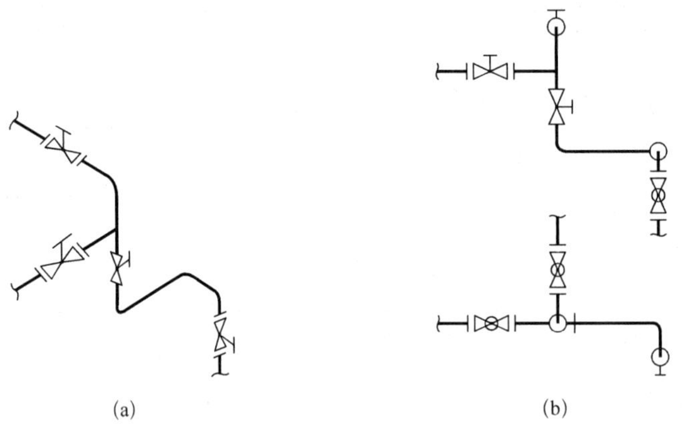

图 10.49 根据轴测图画平面图和立面图

2) 管道布置图的标注

(1) 建筑物 一般管道定位基准是建筑物的轴线和层面标高,因此必须标注建筑物定位轴线编号和间距尺寸,标注地面、楼板、平台和建筑物的标高。

(2) 设备 图中标注设备的位号和定位尺寸,设备中心线上方标注与流程图一致的设备位号,下方标注支承点标高或中轴中心线标高;剖面图上按设备布置图标注设备的定位尺寸及设备的管口符号,设备的位号注在设备近侧或设备内。

(3) 管道的标注 管道上方要标注与流程图一致的管道编号,下方标注管道标高,管道布置图以平面图为主,标注出所有管道的定位尺寸及标高。管道标高以中心线为基准时,标注 EL(如 EL 104.000);以管底为基准标注时,标注 BOP EL(如 BOP EL 104.000),在管道的适当位置画箭头表示物料的流向,管道的定位尺寸以建筑定位轴线、设备中心线、设备管口法兰等为基准标注。

单根管道也可用指引线引出标注,多根管道一起引出标注时,如图 10.50 所示。

管路安装有坡度要求时,应注坡度(代号 i)和坡向,如图 10.51 所示。

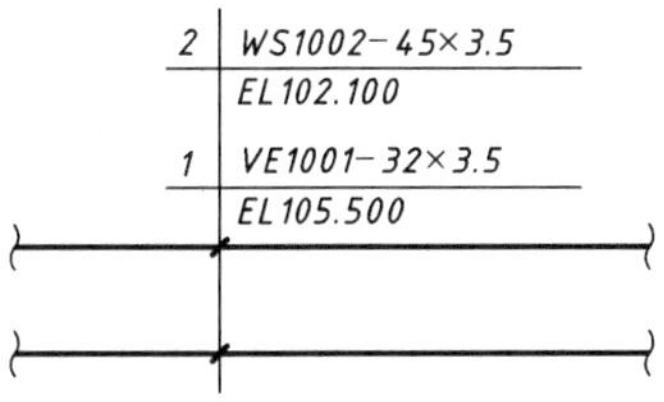

图 10.50　几根管道的引出标注方法

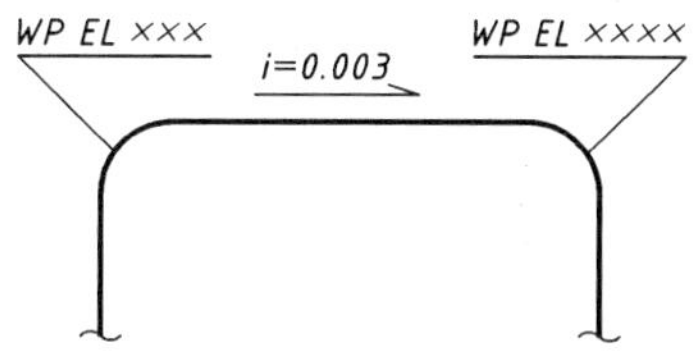

图 10.51　坡度及坡向标注

(4) 管架的标注　图上管架的图例上应该标注管架编号、定位尺寸、标高。管架安装有混凝土结构(C)、地面基础(F)、钢结构(S)、设备(V)、墙(W)等形式;管架类型有固定架(A)、导向架(G)、滑动架(R)等;管架标注如图 10.52 所示。

图 10.52(a)表示生根于钢结构上序号为 11,有管托的导向型管架;图 10.52(b)表示生根于地面基础上序号为 12,无管托的固定型管架;图 10.52(c)为多根管道的管架图示和标注方法。

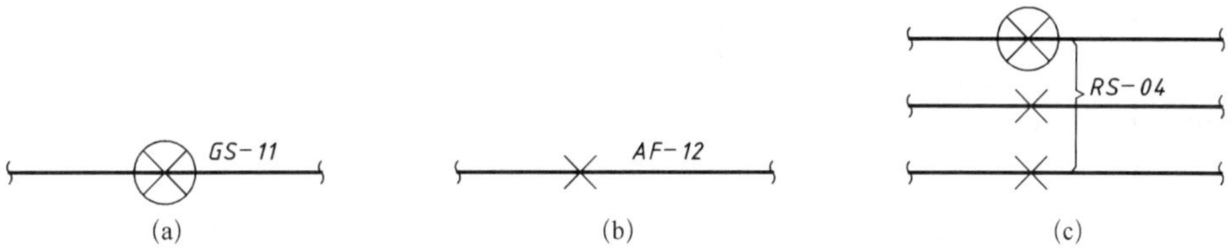

图 10.52　管架标注

(5) 管道附件　一般不标注尺寸,对有特殊要求的管件,应标注出某些要求与说明。

10.2.3.3　管道布置图的阅读

阅读管路布置图,主要是通过图样了解该项工程的设计意图,弄清各管道与建筑物、设备之间的相对位置以及管件、阀门、仪表控制点等在管道上的布置情况。读图时以平面布置图为主,配以剖面图,分析清楚管道的空间走向。下面以图 10.53 为例,说明读管道布置图的方法。

(1) 概括了解　该图包括一个平面图和 $A-A$ 剖面图。图上画出了厂房、设备和管道的平、立面布置情况,剖面图上表示了蒸馏釜与冷凝器之间的管道走向。

(2) 详细分析　按流程顺序、管段号,对照管道布置平、剖面图的投影关系,综合分析搞清图中各路管道规格、走向及管件、阀门等情况。由图中可知:

① PL0401－57×3.5B 物料管道从标高 8.8 m 由南向北拐弯向下进入蒸馏釜。另一根水管 CWS0401－57×3.5 也由南向北拐弯向下,至标高 6.95 m 处分为两路,一路向西拐弯向下再拐弯向南与 PL0401－57×3.5B 管相交;另一路向东再向北转弯向下,然后又向北,转弯向上再向东接冷凝器(标高 7.2 m)。物料管与水管在蒸馏釜、冷凝器的进口处都装有截

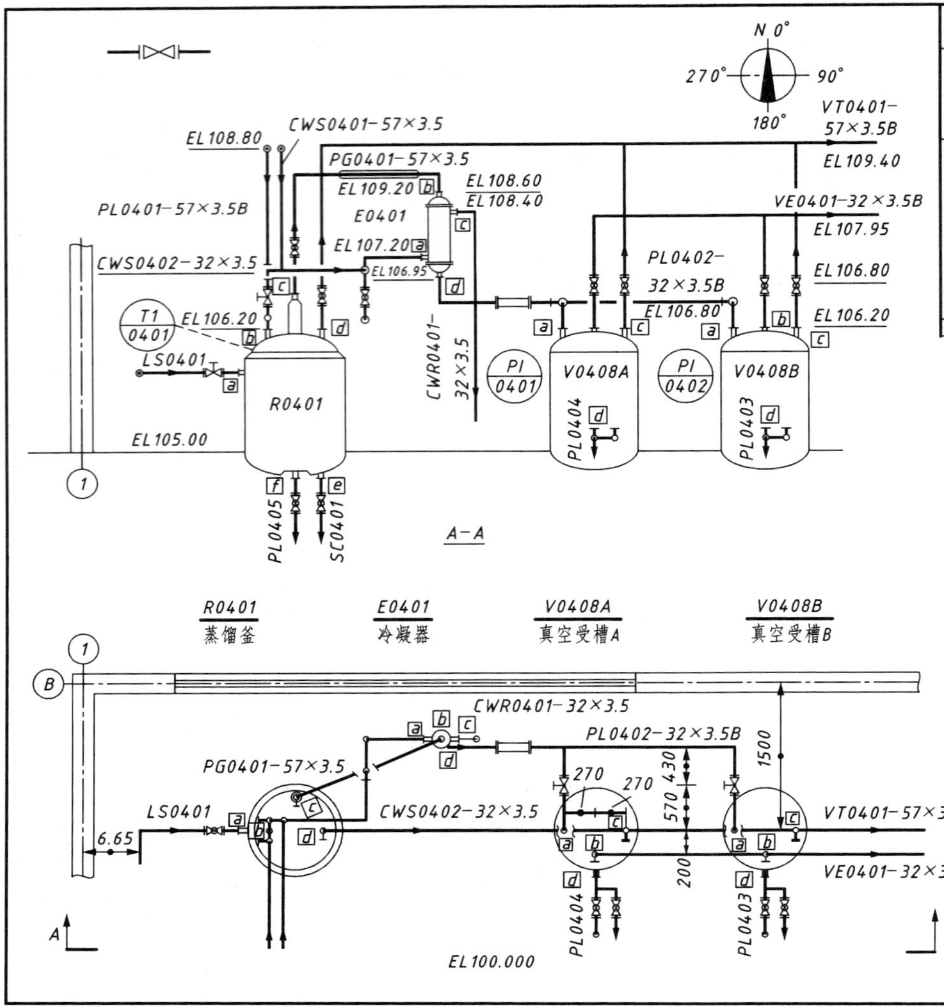

管口表

设备位号	管口符号	公称直径 DN	公称压力 PN	密封面型式	连接法兰标准号	长度	标高	坐标 N	坐标 E(W)	方位 垂直角	方位 水平角
R0401	a	65	1.0	RF	HG5010		105.80				
	b	65	1.0	RF	HG5010		106.20				
	c	65	1.0	RF	HG5010	100	106.50				
	d	65	1.0	RF	HG5010		106.20				
	e	50	1.0	RF	HG5010		104.50				
	f	50	1.0	RF	HG5010		104.50				

(单位名称)				工程名称	
设计			××工段管道布置图 EL100.000平面 A–A剖面	设计项目	
制图				设计阶段	施工图
校对				(图号)	
审核				第 张	共 张

图 10.53 管道布置图

止阀。

② PL0402－32×3.5B 管是从冷凝器下部连至真空受槽 V0408A、V0408B 上部的管道，它先从出口向下至标高 6.8 m 处，向东分出一路向南再转弯向下进入真空受槽 A，原管线继续向东又转弯向南再向下进入真空受槽 B，此管在两个真空受槽的入口处都装有截止阀。

③ VE0401－32×3.5B 管是连接真空受槽 A、B 与真空泵的管道，由真空受槽 A 顶部向上至标高 7.95 m 的管道拐弯向东与真空受槽 B 顶部来的管道汇合，汇合后继续向东与真空泵相接。

④ VT0401－57×3.5B 管是与蒸馏釜，真空受槽 A、B 相连接的放空管，标高 9.4 m，在连接各设备的立管上都装有截止阀。

设备上的其他管道的走向、转弯、分支及位置情况，也可按同样的方法依次进行分析，直至全部识读清楚。在阅读过程中，应参考设备布置图、带控制点工艺流程图、管道轴测图等，以全面了解设备、管道管件、控制点的布置情况。

(3) 归纳总结　所有管道分析完毕后进行综合归纳，从而建立起一个完整的空间概念。

10.2.4　管道轴测图

管道轴测图又称管段图，按管道 HG 20519.13—1992 的规定绘制，是用轴测图表达管路布置的图样，表达一段管道管件、阀门、控制点等布置的情况，广泛应用于上、下水道，采暖和通风等工程。如图 10.54 所示为物料残液蒸馏处理系统的管道轴测图。

1) 管道轴测图的内容

(1) 视图　用正等轴测图画法画出管道管件、阀门、控制点等图形和符号。

(2) 尺寸　标注出管段编号、管段所连设备的位号及管口符号。

(3) 指北针　表示安装方位的基准，北(N)向与管道布置图上的北向一致。

(4) 材料表　列表说明管段所需的材料规格、尺寸、数量等。

(5) 标题栏　填写图名、图号、签名等。

2) 管道轴测图的画法(GB/T 6567.5—2008)

① 管道轴测图不必按比例绘制，但各种阀门、管件及它们之间位置相对比例要协调。管道用粗实线($b=0.5\sim2$ mm)绘制，管件、阀门、控制件等允许用细实线($b/2$)绘制，设备的轮廓用双点画线($b/2$) 绘制，并在管道的适当位置画出流向箭头。

② 当管道平行于直角坐标轴时，轴测图用平行于对应的轴测轴的直线绘制；当管道不平行于直角坐标轴时，应画出平行于相应坐标轴的细实线，表示管子所处的平面；管道在水平面内倾斜时，画出与 Y 轴平行的细实线(构成水平面)，如图 10.55(a)所示；管道在铅垂面内倾斜时，画出平行于 Z 轴的细实线(构成铅垂面)，如图 10.55(b)所示；管道是一般位置时，需要同时画出与 Y 轴和 Z 轴分别平行的细实线，如图 10.55(c)所示。

③ 管道的连接方式不同，画法也不同，法兰连接时用两短线表示，如图 10.56 所示。

3) 标注

管道轴测图中应标注管段编号，管段所连接的设备位号、管口号或其他管段号以及管径、管件、阀门等有关安装所需的尺寸。管道号和管径标注在管道的上方，所有的垂直管道不注长度尺寸，而标注水平管道的标高“EL”，并注在管道的下方。

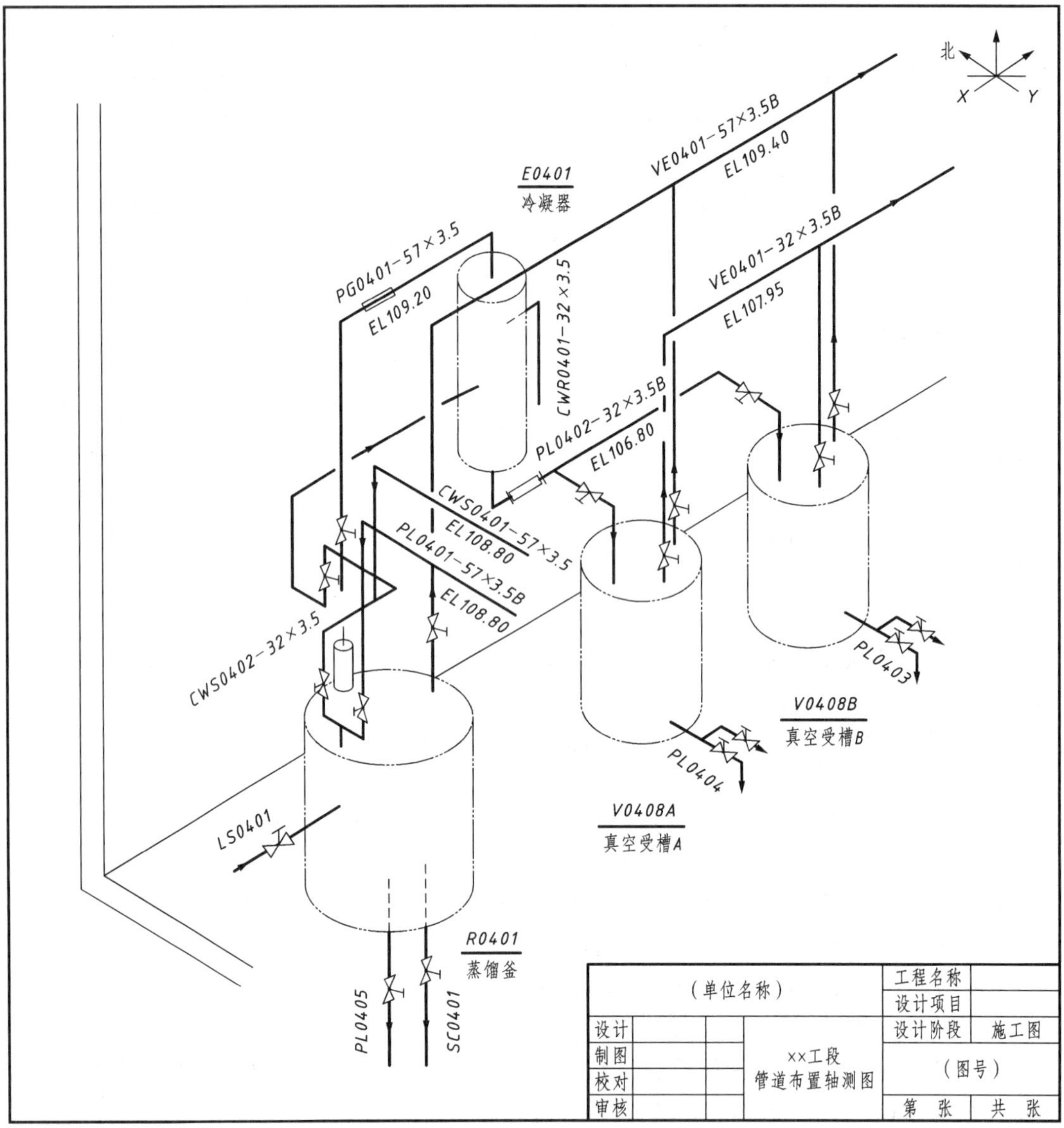

图 10.54 管道轴测图

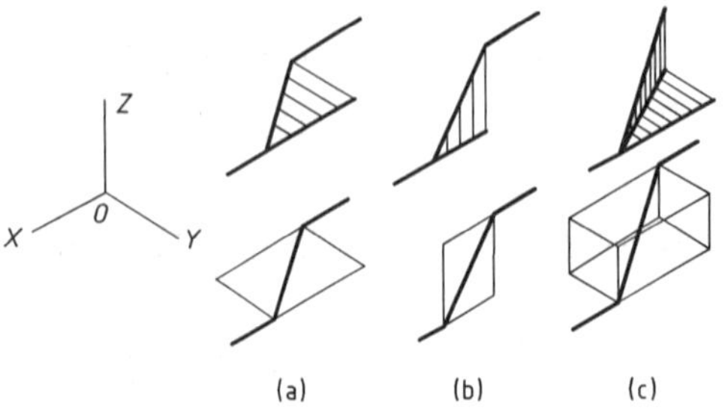

图 10.55 管道倾斜的表示方法

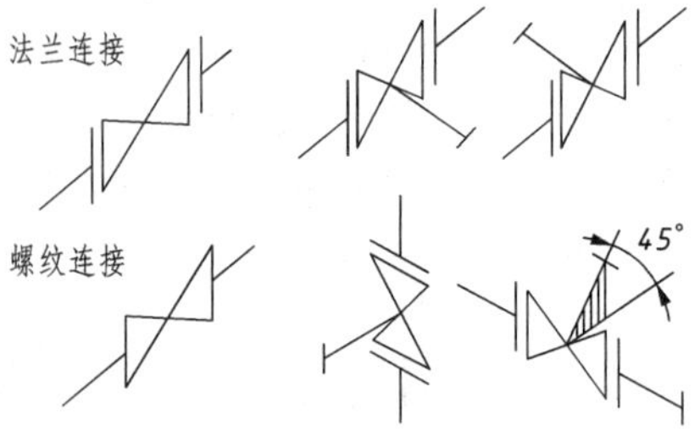

图 10.56 管道连接的表示方法

附　录

一、螺　纹

1. 普通螺纹(GB/T 193—2003、GB/T 196—2003)

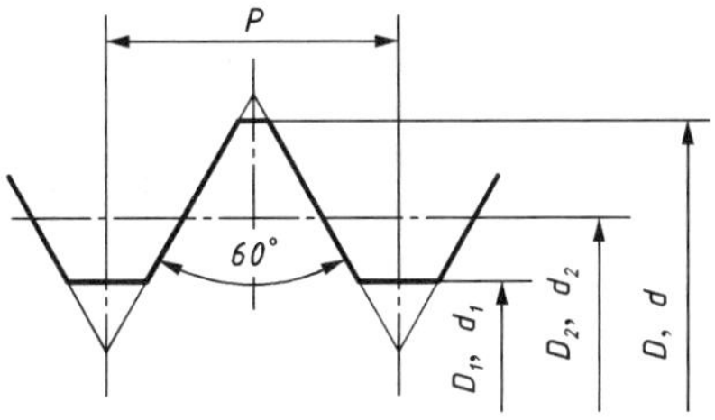

标记示例

公称直径 24 mm，螺距 3 mm 的粗牙右旋螺纹：M24

公称直径 24 mm，螺距 1.5 mm 的细牙左旋螺纹：M24×1.5LH

(mm)

公称直径 D、d		螺距 P		粗牙小径 D_1、d_1	公称直径 D、d		螺距 P		粗牙小径 D_1、d_1
第一系列	第二系列	粗牙	细　牙		第一系列	第二系列	粗牙	细　牙	
3		0.5	0.35	2.459		22	2.5	2,1.5,1,(0.75),(0.5)	19.294
	3.5	0.6		2.850	24		3	2,1.5,1,(0.75)	20.752
4		0.7	0.5	3.242		27	3	2,1.5,1,(0.75)	23.752
	4.5	(0.75)		3.688					
5		0.8		4.134	30		3.5	(3),2,1.5,1,(0.75)	26.211
6		1	0.75,(0.5)	4.917		33	3.5	(3),2,1.5,(1),(0.75)	29.211
8		1.25	1,0.75,(0.5)	6.647	36		4	3,2,1.5,(1)	31.670
10		1.5	1.25,1,0.75,(0.5)	8.376		39	4		34.670
12		1.75	1.5,1.25,1,(0.75),(0.5)	10.106	42		4.5	(4),3,2,1.5,(1)	37.129
	14	2	1.5,1.25*,1,(0.75),(0.5)	11.835		45	4.5		40.129
16		2	1.5,1,(0.75),(0.5)	13.835	48		5		42.587
	18	2.5	2,1.5,1,(0.75),(0.5)	15.294		52	5		46.587
20		2.5		17.294	56		5.5	4,3,2,1.5,(1)	50.046

注：1. 优先选用第一系列，括号内尺寸尽可能不用。

2. 有 * 号的 M14×1.25 仅用于火花塞。

3. 中径 D_2、d_2 以及公称直径为 1～3 mm 未列入。

2. 梯形螺纹直径与螺距(GB/T 5796.1～5796.3—2005)

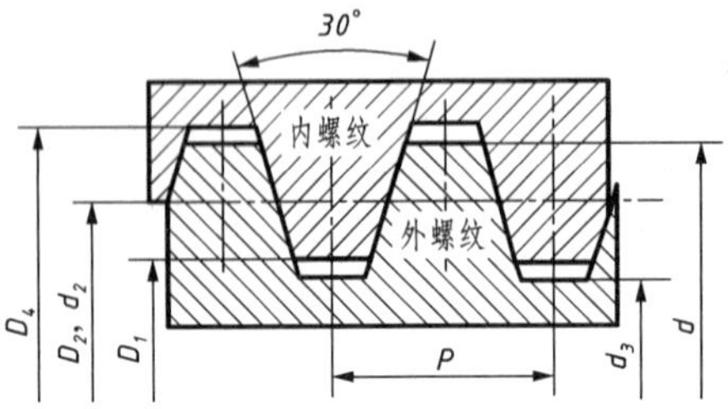

标记示例

公称直径为 40 mm,螺距为 7 mm,右旋的单线梯形螺纹：Tr40×7

公称直径为 40 mm,导程为 14 mm,螺距为 7 mm,左旋的双线梯形螺纹：Tr40×14(P7)LH

(mm)

公称直径 d		螺距 P	中径 $d_2=D_2$	大径 D_4	小径		公称直径 d		螺距 P	中径 $d_2=D_2$	大径 D_4	小径	
第一系列	第二系列				d_3	D_1	第一系列	第二系列				d_3	D_1
8		1.5	7.25	8.3	6.2	6.5	28		5	25.5	28.5	22.5	23
	9	2	8	9.5	6.5	7		30	6	27	31	23	24
10		2	9	10.5	7.5	8	32		6	29	33	25	26
	11	2	10	11.5	8.5	9		34	6	31	35	27	28
12		3	10.5	12.5	8.5	9	36		6	33	37	29	30
	14	3	12.5	14.5	10.5	11		38	7	34.5	39	30	31
16		4	14	16.5	11.5	12	40		7	36.5	41	32	33
	18	4	16	18.5	13.5	14		42	7	38.5	43	34	35
20		4	18	20.5	15.5	16	44		7	40.5	45	36	37
	22	5	19.5	22.5	16.5	17		46	8	42	47	37	38
24		5	21.5	24.5	18.5	19	48		8	44	49	39	40
	26	5	23.5	26.5	20.5	21		50	8	46	51	41	42

注:1. 本标准规定了一般用途梯形螺纹基本牙型,公称直径为 8～300 mm(本表仅摘录 8～50 mm)的直径与螺距系列以及基本尺寸。

2. 应优先选用第一系列的直径。

3. 在每一个直径所对应的诸螺距中,本表仅摘录应优先选用的螺距和相应的基本尺寸。

3. 非螺纹密封的管螺纹(GB/T 7307—2001)

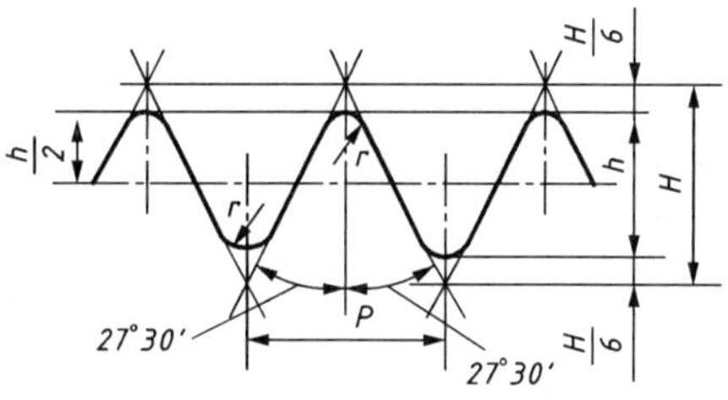

标记示例

尺寸代号 1½,内螺纹：G1½

尺寸代号 1½,A 级外螺纹：G1½A

尺寸代号 1½,B 级外螺纹,左旋：G1½B-LH

螺纹装配标记：右旋 G1½/G1½A

　　　　　　　左旋 G1½/G1½A-LH

(mm)

尺寸代号	每 25.4 mm 内的牙数 n	螺距(P)	牙高 h	圆弧半径 $r\approx$	基本直径		
					大径 $d=D$	中径 $d_2=D_2$	小径 $d_1=D_1$
1/16	28	0.907	0.581	0.125	7.723	7.142	6.561
1/8	28	0.907	0.581	0.125	9.728	9.147	8.566
1/4	19	1.337	0.856	0.184	13.157	12.301	11.445
3/8	19	1.337	0.856	0.184	16.662	15.806	14.950
1/2	14	1.814	1.162	0.249	20.955	19.793	18.631
5/8	14	1.814	1.162	0.249	22.911	21.749	20.587
3/4	14	1.814	1.162	0.249	26.441	25.279	24.117
7/8	14	1.814	1.162	0.249	30.201	29.039	27.877
1	11	2.309	1.479	0.317	33.249	31.770	30.291
1⅛	11	2.309	1.479	0.317	37.897	36.418	34.939
1¼	11	2.309	1.479	0.317	41.910	40.431	38.952
1½	11	2.309	1.479	0.317	47.803	46.324	44.845
1¾	11	2.309	1.479	0.317	53.746	52.267	50.788
2	11	2.309	1.479	0.317	59.614	58.135	56.656
2¼	11	2.309	1.479	0.317	65.710	64.231	62.752
2½	11	2.309	1.479	0.317	75.184	73.705	72.226
2¾	11	2.309	1.479	0.317	81.534	80.055	78.576
3	11	2.309	1.479	0.317	87.884	86.405	84.926
3½	11	2.309	1.479	0.317	100.330	98.851	97.372
4	11	2.309	1.479	0.317	113.030	111.551	110.072
4½	11	2.309	1.479	0.317	125.730	124.251	122.772
5	11	2.309	1.479	0.317	138.430	136.951	135.472
5½	11	2.309	1.479	0.317	151.130	149.651	148.172
6	11	2.309	1.479	0.317	163.830	162.351	160.872

二、标准件

1. 六角头螺栓—A 级和 B 级(GB/T 5782—2000)、六角头螺栓—全螺纹—A 级和 B 级(GB/T 5783—2000)

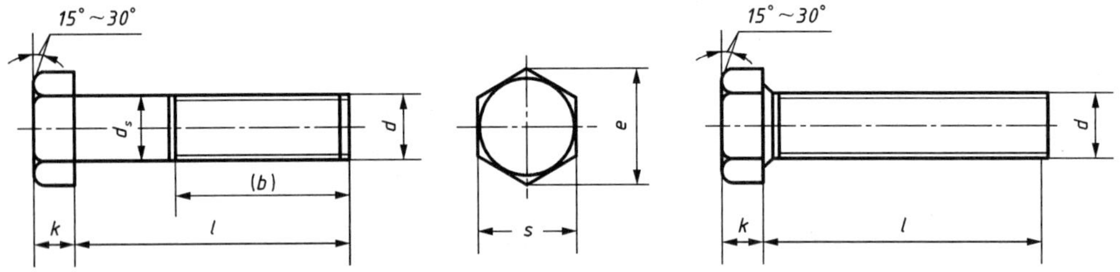

标记示例

螺纹规格 d=M12、公称长度 l=80 mm、性能等级为 8.8 级、表面氧化、产品等级为 A 级的六角头螺栓：

螺栓 GB/T 5782 M12×80

螺纹规格 d=M12、公称长度 l=80 mm、性能等级为 8.8 级、表面氧化、全螺纹、产品等级为 A 级的六角头螺栓：

螺栓 GB/T 5783 M12×80

(mm)

螺纹规格	d	M4	M5	M6	M8	M10	M12	M16	M20	M24	M30	M36	M42	M48
b 参考	$l\leqslant 125$	14	16	18	22	26	30	38	46	54	66	—	—	—
	$125<l\leqslant 200$	20	22	24	28	32	36	44	52	60	72	84	96	108
	$l>200$	33	35	37	41	45	49	57	65	73	85	97	109	121
k		2.8	3.5	4	5.3	6.4	7.5	10	12.5	15	18.7	22.5	26	30
d_{smax}		4	5	6	8	10	12	16	20	24	30	36	42	48
s_{max}		7	8	10	13	16	18	24	30	36	46	55	65	75
e_{max}	产品等级 A	7.66	8.79	11.05	14.38	17.77	20.03	26.75	33.53	39.98	—	—	—	—
	产品等级 B	7.50	8.63	10.89	14.2	17.59	19.85	26.17	32.95	39.55	50.85	60.79	72.02	82.6
l 范围	GB/T 5782	25～40	25～50	30～60	40～80	45～100	50～120	65～160	80～200	90～240	110～300	140～360	160～440	180～480
	BG/T 5783	8～40	10～50	12～60	16～80	20～100	25～120	30～200	40～200	50～200	60～200	70～200	80～200	100～200
l 系列	GB/T 5782	20～60(5 进位)、70～160(10 进位)、180～400(20 进位);1 小于最小值时、全长制螺纹												
	GB/T 5783	8、10、12、16、18、20～65(5 进位)、70～160(10 进位)、180～500(20 进位)												

注：1. 螺纹公差：6 g;机械性能等级:8.8。

2. 产品等级：A 级用于 d=1.6～24 mm 和 $l\leqslant 10d$ 或 $l\leqslant 150$ mm(按较小值);B 级用于 $d>24$ mm 或 $l>10d$ 或 $l>150$ mm(按较小值)的螺栓。

3. 螺纹均为粗牙。

2. 双头螺柱

$b_m = 1d$　GB/T 897—1988　$b_m = 1.5d$　GB/T 899—1988

$b_m = 1.25d$　GB/T 898—1988　$b_m = 2d$　GB/T 900—1988

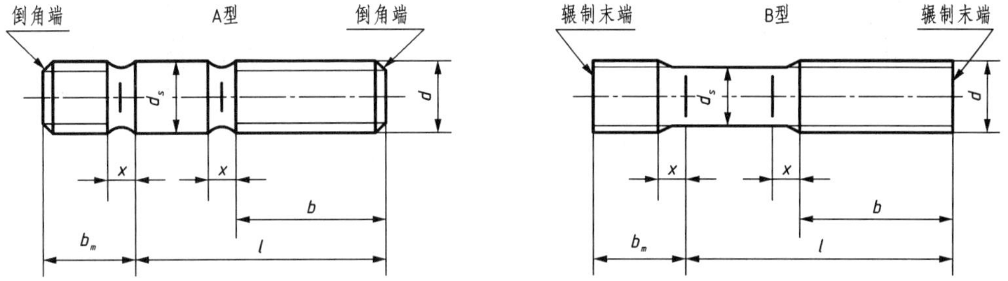

标记示例

两端均为粗牙普通螺纹，$d=10$ mm，$l=50$ mm，性能等级为 4.8 级，B 型，$b_m=1d$ 的双头螺柱：

螺柱　GB/T 897—1988　M10×50

旋入一端为粗牙普通螺纹，旋螺母一端为螺距 1 mm 的细牙普通螺纹，$d=10$ mm，$l=50$ mm，性能等级为 4.8 级，A 型，$b_m=1d$ 的双头螺柱：

螺柱　GB/T 897—1988—AM10M10×1×50

旋入一端为过渡配合的第一种配合，旋螺母一端为粗牙普通螺纹，$d=10$ mm，$l=50$ mm，性能等级为 8.8 级，B 型，$b_m=1d$ 的双头螺柱：

螺柱　GB/T 897—1988—GM10　M10×50－8.8

(mm)

螺纹规格 d		M5	M6	M8	M10	M12	M16	M20	M24	M30	M36	M42
b_m	GB/T 897	5	6	8	10	12	16	20	24	30	36	42
	GB/T 898	6	8	10	12	15	20	25	30	38	45	52
	GB/T 899	8	10	12	15	18	24	30	36	45	54	65
	GB/T 900	10	12	16	20	24	32	40	48	60	72	84
d_{smax}		5	6	8	10	12	16	20	24	30	36	42
x_{max}		1.5P	1.5P	1.5P	1.5P	1.5P	1.5P	1.5P	1.5P	1.5P	1.5P	1.5P
$\frac{l}{b}$		$\frac{16\sim22}{10}$ $\frac{25\sim50}{16}$	$\frac{20\sim22}{10}$ $\frac{25\sim30}{14}$ $\frac{32\sim75}{18}$	$\frac{20\sim22}{12}$ $\frac{25\sim30}{16}$ $\frac{32\sim90}{22}$	$\frac{25\sim28}{14}$ $\frac{30\sim38}{16}$ $\frac{40\sim120}{26}$ $\frac{130}{32}$	$\frac{25\sim30}{16}$ $\frac{32\sim40}{20}$ $\frac{45\sim120}{30}$ $\frac{130\sim180}{36}$	$\frac{30\sim38}{20}$ $\frac{40\sim55}{30}$ $\frac{60\sim120}{38}$ $\frac{130\sim200}{44}$	$\frac{35\sim40}{25}$ $\frac{45\sim65}{35}$ $\frac{70\sim120}{46}$ $\frac{130\sim200}{52}$	$\frac{45\sim50}{30}$ $\frac{55\sim75}{45}$ $\frac{80\sim120}{54}$ $\frac{130\sim200}{60}$	$\frac{60\sim65}{40}$ $\frac{70\sim90}{50}$ $\frac{95\sim120}{60}$ $\frac{130\sim200}{72}$ $\frac{210\sim250}{85}$	$\frac{65\sim75}{45}$ $\frac{80\sim110}{60}$ $\frac{120}{78}$ $\frac{130\sim200}{84}$ $\frac{210\sim300}{91}$	$\frac{65\sim80}{50}$ $\frac{85\sim110}{70}$ $\frac{120}{90}$ $\frac{130\sim200}{96}$ $\frac{210\sim300}{109}$
l 系列		16、(18)、20、(22)、25、(28)、30、(32)、35、(38)、40、45、50、(55)、60、(65)、70、(75)、80、(85)、90、(95)、100、110、120、130、140、150、160、170、180、190、200、210、220、230、240、250、260、280、300										

注：P 是粗牙螺纹的螺距。

3. 开槽沉头螺钉(GB/T 68—2016)、开槽半沉头螺钉(CB/T 69—2016)

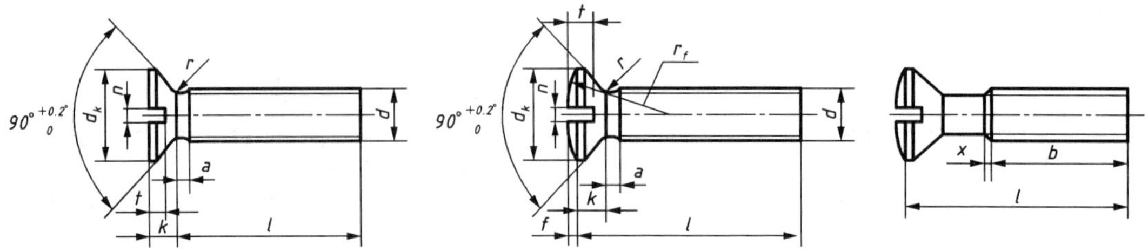

标记示例

螺纹规格 d = M5、公称长度 l = 20 mm、性能等级为 4.8 级、不经表面处理的开槽沉头螺钉：

螺钉 GB/ T 68—2016 M5×20

(mm)

螺纹规格 d			M1.6	M2	M2.5	M3	M4	M5	M6	M8	M10
P(螺距)			0.35	0.4	0.45	0.5	0.7	0.8	1	1.25	1.5
a max			0.7	0.8	0.9	1	1.4	1.6	2	2.5	3
b min			25				38				
d_k	理论值 max		3.6	4.4	5.5	6.3	9.4	10.4	12.6	17.3	20
	实际值	max	3.0	3.8	4.7	5.5	8.40	9.30	11.30	15.80	18.30
		min	2.7	3.5	4.4	5.2	8.04	8.94	10.87	15.37	17.78
k max			1	1.2	1.5	1.65	2.7	2.7	3.3	4.65	5
n	公称		0.4	0.5	0.6	0.8	1.2	1.2	1.6	2	2.5
	min		0.46	0.56	0.66	0.86	1.26	1.26	1.66	2.06	2.56
	max		0.60	0.70	0.80	1.00	1.51	1.51	1.91	2.31	2.81
r max			0.4	0.5	0.6	0.8	1	1.3	1.5	2	2.5
x max			0.9	1	1.1	1.25	1.75	2	2.5	3.2	3.8
f≈			0.4	0.5	0.6	0.7	1	1.2	1.4	2	2.3
r_f≈			3	4	5	6	9.5	9.5	12	16.5	19.5
t	max	GB/ T 68—2016	0.50	0.6	0.75	0.85	1.3	1.4	1.6	2.3	2.6
		GB/ T 69—2016	0.80	1.0	1.2	1.45	1.9	2.4	2.8	3.7	4.4
	min	GB/ T 68—2016	0.32	0.4	0.50	0.60	1.0	1.1	1.2	1.8	2.0
		GB/ T 69—2016	0.64	0.8	1.0	1.20	1.6	2.0	2.4	3.2	3.8
l(商品规格范围公称长度)			2.5～16	3～20	4～25	5～30	6～40	8～50	8～60	10～80	12～80
l(系列)			2.5,3,4,5,6,8,10,12,(14),16,20,25,30,35,40,45,50,(55),60,(65),70,(75),80								

注：1. P—螺距。

2. 公称长度 l≤30 mm，而螺纹规格 d 在 M1.6～M3 的螺钉，应制出全螺纹；公称长度 l≤45 mm，而螺纹规格在 M4～M10 的螺钉也应制出全螺纹 $b = l - (k + a)$。

3. 尽可能不采用括号内的规格。

4. 开槽锥端紧定螺钉(GB/T 71—1985)、开槽平端紧定螺钉(GB/T 73—1985)、开槽长圆柱端紧定螺钉(GB/T 75—1985)

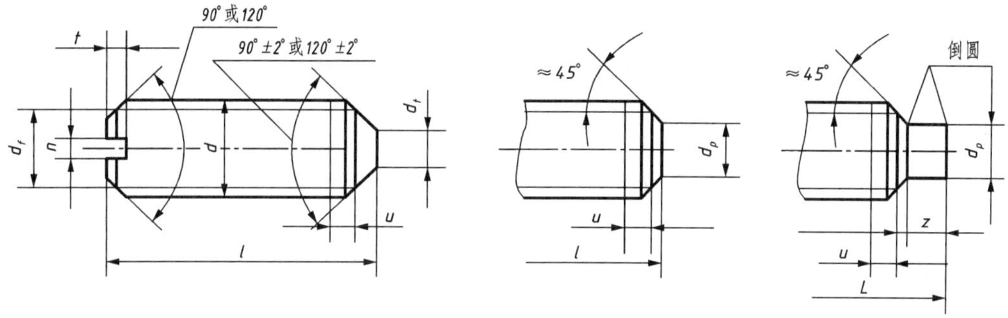

公称长度为短螺钉时，应制成 120°，u 为不完整螺纹的长度≤2P

标记示例

螺纹规格 d＝M5、公称长度 l＝12 mm、性能等级为 14H 级、表面氧化的开槽平端紧定螺钉标记为

螺钉　GB/T 73 M5×12－14H

(mm)

螺纹规格 d		M1.2	M1.6	M2	M2.5	M3	M4	M5	M6	M8	M10	M12
P		0.25	0.35	0.4	0.45	0.5	0.7	0.8	1	1.25	1.5	1.75
d_f≈		螺纹小径										
d_t	min	—	—	—	—	—	—	—	—	—	—	—
	max	0.12	0.16	0.2	0.25	0.3	0.4	0.5	1.5	2	2.5	3
d_p	min	0.35	0.55	0.75	1.25	1.75	2.25	3.2	3.7	5.2	6.64	8.14
	max	0.6	0.8	1	1.5	2	2.5	3.5	4	5.5	7	8.5
n	公称	0.2	0.25	0.25	0.4	0.4	0.6	0.8	1	1.2	1.6	2
	min	0.26	0.31	0.31	0.46	0.46	0.66	0.86	1.06	1.26	1.66	2.06
	max	0.4	0.45	0.45	0.6	0.6	0.8	1	1.2	1.51	1.91	2.31
t	min	0.4	0.56	0.64	0.72	0.8	1.12	1.28	1.6	2	2.1	2.8
	max	0.52	0.74	0.84	0.95	1.05	1.42	1.63	2	2.5	3	3.6
z	min	—	0.8	1	1.25	1.5	2	2.5	3	4	5	6
	max	—	1.05	1.25	1.5	1.75	2.25	2.75	3.25	4.3	5.3	6.3
GB/T 71—1985	l(公称长度)	2～6	2～8	3～10	3～12	4～16	6～20	8～25	8～30	10～40	12～50	14～60
	l(短螺钉)	2	2～2.5	2～2.5	2～3	2～3	2～4	2～5	2～6	2～8	2～10	2～12
GB/T 73—1985	l(公称长度)	2～6	2～8	2～10	2.5～12	3～16	4～20	5～25	6～30	8～40	10～50	12～60
	l(短螺钉)	—	2	2～2.5	2～3	2～3	2～4	2～5	2～6	2～6	2～8	2～10
GB/T 75—1985	l(公称长度)	—	2.5～8	3～10	4～12	5～16	6～20	8～25	8～30	10～40	12～50	14～60
	l(短螺钉)	—	2～2.5	2～3	2～4	2～5	2～6	2～8	2～10	2～14	2～16	2～20
L(系列)		2,2.5,3,4,5,6,8,10,12,(14),16,20,25,30,35,40,45,50,(55),60										

注：1. 公称长度为商品规格尺寸。
　　2. 尽可能不采用括号内的规格。

5. 六角螺母

1 型六角螺母—A 和 B 级(GB/ T 6170—2015)

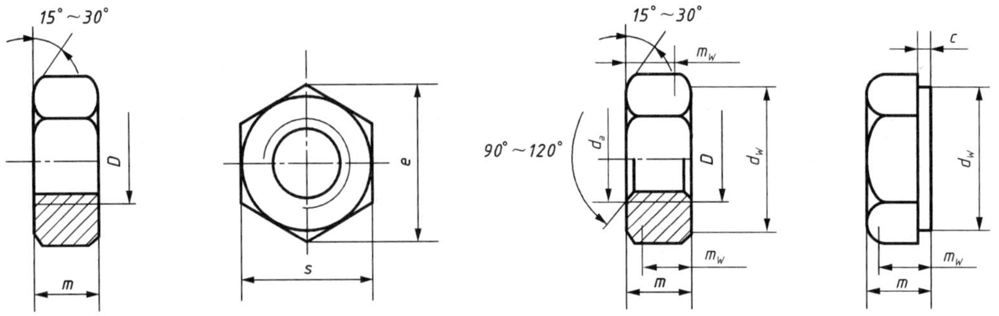

标记示例

螺纹规格 D = M12、性能等级为 10 级、不经表面处理、产品等级为 A 级的 1 型六角螺母：

螺母　GB/ T 6170　M12

螺纹规格 D=M12、性能等级为 5 级、不经表面处理、产品等级为 C 级的六角螺母：

螺母　GB/ T 41　M12

(mm)

螺纹规格 D		M1.6	M2	M2.5	M3	M4	M5	M6	M8	M10	M12
c	max	0.2	0.2	0.3	0.4	0.4	0.5	0.5	0.6	0.6	0.6
d_a	max	1.84	2.3	2.9	3.45	4.6	5.75	6.75	8.75	10.8	13
	min	1.60	2.0	2.5	3.00	4.0	5.00	6.00	8.00	10.0	12
d_w	min	2.4	3.1	4.1	4.6	5.9	6.9	8.9	11.6	14.6	16.6
e	min	3.41	4.32	5.45	6.01	7.66	8.79	11.05	14.38	17.77	20.03
m	max	1.3	1.6	2	2.4	3.2	4.7	5.2	6.8	8.4	10.8
	min	1.05	1.35	1.75	2.15	2.9	4.4	4.9	6.44	8.04	10.37
m_w	min	0.8	1.1	1.4	1.7	2.3	3.5	3.9	5.1	6.4	8.3
s	max	3.20	4.00	5.00	5.50	7.00	8.00	10.00	13.00	16.00	18.00
	min	3.02	3.82	4.82	5.32	6.78	7.78	9.78	12.73	15.73	17.73

螺纹规格 D		M16	M20	M24	M30	M36	M42	M48	M56	M64
c	max	0.8	0.8	0.8	0.8	0.8	1	1	1	1.2
d_a	max	17.3	21.6	25.9	32.4	38.9	45.4	51.8	60.5	69.1
	min	16.0	20.0	24.0	30.0	36.0	42.0	48.0	56.0	64.0
d_w	min	22.5	27.7	33.2	42.7	51.1	60.6	69.4	78.7	88.2
e	min	26.75	32.95	39.55	50.85	60.79	72.02	82.6	93.56	104.86
m	max	14.8	18	21.5	25.6	31	34	38	45	51
	min	14.1	16.9	20.2	24.3	29.4	32.4	36.4	43.4	49.1
m_w	min	11.3	13.5	16.2	19.4	23.5	25.9	29.1	34.7	39.3
s	max	24.00	30.00	36	46	55.0	65.0	75.0	85.0	95.0
	min	23.67	29.16	35	45	53.8	63.8	73.1	82.8	92.8

注：1. A 级用于 $D \leqslant 16$ 的螺母；B 级用于 $D > 16$ 的螺母。本表仅按商品规格和通用规格列出。

2. 螺纹规格为 M8～M64、细牙、A 级和 B 级的 1 型六角螺母，请查阅 GB/ T 6171—2016。

6. 垫　圈

小垫圈(GB/T 848—2002)　平垫圈—倒角型(GB/T 97.2—2002)
平垫圈 A 级(GB/T 97.1—2002)　大垫圈 A 级(GB/T 96.1—2002)

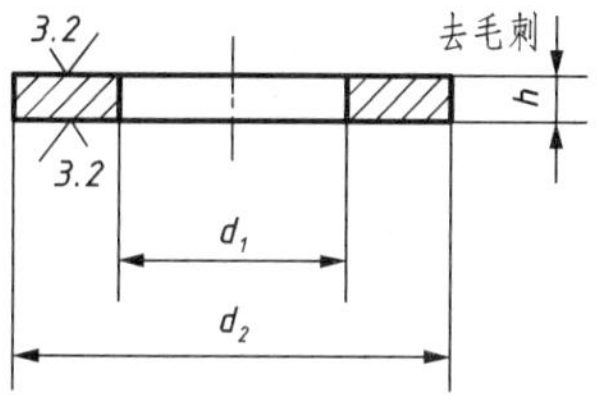

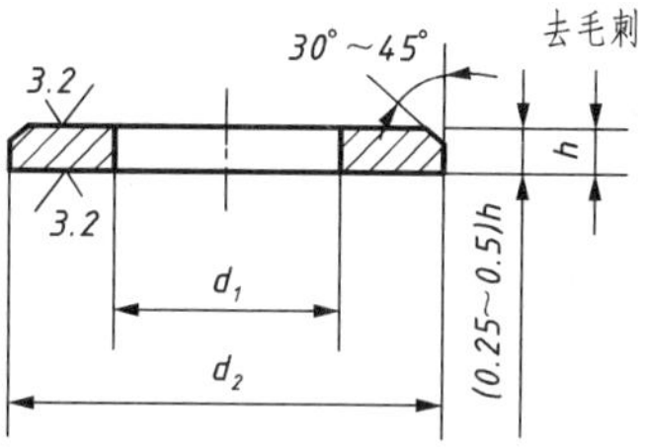

(d_{min}=5)

标记示例

标准系列：公称尺寸 d＝8 mm、性能等级为 140 HV 级、不经表面处理的平垫圈：

垫圈　GB/T 97.1　8　140 HV

(mm)

<table>
<tr><td colspan="3">公称尺寸
(螺纹规格)d</td><td>1.6</td><td>2</td><td>2.5</td><td>3</td><td>4</td><td>5</td><td>6</td><td>8</td><td>10</td><td>12</td><td>14</td><td>16</td><td>20</td><td>24</td><td>30</td><td>36</td></tr>
<tr><td rowspan="8">d_1
(内径)</td><td rowspan="4">max</td><td>GB/T 848—2002</td><td rowspan="2">1.84</td><td rowspan="2">2.34</td><td rowspan="2">2.84</td><td rowspan="2">3.38</td><td rowspan="2">4.48</td><td rowspan="4">5.48</td><td rowspan="4">6.62</td><td rowspan="4">8.62</td><td rowspan="4">10.77</td><td rowspan="4">13.27</td><td rowspan="4">15.27</td><td rowspan="4">17.27</td><td rowspan="3">21.33</td><td rowspan="3">25.33</td><td>31.39</td><td rowspan="3">37.62</td></tr>
<tr><td>GB/T 97.1—2002</td><td rowspan="2">31.39</td></tr>
<tr><td>GB/T 97.2—2002</td><td>—</td><td>—</td><td>—</td><td>—</td><td>—</td></tr>
<tr><td>GB/T 96.1—2002</td><td>—</td><td>—</td><td>—</td><td>3.38</td><td>4.48</td><td>21.33</td><td>25.52</td><td>33.62</td><td>39.62</td></tr>
<tr><td rowspan="4">公称
min</td><td>GB/T 848—2002</td><td rowspan="2">1.7</td><td rowspan="2">2.2</td><td rowspan="2">2.7</td><td rowspan="2">3.2</td><td rowspan="2">4.3</td><td rowspan="4">5.3</td><td rowspan="4">6.4</td><td rowspan="4">8.4</td><td rowspan="4">10.5</td><td rowspan="4">13</td><td rowspan="4">15</td><td rowspan="4">17</td><td rowspan="4">21</td><td rowspan="4">25</td><td rowspan="3">31</td><td rowspan="3">37</td></tr>
<tr><td>GB/T 97.1—2002</td></tr>
<tr><td>GB/T 97.2—2002</td><td>—</td><td>—</td><td>—</td><td>—</td><td>—</td></tr>
<tr><td>GB/T 96.1—2002</td><td>—</td><td>—</td><td>—</td><td>3.2</td><td>4.3</td><td>33</td><td>39</td></tr>
<tr><td rowspan="8">d_2
(外径)</td><td rowspan="4">公称
max</td><td>GB/T 848—2002</td><td>3.5</td><td>4.5</td><td>5</td><td>6</td><td>8</td><td>9</td><td>11</td><td>15</td><td>18</td><td>20</td><td>24</td><td>28</td><td>34</td><td>39</td><td>50</td><td>60</td></tr>
<tr><td>GB/T 97.1—2002</td><td>4</td><td>5</td><td>6</td><td>7</td><td>9</td><td rowspan="2">10</td><td rowspan="2">12</td><td rowspan="2">16</td><td rowspan="2">20</td><td rowspan="2">24</td><td rowspan="2">28</td><td rowspan="2">30</td><td rowspan="2">37</td><td rowspan="2">44</td><td rowspan="2">56</td><td rowspan="2">66</td></tr>
<tr><td>GB/T 97.2—2002</td><td>—</td><td>—</td><td>—</td><td>—</td><td>—</td></tr>
<tr><td>GB/T 96.1—2002</td><td>—</td><td>—</td><td>—</td><td>9</td><td>12</td><td>15</td><td>18</td><td>24</td><td>30</td><td>37</td><td>44</td><td>50</td><td>60</td><td>72</td><td>92</td><td>110</td></tr>
<tr><td rowspan="4">min</td><td>GB/T 848—2002</td><td>3.2</td><td>4.2</td><td>4.7</td><td>5.7</td><td>7.64</td><td>8.64</td><td>10.57</td><td>14.57</td><td>17.57</td><td>19.48</td><td>23.48</td><td>27.48</td><td>33.38</td><td>38.38</td><td>49.38</td><td>58.8</td></tr>
<tr><td>GB/T 97.1—2002</td><td>3.7</td><td>4.7</td><td>5.7</td><td>6.64</td><td>8.64</td><td rowspan="2">9.64</td><td rowspan="2">11.57</td><td rowspan="2">15.57</td><td rowspan="2">19.48</td><td rowspan="2">23.48</td><td rowspan="2">27.48</td><td rowspan="2">29.48</td><td rowspan="2">36.38</td><td rowspan="2">43.38</td><td rowspan="2">55.26</td><td rowspan="2">64.8</td></tr>
<tr><td>GB/T 97.2—2002</td><td>—</td><td>—</td><td>—</td><td>—</td><td>—</td></tr>
<tr><td>GB/T 96.1—2002</td><td>—</td><td>—</td><td>—</td><td>8.64</td><td>11.57</td><td>14.57</td><td>17.57</td><td>23.48</td><td>29.48</td><td>36.38</td><td>43.38</td><td>49.38</td><td>59.26</td><td>70.8</td><td>90.6</td><td>108.6</td></tr>
</table>

7. 弹簧垫圈(GB/T 93—2002)、轻型弹簧垫圈(GB/T 859—1987)

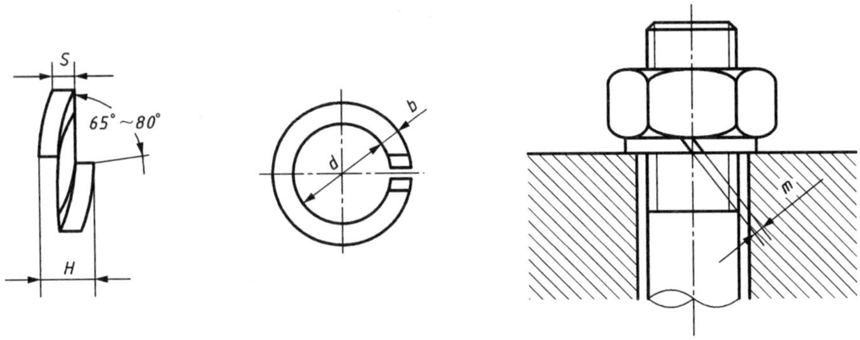

标记示例

规格 16 mm,材料为 65Mn,表面氧化的标准型弹簧垫圈:

垫圈　GB/ T 93—87 16

(mm)

规格 (螺纹大径)	d	GB/ T 93		GB/ T 859		
		$S=b$	$0<m\leqslant$	S	b	$0<m\leqslant$
2	2.1	0.5	0.25	0.5	0.8	
2.5	2.6	0.65	0.33	0.6	0.8	
3	3.1	0.8	0.4	0.8	1	0.3
4	4.1	1.1	0.55	0.8	1.2	0.4
5	5.1	1.3	0.65	1	1.2	0.55
6	6.1	1.6	0.8	1.2	1.6	0.65
8	8.1	2.1	1.05	1.6	2	0.8
10	10.2	2.6	1.3	2	2.5	1
12	12.3	3.1	1.55	2.5	3.5	1.25
(14)	14.3	3.6	1.8	3	4	1.5
16	16.3	4.1	2.05	3.2	4.5	1.6
(18)	18.3	4.5	2.25	3.5	5	1.8
20	20.5	5	2.5	4	5.5	2
(22)	22.5	5.5	2.75	4.5	6	2.25
24	24.5	6	3	4.8	6.5	2.5
(27)	27.5	6.8	3.4	5.5	7	2.75
30	30.5	7.5	3.75	6	8	3
36	36.6	9	4.5			
42	42.6	10.5	5.25			
48	49	12	6			

8. 圆柱销(GB/T 119.1—2000)

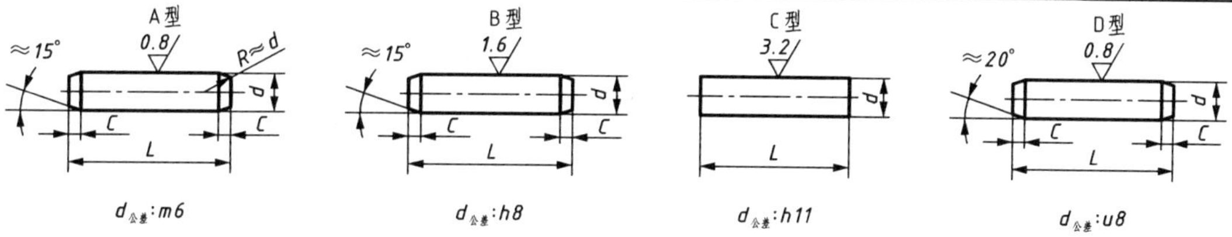

标记示例

公称直径 $d=8$ mm,长度 $L=30$ mm,材料 35 钢、热处理硬度 28～38 HRC,表面氧化处理的 A 型圆柱销:

销 GB/T 119.1—2000 A8×30

(mm)

d 公称	2	2.5	3	4	5	6	8	10	12	16	20
a ≈	0.25	0.30	0.40	0.50	0.63	0.80	1.0	1.2	1.6	2.0	2.5
C≈	0.35	0.40	0.50	0.63	0.80	1.2	1.6	2.0	2.5	3.0	3.5
L(商品范围)	6～20	6～24	8～30	8～30	10～50	12～60	14～80	16～95	22～140	26～180	35～200
L(系列)	6、8、10、12、14、16、18、20、22、24、26、28、30、32、35、40、45、50、55、60、65、70、75、80、85、90、95、100、120、140、160、180、200										

9. 圆锥销(GB/T 117—2000)

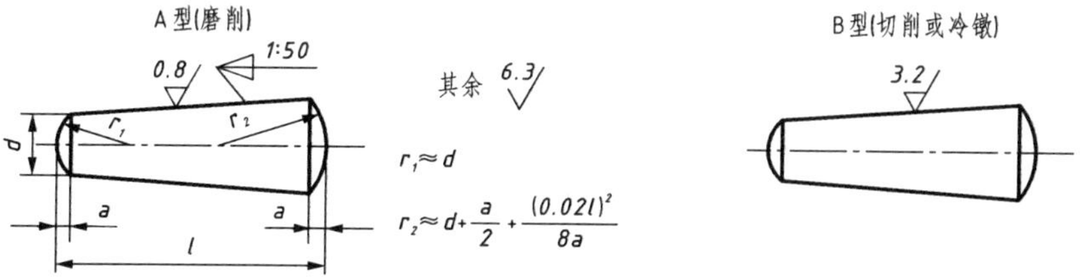

标记示例

公称直径 $d=10$ mm,长度 $l=60$ mm,材料为 35 钢、热处理硬度 28～38 HRC,表面氧化处理的 A 型圆锥销:

销 GB/T 117—2000 A10×60

(mm)

d(公称)	0.6	0.8	1	1.2	1.5	2	2.5	3	4	5
a ≈	0.08	0.1	0.12	0.16	0.2	0.25	0.3	0.4	0.5	0.63
l(商品规格范围公称长度)	4～8	5～12	6～16	6～20	8～24	10～35	10～35	12～45	14～45	18～60
d(公称)	6	8	10	12	16	20	25	30	40	50
a ≈	0.8	1	1.2	1.6	2	2.5	3	4	5	6.3
l(商品规格范围公称长度)	22～90	22～120	26～160	32～180	40～200	45～200	50～200	55～200	60～200	65～200
l(系列)	2,3,4,5,6,8,10,12,14,16,18,20,22,24,26,28,30,32,35,40,45,50,55,60,65,70,75,80,85,90,95,100,120,140,160,180,200									

10. 开口销(GB/T 91—2000)

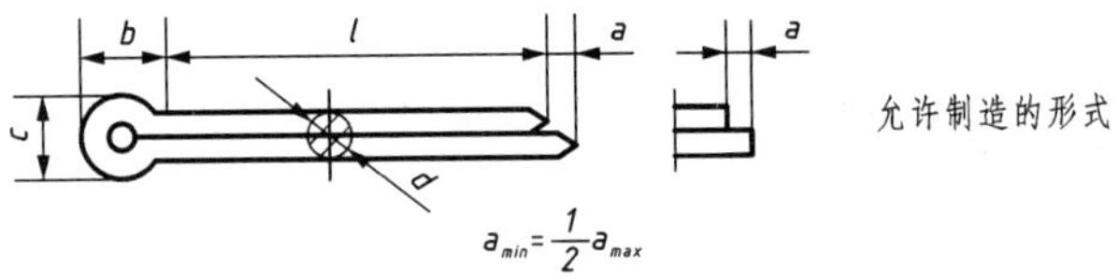

标记示例

公称直径 $d=5$ mm,长度 $l=50$ mm,材料为低碳钢,不经表面处理的开口销:

销　GB/T 91 5×50

(mm)

d(公称)		0.6	0.8	1	1.2	1.6	2	2.5	3.2	4	5	6.3	8	10	12
c	max	1.0	1.4	1.8	2.0	2.8	3.6	4.6	5.8	7.4	9.2	11.8	15.0	19.0	24.8
	min	0.9	1.2	1.6	1.7	2.4	3.2	4.0	5.1	6.5	8.0	10.3	13.1	16.6	21.7

三、键

1. 平键键槽的剖面尺寸(GB/T 1095—2003)

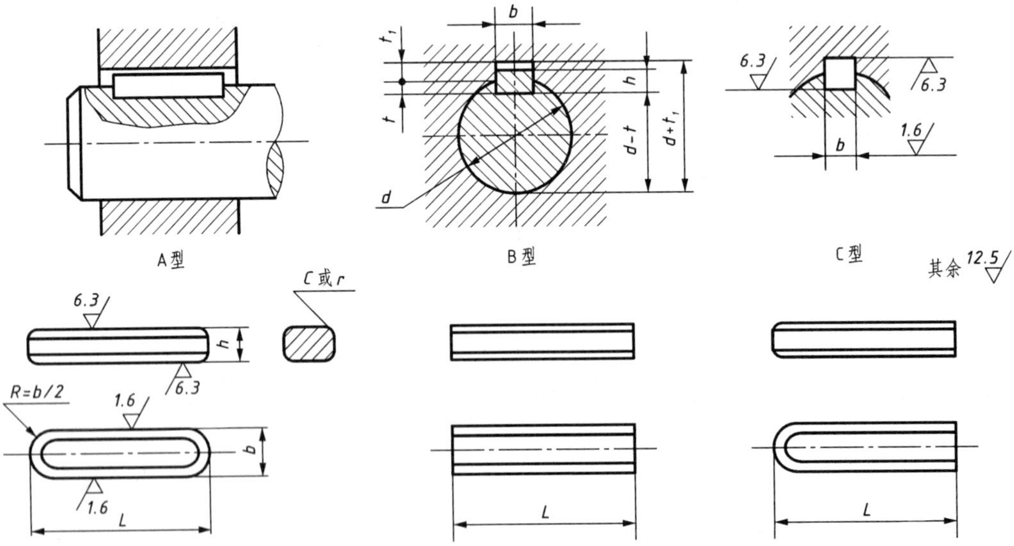

标记示例

平头普通平键(B型)$b=16$ mm、$h=10$ mm、$L=10$ mm;

键　B16×100　GB/T 1096—1979

（续表）

（mm）

轴径 d	键的公称尺寸			键槽											
				宽度 b						深度				半径 r	
				b	极限偏差					轴		毂			
					较松键连接		一般键连接		较紧键连接						
	b	h	L		轴 H9	毂 D10	轴 N9	毂 JS9	轴和毂 P9	t	极限偏差	t_1	极限偏差	最小	最大
6～8	2	2	6～20	2	+0.025 0	+0.060 +0.020	−0.004 −0.029	±0.012 5	−0.006 −0.031	1.2	+0.1 0	1	+0.1 0	0.08	0.16
>8～10	3	3	6～36	3						1.8		1.4			
>10～12	4	4	8～45	4	+0.030 0	+0.078 +0.030	0 −0.030	±0.015	−0.012 −0.042	2.5		1.8			
>12～17	5	5	10～56	5						3.0		2.3		0.16	0.25
>17～22	6	6	14～70	6						3.5		2.8			
>22～30	8	7	18～90	8	+0.036 0	+0.098 +0.040	0 −0.030	±0.018	−0.015 −0.051	4.0	+0.2 0	3.3	+0.2 0		
>30～38	10	8	22～110	10						5.0		3.3		0.25	0.40
>38～44	12	8	28～140	12	+0.043 0	+0.120 +0.050	0 −0.043	±0.021 5	−0.018 −0.061	5.0		3.3			
>44～50	14	9	36～160	14						5.5		3.8			
>50～58	16	10	45～180	16						6.0		4.3			
>58～65	18	11	50～200	18						7.0		4.4			
L 系列	6、8、10、12、14、16、18、20、22、25、28、32、36、40、45、50、56、63、70、80、90、100、125、140、160、180、200														

注：$(d-t)$ 和$(d+t_1)$的极限偏差按相应的 t 和 t_1 的极限偏差选取，但$(d-t)$的极限偏差值应取负号。

2. 普通平键型式与尺寸(GB/T 1096—2003)

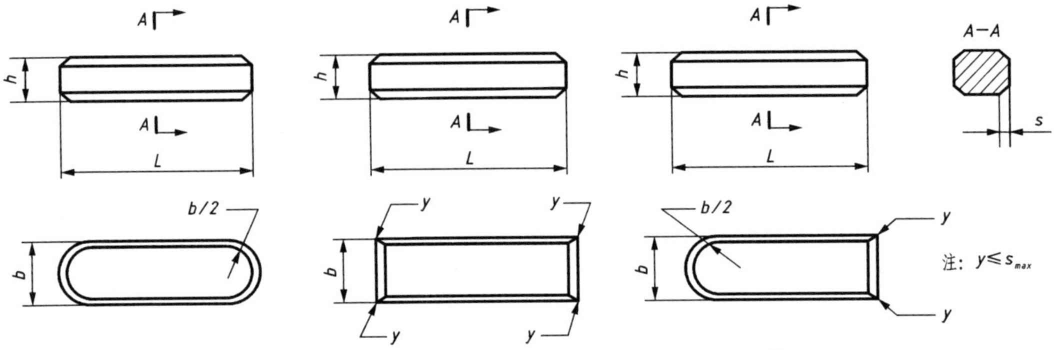

A型　　B型　　C型

标记示例

宽度 $b=16$ mm、高度 $h=10$ mm、长度 $L=100$ mm 普通 A 型平键的标记为：

GB/T 1096 键 16×10×100

宽度 $b=16$ mm、高度 $h=10$ mm、长度 $L=100$ mm 普通 B 型平键的标记为：

GB/T 1096 键 B 16×10×100

宽度 $b=16$ mm、高度 $h=10$ mm、长度 $L=100$ mm 普通 C 型平键的标记为：

GB/T 1096 键 C 16×10×100

(mm)

<table>
<tr><td rowspan="2">宽度 b</td><td colspan="2">基本尺寸</td><td>2</td><td>3</td><td>4</td><td>5</td><td>6</td><td>8</td><td>10</td><td>12</td><td>14</td><td>16</td><td>18</td><td>20</td><td>22</td></tr>
<tr><td colspan="2">极限偏差(h8)</td><td colspan="2">0
−0.014</td><td colspan="3">0
−0.018</td><td colspan="2">0
−0.022</td><td colspan="4">0
−0.027</td><td colspan="2">0
−0.033</td></tr>
<tr><td rowspan="3">高度 h</td><td colspan="2">基本尺寸</td><td>2</td><td>3</td><td>4</td><td>5</td><td>6</td><td>7</td><td>8</td><td>8</td><td>9</td><td>10</td><td>11</td><td>12</td><td>14</td></tr>
<tr><td rowspan="2">极限偏差</td><td>矩形(h11)</td><td colspan="2">—</td><td colspan="3">—</td><td colspan="5">0
−0.090</td><td colspan="3">0
−0.110</td></tr>
<tr><td>方形(h8)</td><td colspan="2">0
−0.014</td><td colspan="3">0
−0.018</td><td colspan="5">—</td><td colspan="3">—</td></tr>
<tr><td colspan="3">倒角或倒圆 s</td><td colspan="3">0.16～0.25</td><td colspan="3">0.25～0.40</td><td colspan="5">0.40～0.60</td><td colspan="2">0.60～0.80</td></tr>
<tr><td rowspan="2">宽度 b</td><td colspan="2">基本尺寸</td><td>25</td><td>28</td><td>32</td><td>36</td><td>40</td><td>45</td><td>50</td><td>56</td><td>63</td><td>70</td><td>80</td><td>90</td><td>100</td></tr>
<tr><td colspan="2">极限偏差(h8)</td><td colspan="2">0
−0.033</td><td colspan="5">0
−0.039</td><td colspan="4">0
−0.046</td><td colspan="2">0
−0.054</td></tr>
<tr><td rowspan="3">高度 h</td><td colspan="2">基本尺寸</td><td>14</td><td>16</td><td>18</td><td>20</td><td>22</td><td>25</td><td>28</td><td>32</td><td>32</td><td>36</td><td>40</td><td>45</td><td>50</td></tr>
<tr><td rowspan="2">极限偏差</td><td>矩形(h11)</td><td colspan="3">0
−0.110</td><td colspan="4">0
−0.130</td><td colspan="6">0
−0.160</td></tr>
<tr><td>方形(h8)</td><td colspan="3">—</td><td colspan="4">—</td><td colspan="6">—</td></tr>
<tr><td colspan="3">倒角或倒圆 s</td><td colspan="3">0.60～0.80</td><td colspan="4">1.00～1.20</td><td colspan="3">1.60～2.00</td><td colspan="3">2.60～3.00</td></tr>
</table>

四、轴　承

1. 深沟球轴承(GB/T 276—1994)

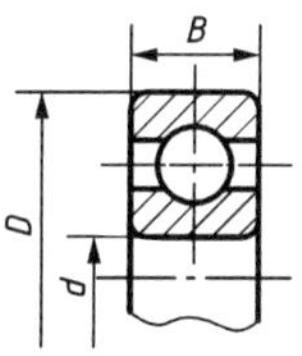

外形尺寸

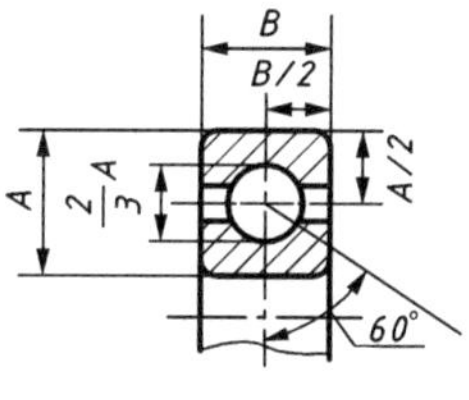

规定画法

标记示例
滚动轴承　6012 GB/T 276—1994

(mm)

轴承型号		外形尺寸			轴承型号		外形尺寸		
		d	*D*	*B*			*d*	*D*	*B*
(0)1尺寸系列	6004	20	42	12	(0)3尺寸系列	6304	20	52	15
	6005	25	47	12		6305	25	62	17
	6006	30	55	13		6306	30	72	19
	6007	35	62	14		6307	35	80	21
	6008	40	68	15		6308	40	90	23
	6009	45	75	16		6309	45	100	25
	6010	50	80	16		6310	50	110	27
	6011	55	90	18		6311	55	120	29
	6012	60	95	18		6312	60	130	31
	6013	65	100	18		6313	65	140	33
	6014	70	110	20		6314	70	150	35
	6015	75	115	20		6315	75	160	37
	6016	80	125	22		6316	80	170	39
	6017	85	130	22		6317	85	180	41
	6018	90	140	24		6318	90	190	43
	6019	95	145	24		6319	95	200	45
	6020	100	150	24		6320	100	215	47
(0)2尺寸系列	6204	20	47	14	(0)4尺寸系列	6404	20	72	19
	6205	25	52	15		6405	25	80	21
	6206	30	62	16		6406	30	90	23
	6207	35	72	17		6407	35	100	25
	6208	40	80	18		6408	40	110	27
	6209	45	85	19		6409	45	120	29
	6210	50	90	20		6410	50	130	31
	6211	55	100	21		6411	55	140	33
	6212	60	110	22		6412	60	150	35
	6213	65	120	23		6413	65	160	37
	6214	70	125	24		6414	70	180	42
	6215	75	130	25		6415	75	190	45
	6216	80	140	26		6416	80	200	48
	6217	85	150	28		6417	85	210	52
	6218	90	160	30		6418	90	225	54
	6219	95	170	32		6419	95	240	55
	6220	100	180	34		6420	100	250	58

2. 圆锥滚子轴承(GB/T 297—1994)

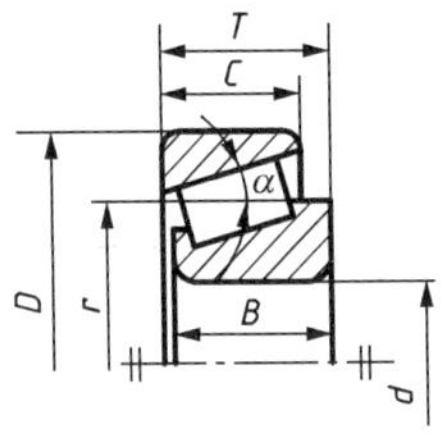

外形尺寸

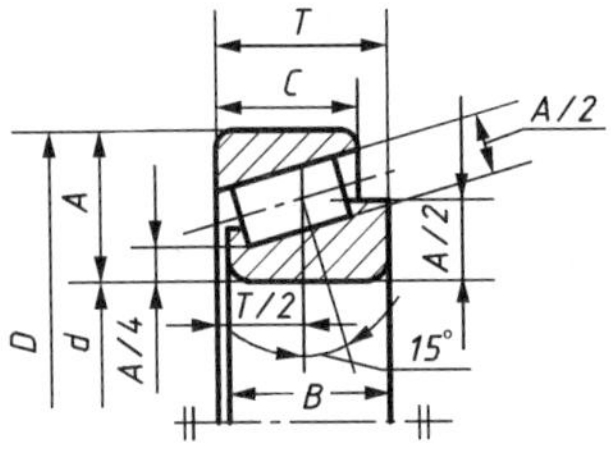

规定画法

标记示例
滚动轴承　30205　GB/T 297—1994

(mm)

轴承类型		外形尺寸					轴承类型		外形尺寸				
		d	*D*	*T*	*B*	*C*			*d*	*D*	*T*	*B*	*C*
02尺寸系列	30204	20	47	15.25	14	12	22尺寸系列	32204	20	47	19.25	18	15
	30205	25	52	16.25	15	13		32205	25	52	19.25	18	16
	30206	30	62	17.25	16	14		32206	30	62	21.25	20	17
	30207	35	72	18.25	17	15		32207	35	72	24.25	23	19
	30208	40	80	19.75	18	16		32208	40	80	24.75	23	19
	30209	45	85	20.75	19	16		32209	45	85	24.75	23	19
	30210	50	90	21.75	20	17		32210	50	90	24.75	23	19
	30211	55	100	22.75	21	18		32211	55	100	26.75	25	21
	30212	60	110	23.75	22	19		32212	60	110	29.75	28	24
	30213	65	120	24.75	23	20		32213	65	120	32.75	31	27
	30214	70	125	26.25	24	21		32214	70	125	33.25	31	27
	30215	75	130	27.25	25	22		32215	75	130	33.25	31	27
	30216	80	140	28.25	26	22		32216	80	140	35.25	33	28
	30217	85	150	30.50	28	24		32217	85	150	38.50	36	30
	30218	90	160	32.50	30	26		32218	90	160	42.50	40	34
	30219	95	170	34.50	32	27		32219	95	170	45.50	43	37
	30220	100	180	37	34	29		32220	100	180	49	46	39
03尺寸系列	30304	20	52	16.25	15	13	23尺寸系列	32304	20	52	22.25	21	18
	30305	25	62	18.25	17	15		32305	25	62	25.25	24	20
	30306	30	72	20.75	19	16		32306	30	72	28.75	27	23
	30307	35	80	22.75	21	18		32307	36	80	32.75	31	25
	30308	40	90	22.25	23	20		32308	40	90	35.25	33	27
	30309	45	100	27.25	25	22		32309	45	100	38.25	36	30
	30310	50	110	29.25	27	23		32310	50	110	42.25	40	33
	30311	55	120	31.50	29	25		32311	55	120	45.50	43	35
	30312	60	130	33.50	31	26		32312	60	130	48.50	46	37
	30313	65	140	36	33	28		32313	65	140	51	48	39
	30314	70	150	38	35	30		32314	70	150	54	51	42
	30315	75	160	40	37	31		32315	75	160	58	55	45
	30316	80	170	42.50	39	33		32316	80	170	61.50	58	48
	30317	85	180	44.50	41	34		32317	85	180	63.50	60	49
	30318	90	190	46.50	43	36		32318	90	190	67.50	64	53
	30319	95	200	49.50	45	38		32319	95	200	71.50	67	55
	30320	100	215	51.50	47	39		32320	100	215	77.50	73	60

五、公差与配合

1. 基本尺寸至 500 mm 的标准公差数值(摘自 GB/T 1800.3—1998)

基本尺寸 mm		标准公差等级																			
		μm													mm						
大于	至	IT01	IT0	IT1	IT2	IT3	IT4	IT5	IT6	IT7	IT8	IT9	IT10	IT11	IT12	IT13	IT14	IT15	IT16	IT17	IT18
—	3	0.3	0.5	0.8	1.2	2	3	4	6	10	14	25	40	60	0.1	0.14	0.25	0.40	0.60	1.0	1.4
3	6	0.4	0.6	1	1.5	2.5	4	5	8	12	18	30	48	75	0.12	0.18	0.30	0.48	0.75	1.2	1.8
6	10	0.4	0.6	1	1.5	2.5	4	6	9	15	22	36	58	90	0.15	0.22	0.36	0.58	0.90	1.5	2.2
10	18	0.5	0.8	1.2	2	3	5	8	11	18	27	43	70	110	0.18	0.28	0.43	0.70	1.10	1.8	2.7
18	30	0.6	1	1.5	2.5	4	6	9	13	21	33	52	84	130	0.21	0.33	0.52	0.84	1.30	2.1	3.3
30	50	0.6	1	1.5	2.5	4	7	11	16	25	39	62	100	160	0.25	0.39	0.62	1.00	1.60	2.5	3.9
50	80	0.8	1.2	2	3	5	8	13	19	30	46	74	120	190	0.30	0.46	0.74	1.20	1.90	3.0	4.6
80	120	1	1.5	2.5	4	6	10	15	22	35	54	87	140	220	0.35	0.54	0.87	1.40	2.20	3.5	5.4
120	180	1.2	2	3.5	5	8	12	18	25	40	63	100	160	250	0.40	0.63	1.00	1.60	2.50	4.0	6.3
180	250	2	3	4.5	7	10	14	20	29	46	72	115	185	290	0.46	0.72	1.15	1.85	2.90	4.6	7.2
250	315	2.5	4	5	8	12	16	23	32	52	81	130	210	320	0.52	0.81	1.30	2.10	3.2	5.2	7.1
315	400	3	5	7	9	13	18	25	36	57	89	140	230	360	0.57	0.89	1.40	2.30	3.60	5.7	7.9
400	500	4	6	8	10	15	20	27	40	63	97	155	250	400	0.63	0.97	1.55	2.50	4.00	6.3	9.7

2. 孔的基本偏差数值

基本尺寸(mm)		基本偏差																				
		下偏差 EI																				
		所有标准公差等级												IT6	IT7	IT8	≤IT8	>IT8	≤IT8	>IT8	≤IT8	>IT8
大于	至	A	B	C	CD	D	E	EF	F	FG	G	H	JS	J			K		M		N	
—	3	+270	+140	+60	+34	+20	+14	+10	+6	+4	+2	0	偏差=$\pm\frac{ITn}{2}$	+2	+4	6	0	0	−2	−2	−4	−4
3	6	+270	+140	+70	+46	+30	+20	+14	+10	+6	+4	0		+5	+6	+10	−1+Δ		−4+Δ	−4	−8+Δ	0
6	10	+280	+150	+80	+56	+40	+25	+18	+13	+8	+5	0		+5	+8	+12	−1+Δ		−6+Δ	−6	−10+Δ	0
10	14	+290	+150	+95		+50	+32		+16		+6	0		+6	+10	+15	−1+Δ		−7+Δ	−7	−12+Δ	0
14	18																					
18	24	+300	+160	+110		+65	+40		+20		+7	0		+8	+12	+20	−2+Δ		−8+Δ	−8	+15+Δ	0
24	30																					
30	40	+310	+170	+120		+80	+50		+25		+9	0		+10	+14	+24	−2+Δ		−9+Δ	−9	−17+Δ	0
40	50	+320	+180	+130																		
50	65	+340	+190	+140		+100	+60		+30		+10	0		+13	+18	+28	−2+Δ		−11+Δ	−11	−20+Δ	0
65	80	+360	+200	+150																		
80	100	+380	+220	+170		+120	+72		+36		+12	0		+16	+22	+34	−3+Δ		−13+Δ	−13	−23+Δ	0
100	120	+410	+240	+180																		
120	140	+460	+260	+200		+145	+85		+43		+14	0		+18	+26	+41	−3+Δ		−15+Δ	−15	−27+Δ	0
140	160	+520	+280	+210																		
160	180	+580	+310	+230																		
180	200	+660	+310	+240		+170	+100		+50		+15	0		+22	+30	+47	−4+Δ		−17+Δ	−17	−31+Δ	0
200	225	+740	+380	+260																		
225	250	+820	+420	+280																		
250	280	+920	+480	+300		+190	+110		+56		+17	0		+25	+36	+55	−4+Δ		−20+Δ	−20	−34+Δ	0
280	315	+1 050	+540	+330																		
315	355	+1 200	+600	+360		+210	+125		+62		+18	0		+29	+39	+60	−4+Δ		−21+Δ	−21	−37+Δ	0
355	400	+1 350	+680	+400																		
400	450	+1 500	+760	+440		+230	+135		+68		+20	0		+33	+43	+66	−5+Δ		−23+Δ	−23	−40+Δ	0
450	500	+1 650	+840	+480																		
500	560					+260	+145		+76		+22	0					0		−26		−44	
560	630																					
630	710					+290	+160		+80		+24	0					0		−30		−50	
710	800																					
800	900					+320	+170		+86		+26	0					0		−34		−56	
900	1 000																					
1 000	1 120					+350	+195		+98		+28	0					0		−40		−65	
1 120	1 250																					
1 250	1 400					+390	+220		+110		+30	0					0		−48		−78	
1 400	1 600																					
1 600	1 800					+430	+240		+120		+32	0					0		−58		−92	
1 800	2 000																					
2 000	2 240					+480	+260		+130		+34	0					0		−68		−110	
2 240	2 500																					

注：1. 基本尺寸小于或等于 1 mm 时，基本偏差 A 和 B 及大于 IT8 的 N 均不采用。

2. 公差带 JS7～JS11，若 ITn 值是奇数，则取偏差 = $\pm\frac{ITn-1}{2}$。

3. 对小于或等于 IT8 的 K、M、N 和小于或等于 IT7 的 P～ZC，所需 Δ 值从表内右侧选取，例如，18～30 mm 段的 K7：Δ=8 μm，所以 ES=−2+8=+6 μm，18～30 mm 段的 S6：Δ=4 μm，所以 ES=−35+4=−31 μm。

4. 特殊情况：250～315 mm 段的 M6，ES=−9 μm(代替−11 μm)。

(GB/T 1800.3—1998) (μm)

数值													Δ值					
上偏差 ES																		
≤IT7	标准公差等级大于 IT7												标准公差等级					
P~ZC	P	R	S	T	U	V	X	Y	Z	ZA	ZB	ZC	IT3	IT4	IT5	IT6	IT7	IT8
在大于IT7的相应数值上增加一个Δ值	−6	−10	−14		−18		−20		−26	−32	40	60	0	0	0	0	0	0
	−12	−15	−19		−23		−28		−35	−42	−50	−80	1	1.5	1	3	4	6
	−15	−19	−23		−28		−34		−42	−52	−67	−97	1	1.5	2	3	6	7
	−18	−23	−28		−33		−40		−50	−64	−90	−130	1	2	3	3	7	9
						−39	−45		−60	−77	−108	−150						
	−22	−28	−35		−41	−47	−54	−63	−73	−98	−136	−188	1.5	2	3	4	8	12
				−41	−48	−55	−64	−75	−88	−118	−160	−218						
	−26	−34	−43	−48	−60	−68	−80	−94	−112	−148	−200	−274	1.5	3	4	5	9	14
				−54	−70	−81	−97	−114	−136	−180	−242	−325						
	−32	−41	−53	−66	−87	−102	−122	−144	−172	−226	−300	−405	2	3	5	6	11	16
		−43	−59	−75	−102	−120	−146	−174	−210	−274	−360	−480						
	−37	−51	−71	−91	−124	−146	−178	−214	−258	−335	−445	−585	2	4	5	7	13	19
		−54	−79	−104	−144	−172	−210	−254	−310	−400	−525	−690						
	−43	−63	−92	−122	−170	−202	−248	−300	−365	−470	−620	−800	3	4	6	7	15	23
		−65	−100	−134	−190	−228	−280	−340	−415	−535	−700	−900						
		−68	−108	−146	−210	−252	−310	−380	−465	−600	−780	−1 000						
	−50	−77	−122	−166	−236	−284	−350	−425	−520	−670	−880	−1 150	3	4	6	9	17	26
		−80	−130	−180	−258	−310	−385	−470	−575	−740	−960	−1 250						
		−84	−140	−196	−284	−340	−425	−520	−640	−820	−1 050	−1 350						
	−56	−94	−158	−218	−315	−385	−475	−580	−710	−920	−1 200	−1 550	4	4	7	9	20	29
		−98	−170	−240	−350	−425	−525	−650	−790	−1 000	−1 300	−1 700						
	−62	−108	−190	−268	−390	−475	−590	−730	−900	−1 150	−1 500	−1 900	4	5	7	11	21	32
		−114	−208	−294	−435	−530	−660	−820	−1 000	−1 300	−1 650	−2 100						
	−68	−126	−232	−330	−490	−595	−740	−920	−1 100	−1 450	−1 850	−2 400	5	5	7	13	23	34
		−132	−252	−360	−540	−660	−820	−1 000	−1 250	−1 600	−2 100	−2 600						
	−78	−150	−280	−400	−600													
		−155	−310	−450	−660													
	−88	−175	−340	−500	−740													
		−185	−380	−560	−840													
	−100	−210	−430	−620	−940													
		−220	−470	−680	−1 050													
	−120	−250	−520	−780	−1 150													
		−260	−580	−810	−1 300													
	−140	−300	−640	−960	−1 450													
		−330	−720	−1 050	−1 600													
	−170	−370	−820	−1 200	−1 850													
		−400	−920	−1 350	−2 000													
	−195	−400	−1 000	−1 500	−2 300													
		−460	−1 100	−1 650	−2 500													
	−240	−550	−1 250	−1 900	−2 900													
		−580	−1 400	−2 100	−3 200													

3. 轴的基本偏差数值

基本尺寸(mm)		基本															
		上偏差 es															
大于	至	所有标准公差等级												IT5和IT6	IT7	IT8	IT4至IT7
		a	b	c	cd	d	e	ef	f	fg	g	h	js	j			
—	3	−270	−140	−60	−34	−20	−14	−10	−6	−4	−2	0	偏差 $=\pm\frac{ITn}{2}$	−2	−4	−6	0
3	6	−270	−140	−70	−46	−30	−20	−14	−10	−6	−4	0		−2	−4		+1
6	10	−280	−150	−80	−56	−40	−25	−18	−13	−8	−5	0		−2	−5		+1
10	14	−290	−150	−95		−50	−32		−16		−6	0		−3	−6		+1
14	18																
18	24	−300	−160	−110		−65	−40		−20		−7	0		−4	−8		+2
24	30																
30	40	−310	−170	−120		−80	−50		−25		−9	0		−5	−10		+2
40	50	−320	−180	−130													
50	65	−340	−190	−140		−100	−60		−30		−10	0		−7	−12		+2
65	80	−360	−200	−150													
80	100	−380	−110	−170		−120	−72		−36		−12	0		−9	−15		+3
100	120	−410	−240	−180													
120	140	−460	−260	−200		−145	−85		−43		−14	0		−11	−18		+3
140	160	−520	−280	−210													
160	180	−580	−310	−230													
180	200	−660	−340	−240		−170	−100		−50		−15	0		−13	−21		+4
200	225	−740	−380	−260													
225	250	−820	−420	−280													
250	280	−920	−480	−300		−190	−110		−56		−17	0		−16	−26		+4
280	315	−1 050	−540	−330													
315	355	−1 200	−600	−360		−210	−125		−62		−18	0		−18	−28		+4
355	400	−1 350	−680	−400													
400	450	−1 500	−760	−440		−230	−135		−68		−20	0		−20	−32		+5
450	500	−1 650	−840	−480													
500	560					−260	−145		−76		−22	0					0
560	630																
630	710					−290	−160		−80		−24	0					0
710	800																
800	900					−320	−170		−86		−26	0					0
900	1 000																
1 000	1 120					−350	−195		−98		−28	0					0
1 120	1 250																
1 250	1 400					−390	−220		−110		−30	0					0
1 400	1 600																
1 600	1 800					−430	−240		−120		−32	0					0
1 800	2 000																
2 000	2 240					−480	−260		−130		−34	0					0
2 240	2 500																
2 500	2 800					−520	−290		−145		−38	0					0
2 800	3 150																

注：1. 基本尺寸小于或等于 1 mm 时，基本偏差 *a* 和 *b* 均不采用。

2. 公差带 js7～js11，若 IT*n* 值是奇数，则取偏差 $=\pm\frac{ITn-1}{2}$。

(GB/T 1800.3—1998)　　(μm)

偏差数值														
下偏差 ei														
≤IT3 >IT7	所有标准公差等级													
k	m	n	p	r	s	t	u	v	x	y	z	za	zb	zc
0	+2	+4	+6	+10	+14		+18		+20		+26	+32	+40	+60
0	+4	+8	+12	+15	+19		+23		+28		+35	+42	+50	+80
0	+6	+10	+15	+19	+23		+28		+34		+42	+52	+67	+97
0	+7	+12	+18	+23	+28		+33		+40		+50	+64	+90	+130
								+39	+45		+60	+77	+108	+150
0	+8	+15	+22	+28	+35		+41	+47	+54	+63	+73	+98	+136	+188
						+41	+48	+55	+64	+75	+88	+118	+160	+218
0	+9	+17	+26	+34	+43	+48	+60	+68	+80	+94	+112	+148	+200	+274
						+54	+70	+81	+97	+114	+136	+180	+242	+325
0	+11	+20	+32	+41	+53	+66	+87	+102	+122	+144	+172	+226	+300	+405
				+43	+59	+75	+102	+120	+146	+174	+210	+274	+360	+480
0	+13	+23	+37	+51	+71	+91	+124	+146	+178	+214	+258	+335	+445	+585
				+54	+79	+104	+144	+172	+210	+254	+310	+400	+525	+690
0	+15	+27	+43	+63	+92	+122	+170	+202	+248	+300	+365	+470	+620	+800
				+65	+100	+134	+190	+228	+280	+340	+415	+535	+700	+900
				+68	+108	+146	+210	+252	+310	+380	+465	+600	+780	+1 000
0	+17	+31	+50	+77	+122	+166	+236	+284	+350	+425	+520	+670	+880	+1 150
				+80	+130	+180	+258	+310	+385	+470	+575	+740	+960	+1 250
				+84	+140	+196	+284	+340	+425	+520	+640	+820	+1 050	+1350
0	+20	+34	+56	+94	+158	+218	+315	+385	+475	+580	+710	+920	+1 200	+1 550
				+98	+170	+240	+350	+425	+525	+650	+790	+1 000	+1 300	+1 700
0	+21	+37	+62	+108	+190	+268	+390	+475	+590	+730	+900	+1 150	+1 500	+1 900
				+114	+208	+294	+435	+530	+660	+820	+1 000	+1 300	+1 650	+2 100
0	+23	+40	+68	+126	+232	+330	+490	+595	+740	+920	+1 100	+1 450	+1 850	+2 400
				+132	+252	+360	+540	+660	+820	+1 000	+1 250	+1 600	+2 100	+2 600
0	+26	+44	+78	+150	+280	+400	+600							
				+155	+310	+450	+660							
0	+30	+50	+88	+175	+340	+500	+740							
				+185	+380	+560	+840							
0	+34	+56	+100	+210	+430	+620	+940							
				+220	+470	+680	+1 050							
0	+40	+66	+120	+250	+520	+780	+1 150							
				+260	+580	+840	+1 300							
0	+48	+78	+140	+300	+640	+960	+1 450							
				+300	+720	+1 050	+1 600							
0	+58	+92	+170	+370	+820	+1 200	+1 850							
				+400	+920	+1 350	+2 000							
0	+68	+110	+195	+440	+1 000	+1 500	+2 300							
				+460	+1 100	+1 650	+2 500							
0	+76	+135	+240	+550	+1 250	+1 900	+2 900							
				+580	+1 400	+2 100	+3 200							

4. 优先配合中孔的极限偏差(摘自 GB/T 1800.4—1999) (μm)

基本尺寸(mm)		公差带												
		C	D	F	G	H				K	N	P	S	U
大于	至	11	9	8	7	7	8	9	11	7	7	7	7	7
—	3	+120 +60	+45 +20	+20 +6	+12 +2	+10 0	+14 0	+25 0	+60 0	0 -10	-4 -14	-6 -16	-14 -24	-18 -28
3	6	+145 +70	+60 +30	+28 +10	+16 +4	+12 0	+18 0	+30 0	+75 0	+3 -9	-4 -16	-3 -20	-15 -27	-19 -31
6	10	+170 +80	+76 +40	+35 +13	+20 +5	+15 0	+22 0	+36 0	+90 0	+5 -10	-4 -19	-9 -24	-17 -32	-22 -37
10	14	+205 +95	+93 +50	+43 +16	+24 +6	+18 0	+27 0	+43 0	+110 0	+6 -12	-5 -23	-11 -29	-21 -39	-26 -44
14	18													
18	24	+240 +110	+117 +65	+53 +20	+28 +7	+21 0	+33 0	+52 0	+130 0	+6 -15	-7 -28	-14 -35	-27 -48	-33 -54
24	30													-40 -61
30	40	+280 +120	+142 +80	+64 +25	+34 +9	+25 0	+39 0	+62 0	+160 0	+7 -18	-8 -33	-17 -42	-34 -59	-51 -76
40	50	+290 +130												-61 -86
50	65	+330 +140	+174 +100	+76 +30	+40 +10	+30 0	+46 0	+74 0	+190 0	+9 -21	-9 -39	-21 -51	-42 -72	-76 -106
65	80	+340 +150											-48 -78	-91 -121
80	100	+390 +170	+207 +120	+90 +36	+47 +12	+35 0	+54 0	+87 0	+220 0	+10 -25	-10 -45	-24 -59	-58 -93	-111 -146
100	120	+400 +180											-66 -101	-131 -166
120	140	+450 +200	+245 +145	+106 +43	+54 +14	+40 0	+63 0	+100 0	+250 0	+12 -28	-12 -52	-28 -68	-77 -117	-155 -195
140	160	+460 +210											-85 -125	-175 -215
160	180	+480 +230											-93 -133	-195 -235
180	200	+530 +240	+285 +170	+122 +50	+61 +15	+46 0	+72 0	+115 0	+290 0	+13 -33	-14 -60	-33 -79	-105 -151	-219 -265
200	225	+550 +260											-113 -159	-241 -287
225	250	+570 +280											-123 -169	-267 -313
250	280	+620 +300	+320 +190	+137 +56	+69 +17	+52 0	+81 0	+130 0	+320 0	+16 -36	-14 -66	-36 -88	-138 -190	-295 -347
280	315	+650 +330											-150 -202	-330 -382
315	355	+720 +360	+350 +210	+151 +62	+75 +18	+57 0	+89 0	+140 0	+360 0	+17 -40	-16 -73	-41 -98	-169 -226	-369 -426
355	400	+760 +400											-187 -244	-414 -471
400	450	+840 +440	+385 +230	+165 +68	+83 +20	+63 0	+97 0	+155 0	+400 0	+18 -45	-17 -80	-45 -108	-209 -279	-467 -530
450	500	+880 +480											-229 -292	-517 -580

5. 优先配合中轴的极限偏差(摘自 GB/T 1800.4—1999)　(μm)

基本尺寸(mm)		公差带												
		c	d	f	g	h				k	n	p	s	u
大于	至	11	9	7	6	6	7	9	11	6	6	6	6	6
—	3	-60 -120	-20 -45	-6 -16	-2 -8	0 -6	0 -10	0 -25	0 -60	+6 0	+10 +4	+12 +6	+20 +14	+24 +18
3	6	-70 -145	-30 -60	-10 -22	-4 -12	0 -8	0 -12	0 -30	0 -75	+9 +1	+16 +8	+20 +12	+27 +19	+31 +23
6	10	-80 -170	-40 -76	-13 -28	-5 -14	0 -9	0 -15	0 -36	0 -90	+10 +1	+19 +10	+24 +15	+32 +23	+37 +28
10	14	-95 -205	-50 -93	-16 -34	-6 -17	0 -11	0 -18	0 -43	0 -110	+12 +1	+23 +12	+29 +18	+39 +28	+44 +33
14	18													
18	24	-110 -240	-65 -117	-20 -41	-7 -20	0 -13	0 -21	0 -52	0 -130	+15 +2	+28 +15	+35 +22	+48 +35	+54 +41
24	30													+61 +48
30	40	-120 -280	-80 -142	-25 -50	-9 -25	0 -16	0 -25	0 -62	0 -160	+18 +2	+33 +17	+42 +26	+59 +43	+76 +60
40	50	-130 -290												+86 +70
50	65	-140 -330	-100 -174	-30 -60	-10 -29	0 -19	0 -30	0 -74	0 -190	+21 +2	+39 +20	+51 +32	+72 +53	+106 +87
65	80	-150 -340											+78 +59	+121 +102
80	100	-170 -390	-120 -207	-36 -71	-12 -34	0 -22	0 -35	0 -87	0 -220	+25 +3	+45 +23	+59 +37	+93 +71	+146 +124
100	120	-180 -400											+101 +79	+166 +144
120	140	-200 -450	-145 -245	-43 -83	-14 -39	0 -25	0 -40	0 -100	0 -250	+28 +3	+52 +27	+68 +43	+117 +92	+195 +170
140	160	-210 -460											+125 +100	+215 +190
160	180	-230 -480											+133 +108	+235 +210
180	200	-240 -530	-170 -285	-50 -96	-15 -44	0 -29	0 -46	0 -115	0 -290	+33 +4	+60 +31	+79 +50	+151 +122	+265 +236
200	225	-260 -550											+159 +130	+287 +258
225	250	-280 -570											+169 +140	+313 +284
250	280	-300 -620	-190 -320	-56 -108	-17 -49	0 -32	0 -52	0 -130	0 -320	+36 +4	+66 +34	+88 +56	+190 +158	+347 +315
280	315	-330 -650											+202 +170	+382 +350
315	355	-360 -720	-210 -350	-62 -119	-18 -54	0 -36	0 -57	0 -140	0 -360	+40 +4	+73 +37	+98 +62	+226 +190	+426 +390
355	400	-400 -760											+244 +208	+471 +435
400	450	-440 -840	-230 -385	-68 -131	-20 -60	0 -40	0 -63	0 -155	0 -400	+45 +5	+80 +40	+108 +68	+272 +232	+530 +490
450	500	-480 -880											+292 +252	+580 +540

参考书目

[1] 金大鹰.机械制图.北京：人民邮电出版社,2003.
[2] 解晓梅.工程制图.哈尔滨：哈尔滨工业大学出版社,2000.
[3] 何铭新,钱可强.机械制图.北京：高等教育出版社,2001.
[4] 师素娟.机械设计基础.武汉：华中科技大学出版社,2008.
[5] 石光源,周积义,彭福荫.机械制图.北京：人民教育出版社,1982.
[6] 刘慧莉.工程制图.重庆：重庆大学出版社,2007.
[7] 刘福华.工程制图.北京：石油工业出版社,2009.
[8] 董振珂,路大勇.化工制图.北京：化学工业出版社,2005.
[9] 林大钧.简明化工制图.北京：化学工业出版社,2005.
[10] 熊洁羽.化工制图.北京：化学工业出版社,2008.
[11] 周大军,揭嘉.化工工艺制图.北京：化学工业出版社,2005.
[12] 郑晓梅.化工制图.北京：化学工业出版社,2002.
[13] 赵惠清,蔡纪宁.化工制图.北京：化学工业出版社,2008.
[14] 武汉大学化学系化工教研室.化工制图基础.北京：高等教育出版社,1990.
[15] 张岩.建筑制图与识图. 济南：山东科学技术出版社,2004.
[16] 蒲小琼.建筑制图. 成都：四川大学出版社,2007.
[17] 王启美.现代工程设计制图. 北京：人民邮电出版社,2004.
[18] 卢建涛.现代工程制图.上海：上海交通大学出版社,2004.
[19] 冯开平.画法几何与机械制图.广州：华南理工大学出版社,2007.